例说PLC

【三菱FX/A/Q系列】

- 高安邦　胡乃文　主编
- 马欣　崔冰　副主编
- 高云　罗泽艳　参编
- 刘献礼　邵俊鹏　主审

中国电力出版社
CHINA ELECTRIC POWER PRESS

内 容 提 要

榜样的力量是无穷尽的，编程实例能提供示范和样板，给人以引导和启迪。本书是一部实战型著作，内容由浅入深，带领读者进入 PLC 的世界。

全书分为 7 章，共 108 个编程实例。第 1 章导论首先概要介绍了三菱 FX/A/Q 系列 PLC 开发应用编程所必需的硬/软件资源、编程常用的主要方法、PLC 的主要功能和编程应用、识读 PLC 梯形图和指令语句表的方法和步骤，这些都是学会 PLC 编程的理论根基和必备条件。然后由浅入深、分门别类地介绍了三菱 FX/A/Q 系列 PLC 的开发应用编程实例，包括：第 2 章 PLC 最基本最常用的典型环节编程；第 3 章 PLC 技术与应用课程教学中常用的实验编程；第 4 章 PLC 在机床控制中的工程应用编程；第 5 章 PLC 在其他设备中的工程应用编程；第 6 章三菱 PLC 的特殊功能高级应用编程；第 7 章 PLC 在工业网络通信中的工程应用编程。

本书帮助读者构建完备的 PLC 编程知识体系，阐述清晰透彻，既可作为电气设计人员、PLC 工程应用技术人员的参考用书，也可作为理工科大学相关专业本/专科师生的实用教材和参考书，更是国家卓越工程师培养训练及高技能人才培训的理实一体化实用教材。

图书在版编目（CIP）数据

例说 PLC. 三菱 FX/A/Q 系列/高安邦，胡乃文主编 .—北京：中国电力出版社，2018.5
ISBN 978-7-5198-1726-8

Ⅰ . ①例… Ⅱ . ①高… ②胡… Ⅲ . ①PLC 技术 Ⅳ . ①TM571.61

中国版本图书馆 CIP 数据核字（2018）第 021540 号

出版发行：中国电力出版社
地　　址：北京市东城区北京站西街 19 号（邮政编码 100005）
网　　址：http：//www.cepp.sgcc.com.cn
责任编辑：莫冰莹（010-63412526）
责任校对：常燕昆　朱丽芳
装帧设计：左　铭
责任印制：杨晓东

印　　刷：三河市航远印刷有限公司
版　　次：2018 年 5 月第一版
印　　次：2018 年 5 月北京第一次印刷
开　　本：787 毫米×1092 毫米　16 开本
印　　张：30.75
字　　数：812 千字
定　　价：98.00 元

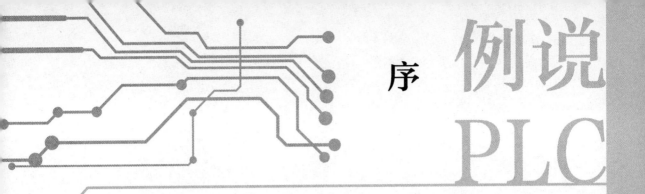

序

　　工业化任务尚未完成的我国，又面临信息化时代的到来。工业化与信息化的并行，决定了我国只能走新型工业化道路，以信息化提升工业化，以工业化促进信息化。信息化、工业化的共同任务是提高工业化的效率、效益，减少环境污染，降低资源消耗，从而加速工业化的进程；同时，工业化对信息化又是一种巨大的需求拉动，促进了经济、社会各方面实现信息化。信息化和工业化的一个交汇点，即信息技术在工业领域，尤其是制造业的广泛应用，以信息技术提高制造业的自动化、智能化，促进制造业产业升级。为了取得制造业信息化的应有效果，从我国制造业企业的实际出发，要突出强调从信息化的底层做起，即把产品智能化、数字化，设计数字化，生产过程自动化、智能化放在重要位置来抓。

　　可编程序控制器（PLC）是20世纪60年代以来发展极为迅速的一种新型工业控制装置。现代PLC综合了计算机技术、自动控制技术和网络通信技术，其功能已十分强大，超出了原先概念的PLC，应用越来越广泛、深入，已进入到系统的过程控制、运动控制、通信网络、人机交互等领域。系统了解PLC的技术原理、熟练掌握PLC技术的应用编程，是广大工程技术人员、高等院校师生、技术管理人员的迫切愿望。本书由哈尔滨理工大学三级教授高安邦及长期从事PLC应用技术教学研究和科研开发人员共同编写，这将是能满足这一愿望和要求的又一次成功尝试。

　　我们祝贺这部新书的出版。相信它对加速我国工业化和信息化的进程；提高我国PLC技术人员的编程应用能力和水平；提升学校的学术水平和地位、完成学校当前的中心任务都将会起到积极的推动和促进作用。它将为学校新一轮的改革建设和创新发展、创办一流理工科大学，写下浓墨重彩的一笔。

刘献礼

哈尔滨理工大学机械动力工程学院院长/二级教授/博士/博导

邵俊鹏

哈尔滨理工大学机械动力工程学院二级教授/博士/博导

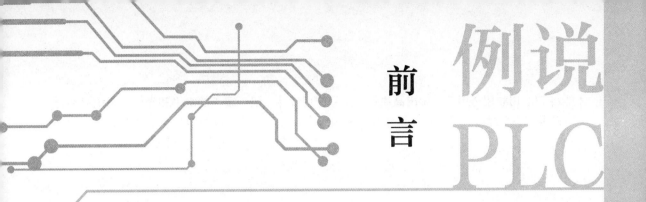

前言

在当今的工程技术领域，可编程逻辑控制器（PLC）的应用使电气控制技术发生了根本性的变化。从运行控制到过程控制；从单机自动化到生产线自动化乃至工厂自动化；从工业机器人、数控设备到柔性制造系统（FMS）；从集中控制系统到大型集散控制系统……PLC均扮演着重要角色，并展现出强劲的态势。PLC技术和CAD/CAM技术、数控机床、工业机器人已成为现代工业控制的四大支柱并跃居榜首。

PLC设计和应用是目前从事工业控制研发技术人员必须掌握的一门重要专业技术，更是国家重点职业技工（技师）院校和国家高技能人才培养示范基地师生必备的最基本的职业技能之一。PLC应用的关键核心和难点是编程，如何以最快的速度、最有效的方法，在最短的时间内学会和掌握PLC应用的编程技术，这是广大PLC学习者最关心和迫切解决的问题。

本书以具有代表性、普遍性和先进性的三菱FX/A/Q系列PLC为样机，在编者多年从事教学与科研工作的基础上，借鉴相关领域专家学者的研究成果，从工程应用的角度出发，以108个应用编程实例的形式，系统、全面地介绍了PLC编程应用的全过程，为读者展现出一个个完整、实用的PLC应用单元或系统，所涉程序对其他品牌的PLC也具有较方便和实用的参考移植性，不仅便于教学，更便于自学。

本书的编写，既是编者多年来从事教学研究和科研开发实践经验的概括和总结，又博采了目前各教材和著作之精华。参加该书编写工作的有哈尔滨理工大学高安邦教授（制定编写大纲及统稿，编写第7章）、胡乃文高级工程师（第4章、第5章）、哈尔滨信息工程学院马欣讲师/硕士（第1章）、保定电力职业技术学院崔冰讲师/硕士（第2章）、哈尔滨锅炉集团公司高云高级工程师/硕士（第3章），哈尔滨华崴集团技术开发部罗泽艳工程师（第6章）。全书由哈尔滨理工大学三级教授/硕士生导师高安邦主持编写，并请哈尔滨理工大学机械动力工程学院院长刘献礼二级教授/博士/博导、邵俊鹏二级教授/博士/博导担任主审，他们对本书的编写提供了大力支持并提出了最宝贵的编写意见。高家宏、高鸿升、佟星、郜普艳、李梦华、谢越发、谢礼德、樊文国、孙佩芳、沈泽、吴英旭、冯坚、王海丽、陈瑾、刘曼华、黄志欣、孙定霞、尚升飞、吴多锦、唐涛、钟其恒、王启名、杨帅、薛岚、陈银燕、关士岩、陈玉华、刘晓艳、毕洁廷、姚薇、王玲等及学生邱少华、王宇航、马鑫、陆智华、余彬、邱一启、张纺、武婷婷、司雪美、朱颖、杨俊、周伟、陈忠、陈丹丹、杨智炜、霍如旭、张旭、宋开峰、陈晨、丁杰、姜延蒙、吴国松、朱兵、杨景、赵家伟、李玉驰、张建民、施赛健等也为本书做了大量的辅助性工作。在此向他们表示最衷心的感谢！本书的编写得到了哈尔滨理工大学、哈尔滨信息工程学院、保定电力职业技术学院、哈尔滨锅炉集团公司、哈尔滨华崴集团公司大力支持，在此也表示最真诚的感激之意！任何一本新书的出版都是在认真总结和引用前人知识和智慧的基础上创新发展起来的，本书的编写无疑也参考和引用了许多前人优秀教材与研究成果的结晶和精华。在此向本书所参考和引用的资料、文献、教材和专著的编著者表示最诚挚的敬意和感谢！

鉴于PLC目前还是处在不断发展和完善过程中的高新技术，其应用的领域十分广泛，现场条件千变万化，控制方案多种多样，只有熟练掌握好PLC的技术，并经过丰富的现场工程实践才能将 PLC 用熟用透用活，做出高质量的工程应用设计。限于编者的水平和经验，书中存在错误、疏漏和不妥之处，恳请各位读者和专家们不吝批评、指正，以便今后更好地修订、完善和提高。

编 者

2018 年 4 月

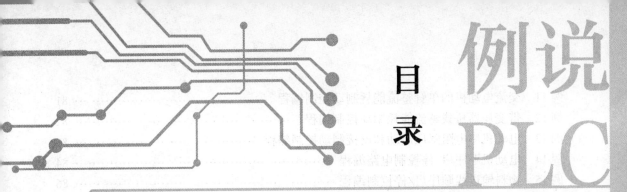

目录

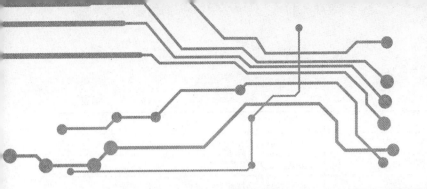

第1章

导论

可编程逻辑控制器（PLC）作为一种现代新型工业用控制装置，具有功能性强、安全可靠性高、指令系统简单、编程简便易学、易于掌握、体积小、维修工作量少、现场连接方便等一系列显著优点，不仅可以取代传统的"继电器—接触器"控制系统以实现逻辑控制、顺序控制、定时/计数等各种功能，大型高档的 PLC 还能像微型计算机那样进行数字运算、数据处理、模拟量调节、运动控制、闭环过程控制以及联网通信等。

目前，PLC 已被广泛应用于机械制造、机床、冶金、采矿、建材、石油、化工、汽车、电力、造纸、纺织、装卸、环保等行业，其市场份额已经超过了 DCS、智能控制仪表、IPC 等工控设备。

学习和掌握 PLC 的目的主要是编程应用。要学会 PLC 编程，就必须首先熟练掌握所使用PLC 的硬软件资源、编程常用的主要方法和应用、识读 PLC 梯形图和指令语句表的方法和步骤等，这是学习 PLC 编程的根基和必备条件。

生产 PLC 的厂家很多，每个厂家的 PLC 都自成系列，可根据点数、容量、功能上的需求作出不同选择。目前，PLC 的常见品牌及其典型系列见表 1-1。

表 1-1　　　　　　　　　　PLC 的常见品牌及其典型系列

品牌	国家	系列	主要特点
A-B （Allen&Bradley）	美国	MicroLogix	微型控制器，最大 250 点
		ControlLogix	集成顺序、过程、运动控制等高级功能
		PLC5	模块式，最大 3072 点
		SLC500	小型模块式，最大 4096 点
通用电气 （GE-Fanuc）	美国	Vergamax Micro、Nano	小型，176 点
		Versamax PLC	256-4096 点
		90-30	4096 点基于 Intel 386EX 的处理器
		90-70	基于 Intel 的处理器
西门子 （SLEMENS）	德国	S7-200	小型，最大 256 点
		S7-300	中型，最大 2048 点
		S7-400	大型，最大 32×1024 点
斯耐德 （SCHNEIDER）	法国	Twido	紧凑型 264 点
		Modicon M430	512~1024 点
斯耐德 （SCHNEIDER）	法国	Modicon TSX Premium	中型，最大 2048 点
		Modicon Quantum	大型

续表

品牌	国家	系列	主要特点
三菱 （MITSUBISHI）	日本	FX	小型，最大 256 点
		A	中型，最大 2048 点
		Q	有基本型、高性能型、过程型、冗余型等
欧姆龙 （OMRON）	日本	CPM	小型，最大 362 点
		C20011 SYSMAC a	中型，最大 640 点
		CV、CS	大型，CS 最大 5120 点
松下电工 （Matsushita Electric）	日本	FP-X	内置 4 轴高速脉冲输出，最大 300 点
		FPO	超小型，最大 128 点
		FPΣ	超小型，带定位控制，最大 384 点
		FP、FP2SH	中型，最大 2048 点，FP2SH 具有超高速功能
光洋电子 （KOYO）	日本	SH/SH、SN	整体型，SH/SH1 最大 80 点，SN 最大 160 点
		SZ、SR/DL	超小型，SZ 最大 256 点，SR/DL 最大 368 点
		SU	中小型，最大 2048 点
LS 产电 （LS Industrial）	韩国	Master-K	最大 1024 点
		XGB、XGT	XGB 为超小型模块式，最大 256 点，采用自研芯片 NGP1000；XGT 本地最大 3072 点，远程最大 32768 点
		GLOFA	最大 16000 点
台达 （DELTA）	中国台湾	DVP-E	紧凑型，最大 512 点
		DVP-S	模块型，最大 238 点
永宏 （FATEK）	中国台湾	FBS-MA	经济型，采用自研芯片 SoC 开发
		FBS-MC	高功能型，最大 512DIO，128AIO
		FBS-MN NS	定位控制型

1.1　三菱 PLC 的硬/软件资源

日本 MITSUBISH（三菱）公司的 PLC 主要包括 F 系列（F、F_1、F_2），FX 系列（FX_{1N}/FX_{1NC}/FX_{2N}/FX_{2NC}/FX_{3UC}），A 系列，Q 系列等。

1.1.1　FX_{2N} 系列 PLC 的硬/软件资源

1. FX_{2N} 系列 PLC 的硬件资源

（1）FX 系列 PLC 简介。FX 系列 PLC 是日本三菱公司从 F 系列、F_1 系列、F_2 系列发展起来的小型 PLC 系列产品，其系列产品的发展历程如图 1-1 所示。

FX 系列 PLC 产品，包括 $FX_{1S/1N/2N/3U}$ 4 种基本类型（早期还有 FX_0 系列产品），适合于大多数单机控制的场合，是三菱公司 PLC 产品中用量最大的 PLC 系列产品。

在基本结构方面，4 种 PLC 产品中，FX_{1S} 为整体式固定 I/O 结构，最大 I/O 点数为 40 点，I/O 点不可扩展；$FX_{1N/2N/3U}$ 为基本单元加扩展的结构形式，可以通过 I/O 扩展模块增加 I/O 点，扩展后 FX_{1N} 最大 I/O 点数为 128 点，FX_{2N} 最大 I/O 点数为 256 点，FX_{3U} 最大 I/O 点数为 384 点

（包括 CC-Link 连接的远程 I/O）。

在 $FX_{1N/2N/3U}$ 系列产品中，还有 $FX_{1NC/2NC/3UC}$ 三种变形系列产品，其与基本类型的主要区别在于 I/O 的连接方式（外形结构）与 PLC 的电源上。

$FX_{1NC/2NC/3UC}$ 系列产品 I/O 连接采用的是插接方式（$FX_{1N/2N}$ 系列为接线端子连接），其体积更小，价格也较 $FX_{1N/2N/3U}$ 低。在 PLC 电源输入上，$FX_{1NC/2NC/3UC}$ 系列只能使用 DC24V 输入（$FX_{1N/2N}$ 系列允许使用 AC 电源）。在其他性能方面，两类产品无太大区别，因此，本书中将不对 $FX_{1NC/2NC}$ 系列产品进行另外介绍（FX_{3UC} 除外）。

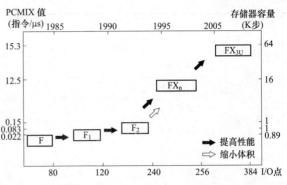

图 1-1　FX 系列 PLC 的发展历程

（2）FX 系列 PLC 性能比较。$FX_{1S/1N/2N/3U}$ 4 种基本类型中，PLC 性能依次提高，特别是用户程序存储器容量、内部继电器、定时器、计数器的数量等方面均依次大幅度提高。

在通信功能方面，FX_{1S} 系列 PLC 一般只能通过 RS-232、RS-485、RS-422 等标准接口与外部设备、计算机以及 PLC 之间进行数据通信。$FX_{1NC/2NC/3UC}$ 系列产品则在 FX_{1S} 的基础上增加了现场 AS-i 接口通信功能与 CC-Link 网络通信功能，可以与外部设备、计算机以及 PLC 之间进行网络数据的传输，通信功能得到大大加强。

$FX_{1S/1N/2N/3U}$ 4 种 PLC 与选型有关的主要性能与基本参数的比较可参见图 1-2、表 1-2，有关性能的说明详见相关技术资料。

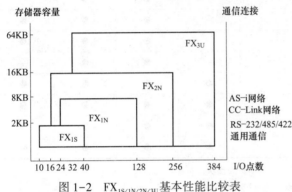

图 1-2　$FX_{1S/1N/2N/3U}$ 基本性能比较表

表 1-2　　　　　　$FX_{1S/1N/2N/3U}$ 基本参数的比较表

项目		基本参数			
		FX_{1S}	FX_{1N}	FX_{2N}	FX_{3U}
电源	AC100~240V 电源	●	●	●	●
	DC12V 电源	—	—	—	—
	DC24V 电源	●	●	●	—
输入	DC 24 输入	●	●	●	●
	AC100V 输入	—	—	●	—
输出	继电器输出	●	●	●	●
	晶体管输出	●	●	●	●
	双向晶闸管输出			●	●
I/O 扩展		—	●	●	●

续表

项目		基本参数			
		FX$_{1S}$	FX$_{1N}$	FX$_{2N}$	FX$_{3U}$
标准功能	脉冲输出	●	●	●	●
	PID 控制	●	●	●	●
	浮点运算	—	—	●	●
	函数运算	—	—	●	●
	高速计数	●	●	●	●
	简易定位	●	●	●	●
显示单元		●	●	—	●
功能模块	模拟量输入/输出模块		●	●	●
	定位模块	—	—	●	●
	高速计数	—	—	●	●
	ID 系统	—	—	●	●
	MELSEC-I/O Link	—	●	●	●
	CC-Link	—	●	●	●
	CC-Link/LT	—	●	●	●
	MELSECNET/MINI	—	●	●	—
通信	简易 PLC 链接	●	●	●	●
	并联链接	●	●	●	●
	PS-232 通信	●	●	●	●
	计算机链接	●	●	●	●

注　① 表中的 I/O 性能是指基本单元的 I/O 性能，不包括扩展模块；
　　② "●" 代表有此功能，"—" 表示无此功能。

（3）三菱 FX 系列 PLC 编程的硬件资源。三菱 FX 系列 PLC 的系统配置见表1-3，它是三菱 FX 系列 PLC 编程的硬件资源。

表1-3　　　　　　　　　　三菱 FX 系列 PLC 的系统配置

编程元件类别		PLC 型号			
		FX$_{1S}$	FX$_{1N}$	FX$_{2N}$	FX$_{3UC}$
输入继电器		根据 PLC 的具体型号而有所不同，可以参与三菱相关技术资料。如 FX$_{2N}$-16MR，共有 8 个输入继电器、8 个输出继电器；FX$_{2N}$-32MR，共有 16 个输入继电器、16 个输出继电器			
输出继电器					
内部继电器	一般用	M0~M383，384 点	M0~M383，384 点	M0~M499，500 点	M0~M499，500 点
	停电保持用	M384~M511，128 点	M384~M511，128 点	M500~M1023，524 点	M500~M1023，524 点
	停电保持专用	—	M512~M1535，1024 点	M1024~M3071，2048 点	M1024~M7679，6656 点
	特殊用	M8000~M8255，256 点	M8000~M8255，256 点	M8000~M8255，256 点	M8000~M8511，512 点
状态	初始状态用	S0~S9，10 点	S0~S9，10 点	S0~S9，10 点	S0~S9，10 点
	一般用	S10~S127，118 点	S10~S127，118 点	S0~S499，500 点	S10~S499，500 点

续表

编程元件类别		PLC 型号			
		FX$_{1S}$	FX$_{1N}$	FX$_{2N}$	FX$_{3UC}$
状态	保持用	所有点停电保持（S0~S127）	S128~S999，872 点	S500~S899，400 点	S500~S899，400 点
	停电保持专用	—	—	—	S1000~S095，3096 点
	信号指示用	—	—	S900~S999，100 点	S900~S999，100 点
定时器	100ms	T0~T62，63 点	T0~T199，200 点	T0~T199，200 点	T0~T199，200 点
	10ms	如果 M8028 为 ON，T32~T62 即转变为该类型定时器	T200~T245，46 点	T200~T245，46 点	T200~T245，46 点
	1ms	T63，1 点	—	—	T256~T511，256 点
	1ms 累积型	—	T246~T249，4 点	T245~T249，4 点	T246~T249，4 点
	100ms 累积型	—	T250~T255，6 点	T250~T255，6 点	T250~T255，6 点
计数器	16 位增计数	C0~C31，32 点	C0~C199，200 点	C0~C199，200 点	C0~C199，200 点
	32 位高速计数	C235~C255，8 点	C200~C234，35 点	C200~C234，35 点	C200~C234，35 点
	32 位双向计数	—		C200~C234，35 点	C200~C234，35 点
	32 位双向高速计数	—	C235~C255，8 点	C235~C255，8 点	C235~C255，8 点
数据寄存器	16 位通用	D0~D127，128 点	D0~D127，128 点	D0~D199，200 点	D0~D199，200 点
	16 位保持用	D128~D225，128 点	D128~D255，128 点 D256~D7999，7744 点	D200~D511，312 点 D512~D7999，7488 点	D200~D511，312 点 D512~D7999，7488 点
	16 位特殊用	D8000~D8255，256 点	D8000~D8255，256 点	D8000~D8195，106 点	D8000~D8511，512 点
	16 位变址	V0~V7、Z0~Z7，16 点	V0~V7、Z0~Z7，16 点	V0~V7、Z0~Z7，16 点	V0~V7、Z0~Z7，16 点
指针	JUMP、CALL 分支用	P0~P63，64 点	P0~P127，128 点	P0~P127，128 点	P0~P4095，4096 点
	输入中断、定时器中断	10□□~15□□，6 点（仅输入中断）	10□□~15□□，6 点（仅输入中断）	10□□~18□□，9 点	10□□~18□□，9 点
	计数器中断	—	—	1010~1060，50 点	1010~1060，6 点
嵌套	主控用	N0~N7，8 点	N0~N7，8 点	N0~N7，8 点	N0~N7，8 点
常数	10 进制数（K）	16 位：-32768~+32767 32 位：-214783648~ +2147483647	16 位：-32768~+32767 32 位：-2147483648~ +2147483647	16 位：-32768~+32767 32 位：-2147483648~ +2147483647	16 位：-32768~+32767 32 位：-2147483648~ +2147483647
	16 进制数（H）	16 位：0~FFFF 32 位：0~FFFFFFFF	16 位：0~FFFF 32 位：0~FFFFFFFF	16 位：0~FFFF 32 位：0~FFFFFFFF	16 位：0~FFFF 32 位：0~FFFFFFFF
	实数（E）	—	—	—	32 位（可以用小数或提数形式表示）：$-1.0×2^{128}$~$-1.0×2^{-128}$，0，$1.0×2^{128}$~$1.0×2^{-128}$
	字符串（“”）	—	—	—	用 “” 框起来的字符进行指定。指数上的常数中，最多可以使用到半角的 32 个字符

2. FX$_{2N}$ 系列 PLC 编程的指令系统

FX$_{2N}$ 系列 PLC 的指令系统简表见表 1-4~表 1-6，它是 FX$_{2N}$ 系列 PLC 编程的软件资源。

表 1-4　　　　　　　　　　FX$_{2N}$ 系列 PLC 的指令系统简表

符号、名称	功能	电路表示和可用编程元件	程序步
LD 取	动合触点逻辑运算开始	X、Y、M、S、T、C	1
LDI 取反	动断触点逻辑运算开始	X、Y、M、S、T、C	1
OUT 输出	线圈输出	Y、M、S、T、C	Y、M：1；S、特M：2；T：3；C：3~5
AND 与	动合触点串联连接	X、Y、M、S、T、C	1
ANI 与非	动断触点串联连接	X、Y、M、S、T、C	1
OR 或	动合触点联连接	X、Y、M、S、T、C	1
ORI 或非	动断触点并联连接	X、Y、M、S、T、C	1
INV 取反	对运算结果取反	INV	1
ANB 回路块与	并联回路块的串联连接		1
ORB 回路块或	串联回路块的并联连接		1
MPS 进栈	运算存储	MPS	1
MRD 读栈	存储读出	MRD	
MPP 出栈	存储读出与复位	MPP	
PLS 上升沿脉冲	上升沿微分输出	PLS　Y、M	1
PLF 下降沿脉冲	下降沿微分输出	PLF　Y、M	1
LDP 取脉冲上升沿	上升沿检出运算开始	X、Y、M、S、T、C	2
LDF 取脉冲下降沿	下降沿检出运算开始	X、Y、M、S、T、C	2
ANDP 与脉冲上升沿	上升沿检出串联连接	X、Y、M、S、T、C	2
ANDF 与脉冲下降沿	下降沿检出串联连接	X、Y、M、S、T、C	2

续表

符号、名称	功能	电路表示和可用编程元件	程序步
ORP 或脉冲上升沿	上升沿检出并联连接	X、Y、M、S、T、C	2
ORF 或脉冲下降沿	下降沿检出并联连接	X、Y、M、S、T、C	2
SET 置位	线圈接通保持指令	SET Y、M、S	Y、M：1；S、特 M：2；T、C：2；D、V、Z、特殊 D：3
RST 复位	线圈接通清除指令	RST Y、M、S	
MC 主控	公共串联点的连接线圈指令	MC N Y、M（除特殊内部继电器）	3
MCR 主控置位	公共串联点的清除指令	MCR N	2
NOP 空操作	无动作	消除流程程序	1
END 结束	PLC 程序结束	顺控顺序结束回到"0"	

表 1-5   **FX 系列 PLC 应用指令简表**

指令分类	指令代号	指令助记符	指令名称	适用机型
程序流程指令	FNC 00	CJ	条件跳转指令	FX_{1S}、FX_{1N}、FX_{2N}、FX_{3UC}
	FNC 01	CALL	子程序调用指令	FX_{1S}、FX_{1N}、FX_{2N}、FX_{3UC}
	FNC 02	STET	子程序返回指令	FX_{1S}、FX_{1N}、FX_{2N}、FX_{3UC}
	FNC 03	IRET	中断返回指令	FX_{1S}、FX_{1N}、FX_{2N}、FX_{3UC}
	FNC 04	EI	中断许可指令	FX_{1S}、FX_{1N}、FX_{2N}、FX_{3UC}
	FNC 05	DI	中断禁止指令	FX_{1S}、FX_{1N}、FX_{2N}、FX_{3UC}
	FNC 06	FEND	主程序结束指令	FX_{1S}、FX_{1N}、FX_{2N}、FX_{3UC}
	FNC 07	WDT	监控定时器指令	FX_{1S}、FX_{1N}、FX_{2N}、FX_{3UC}
	FNC 08	FOR	循环范围开始指令	FX_{1S}、FX_{1N}、FX_{2N}、FX_{3UC}
	FNC 09	NEXT	循环范围终了指令	FX_{1S}、FX_{1N}、FX_{2N}、FX_{3UC}
传递指令	FNC 12	MOV	传送指令	FX_{1S}、FX_{1N}、FX_{2N}、FX_{3UC}
	FNC 13	SMOV	移位传送指令	FX_{2N}、FX_{3UC}
	FNC 14	CML	倒转传送指令	FX_{2N}、FX_{3UC}
	FNC 15	BMOV	一并传送指令	FX_{1S}、FX_{1N}、FX_{2N}、FX_{3UC}
	FNC 16	PMOV	多点传送指令	FX_{2N}、FX_{3UC}
	FNC 17	XCH	交换指令	FX_{2N}、FX_{3UC}
	FNC 18	BCD	BCD 转换指令	FX_{1S}、FX_{1N}、FX_{2N}、FX_{3UC}
	FNC 19	BIN	BIN 转换指令	FX_{1S}、FX_{1N}、FX_{2N}、FX_{3UC}
	FNC 78	FROM	BFM 读出	FX_{1N}、FX_{2N}、FX_{3UC}
	FNC 79	TO	BFM 写入	FX_{1N}、FX_{2N}、FX_{3UC}

指令分类	指令代号	指令助记符	指令名称	适用机型
比较与移位指令	FNC 10	CMP	比较指令	FX_{1S}、FX_{1N}、FX_{2N}、FX_{3UC}
	FNC 11	ZCP	区域比较指令	FX_{1S}、FX_{1N}、FX_{2N}、FX_{3UC}
	FNC 30	ROR	循环右移指令	FX_{2N}、FX_{3UC}
	FNC 31	ROL	循环左移指令	FX_{2N}、FX_{3UC}
	FNC 32	RCR	带进位的循环右移指令	FX_{2N}、FX_{3UC}
	FNC 33	RCL	带进位的循环左移指令	FX_{2N}、FX_{3UC}
	FNC 34	SFTR	位右移指令	FX_{1S}、FX_{1N}、FX_{2N}、FX_{3UC}
	FNC 35	SFTL	位左移指令	FX_{1S}、FX_{1N}、FX_{2N}、FX_{3UC}
	FNC 36	WSFR	字右移指令	FX_{2N}、FX_{3UC}
	FNC 37	WSFL	字左移指令	FX_{2N}、FX_{3UC}
	FNC 38	SFWR	移位写入（先入先出写入）指令	FX_{1S}、FX_{1N}、FX_{2N}、FX_{3UC}
	FNC 39	SFRD	移位读出（先入先出读出）指令	FX_{1S}、FX_{1N}、FX_{2N}、FX_{3UC}
数据运算指令	FNC 20	ADD	BIN 加法指令	FX_{1S}、FX_{1N}、FX_{2N}、FX_{3UC}
	FNC 21	SUB	BIN 减法指令	FX_{1S}、FX_{1N}、FX_{2N}、FX_{3UC}
	FNC 22	MUL	BIN 乘法指令	FX_{1S}、FX_{1N}、FX_{2N}、FX_{3UC}
	FNC 23	DIV	BIN 除法指令	FX_{1S}、FX_{1N}、FX_{2N}、FX_{3UC}
	FNC 24	INC	BIN 加 1 指令	FX_{1S}、FX_{1N}、FX_{2N}、FX_{3UC}
	FNC 25	DEC	BIN 减 1 指令	FX_{1S}、FX_{1N}、FX_{2N}、FX_{3UC}
	FNC 26	WAND	逻辑字与指令	FX_{1S}、FX_{1N}、FX_{2N}、FX_{3UC}
	FNC 27	WOR	逻辑字或指令	FX_{1S}、FX_{1N}、FX_{2N}、FX_{3UC}
	FNC 28	WXOR	逻辑字异或指令	FX_{1S}、FX_{1N}、FX_{2N}、FX_{3UC}
	FNC 29	NEG	求补码指令	FX_{2N}、FX_{3UC}
代码处理指令	FNC 40	ZRST	区间复位指令	FX_{1S}、FX_{1N}、FX_{2N}、FX_{3UC}
	FNC 41	DECO	译码指令	FX_{1S}、FX_{1N}、FX_{2N}、FX_{3UC}
	FNC 42	ENCO	编码指令	FX_{1S}、FX_{1N}、FX_{2N}、FX_{3UC}
	FNC 43	SUM	ON 位数指令	FX_{2N}、FX_{3UC}
	FNC 44	BON	ON 位数判定指令	FX_{2N}、FX_{3UC}
	FNC 45	MEAN	平均值指令	FX_{2N}、FX_{3UC}
	FNC 46	ANS	信号报警置位指令	FX_{2N}、FX_{3UC}
	FNC 47	ANR	信号报警器复位指令	FX_{2N}、FX_{3UC}
	FNC 48	SOR	BIN 开方指令	FX_{2N}、FX_{3UC}
	FNC 49	FLT	BIN 整数→2 进制浮点数转换指令	FX_{2N}、FX_{3UC}
高速处理指令	FNC 50	REF	输入输出刷新指令	FX_{1S}、FX_{1N}、FX_{2N}、FX_{3UC}
	FNC 51	REFF	刷新及滤波时间调整指令	FX_{2N}、FX_{3UC}
	FNC 52	MTR	矩阵输入指令	FX_{1S}、FX_{1N}、FX_{2N}、FX_{3UC}
	FNC 53	HSCS	比较置位（高速计数器置位）指令	FX_{1S}、FX_{1N}、FX_{2N}、FX_{3UC}
	FNC 54	HSCR	比较复位（高速计数器复位）指令	FX_{1S}、FX_{1N}、FX_{2N}、FX_{3UC}

指令分类	指令代号	指令助记符	指令名称	适用机型
高速处理指令	FNC 55	HSZ	区间比较（高速计数器区间比较）指令	FX_{2N}、FX_{3UC}
	FNC 56	SPD	速度检测指令	FX_{1S}、FX_{1N}、FX_{2N}、FX_{3UC}
	FNC 57	PLSY	脉冲输出指令	FX_{1S}、FX_{1N}、FX_{2N}、FX_{3UC}
	FNC 58	PWM	脉宽调制指令	FX_{1S}、FX_{1N}、FX_{2N}、FX_{3UC}
	FNC 59	PLSR	可调脉冲输出指令	FX_{1S}、FX_{1N}、FX_{2N}、FX_{3UC}
方便指令	FNC 60	IST	初始化状态	FX_{1S}、FX_{1N}、FX_{2N}、FX_{3UC}
	FNC 61	SER	数据查找	FX_{2N}、FX_{3UC}
	FNC 62	ABSD	凸轮控制（绝对方式）	FX_{1S}、FX_{1N}、FX_{2N}、FX_{3UC}
	FNC 63	INCD	凸轮控制（增量方式）	FX_{1S}、FX_{1N}、FX_{2N}、FX_{3UC}
	FNC 64	TIMR	示教定时器	FX_{2N}、FX_{3UC}
	FNC 65	STMR	特殊定时器	FX_{2N}、FX_{3UC}
	FNC 66	ALT	交警输出	FX_{1S}、FX_{1N}、FX_{2N}、FX_{3UC}
	FNC 67	RAMP	斜坡信号	FX_{1S}、FX_{1N}、FX_{2N}、FX_{3UC}
	FNC 68	ROTC	旋转工作台控制	FX_{2N}、FX_{3UC}
	FNC 69	SORT	数据排列	FX_{2N}、FX_{3UC}
外围设备 I/O 指令	FNC 70	TKY	数字键输入	FX_{2N}、FX_{3UC}
	FNC 71	HKY	16 键输入	FX_{2N}、FX_{3UC}
	FNC 72	DSW	数字式开关	FX_{1S}、FX_{1N}、FX_{2N}、FX_{3UC}
	FNC 73	SEGD	7 段详码	FX_{2N}、FX_{3UC}
	FNC 74	SEGL	7 段码按时间分割显示	FX_{1S}、FX_{1N}、FX_{2N}、FX_{3UC}
	FNC 75	ARWS	箭头开关	FX_{2N}、FX_{3UC}
	FNC 76	ACS	ACSII 码变换	FX_{2N}、FX_{3UC}
	FNC 77	PR	ACSII 码打印输出	FX_{2N}、FX_{3UC}
外围设备 SER 指令	FNC 80	RS	串行数据传送	FX_{1S}、FX_{1N}、FX_{2N}、FX_{3UC}
	FNC 81	PRUN	八进制位传送	FX_{1S}、FX_{1N}、FX_{2N}、FX_{3UC}
	FNC 82	ASCI	HEX-ASCⅡ 转换	FX_{1S}、FX_{1N}、FX_{2N}、FX_{3UC}
	FNC 83	HEX	ASCⅡ-HEX 转换	FX_{1S}、FX_{1N}、FX_{2N}、FX_{3UC}
	FNC 84	CCD	校验码	FX_{1S}、FX_{1N}、FX_{2N}、FX_{3UC}
	FNC 85	VRRD	电位器读出	FX_{1S}、FX_{1N}、FX_{2N}、FX_{3UC}
	FNC 86	VRSC	电位器刻度	FX_{1S}、FX_{1N}、FX_{2N}、FX_{3UC}
	FNC 88	PID	PID 运算	FX_{1S}、FX_{1N}、FX_{2N}、FX_{3UC}
浮点数指令	FNC 110	BCMP	二进制浮点数比较	FX_{2N}、FX_{3UC}
	FNC 111	EZCP	二进制浮点数区间比较	FX_{2N}、FX_{3UC}
	FNC 118	EBCD	二进制浮点数-十进制浮点数转换	FX_{2N}、FX_{3UC}
	FNC 119	EBIN	十进制浮点数-二进制浮点数转换	FX_{2N}、FX_{3UC}
	FNC 120	EADD	二进制浮点数加法	FX_{2N}、FX_{3UC}

续表

指令分类	指令代号	指令助记符	指令名称	适用机型
浮点数指令	FNC 121	ESUB	二进制浮点数减法	FX$_{2N}$、FX$_{3UC}$
	FNC 122	EMUL	二进制浮点数乘法	FX$_{2N}$、FX$_{3UC}$
	FNC 123	EDIV	二进制浮点数除法	FX$_{2N}$、FX$_{3UC}$
	FNC 127	ESOR	二进制浮点数开方	FX$_{2N}$、FX$_{3UC}$
	FNC 129	INT	二进制浮点数–BIN 整数转换	FX$_{2N}$、FX$_{3UC}$
	FNC 130	SIN	浮点数正弦运算	FX$_{2N}$、FX$_{3UC}$
	FNC 131	COS	浮点数余弦运算	FX$_{2N}$、FX$_{3UC}$
	FNC 132	TAN	浮点数正切运算	FX$_{2N}$、FX$_{3UC}$
	FNC 147	SWAP	上下字节变换	FX$_{2N}$、FX$_{3UC}$
定位指令	FNC 155	ABS	ABS 现在值读出	FX$_{1S}$、FX$_{1N}$
	FNC 156	ZRN	原点回归	FX$_{1S}$、FX$_{1N}$
	FNC 157	PLSY	可变度的脉冲输出	FX$_{1S}$、FX$_{1N}$
	FNC 158	DRVI	相对定位	FX$_{1S}$、FX$_{1N}$
	FNC 159	DRVA	绝对定位	FX$_{1S}$、FX$_{1N}$
时针运算指令	FNC 160	TCMP	时钟数据比较	FX$_{1S}$、FX$_{1N}$、FX$_{2N}$、FX$_{3UC}$
	FNC 161	TZCP	时钟数据区间比较	FX$_{1S}$、FX$_{1N}$、FX$_{2N}$、FX$_{3UC}$
	FNC 162	TADD	时钟数据加法	FX$_{1S}$、FX$_{1N}$、FX$_{2N}$、FX$_{3UC}$
	FNC 163	TSUB	时钟数据减法	FX$_{1S}$、FX$_{1N}$、FX$_{2N}$、FX$_{3UC}$
	FNC 166	TRD	时钟数据读出	FX$_{1S}$、FX$_{1N}$、FX$_{2N}$、FX$_{3UC}$
	FNC 167	TWR	时钟数据写入	FX$_{1S}$、FX$_{1N}$、FX$_{2N}$、FX$_{3UC}$
	FNC 169	HOUR	计时仪	FX$_{1S}$、FX$_{1N}$
外围设备指令	FNC 170	GRY	格雷码变换	FX$_{2N}$、FX$_{3UC}$
	FNC 171	GBIN	模拟块读出	FX$_{2N}$、FX$_{3UC}$
	FNC 176	RD3A	模拟块读出	FX$_{1N}$
	FNC 177	WR3A	模拟块写入	FX$_{1N}$
触点比较指令	FNC 224	LD=	[S1.] = [S2.]	FX$_{1S}$、FX$_{1N}$、FX$_{2N}$、FX$_{3UC}$
	FNC 225	LD>	[S1.] > [S2.]	FX$_{1S}$、FX$_{1N}$、FX$_{2N}$、FX$_{3UC}$
	FNC 226	LD<	[S1.] < [S2.]	FX$_{1S}$、FX$_{1N}$、FX$_{2N}$、FX$_{3UC}$
	FNC 228	LD<>	[S1.] ≠ [S2.]	FX$_{1S}$、FX$_{1N}$、FX$_{2N}$、FX$_{3UC}$
	FNC 229	LD≤	[S1.] ≤ [S2.]	FX$_{1S}$、FX$_{1N}$、FX$_{2N}$、FX$_{3UC}$
	FNC 230	LD≥	[S1.] ≥ [S2.]	FX$_{1S}$、FX$_{1N}$、FX$_{2N}$、FX$_{3UC}$
	FNC 232	AND=	[S1.] = [S2.]	FX$_{1S}$、FX$_{1N}$、FX$_{2N}$、FX$_{3UC}$
	FNC 233	AND>	[S1.] > [S2.]	FX$_{1S}$、FX$_{1N}$、FX$_{2N}$、FX$_{3UC}$
	FNC 234	AND<	[S1.] < [S2.]	FX$_{1S}$、FX$_{1N}$、FX$_{2N}$、FX$_{3UC}$
	FNC 236	AND<>	[S1.] ≠ [S2.]	FX$_{1S}$、FX$_{1N}$、FX$_{2N}$、FX$_{3UC}$
	FNC 237	AND≤	[S1.] ≤ [S2.]	FX$_{1S}$、FX$_{1N}$、FX$_{2N}$、FX$_{3UC}$
	FNC 238	AND≥	[S1.] ≥ [S2.]	FX$_{1S}$、FX$_{1N}$、FX$_{2N}$、FX$_{3UC}$

续表

指令分类	指令代号	指令助记符	指令名称	适用机型
触点比较指令	FNC 240	OR=	[S1.] = [S2.]	FX_{1S}、FX_{1N}、FX_{2N}、FX_{3UC}
	FNC 241	OR>	[S1.] > [S2.]	FX_{1S}、FX_{1N}、FX_{2N}、FX_{3UC}
	FNC 242	OR<	[S1.] < [S2.]	FX_{1S}、FX_{1N}、FX_{2N}、FX_{3UC}
	FNC 244	OR<>	[S1.] ≠ [S2.]	FX_{1S}、FX_{1N}、FX_{2N}、FX_{3UC}
	FNC 245	OR≤	[S1.] ≤ [S2.]	FX_{1S}、FX_{1N}、FX_{2N}、FX_{3UC}
	FNC 246	OR≥	[S1.] ≥ [S2.]	FX_{1S}、FX_{1N}、FX_{2N}、FX_{3UC}

表1-6　　　　　　　　　　　　FX_{2N}系列PLC的指令一览表

1. 基本指令			
分类	指令名称助记符	功能	梯形图及可用软元件
触点指令	LD 取	动合触点 运算开始	X、Y、M、S、T、C
	LDI 取反	动断触点 运算开始	X、Y、M、S、T、C
	LDP 取脉冲	上升沿检测 运算开始	X、Y、M、S、T、C
	LDF 取脉冲	下降沿检测 运算开始	X、Y、M、S、T、C
	AND 与	动合触点 串联连接	X、Y、M、S、T、C
	ANDI 与非	动断触点 串联连接	X、Y、M、S、T、C
	ANDP 与脉冲	上升沿检测 串联连接	X、Y、M、S、T、C
	ANDF 与脉冲	下降沿检测 串联连接	X、Y、M、S、T、C
	OR 或	动合触点 并联连接	X、Y、M、S、T、C
	ORI 或非	动断触点 并联连接	X、Y、M、S、T、C
	ORP 或脉冲	上升沿检测 并联连接	X、Y、M、S、T、C
	ORF 或脉冲	下降沿检测 并联连接	X、Y、M、S、T、C
连接指令	ANB 电路块或	触点块的串联连接	

续表

	1. 基本指令		
分类	指令名称助记符	功能	梯形图及可用软元件
连接指令	ORB 电路块与	触点块的并联连接	ORD
	MPS 进栈	运算存储	MPS MRD MPP
	MRD 读栈	存储读出	
	MPP 出栈	存储读出及复位	
输出指令	OUT 输出	线圈驱动	
	SET 置位	线圈接通保持	SET Y、M、S
	RST 复位	线圈接通清除	RST Y、M、S、T、C、D、Z、Y
	PLS 脉冲	执行条件上升沿产生一个扫描周期的脉冲	PLS Y、M 特殊 M 除外
	PLF 脉冲	执行条件下降沿产生一个扫描周期的脉冲	PLF Y、M 特殊 M 除外
主控指令	MC 主控	连接公共串联触点	MC N Y、M N=N0~N7
	MCR 主控复位	公共串联触点的清除	MCR M N=N0~N7
其他	INV 反	运算结果的反状态	
	NOP 空	空操作	
	END 结束	程度结束	

2. 步进指令			
指令名称（助记符）		功能	梯形图及可用软元件
步进指令 STL		对步进触点编程	S
步进返回指令 RET		步进控制结束	RET

3. 应用指令（√为适用，×为不可用）				
分类	助记符及功能编号	D 指令	P 指令	指令的功能说明
程序流程	GJ FNC00	×	√	执行条件满足时，跳转到 P** 指定处。P 地址为 P0~P127，P63 是 END 的所在步序。
	CALL FNC01	×	√	执行条件满足时，执行 P** 指定的子程序。其他同上。P 地址为 P0~P127，P63 是 END 的所在步序。
	SRET FNC02	×		子程序返回（无操作数）
	IRET FNC03	×		中断返回（无操作数）

续表

分类	助记符及功能编号	D指令	P指令	指令的功能说明
程序流程	EI FNC04	×		开中断（无操作数）
	DI FNC05	×		关中断（无操作数）
	FEND FNC06	×		主程序结束（无操作数）
	WDT FNC07	×	√	监视定时器刷新（无操作数）
	FOR FNC08	×		表示循环区起点及循环次数（S）
	NEXT FNC09	×		循环区终点（无操作数）
传送与比较	CMP FNC10	√		比较两个数的大小 ［（S）=、>、<、（S2）→（D）］
	ZCP FNC11	√		一个数与区间的比较 ［（S）=、>、<（S1）-（S2）区间→（D）］
	MOV FNC12	√		存储单元内容传送 （S）→（D）
	SHOV FNC13	×	√	移位转送 源中指定位（S）→（D）目标的指定位
	CML FNC14	√		取反 $\overline{(S)}$→（D）
	BMOV FNC15	×	√	成批传送 n点→n点
	FMOV FNC16	√		多点传送 I点→n点
	XCH FNC17	√		数据交换 （D1）←→（D2） D1、D2 必须是同类元件
	BCD FBC18	√		BCD 转换 源 BIN（S）→目标 BCD（D）
	BIN FBC19	√		BIN 转换 源 BCD（S）→目标 BIN（D）
葛雷码	GYT FNC170	√		葛雷码转换
	GBIN FNC171	√		葛雷码逆转换
四则运算与逻辑运算	ADD FNC20	√		二进制加法 （S1）+（S2）→（D）
	SUB FNC21	√		二进制减法 （S1）-（S2）→（D）
	MUL FNC22	√		二进制乘法 （S1）×（S2）→（D）

3. 应用指令（√为适用，×为不可用）

分类	助记符及功能编号	D指令	P指令	指令的功能说明
四则运算与逻辑运算	DIV FNC23	√		二进制除法　（S1）÷（S2）→（D，　　D+1） 　　　　　　　　　　　　　　　　商，　　　余数
	INC FNC24	√		二进制数加1　（D）+1→（D）
	DEC FNC25	√		二进制数减1　（D）−1→（D）
	WAND FNC26	√		逻辑字与　（S1）∧（S2）→（D）
	WOR FNC27	√		逻辑字或　（S1）∨（S2）→（D）
	WXOR FNC28	√		逻辑字异或 （S1）同（S2）做异或运算，结果放到（D）
	NEG FNC29	√		对目标（D）求补码 $\overline{(D)}$+1→（D）
循环移位与移位	ROR FNC30	√		执行指令时，目标元件D的位循环右移n位
	ROL FNC31	√		执行指令时，目标元件D的位循环左移n位
	RCR FNC32	√		带进位循环右移（n位）
	RCL FNC33	√		带进位循环左移（n位）
	SFTR FNC34	×	√	位左移位，即源（S）存于堆栈中，堆栈右移。
	SFTL FNC35	×	√	位右移位，即源（S）存于堆栈中，堆栈左移。
	WSFR FNC36	×	√	字右移位，即源（S）状态存放到字栈中，字栈右移。
	WSFL FNC37	×	√	字左移位，即源（S）状态存放到字栈中，字栈左移。
	SFWR FNC38	×	√	先进先出 FIFO 栈写入
	SFRD FNC39	×	√	先进先出 FIFO 栈写出
数据处理	ZRST FNC40	×	√	区间复位，即将目标（D1）、（D2）指定的同类型元件复位。
	DECO FNC41	×	√	解码
	ENCO FNC42	×	√	编码

表头上方：3. 应用指令（√为适用，×为不可用）

				3. 应用指令（√为适用，×为不可用）
分类	助记符及功能编号	D指令	P指令	指令的功能说明
数据处理	SUM FNC43		√	求置"ON"位的位数总和
	BON FNC44		√	ON位判别
	MEAN FNC45		√	求平均值（S）n点之和÷n-（D）
	ANS FNC46		×	标志置位，源（S）指定计时器到设定值时，目标（D）指定的元件置ON。
	ANR FNC47	×	√	标志复位
	SOR FNC48		√	求二进制平方根
	FLT FNC49		√	十进制整数与浮点数间的转换
高速处理	REF FNC50	×	√	输入/输出判断
	REFF FNC51	×	√	滤波时间常数调整
	MTR FNC52		×	矩阵输入
	HSCS FNC53	√	×	比较置位（高速计数器用）
	HSCR FNC54	√	×	比较复位（高速计数器用）
	HSZ FNC55	√	×	区间比较（高速计数器用）
	SPD FNC56		×	速度检测
	PLSY FNC57	√	×	脉冲输出
	PWM FNC58		×	脉冲宽度调制
	PLSR FNC59	√	×	带加速减速的脉冲输出
方便指令	IST FNC60		×	步进控制的状态初始化及设置STL指令的运行模式
	SER FNC61		√	数据检索
	ABSD FNC62	√	×	绝对值式凸轮控制

分类	助记符及功能编号	D指令	P指令	指令的功能说明
方便指令	INCD FNC63	×		增量式凸轮控制
	TIMR FNC64	×		示教定时器
	STMR FNC65	×		特殊定时器
	ALT FNC66	×		交替输出
	RAMP FNC67	×		斜坡信号
	ROTC FNC68	×		施转台工作控制
	SORT FNC69	×		数据列表排序
外部设备 I/O	TKY FNC70	√	×	十键输入
	HKY FNC71	√	×	十六键输入
	DSW FNC72	×		数字开关输入
	SEGD FNC73	×	√	七段译码
	SEGL FNC74	×		带锁存七段码显示
	ARWS FNC75	×		方向开关
	ASC FNC76	√		ASCII 码转换
	PR FNC77	×		ASCII 码打印输出
	FROM FNC78	√		从特殊功能模块的缓冲存储器读出数据
	TO FNC79	√		写数据到特殊功能模块的缓冲存储器
外部设备 SER	RS FNC80	×		串行数据传送 PS232C
	PRUN FNC81	√		八进制数据传送
	ASCI FNC82	×	√	十六进制数转换或 ASCII 码

3. 应用指令（√为适用，×为不可用）

分类	助记符及功能编号	D 指令	P 指令	指令的功能说明
外部设备 SER	HEX FNC83	×	√	ASCII 码转换成十六进制数
	CCD FNC84	×	√	校验码
	VRRD FNC85	×	√	从 FX-8AV 的八个输入中读入一个模拟量
	VRSC FNC86	×	√	从 FX-8AX 的 8 个输入中读入开关设定位置，范围为 0~10
	PID FNC88	×		PID 运算
浮点数	MNET FNC90	×	√	（与 FX2-24EI 一起使用）F-16NT/NP Minl 网模块
	ANRD FNC91	×	√	F2-6A 读出（与 FX2-24EI 一起使用）
	RMST FNC92	√	×	F2-6A 写入
	RMST FNC93	×	×	F2-32RM 启动运行
	RMWR FNC94	√	√	F2-32RM 输出禁止（与 FX2-24EI 一起使用）
	RMRT FNC95	√	√	读 F2-32RM 的输出
	RMMN FNC96	√	√	F2-32RM 特视
	BLK FNC97	√	√	F2-32RM 程序运行号指定
	MCDE FNC98	√	√	F2-30GMM 化码读出
	ECMP FNC110		√	二进制浮点数比较
	EZCP FNC111		√	二进制浮点数区间比较
	EBCD FNC118		√	二进制浮点数转换成十进制浮点
	EBIN FNC119		√	十进制浮点数转换成二进制浮点
	EADD FNC120		√	二进制浮点数加法运算
	ESUB FNC121		√	二进制浮点数减法运算

3. 应用指令（√为适用，×为不可用）

3. 应用指令（√为适用，×为不可用）			
分类	助记符及功能编号	D指令	P指令	指令的功能说明

分类	助记符及功能编号	D指令	P指令	指令的功能说明
浮点数	EMUL FNC122	√		二进制浮点数乘法运算
	EDIV FNC123	√		二进制浮点数除法运算
	ESQR FNC127	√		二进制浮点开平方运算
	INT FNC129	√		二进制浮点数转换成二进制整数
	SIN FNC130	√		浮点数三角函数（SIN）运算
	COS FNC131	√		浮点数三角函数（CON）运算
	TAN FNC132	√		浮点数三角函数（TAN）运算
	SWAP FNC147	√		低八位与高八位交换

1.1.2　A系列PLC的硬/软件资源

1. A系列PLC的硬件资源

A系列是日本三菱公司最新推出的带智能接口的PLC，其品种较多，主要有A0J2、AnN、A3H、AnA等几种。其中，A0J2为整体式PLC，其余为模块式。除CPU模块外，大多数模块可兼容。

A系列PLC具有很强的通信能力。在A系列PLC之间，或者是A系列PLC与F系列PLC、FX系列PLC以及三菱公司的FREQROL-Z系列变频调速器等之间，均可进行数据交换。此外，A系列PLC还可与计算机、数据存取单元、打印机等进行通信。

A系列PLC的输入模块一般有直流输入型和交流输入型两种，输出模块一般有继电器输出、晶闸管输出、晶体管输出三种。

（1）A系列PLC的主要特点。

1）A0J2系列PLC。A0J2系列PLC的I/O点数为28~336点，通过与模块式PLC的扩展机架（底板）相连，可使用A系列其他品种的I/O模块和智能模块，从而使它的I/O点数可扩展到480点。

A0J2系列PLC的CPU单元，除提供供PLC工作的内部电源外，还提供5V/5A和24V/0.8A的用户电源供I/O系统用。若I/O系统较大，可选用扩展的电源单元。

除CPU单元外，A0J2系列PLC还具有多种开关量I/O单元，如纯输入单元、纯输出单元以及混合输入/输出单元。此外，还提供特殊功能单元，如A/D转换器、D/A转换器、高速计数单元、位置控制器、远程I/O单元等。通过这些单元，可实现逻辑控制、模拟量控制、数据处理、通信联网等功能。

A0J2系列PLC有光纤通信、同轴电缆通信遥控接口和计算机数据通信接口。若将A0J2系列

PLC 挂在 MELSECNET 网络上，还可与 A 系列其他产品（如 A1N、A2N、A3N 等）进行通信。

2）AnN 系列 PLC。AnN 系列 PLC 有 A1N、A2N、A3N 三种不同的型号，它们是典型的模块式 PLC，其控制点数最大可达到 2048 点，用户程序存储器容量最高可达 120K 步，编程指令超过 260 条。除可完成逻辑控制、顺序控制、定位控制、模拟量控制等功能外，还可实现 64 个回路的 PID 控制、复杂的函数（如三角、对数、指数、开方、反三角等）运算、高速计数等。在实现工厂自动化中，获得了广泛的应用。

3）AnA 系列 PLC。AnA 系列 PLC 有 A2A、A3A 等几种不同型号，它们也是模块式结构。其 I/O 点数有 512 点、1024 点、2048 点三种。此外，还提供了 6144 点数据寄存器、2048 点计时器、1024 点计数器。

AnA 系列 PLC 使用了全世界第一片为顺控应用而开发的晶片——MSP，每步运算速度可高达 0.15μs。

AnA 系列 PLC 的用户程序存储器容量可达 30K 步，编程指令有 400 多条，可进行浮点运算及 32 路 PID 控制，它所能完成的控制功能与 AnN 系列 PLC 基本相同。在工业控制中其应用越来越广泛。

4）A 系列 PLC 的编程设备及系统软件。A 系列 PLC 的编程设备有简易型编程器 A7PU 和便携式多功能编程器 A6GPPE、A6PHPE、A6HGPE。用户可用各种编程器编程，监视和修改参数。

简易型编程器 A7PU 有两个 RS422 接口。其中一个与 PLC 直接相连，另一个可用于与 PLC 远距离连接。此外，A7PU 还有磁带录音机接口。

便携式多功能编程器 A6GPPE、A6PHPE、A6HGPE 分别采用 CRT 显示器、等离子显示器、LCD 显示器。它们配有 3.5 英寸的软盘驱动器、RS232C 接口和 RS422 接口。

A 系列 PLC 有丰富的系统软件。用于顺序控制、定位控制、PID 控制、BASIC 程序、定时器控制、数学运算、监视等功能的软件包有 20 多个。它们均可用于 A6PHPE 和 A6HCPE 编程器。此外，还有大量的可用于个人计算机的软件包。

（2）A2N 系列 PLC 的主要硬件资源。

1）输入继电器（X）和输出继电器（Y）。输入继电器（又称输入软元件）和输出继电器（又称输出软元件）用于 PLC 的 CPU 和外部用户设备之间的数据传送。

对 A 系列 PLC，可用于控制 I/O 模块和特殊功能模块的 I/O 地址号为 X0、Y0 至 1FFH（H 表示 16 进制），输入（X）、输出（Y）的总点数为 512 点。其输入、输出地址的具体分配方法详见下述。

a. 输入继电器（X）。输入继电器是 PLC 与外部用户设备连接的接口，用来接受用户输入设备（如按钮、选择开关、限位开关、数字开关等）发来的输入信号。

输入继电器的线圈与 PLC 的输入端子相连。从用户输入设备送到输入模块的数据，使输入继电器的线圈（软线圈）处于 ON/OFF 状态，输入继电器的触点（动合和动断）供编程使用。在程序中，输入继电器的动合触点和动断触点的使用次数没有限制。

例如，图 1-3 表示编号为 X0 的输入继电器的等效电路。其线圈由外部按钮输入信号驱动，X0 的动合触点和动断触点供编程使用。编程时值得注意的是：输入继电器只能由外部信号驱动，不能在程序内部用指令来驱动，其触点也不能直接带动负载。

b. 输出继电器（Y）。输出继电器用

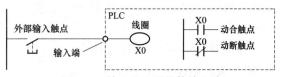

图 1-3 输入继电器的等效电路

于将程序运算的结果经过输出模块送到用户输出设备（如接触器、电磁阀、指示灯等）。

输出继电器的线圈由程序执行结果所驱动（激励），它只有一个触点（即外部触点）输出，用来直接带动负载。这个外部触点的状态对应于输出刷新阶段的输出锁存器中的输出状态。同时，它还有无数对动合触点和动断触点（内部触点）供编程使用。这些内部触点的状态对应于输出元素映像寄存器中该元件的状态。图1-4是输出继电器Y020的等效电路。

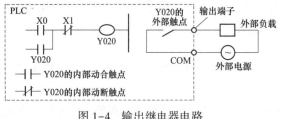

图1-4 输出继电器电路

2）辅助继电器（M/L/S）。辅助继电器的线圈和输出继电器一样，只能由程序驱动。每个辅助继电器也有无数对动合触点和动断触点，但这些触点只能在PLC内部供编程使用，不能直接输出驱动外部负载。也就是说，辅助继电器不能输出到外部器件上。

辅助继电器有内部继电器（M）、锁存继电器（L）和步进继电器（S）三种。其中，内部继电器（M）和步进继电器（S）无断电保持功能，即当切断PLC的电源，或对PLC进行复位时，全部内部继电器和步进继电器均断开。而锁存继电器（L）则具有断电保持功能（断电时用锂电池作后备电源），即当PLC上电或复位时，其操作结果被保持；当清除锁存时，才将锁存继电器全部断开。

辅助继电器（M/L/S）的总点数为2048点，其默认设置为：内部继电器占1000点（M0~M999）、锁存继电器占1048点（L1000~L2047）、步进继电器（S）占0点。但它们（M/L/S）各自所占的点数比例并不是固定不变的，可以通过参数来改变其设置。需要说明的是，无论内部继电器（M）、锁存继电器（L）和步进继电器（S）三者之间的点数比例怎样改变，它们的总点数始终为2048点，且三种继电器的地址总是连续编号的。

3）通信继电器（B）。通信继电器是用于数据通信系统中的内部继电器，其元件编号为B0~B3FF，共1024点。

在数据通信系统中，通信继电器的通/断数据可以通过在授权站（主站或就地站）如同控制线圈那样控制通信继电器的通/断，在非授权站（主站或就地站）将它们当作触点。这样，就可以在主站和就地站之间通过通信继电器传送通/断数据。但远程I/O站不能使用通信继电器。

在每个站中用作线圈的通信继电器，必须由主站先进行设置。对没有被设置为通信用的通信继电器，在每个站中可当作内部继电器使用。

在程序中，通信继电器的动合触点和动断触点的使用次数没有限制。

通信继电器的通/断状态必须通过输出模块才能输出到外部器件。

4）定时器（T）。PLC中的计时器T相当于继电器控制系统中的时间继电器，它采用增计数方式进行计时。当定时器的线圈接通时，定时器开始计时，当计时的当前值与定时器的设定值相等时（定时时间到），定时器的动合触点闭合、动断触点断开；当定时器的线圈断开时，当前值变为0，其触点恢复常态。定时器可提供无限对动合、动断触点供编程使用。

a. 定时器的元件编号和设定时间：

100ms定时器：T0~T199（共200点）。

10ms定时器：T200~T255（共56点）。

图 1-5 是计时器的工作时序。图中，当 X1 接通时，定时器 T2 的线圈接通，其当前值开始计时，当当前值计到与设定值 5s（50ms×100 = 5s，因 T2 为 100ms 定时器）相等时，定时器 T2 的动合触点闭合，Y020 接通。当 X1 断开时，计时器 T2 的线圈断开，其动合触点立即断开（恢复常态）。

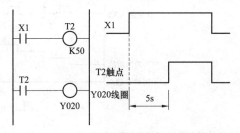

图 1-5　定时器的梯形图和工作时序

b. 定时器的工作过程。当定时器的线圈接通时，定时器的当前值被不断刷新，当定时时间到时，定时器的触点动作（动合触点闭合、动断触点断开）。反之，当定时器的线圈断开时，定时器复位，其当前值为 0，触点立即复位（动合触点断开、动断触点闭合）。

定时器 T 也可用复位指令来复位。当执行复位指令（RST T口）时，对应定时器的当前值就复位为 0，其触点也立即复位。

定时器线圈的通/断是靠执行 OUT T口指令来进行的。如果在定时器的线圈接通后，由于使用跳转指令 CJ 而跳过了 OUT T口指令，则定时器线圈仍保持接通状态，并进行计时。当定时器的计时时间到时，即使不执行 OUT T口指令，定时器的当前值照样被刷新，如图 1-6 所示。

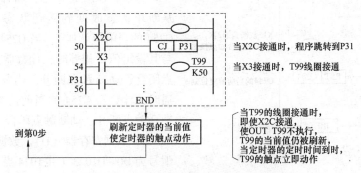

图 1-6　定时器遇到跳转指令时的处理

5）计数器（C）。A2N 系列 PLC CPU 采用增（加法）计数方式。当计数器的计数值增加到与设定值相等时，程序中计数器的动合触点闭合、动断触点断开。计数器可提供无限对动合、动断触点供编程使用。计数器的计数次数是由设定值决定的。计数器的元件编号为 C0~C255，共 256 点。

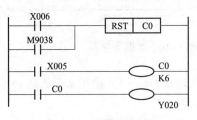

图 1-7　计数梯形图

a. 计数器的工作过程。图 1-7 为一计数梯形图。图中的增计数器 C0 对输入 X5 的上升沿计数，当计数输入 X5 每接通一次，就计一次数，计数器 C0 的当前值加 1，当当前值增加到与 C0 的设定值 6 相等时，计数器 C0 的动合触点闭合、动断触点断开。其工作时序如图 1-8 所示。

由于每个计数器均有断电保持功能（用锂电池供电），因此当计数器在计数时电源中断，计数器停止计数并保持计数当前值；当电源再次接通后，计数器在当前值的基础上继续计数。所以，当不需要在电源中断时保存计数数据时，可用初始化脉冲 M9038（详见特殊辅助继电器）作为计数器的复位信号，当 PLC 一投入运行时，就对计数器 C0 复位，则计数器复位为 0。图 1-6 中，X006 为外加的复位条件，当复位输入 X6 接通时，计数器的当前值复位为 0，其动

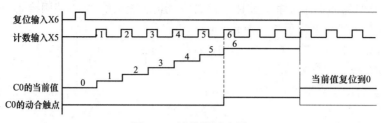

图 1-8　计数器时序图

合触点断开、动断触点闭合。

b. 中断计数器。当计数器在中断程序中使用时，即为中断计数器。其工作过程与在顺控程序中使用的普通计数器基本相同，也是当计数器的当前值增加到与设定值相等时，计数器的触点动作。在中断程序中，通过执行指令 OUT C 口，使中断程序中的计数器线圈得电/失电，执行中断返回指令 IRET 后，计数器的当前值被刷新，其触点动作。

只有当指令 OUT C 口的输入条件从断开状态改变到接通状态时，才执行计数；如果输入状态保持在接通（或断开），不执行计数。

计数器的线圈失电时，其计数当前值并不被清零。用指令 RST C 口使计数器的当前值清零，且使它的触点恢复常态。

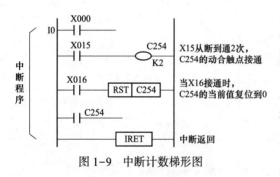

图 1-9　中断计数梯形图

例如，在图 1-9 中，当计数输入 X15 每从断开状态改变到接通状态一次，计数器 C254 的当前值就加 1，当 C254 的计数当前值与其设定值 2 相等时，计数器 C254 的动合触点闭合、动断触点断开。当复位输入 X16 接通时，计数器 C254 的当前值被复位到 0，其动合触点断开、动断触点闭合。

6）数据寄存器（D）。数据寄存器的元件编号为 D0~D1023（共 1024 点），它用来存储

PLC 内部的数值型数据（-32768~32767 或 8000H~7FFFH）。每个数据寄存器的字长为 16 位，其结构如图 1-10 所示。

用两个数据寄存器可以处理 32 位的数据。32 位指令指定的数据寄存器存放低 16 位数据，其地址+1 的那个数据寄存器存放高 16 位数据，如图 1-11 所示。图中 DMOV 是 32 位数据传送指令，该指令指定

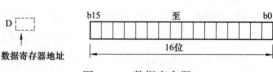

图 1-10　数据寄存器

的数据寄存器 D0 存放低 16 位数据，而数据寄存器 D1（因为地址 D+1=1）则用来存放高 16 位数据。也就是将数据 500000 存放在 D0 和 D1 两个数据寄存器中。

当用程序（指令）将数据存入数据寄存器时，数据寄存器中内容一直保持，直到新数据送入后才刷新（改变）。

7）通信寄存器（W）。通信寄存器的元件编号为 W0~WFF（共 1024 点），它用来存放数据通信用的数据。每个通信寄存器的字长为 16 位，是进行数据读写操作的基本单位。将图 1-10 中的 D 换成 W，即为通信寄存器的结构图。

同数据寄存器一样，用两个通信寄存器也可处理 32 位数据。用 32 位指令指定存放低 16 位

的通信寄存器的地址号（比如 W0），高 16 位数据存放在指定地址号加 1（0+1）的通信寄存器（W1）中。将图 1-11 中的 D0 和 D1 分别换成 W0 和 W1，即为用两个通信寄存器（W0 和 W1）存放 32 位的数据（500000）的情况。

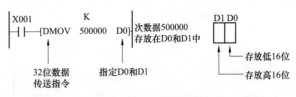

图 1-11 用两个数据寄存器处理 32 位的数据

利用通信寄存器可以实现主站与就地站或两个就地站之间的数据通信。比如，在一个站（主站或就地站）写入的数据，可以在其他站（就地站或主站）读出和使用。

为了在数据通信中使用通信寄存器，需要在主站对各个站所使用的通信寄存器进行设置。凡是没有设置在各站中使用的通信寄存器，均可作为数据寄存器。也就是说，对在数据通信中要使用的通信寄存器，必须先在主站进行设置，设置为通信用的通信寄存器，不能再用作数据寄存器。

注意：当通信寄存器用于通信系统时，通信寄存器中的数据不能在远程 I/O 站中使用。

8）文件寄存器（R）。文件寄存器用作数据寄存器的一个扩展存储区，存储卡内的用户存储空间可供设置文件寄存器存储区用。通过参数设置，文件寄存器可达 1~4K 点。

文件寄存器的字长为 16 位，是进行数据读写操作的基本单位。将图 1-10 中的 D 换成 R，即为文件寄存器的结构图。

同数据寄存器一样，用两个文件寄存器也可处理 32 位数据。32 位指令所指定的地址（比如图 1-12 中的 R0）为存放低 16 位的文件寄存器的地址号，而高 16 位数据，则存放在指定地址号加 1 的文件寄存器（R1）中。将图 1-11 中的 D0 和 D1 分别换成 R0 和 R1，即为用两个文件寄存器（R0 和 R1）存放 32 位的数据（500000）的情况。

文件寄存器中存放的数据在电源接通时是不能清除的，即使将开关 SESET 扳至"RESET"

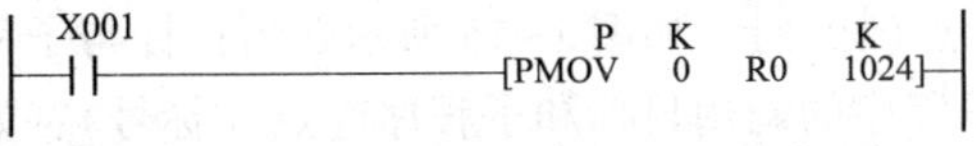

图 1-12 清除文件寄存器中内容的方法

或"LATCH CLEAR"时，也不能清除。要清除文件寄存器中的内容，需用 FMOV（P）指令将"0"写入到文件寄存器中，如图 1-12 所示。其中，"R0"表示起始地址，"K1024"表示清零的点数。

9）累加器。累加器的元件编号为 A0、A1（共 2 点），它用来存放基本指令和应用指令的操作结果。每个累加器的字长为 16 位，是进行数据读写操作的基本单位。将图 1-10 中的 D 换成 A，即为累加器的结构图。

同数据寄存器一样，用两个累加器可处理 32 位数据。使用 32 位指令时，累加器 A0 存放低 16 位，累加器 A1 存放高 16 位。将图 1-11 中的 D0 和 D1 分别换成 A0 和 A1，即为用两个累加器（A0 和 A1）存放 32 位的数据（500000）的情况。

10）变址寄存器（Z、V）。在使用基本指令和应用指令时，可以采用变址寄存器来间接指定软元件（X、Y、M、L、B、T、C、D、W、R 等）的地址。A2N 系列 PLC 提供两个变址寄存器，即 Z 和 V。每个变址寄存器由 16 位组成，16 位是进行数据读写的基本单位。

当使用 32 位指令时，用变址寄存器 Z 存放低 16 位数据，V 存放高 16 位数据。并且注意，在编程中使用 32 位指令时，不能指定 V 作为操作数。

将图 1-11 中的 D0 和 D1 分别换成 Z 和 V，即为用两个变址寄存器（Z 和 V）存放 32 位的数据（500000）的情况。

变址寄存器不能对以触点或线圈为单位的位软元件（X、Y、M、L、B、T、C 等）进行间接指定，只有用这些位软元件构成以 16 位为单位时，才能使用变址操作，如图 1-13 所示。

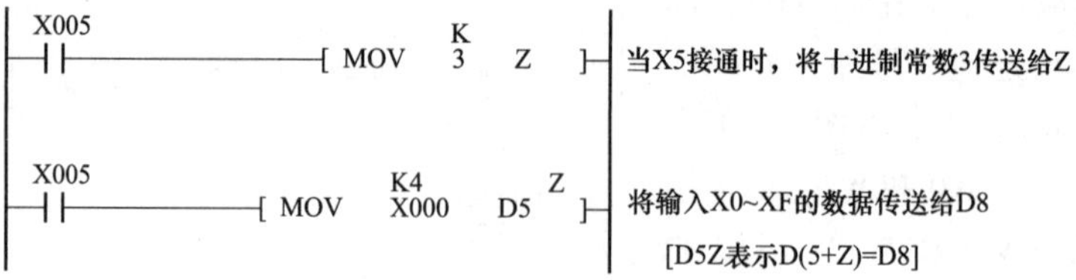

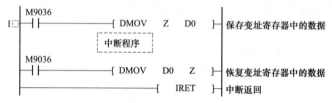

图 1-13　变址寄存器的应用

值得说明的是，在执行中断程序之前，A2N 系列 PLC 不能保存变址寄存器中的数据。在执行中断程序期间，变址寄存器中的数据已经有了变化，而在中断程序执行完成时，又想将变址寄存器中的数据恢复到执行中断程序之前的状态，则必须编写一段如图 1-14 所示的程序。

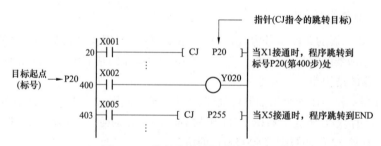

图 1-14　保存和恢复变址寄存器中数据

11）嵌套软元件（N）。嵌套软元件的编号为 N0~N7，共 8 级。嵌套软元件与主控指令一起使用。编程时，指定最低的嵌套级 N0 为起点，最高的嵌套级为终点。

主控指令用于打开和关闭母线，使梯形图的切换执行得更有效。每个主控指令均以 MC 指令开始，以 MCR 指令结束。

12）指针（P）。指针的软元件的编号为 P0~P255，共 256 点。当它与跳步指令（CJ、SCJ、JMP）联用时，用来指定跳步的转移目标和目标起点（标号），如图 1-15 所示。当指针与子程序调用指令（CALL、CALLP）联用时，用来指定子程序的调用目标和子程序起点（标号），如图 1-16 所示。

图 1-15　指针在跳步指令中的用法

在使用指针 P255 时，要注意以下三点：

① P255 与 CJ、SCJ 或 JMP 指令一起使用时，用作跳步到 END；

② P255 不能作标号；

③ P255 不能与软元件一起使用于 CALL 或 CALLP 指令。

13）中断指针（I）。中断指针的软元件编号为 I0~I31，共 32 点。它作为标号，用于中断程序的起点。每个中断程序均以一个中断指针标号作为开始，以 IRET 指令作为结束。

14）常用特殊辅助继电器。特殊继电器是在 PLC 中具有某些特殊功能的继电器，特殊继电器的软元件编号 M9000~M9255，共 256 点，这里仅介绍常用的特殊继电器，其他特殊继电器可

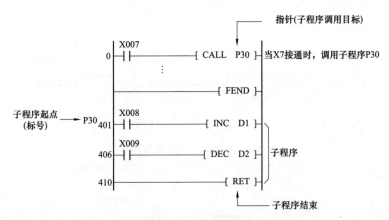

图1-16 指针在子程序调用指令中的用法

参阅有关资料。

a. M9005——AC 电源掉电检测。M9005 用来检测 CPU 模块中，20ms 或 20ms 以下的瞬间电源故障。当发生在 20ms 或不到 20ms 的瞬间掉电时，M9005 接通；当电源正常时 M9005 复位（为 OFF）。

b. M9020~M9024——0~4 号用户定时时钟。M9020~M9024 特殊辅助继电器按预定的间隔反复通断。用脉冲再生指令（DUTY）指定通/断的间隔，如图 1-17 所示，在 n1 个扫描周期内接通（为 ON），在 n2 个扫描周期内断开（为 OFF）。

在上电或复位后（初始状态），用户定时时钟从 0 开始，即在初始状态，时钟处于断开状态。

由图 1-17 可见，当 n1=0 时，定时脉冲为 OFF；当 n1>0，n2=0 时，定时脉冲保持为 ON。

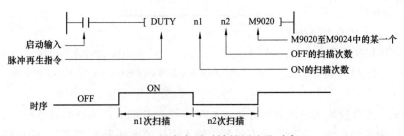

图1-17 用户定时时钟的用法及时序

为了帮助理解，下面举一个 M9020~M9024 应用的具体例子，如图 1-18 所示。当 X1 接通时，定时脉冲 M9022 的两个扫描周期为 ON，4 个扫描周期为 OFF。

注意：由 DUTY 指令产生定时脉冲后，即使定时脉冲启动输入信号（X1）断开，所产生的定时脉冲也不会停止。因此，若要停止所产生的定时脉冲，可将图 1-18 中的 n1 设为 0，即将定时脉冲为 ON 的扫描次数设置为 0，当然还用一个定时脉冲停止输入信号。

比如，要停止图 1-18（a）所产生的定时脉冲，可用图 1-18（c）所示的梯形图来实现。当定时脉冲停止输入信号 X2 接通时，定时脉冲 M9022 即停止。

c. M9030~M9034——用于指定时间间隔运行的时钟。当 PPLC 运行时，M9030~M9034 产生周期分别为 0.1s、0.2s、0.5s、1s、1min 的时钟信号。

例如，M9033 为 1s 时钟脉冲，当 PLC 投入运行时，M9033 产生周期为 s（ON/OFF=0.5s/0.5s）的脉冲信号，如图 1-19 所示。

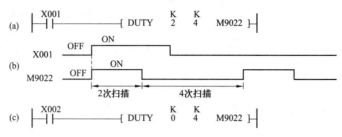

图1-18　M9020-M9024的应用实例

（a）产生脉冲的梯形图；（b）时序图；（c）停止脉冲的梯形图

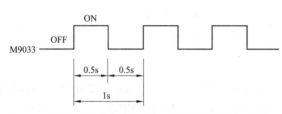

图1-19　M90331秒时钟脉冲波形图

d. 9036——恒ON标志。当PLC的电源接通时，M9036恒处于ON状态。它可用于开发一个电源接通后一直执行的程序。

e. M9037——恒OFF标志。当PLC的电源接通时，M9037恒处于OFF状态。它可用于在调试或其他情况下暂停程序执行。

f. M9038——初始化脉冲继电器。在PLC运行时，M9038接通一个扫描周期。其时序如图1-20（a）所示。

g. M9039——运行标志继电器。在PLC运行时，M9039断开一个扫描周期。其时序如图1-20（b）所示。

15）信号报警器（F）。信号报警器（F）可在故障检测程序中使用，其软元件编号为：F0~F255，共256点。

（3）A2N系列PLC的I/O地址分配。对于A2N系列PLC，在分配其I/O地址时应遵循以下几点。

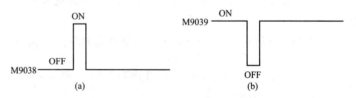

图1-20　M9038/M9039的时序

（a）初始化脉冲继电器；（b）运行标志继电器

1）主基板上I/O模块的地址分配方法。A2N系列PLC的I/O地址的编号是由主基板的第0号槽（即CPU模块的右侧）开始，向右展开。输入模块的地址为X□□□，输出模块的地址为Y□□□（F0地址用三位16进制数表示），输入（X）和输出（Y）地址是连续编号的，如图1-21所示。

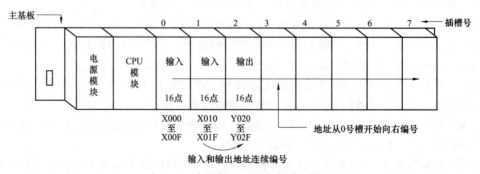

图1-21　主基板I/O地址的分配方法

2）扩展基板上 I/O 模块的地址分配方法。使用扩展基板时，第一块扩展基板的首地址顺接主基板的末地址。扩展基板的地址编号取决于扩展基板所设置的级号的顺序，而与扩展电缆的连接顺序无关，如图 1-22 所示。

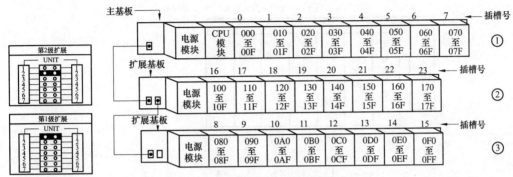

图 1-22　扩展基板 FO 地址的分配方法

图 1-22 中，假设各槽均为 16 点，则主基板（图中的"①"）从 0 号槽到 7 号槽的地址编号为 000~07F。在两块扩展基板中，尽管上面那块扩展基板（图中的"②"）的扩展电缆与主基板直接相连，但由于下面那块扩展基板（图中的"③"）的级号被设置为 1 级，而上面那块扩展基板的级号被设置为 2 级，因此，③号扩展基板的 I/O 首地址编号（"080"）应顺接主基板的末地址（"07F"），而②号扩展基板的 I/O 首地址（"100"）应顺接③号扩展基板的末地址（"0FF"），以此类推，直至最后一级扩展基板。

（4）插槽所占用的 I/O 点数。各个插槽所占用的 I/O 点数，等于插在该插槽上的模块自身的 I/O 点数。而对于没有插装 I/O 模块或特殊功能模块的空槽，其所占用的 I/O 地址应作 16 点处理，如图 1-23 所示。

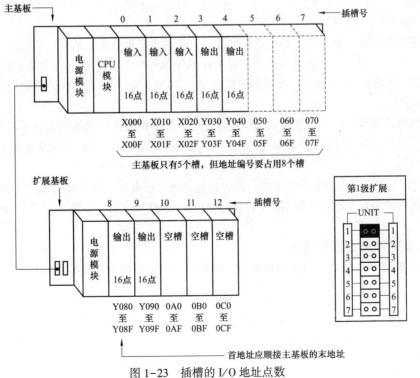

图 1-23　插槽的 I/O 地址点数

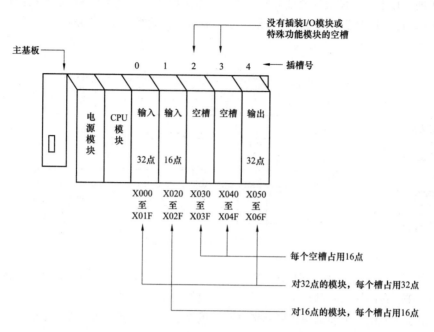

图 1-24 基板的槽数

例如，在主基板的第 0 号槽上，假设插了一个 32 点的输入模块，则该插槽所占用的 I/O 地址为 X000～X01F（共 32 点）。而在 1 号槽上，由于插的是一个 16 点的输入模块，因此 1 号槽的 F/O 地址编号为 X020～X02F（共 16 点）。

对于主基板上的 2 号槽和 3 号槽，由于没有插装模块（为空槽），则其所占用的 I/O 地址按 16 点处理。这样按顺序排下去，则 4 号槽（假设插的是 32 点输出模块）的 I/O 地址编号应为 Y050～Y06F（共 32 点）。

（5）基板的槽数。在对 I/O 地址进行编号时，各种主基板和扩展基板均应做 8 个槽处理。

例如，在一块有 5 个槽的主基板上，对 I/O 模块编号应做 8 个处理（主基板的第 5、6、7 槽也要占用 FO 地址），其后的扩展基板的首地址（Y080）应顺接主基板的末地址（07F），如图 1-24 所示。

（6）级号设置跳跃的扩展基板的 I/O 地址分配。如果扩展基板的级号设置不连续（级号设置跳跃），那么这些被跳过的扩展级所占用的 I/O 点数等于"跳过的级数×（槽）8×16（点）"。

在图 1-25 中，由于主基板所连接的扩展基板的级号被设置为第 2 级（跳过了第 1 级），因此，扩展基板的 I/O 首地址应从 100（假设各槽均为 16 点）开始，即跳过了"1（级）×（槽）8×16（点）= 128 点"。

2. A 系列 PLC 的软件资源

三菱 A 系列 PLC 的指令包括顺控指令、基本指令和应用指令三大类，见表 1-7。

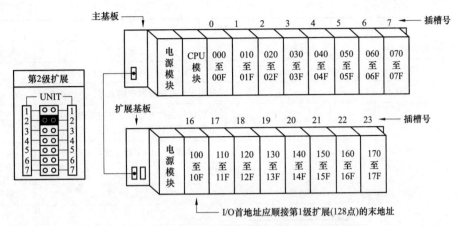

图 1-25　级号设置跳跃的扩展基板的 I/O 地址分配

表 1-7　　　　　　　　　　　三菱 A 系列 PLC 的指令

1. 顺控指令					
分类	单位	指令助记符	表达符号	处理内容	执行条件
触点指令	—	LD	⊢⊣⊢	逻辑操作开始（动合触点操作开始）	
		LDI	⊢⊣/⊢	逻辑非操作开始（动断触点操作开始）	
		AHD	⊣⊢	逻辑与（动合触点串联）	
		AHI	⊣/⊢	逻辑与非（动断触点串联）	
		OR	⊣⊢	逻辑或（动合触点并联）	
		ORI	⊣/⊢	逻辑或非（动断触点并联）	
连接指令	—	ANB	⊣⊢⊣⊢	AND 逻辑块与（块的串联）	
		ORB	⊣⊢⊣⊢	OR 逻辑块或（动断触点并联）	
		MPS	MPS ⊣⊢○	存储操作结果	
		MRD	MRD ⊣⊢○	从 MPS 逻辑读取操作结果	
		MPP	MPP ⊣⊢○	从 MPS 读取操作结束，并清除结果	
输出指令	—	OUT	○⊣	软元件输出	
		SET	SET D	软元件置位	当用于,（信号报警器）当用于其他元件
		RST	RST D	软元件复位	
		PLS	PLS D	在执行条件的上升沿产生 1 个扫描周期的脉冲	⌐
		SET	PLF D	在执行条件的下降沿产生 1 个扫描周期的脉冲	¬
		CHK	CHK D1 D2	软元件输出翻转只在 I/O 刷新模式有效	⌐
移位指令	—	SFT	SFT D	元件移 1 位	⊓
		SFIP	SFTP D		⌐
主控指令	—	MC	MC n D	主控开始	
		MCR	MCR n	主控复位	

续表

1. 顺控指令				
分类	单位	指令助记符	表达符号	处理内容	执行条件
结束指令	—	FEND	FEND	用于结束主程序，以终止处理	
		ERD	—	总用于所有顺控程序的末尾，返回第0步	
其他指令	—	STOP	STOP	当执行条件有效时，停止顺控程序，钥匙开关转到RUN，程序重新开始	⊓
		HOP	—	无操作，用于程序删除和空行	

2. 基本指令					
分类	单位	指令助记符	表达符号	处理内容	执行条件
数据比较指令	16位	LD=	LD= S1 S2	当（S1）=（S2）时，接通；当（S1）≠（S2）时，断开.	⊓
		AND=	AND= S1 S2		
		OR=	OR= S1 S2		
		LD<>	LD<> S1 S2	当（S1）≠（S2）时，接通；当（S1）=（S2）时，断开.	⊓
		AND<>	AND<> S1 S2		
		OR<>	OR<> S1 S2		
		LD>	LD> S1 S2	当（S1）>（S2）时，接通；当（S1）≤（S2）时，断开.	⊓
		AND>	AND> S1 S2		
		OR>	OR> S1 S2		
		LD<=	LD<= S1 S2	当（S1）≤（S2）时，接通；当（S1）>（S2）时，断开.	⊓
		AND<=	AND<= S1 S2		
		OR<=	OR<= S1 S2		
		LD<	LD< S1 S2	当（S1）<（S2）时，接通；当（S1）≥（S2）时，断开.	⊓
		AND<	AND< S1 S2		
		OR<	OR< S1 S2		
		LD>=	LD>= S1 S2	当（S1）≥（S2）时，接通；当（S1）<（S2）时，断开.	⊓
		AND>=	AND>= S1 S2		
		OR>=	OR>= S1 S2		
	32位	LDD=	LDD= S1 S2	当（S1+1，S1）=（S2+1，S2）时，接通；当（S1+1，S1）≠（S2+1，S2）时，断开.	⊓
		ANDD=	ANDD= S1 S2		
		ORD=	ORD= S1 S2		
		LDD<>	LDD<> S1 S2	当（S1+1，S1）≠（S2+1，S2）时，接通；当（S1+1，S1）=（S2+1，S2）时，断开.	⊓
		ANDD<>	ANDD<> S1 S2		
		ORD<>	ORD<> S1 S2		
		LDD>	LDD> S1 S2	当（S1+1，S1）>（S2+1，S2）时，接通；当（S1+1，S1）≤（S2+1，S2）时，断开.	⊓
		ANDD>	ANDD> S1 S2		
		ORD>	ORD> S1 S2		

2. 基本指令					
分类	单位	指令助记符	表达符号	处理内容	执行条件
数据比较指令	32位	LDD<=	LDD<= S1 S2	当（S1+1, S1）≤（S2+1, S2）时，接通；当（S1+1, S1）>（S2+1, S2）时，断开.	⎍
		ANDD<=	ANDD<= S1 S2		
		ORD<=	ORD<= S1 S2		
		LDD<	LDD< S1 S2	当（S1+1, S1）<（S2+1, S2）时，接通；当（S1+1, S1）≥（S2+1, S2）时，断开.	⎍
		ANDD<	ANDD< S1 S2		
		ORD<	ORD< S1 S2		
		LDD>=	LDD>= S1 S2	当（S1+1, S1）≥（S2+1, S2）时，接通；当（S1+1, S1）<（S2+1, S2）时，断开.	⎍
		ANDD>=	ANDD>= S1 S2		
		ORD>=	ORD>= S1 S2		
二进制加减运算指令	16位	+	+ S D	$(D)+(S)\rightarrow(D)$	⎍
		+P	+P S D		⎍
		+	+ S1 S2 D	$(S1)+(S2)\rightarrow(D)$	⎍
		+P	+P S1 D		⎍
		−	− S D	$(D)+(S)\rightarrow(D)$	⎍
		−P	−P S D		⎍
		−	− S1 S2 D	$(S1)+(S2)\rightarrow(D)$	⎍
		−P	−P S1 S2 D		⎍
	32位	D+	D+ S D	$(D+1, D)+(S+1,S)\rightarrow(D+1, D)$	⎍
		D+P	D+P S D		⎍
		D+	D+ S1 S2 D	$(S+1, S1)+(S2+1,S2)\rightarrow(D+1, D)$	⎍
		D+P	D+P S1 S2 D		⎍
		D−	D− S D	$(D+1, D)+(S+1,S)\rightarrow(D+1, D)$	⎍
		D−P	D−P S D		⎍
		D−	D− S1 S2 D	$(S1+1, S1)+(S2+1,S2)\rightarrow(D+1, D)$	⎍
		D−P	D−P S1 S2 D		⎍
二进制乘除运算指令	16位	*	* S1 S2 D	$(S1)\times(S2)\rightarrow(D+1, D)$	⎍
		*P	*P S1 S2 D		⎍
		/	/ S1 S2 D	$(S1)\div(S2)\rightarrow$商存于(D)余数存于$(D+1)$	⎍
		/P	/P S1 S2 D		⎍
	32位	D*	D* S1 S2 D	$(S1+1,S1)\times(S2+1,S2)\rightarrow$ $(D+3, D+2, D+1, D)$	⎍
		D*P	D*P S1 S2 D		⎍
		D/	D/ S1 S2 D	$(S1+1, S1)\div(S2+1,S2)\rightarrow$商存于 $(D+1, D)$，余数存于 $(D+3, D+2)$	⎍
		D/P	D/P S1 S2 D		⎍
BCD数加减运算指令	4位BCD数	B+	B+ S D	$(D)+(S)\rightarrow(D)$	⎍
		B+P	B+P S D		⎍
		B+	B+ S1 S2 D	$(S1)+(S2)\rightarrow(D)$	⎍

分类	单位	指令助记符	表达符号	处理内容	执行条件
BCD数加减运算指令	4位BCD数	B+P	B+P S1 S2 D	$(S1)+(S2)\to(D)$	⎍
		B−	B− S D	$(D)-(S)\to(D)$	⎍
		B−P	B−P S D		⎍
		B−	B− S1 S2 D	$(S1)-(S2)\to(D)$	⎍
		B−P	B−P S1 S2 D		⎍
	8位BCD数	DB+	DB+ S D	$(D+1,D)+(S+1,S)\to(D+1,D)$	⎍
		DB+P	DB+P S D		⎍
		DB+	DB+ S1 S2 D	$(S1+1,S1)+(S2+1,S2)\to(D+1,D)$	⎍
		DB+P	DB+P S1 S2 D		⎍
		DB−	DB− S D	$(D+1,D)-(S+1,S)\to(D+1,D)$	⎍
		DB−P	DB−P S D		⎍
		DB−	DB− S1 S2 D	$(S+1,S1)-(S2+1,S2)\to(D+1,D)$	⎍
		DB−P	DB−P S1 S2 D		⎍
BCD数乘除运算指令	4位BCD数	B∗	B∗ S1 S2 D	$(S1)\times(S2)\to(D+1,D)$	⎍
		B∗P	B∗P S1 S2 D		⎍
		B/	B/ S1 S2 D	$(S1)\div(S2)\to$ 商存于 (D) 余数存于 $(D+1)$	⎍
		B/P	B/P S1 S2 D		⎍
	8位BCD数	DB∗	DB∗ S1 S2 D	$(S1+1,S1)\times(S2+1,S2)\to$ $(D+3,D+2,D+1,D)$	⎍
		DB∗P	DB∗P S1 S2 D		⎍
		DB/	DB/ S1 S2 D	$(S1+1,S1)\div(S2+1,S2)\to$ 商存于 $(D+1,D)$，余数存于 $(D+3,D+2)$	⎍
		DB/P	DB/P S1 S2 D		⎍
二进制加1指令	16位	INC	INC D	$(D)+1\to(D)$	⎍
		INCP	INCP D		⎍
	32位	DINC	DINC D	$(D+1,D)+1\to(D+1,D)$	⎍
		DINCP	DINCP D		⎍
二进制减1指令	16位	DEC	DEC D	$(D)-1\to(D)$	⎍
		DECP	DECP D		⎍
	32位	DDEC	DDEC D	$(D+1,D)-1\to(D+1,D)$	⎍
		DDECP	DDECP D		⎍
BCD转换指令	16位	BCD	BCD S D	$(S)\xrightarrow{\text{转换为BCD}}(D)$ 二进制（0～9999）	⎍
		BCDP	BCDP S D		⎍
	32位	DBCD	DBCD S D	$(S+1,S)\xrightarrow{\text{转换为BCD}}(D+1,D)$ 二进制（0～99999999）	⎍
		DBCDP	DBCDP S D		⎍

表头：2. 基本指令

续表

2. 基本指令					
分类	单位	指令助记符	表达符号	处理内容	执行条件
二进制转换指令	16位	BIN	— BIN S D	$(S)\xrightarrow{\text{转换为二进制}}(D)$ ↑ BCD（0~9999）	┌┐
		BINP	— BINP S D		┌
	32位	DBIN	— DBIN S D	$(S+1, S)\xrightarrow{\text{转换为二进制}}(D+1, D)$ ↑ BCD（0~99999999）	┌┐
		DBINP	— DBINP S D		┌
数据传送指令	16位	MOV	— MOV S D	$(S)\rightarrow(D)$	┌┐
		MOVP	— MOVP S D		┌
	32位	DMOV	— DMOV S D	$(S+1, S)\rightarrow(D+1, D)$	┌┐
		DMOVP	— DMOVP S D		┌
数据取反传送指令	16位	CML	— CML S D	$\overline{(S)}\rightarrow(D)$	┌┐
		CMLP	— CMLP S D		┌
	32位	DCML	— DCML D1 D2	$\overline{(S+1, S)}\rightarrow(D+1, D)$	┌┐
		DCMLP	— DCMLP D1 D2		┌
块传送指令	16位	BMOV	— BMOV S D n —		┌┐
		DMOVP	— BMOVP S D n —		┌
		FMOV	— FMOV S D n —	相同数据传送n次	┌┐
		FMOVP	— FMOVP S D n —		┌
数据交换指令	16位	XCH	— XCH D1 D2 —	$(D1)\leftrightarrow(D2)$	┌┐
		XCHP	— XCHP D1 D2 —		┌
	32位	DXCH	— DCML D1 D2	$(D1+1, D1)\leftrightarrow(D2+1, D2)$	┌┐
		DXCHP	— DCMLP D1 D2		┌
跳转指令	—	CJ	— CJ P** —	当执行条件满足后，跳转到P**处	┌┐
		SCJ	— SCJ P** —	当执行条件满足时紧接着的扫描周期，跳转到P**处	
		JMP	├ JMP P** —	无条件跳转到P**处	
子程序调用指令	—	CALL	— CALL P** —	当执行条件满足时，执行P**处的子程序	┌┐
		CALLP	— CALLP P** —		┌
		RET	├ RET —	从子程序返回到顺控程序	
调用中断程序指令	—	EI	├ EI —	当M9053为OFF时，允许中断	
		DI	├ DI —	当M9053为OFF时，禁止中断	
		IRET	├ IRET —	从中断程序返回到顺控程序	
调用微机程序	—	SUB	— SUB n —	执行n指定的微机程序	┌┐
		SUBP	— SUBP n —		┌
通信刷新指令	—	COM	├ COM —	执行通信刷新，常规数据处理	┌┐
		EI	├ EI —	当M9053为ON时，允许通信刷新	
		DI	├ DI —	当M9053为ON时，禁止通信刷新	
		SEG	— SEG S n —	当M9052为ON时，对应软元件的刷新，仅执行一个扫描周期。	┌┐

3. 应用指令					
分类	单位	指令助记符	表达符号	处理内容	执行条件
逻辑乘指令	16位	WAND	—[WAND|S|D]—	(D) AND (S)→(D)	⊓
		WANDP	—[WANDP|S|D]—		⌐
		WAND	—[WAND|S1|S2|D]—	(S1) AND (S2)→(D)	⊓
		WANDP	—[WANDP|S1|S2|D]—		⌐
	32位	DAND	—[DAND|S|D]—	(D+1, D) AND (S+1, S)→(D+1, D)	⊓
		DANDP	—[DANDP|S|D]—		⌐
逻辑加指令	16位	WOR	—[WOR|S|D]—	(D) OR (S)→(D)	⊓
		WORP	—[WORP|S|D]—		⌐
		WOR	—[WOR|S1|S2|D]—	(S1) OR (S2)→(D)	⊓
		WORP	—[WORP|S1|S2|D]—		⌐
	32位	DOR	—[DOR|S|D]—	(D+1, D) OR (S+1, S)→(D+1, D)	⊓
		DORP	—[DORP|S|D]—		⌐
逻辑异或指令	16位	WXOR	—[WXOR|S|D]—	(D) XOR (S)→(D)	⊓
		WXORP	—[WXORP|S|D]—		⌐
		WXOR	—[WXOR|S1|S2|D]—	(S1) XOR (S2)→(D)	⊓
		WXORP	—[WXORP|S1|S2|D]—		⌐
	32位	DXOR	—[DXOR|S|D]—	(D+1, D) XOR (S+1, S)→(D+1, D)	⊓
		DXORP	—[DXORP|S|D]—		⌐
逻辑异或非指令	16位	WXNR	—[WXNR|S|D]—	$\overline{(D)\ XOR\ (S)}$→(D)	⊓
		WXNRP	—[WXNRP|S|D]—		⌐
		WXNR	—[WXNR|S1|S2|D]—	$\overline{(S1)\ XOR\ (S2)}$→(D)	⊓
		WXNRP	—[WXNRP|S1|S2|D]—		⌐
	32位	DXNR	—[DXNR|S|D]—	$\overline{(D+1,\ D)\ XOR\ (S+1,\ S)}$→(D+1, D)	⊓
		DXNRP	—[DXNRP|S|D]—		⌐
二进制补码指令	16位	NEG	—[NEG|D]—	0- (D)→(D)	⊓
		NEGP	—[NEGP|D]—		⌐
向右旋转指令	16位	ROR	—[ROR|n]—	n位向右旋转	⊓
		RORP	—[RORP|n]—		⌐
		RCR	—[RCR|n]—	n位同进位一起向右旋转	⊓
		RCPR	—[RCRP|n]—		⌐
	32位	DROR	—[DROR|n]—	n位向右旋转	⊓
		DRORP	—[DRORP|n]—		⌐
		DRCR	—[DRCR|n]—	n位同进位一起向右旋转	⊓
		DRCRP	—[DRCRP|n]—		⌐

续表

3. 应用指令

分类	单位	指令助记符	表达符号	处理内容	执行条件
向左旋转指令	16位	ROL	ROL n	Carry 15 A0 0 n位向左旋转	⊓
		ROLP	ROLP n		⌐
		RCL	RCL n	15 A0 0 Carry n位同进位一起向左旋转	⊓
		RCLP	RCLP n		⌐
	32位	DROL	DROL n	Carry 15 A1 0 15 A0 0 n位向左旋转	⊓
		DROLP	DROLP n		⌐
		DRCL	DRCL n	15 A1 0 15 A0 0 Carry n位同进位一起向左旋转	⊓
		DRCLP	DRCLP n		⌐
n位移位指令	16位	SFR	SFR D n	25 0 25 Carry	⊓
		SFRP	SFRP D n		⌐
		SFL	SFL D n	15 0	⊓
		SFLP	SFLP D n	Carry 15 0	⌐
1位移位指令	n位	BSFR	BSFR D n	n位 (D) n位右移1位 Carry	⊓
		BSFRP	BSFRP D n		⌐
		BSFL	BSFL D n	n位 (D) n位左移1位 Carry	⊓
		BSFLP	BSFLP D n		⌐
1字移位指令	n位	DSFR	DSFR D n	n点 (D) n位右移1字	⊓
		DSFRP	DSFRP D n		⌐
		DSFL	DSFL D n	n点 (D) n位右移1字	⊓
		DSFLP	DSFLP D n		⌐
数据搜索指令	16位	SER	SER S1 S2 n	(S1) (S2) n A1: 相符的个数 A0: 相符数据的相对位置	⊓
		SERP	SERP S1 S2 n		⌐
位检查指令	16位	SUM	SUM S	15 0 (S) A0: "1" 的个数	⊓
		SUMP	SUMP S		⌐
	32位	DSUM	DSUM S	(S+1) (S) A0: "1" 的个数	⊓
		DSUMP	DSUMP S		⌐
译码编码指令	2^n位	DECO	DECO S D n	8→256位译码 (S) n 编码 (D) 2^n位	⊓
		DECOP	DECOP S D n		⌐
		ENCO	ENCO S D n	256→8位编码 (S) 2^n位 编码 (D) n	⊓
		ENCOP	ENCOP S D n		⌐
七段译码指令		SEG	SEG S D	(S) 3 0 7段译码 当M9052为OFF时有效 (D) n 0	⊓
对字中的某位置位定位指令	16	BSET	BSET D n	(D) 15 n 0 1	⊓
		BSETP	BSETP D n		⌐
		BRST	BRST D n	(D) 15 n 0 0	⌐

分类	单位	指令助记符	表达符号	处理内容	执行条件
3. 应用指令					
组合分离指令	16位	DIS	DIS S D n		
		DISP	DISP S D n		
		UNI	UNI S D n		
		UNIP	UNIP S D n		
ASCII转换	—	ASC	ASC ASCII字符 D	将字母和数字转换成 ASCII 码，存入以 D 为首地址的 4 个字软元件	
先入先出写读指令	16位	FIFW	FIFW S D		
		FIFWP	FIFWP S D		
		FIFR	FIFR S D		
		FIFRP	FIFRP S D		
特殊功能模块读指令	单字	FROM	FROM n1 n2 D n3	从特殊功能模块读取数据	
		FROMP	FROMP n1 n2 D n3		
	双字	DFRO	DFRO n1 n2 D n3		
		DFROP	DFROP n1 n2 D n3		
特殊功能模块写指令	单字	TO	TO n1 n2 S n3	向特殊功能模块写数据	
		TOP	TOP n1 n2 S n3		
	双字	DTO	DTO n1 n2 S n3		
		DTOP	DTOP n1 n2 S n3		
重复指令	—	FOR	FOR n	执行 FOR 和 NEXT 之间和程序 n 次	
		NEXT	NEXT		
就地站读写	1字	LRDP	LRDP n1 S D n2	从就地站读数据	
		LWTP	LWTP n1 D S n2	向就地站写数据	
远程 I/O 站读写		RFRP	RFRP n1 n2 S n3	从远程 I/O 站的特殊功能模块读数据	
		RTOP	RTOP n1 n2 S n3	向远程 I/O 站的特殊功能模块写数据	
ASCII字符打印指令	—	PR	PR S D	从指定的 0 点字软元件输出 16 个字符的 ASCII 码	
		PR	PR S D	顺序向输出模块输出 ASCII 码，直到结束符 NUL（OOH）	
		PRC	PRC S D	将字软元件的注射转换成 ASCII 码，并输出呈输出模块	
显示复位		LEDR	LEDR	显示复位	
复位指令	—	WDT	WDT	在顺控程序 WDT 复位	
		WDTP	WDTP		
状态锁存	设置复位	SLT	SLT	按参数设置的条件，数据被锁存	
		SLTR	SLTR	状态锁存复位，且允许执行 SLT 指令	

3. 应用指令					
分类	单位	指令助记符	表达符号	处理内容	执行条件
采样跟踪 设置复位	—	STRA	STRA	按参数设置的条件，采样数据存入	⌐
		STRAR	STRAR	采样跟踪复位，且允许执行	⌐
进位标示 置位复位	1位	STC	STC	进位标志（M9012）ON	⌐
		CLC	CLC	进位标志（M9012）OFF	⌐
用户定义时针	1位	DUTY	DUTY n1 n2 D	(D) 生成如下所示时钟：n1 Scan / n2 Scan	⌐

对"A$_{2N}$系列 PLC 指令一览表"中各列的解释如下。

（1）"分类"。按应用对指令进行分类。

（2）"单位"。表示指令执行时处理的单位，见表1-8。

表1-8 单 位

处理的批量	软元件	点数
16位	X、Y、M、L、F、B	4点1组，最多16点
	T、C、D、W、R、A、Z、V	1点
32位	X、Y、M、L、F、B	4点1组，最多32点
	T、C、D、W、R、AO、Z	2点

（3）"指令助记符"。表示用来编程的指令助记符。指令符号以 16 位指令为基础。对于 32 位指令，在 16 位指令的第一个字符前加"D"；对于执行条件为从 OFF 到 ON 的上升沿而执行的指令，在指令的末尾加字符"P"。例如：

（4）"表达符号"。表示在梯形图中的符号。

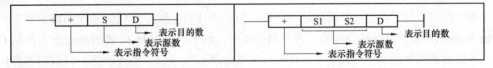

目的操作数：表示操作后存放数据的地址。

源操作数：表示存放操作前的数据或地址。

（5）"处理内容"。表示每条指令的处理。

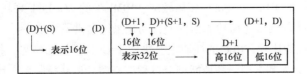

（6）"执行条件"。表示每条指令的执行条件，见表1-9。

表1-9　　　　　　　　　　　　　　　　　执 行 条 件

符号	执 行 条 件
无	不管 ON/OFF 条件，指令都执行。当指令前面条件是 OFF 时，执行 OFF 处理
⎍	指令在无件为 ON 时执行。当指令前面条件是 OFF 时，既不执行，也不处理
⌐	当前面的执行条件发生正跳变（从 OFF 到 ON）时，指令才执行。此后即使条件为 ON，指令也不执行、不处理
⌐	当前面的执行条件发生负跳变（从 ON 到 OFF）时，指令才执行。此后即使条件为 OFF，指令也不执行、不处理

1.1.3　Q 系列 PLC 的硬/软件资源

1. Q 系列 PLC 的硬件资源

（1）Q 系列 PLC 简介。Q 系列 PLC 是日本三菱公司从原 A 系列 PLC 基础上发展起来的中、大型 PLC 系列产品，其系列产品的发展历程如图 1-26 所示。

Q 系列 PLC 采用了模块化的结构形式，系列产品的组成与规模灵活可变，最大输入/输出点数可以达到 4096 点；最大程序存储器容量可达 252K 步，采用扩展存储器后可以达到 32M 步；基本指令的处理速度可以达到 34ns，其性能水平居世界领先地位，可以适合各种中等复杂机械、复杂机械、自动生产线的控制场合。

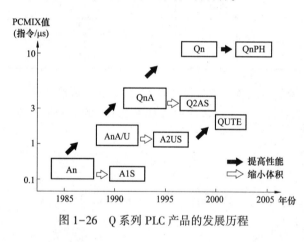

图 1-26　Q 系列 PLC 产品的发展历程

Q 系列 PLC 的基本组成包括电源模块、CPU 模块、基板、I/O 模块等。根据控制系统的需要，系列产品有多种电源模块、CPU 模块、基板、I/O 模块可供用户选择。通过扩展基板与 I/O 模块可以增加 I/O 点数，通过扩展存储器卡可增加程序存储器容量，通过各种特殊功能模块可提高 PLC 的性能，扩大 PLC 的应用范围。

Q 系列 PLC 可以实现多 CPU 模块在同一基板上的安装，CPU 模块间可以通过自动刷新来进行定期通信或通过特殊指令进行瞬时通信，以提高系统的处理速度。特殊设计的过程控制 CPU 模块与高分辨率的模拟量输入/输出模块，可以适合各类过程控制的需要。最大可以控制 32 轴的高速运动控制 CPU 模块，可以满足各种运动控制的需要。计算机信息处理 CPU（合作生产产品）可以对各种信息进行控制与处理，从而实现顺序控制与信息处理的一体化，以构成最佳系统。利用冗余 CPU、冗余通信模块与冗余电源模块等，可以构成连续、不停机工作的冗余系统。

Q 系列 PLC 配备有各种类型的网络通信模块，可以组成最快速度达 100Mb/s 的工业以太网（Ethernet 网）、25Mb/s 的 MELSEC NET/H 局域网、10Mb/s 的 CC-Link 现场总线网与 CC-Link/LT 执行传感器网，强大的网络通信功能为构成自动化系统提供了可能。

（2）Q 系列 PLC 性能比较。PLC 的性能主要决定于 CPU 模块的型号。按照不同的性能，Q 系列 PLC 的 CPU 可以分为基本型、高性能型、过程控制型、运动控制型、计算机型、冗余型等多种系列产品，以适合不同的控制要求。其中，基本型、高性能型、过程控制型为常用控制系列产品；运动控制型、计算机型、冗余型一般用于特殊的控制场合。

图 1-27 为基本型、高性能型、过程控制型 CPU 的主要功能比较图。

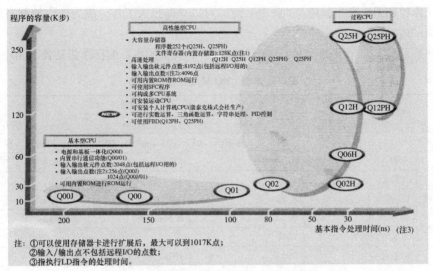

图 1-27 常用控制的 Q 系列 PLC 基本性能比较图

基本型 CPU 包括 Q00J、Q00、Q01 共 3 种基本型号。其中，Q00J 型为结构紧凑、功能精简型，最大 I/O 点数为 256 点，程序存储器容量为 8K 步，可以适用于小规模控制系统；Q01 型 CPU 在基本型中功能最强，最大 I/O 点数可以达到 1024 点，程序存储器容量为 14K 步，是一种为中、小规模控制系统而设计的常用 PLC 产品。

高性能型 CPU 包括 Q02、Q02H、Q06H、Q12H、Q25H 等品种，Q25H 系列的功能最强，最大 I/O 点数为 4096 点，程序存储器容量为 252K 步，可以适用于中、大规模控制系统的要求。

以上两种类型 CPU 模块的基本性能比较如图 1-28 所示（图中的 PC MIX 值是 μs 内 PLC 执行的平均指令数）。

Q 系列过程控制 CPU 包括 Q12PH、Q25PH 两种基本型号，可以用于小型 DCS 系统的控制。过程控制 CPU 构成的 PLC 系统，使用的 PLC 编程软件与通用 PLC 系统（GX Develop）不同，在 C 系列过程控制 PLC 上应使用 PX Develop 软件，并且可以使用过程控制专用编程语言（FBD）进行编程。过程控制 CPU 增强了 PID 调节功能，可以实现 PID 自动计量、测试，对回路进行高速 PID 运算与控制，并且通过自动调谐还可以实现控制对象参数的自动调整。

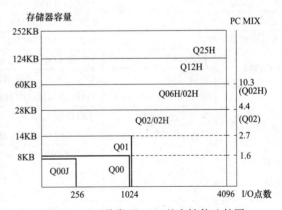

图 1-28 两种类型 CPU 基本性能比较图

Q 系列运动控制 CPU 包括 Q172、Q173 两种基本型号，分别可以用于 8 轴与 32 轴的定位控制。运动控制 CPU 具备多种运动控制应用指令，并可使用运动控制 SFC 编程、专用语言（SV22）进行编程。系统可以实现点定位、回原点、直线插补、圆弧插补、螺旋线插补，并且可以进行速度、位置的同步控制。位置控制的最小周期可以达到 0.88ms，且具有 S 形加速、高速振动控制等多种功能。

Q 系列冗余 CPU 目前有 Q12PRH 与 Q25PRH 两种规格，冗余系统用于对控制系统可靠性要求极高，不允许控制系统出现停机的控制场合。在"冗余"系统中，备用系统始终处于待机状态，只要工作控制系统发生故障，"备用系统"可以立即投入工作，成为工作控制系统，以保证控制系统的连续运行。

（3）Q 系列基本型（Q00J、Q00、Q01）3 种 CPU 模块的主要编程性能见表 1-10。

表 1-10　　　　　　　　　　　　Q 系列基本型 CPU 编程性能一览表

项目		性能		
		Q00J	Q00	Q01
编程语言		指令表、梯形图、MELSAP3（SFC）、MELSAP-L、结构化文本（ST）[①]		
存储器容量	步数	8K 步	8K 步	14K 步
	文件数	1	1	1
指令处理速度	LD 指令	0.2μs/条	0.16μs/条	0.1μs/条
	MOV 指令	0.7μs/条	0.56μs/条	0.35μs/条
输入/输出点	可编程点数[②]	2048		
	可控制点数[②]	256	1024	
指令数		318	327	
辅助继电器（M）		8192 点（M0~M8191）		
锁存继电器（L）		2048 点（L0~L2047）		
特殊辅助继电器（SM）		1024 点（SM0~SM1023）		
状态继电器（S）		2048 点（S0~S2047）[③]		
报警继电器（F）		1024 点（F0~F1023）		
边沿继电器（V）		1024 点（V0~V1023）		
链接继电器（B）		2048 点（B0~B7FF）		
特殊链接继存器（SB）		1024 点（SB0~SB3FF）		
链接寄存器（W）		2048 点（W0~W7FF）		
特殊链接寄存器（SW）		1024 点（SW0~SW3FF）		
定时器（T）		512 点（T0~T511）		
累计定时器（ST）		512 点（ST0~ST511）		
计数器	普通（C）	512 点（C0~C511）		
	中断（C）	最大 128 点（参数设定）		
数据寄存器	通用（D）	11136 点（D0~D11135）		
	文件寄存器（R）	不可设置	32768 点（R0~R32767）	
	特殊数据寄存器（SD）	1024 点（SD0~SD1023）		
	变址（Z）	10 点（Z0~Z9）		
指针	跳转用（P）	300 点（P0~P299）		
	中断用（I）	128 点（I0~I127）		
功能编程	功能输入（FX）	16 点（FX0~FXF）		
	功能输出（FY）	16 点（FY0~FYF）		
	功能寄存器（FD）	5 点（FD0~FD4）		

注　①早期的基本型 CPU 无 MELSAP3（SFC）、MELSAP-L、结构化文本（ST）编程机能。

　　②表中的"可编程"输入/输出点数是指 CPU 直接控制的 I/O 点与远程 I/O 点数的总和；"可控制"的输入/输出点数是指 CPU 可以直接连接 I/O 设备并且进行控制的 I/O 点数。

　　③无 SFC 编程机能的 PLC，不能使用状态继电器。

（4）Q 系列高性能型（Q02、Q02H、Q06H、Q12H、Q25H）5 种 CPU 模块的主要编程性能见表 1-11。

表 1-11　　　　　　　　Q 系列高性能型 CPU 编程性能一览表

项目		性能				
		Q02	Q02H	Q06H	Q12H	Q25H
编程语言		指令表、梯形图、SFC（MELSAP-3）、MELSAP-L、结构化文本（ST）				
存储器容量	步数	28K 步		60K 步	124K 步	252K 步
	文件数	28		60	124	252①
指令处理速度	LD 指令	79ns/条	34ns/条			
	MOV 指令	237ns/条	102ns/条			
输入/输出点	可编程点数②	8192				
	可控制点数②	4096				
指令数		318				
辅助继电器（M）		8192 点（M0~M8191）				
锁存继电器（L）		8192 点（L0~L8091）				
特殊辅助继电器（SM）		2048 点（SM0~SM2047）				
状态继电器（S）		4096 点（S0~S4095）				
报警继电器（F）		2048 点（F0~F2047）				
边沿继电器（V）		2048 点（V0~V2047）				
链接继电器（B）		8192 点（B0~B1FFF）				
特殊链接继存器（SB）		2048 点（SB0~SB7FF）				
链接寄存器（W）		8192 点（W0~W1FFF）				
特殊链接寄存器（SW）		2048 点（SW0~SW7FF）				
定时器（T）		2048 点（T0~T2047）				
累计定时器（ST）		2048 点（ST0~ST2047）				
计数器	普通（C）	1024 点（C0~C1023）				
	中断（C）	最大 2128 点（参数设定）				
数据寄存器	通用（D）	12288 点（D0~D12287）				
	文件寄存器（R）	32768（注 3）	32768 点/65536 点③④		131072 点③	
	特殊数据寄存器（SD）	2048 点（SD0~SD2047）				
	变址（Z）	16 点（Z0~Z15）				
指针	跳转用（P）	4096 点（P0~P4095）				
	中断用（I）	256 点（I0~I255）				
功能编程	功能输入（FX）	16 点（FX0~FXF）				
	功能输出（FY）	16 点（FY0~FYF）				
	功能寄存器（FD）	5 点（FD0~FD4）				

注　① 文件中最大可以执行的文件数为 124 个，可以使用 2 个可执行 SFC 文件。
　　② 表中的"可编程"输入/输出点数是指 CPU 直接控制的 I/O 点与远程 I/O 点数的总和；"可控制"输入/输出点数是指 CPU 可以直接连接与控制的 I/O 点数。
　　③ 指使用内部 RAM 时的点数，可以通过 SRAM、闪存（Flash ROM）进行扩展。
　　④ 软件版本 B-04012 ＊ ＊ 以后的 CPU 为 65536 点。

2. Q 系列 PLC 的软件资源

Q 系列 PLC 的指令简表见表 1-12。

表 1-12 　　　　　　　　　　**Q 系列 PLC 指令简表**

指令类型		符号	含义
顺控指令	触点指令	LD	逻辑运算开始
		LDI	逻辑否定运算开始
		AND	与（串联）
		ANI	与反（串联）
		OR	或（并联）
		ORI	或反（并联）
		LDP	开始运算上升沿脉冲
		LDF	开始运算下降沿脉冲
		ANDP	上升沿脉冲串联连接
		ANDF	下降沿脉冲串联连接
		ORP	上升沿脉冲并联连接
		ORF	下降沿脉冲并联连接
	连接指令	ANB	并联电路块串联连接
		ORB	串联电路块并联连接
		MPS	进栈
		MRD	读栈
		MPP	出栈
		INV	反转
		MEP	前沿脉冲操作结果的转换
		MEF	后沿脉冲操作结果的转换
		EGP Vn	前沿脉冲操作结果的转换（存储在 Vn）
		EGF Vn	后沿脉冲操作结果的转换（存储在 Vn）
	输出指令	OUT	元件的输出
		SET	置位
		RST	复位
		PLS	上升沿脉冲
		PLF	下降沿脉冲
		FF	二进制分频指令
		DELTA	直接输出的脉冲转换
	移位指令	SFT	编程元件的移位
	主站控制指令	MC	主控制开始
		MCR	主控制解除
	终止指令	FEND	主程序的终止
		END	顺序程序的终止

指令类型			符号	含义
顺控指令	其他指令		STOP	在输入条件得到满足后终止顺序程序,将 RUN/STOP 键切换回到 RUN 位置后顺序,程序重新被执行
			NOP	忽略(用于程序删除或空白区)
			NOPLF	空操作(打印时改页数用)
			PAGE	空操作
基本指令	比较操作指令	16 位数据比较	LD=	当(S1)=(S2)时处于导通状态; 当(S1)≠(S2)时处于不导通状态
			AND=	当(S1)=(S2)时处于导通状态; 当(S1)≠(S2)时处于不导通状态
			OR=	当(S1)=(S2)时处于导通状态; 当(S1)≠(S2)时处于不导通状态
			LD<>	当(S1)≠(S2)时处于导通状态; 当(S1)=(S2)时处于不导通状态
			AND<>	当(S1)≠(S2)时处于导通状态; 当(S1)=(S2)时处于不导通状态
			OR<>	当(S1)≠(S2)时处于导通状态; 当(S1)=(S2)时处于不导通状态
			LD>	当(S1)>(S2)时处于导通状态; 当(S1)≠(S2)时处于不导通状态
			AND>	当(S1)>(S2)时处于导通状态; 当(S1)≠(S2)时处于不导通状态
			OR>	当(S1)>(S2)时处于导通状态; 当(S1)≠(S2)时处于不导通状态
			LD<=	当(S1)≠(S2)时处于导通状态; 当(S1)>(S2)时处于不导通状态
			AND<=	当(S1)≠(S2)时处于导通状态; 当(S1)>(S2)时处于不导通状态
			OR<=	当(S1)≠(S2)时处于导通状态; 当(S1)>(S2)时处于不导通状态
			LD<=	当(S1)<(S2)时处于导通状态; 当(S1)≠(S2)时处于不导通状态
			AND<	当(S1)<(S2)时处于导通状态; 当(S1)≠(S2)时处于不导通状态
			OR<	当(S1)<(S2)时处于导通状态; 当(S1)≠(S2)时处于不导通状态
			LD<=	当(S1)<(S2)时处于导通状态; 当(S1)≠(S2)时处于不导通状态
			LD>=	当(S1)≠(S2)时处于导通状态; 当(S1)>(S2)时处于不导通状态
			AND>=	当(S1)≠(S2)时处于导通状态; 当(S1)<(S2)时处于不导通状态
			OR>=	当(S1)≠(S2)时处于导通状态; 当(S1)<(S2)时处于不导通状态

指令类型			符号	含义
基本指令	比较操作指令	实数数据比较	LDE =	当 (S+1, S1)=(S2+1, S2) 时处于导通状态； 当 (S+1, S1)≠(S2+1, S2) 时处于不导通状态
			ANDE =	当 (S+1, S1)=(S2+1, S2) 时处于导通状态； 当 (S+1, S1)≠(S2+1, S2) 时处于不导通状态
			ORE =	当 (S+1, S1)=(S2+1, S2) 时处于导通状态； 当 (S+1, S1)≠(S2+1, S2) 时处于不导通状态
			LDE<>	当 (S+1, S1)≠(S2+1, S2) 时处于导通状态； 当 (S+1, S1)=(S2+1, S2) 时处于不导通状态
			ANDE<>	当 (S+1, S1)≠(S2+1, S2) 时处于导通状态； 当 (S+1, S1)=(S2+1, S2) 时处于不导通状态
			ORE<>	当 (S+1, S1)≠(S2+1, S2) 时处于导通状态； 当 (S+1, S1)=(S2+1, S2) 时处于不导通状态
			LDE>	当 (S+1, S1)>(S2+1, S2) 时处于导通状态； 当 (S+1, S1)≠(S2+1, S2) 时处于不导通状态
			ANDE>	当 (S+1, S1)>(S2+1, S2) 时处于导通状态； 当 (S+1, S1)≠(S2+1, S2) 时处于不导通状态
			ORE>	当 (S+1, S1)>(S2+1, S2) 时处于导通状态； 当 (S+1, S1)≠(S2+1, S2) 时处于不导通状态
			LDE<=	当 (S+1, S1)≠(S2+1, S2) 时处于导通状态； 当 (S+1, S1)>(S2+1, S2) 时处于不导通状态
			ANDE<=	当 (S+1, S1)≠(S2+1, S2) 时处于导通状态； 当 (S+1, S1)>(S2+1, S2) 时处于不导通状态
			ORE<=	当 (S+1, S1)≠(S2+1, S2) 时处于导通状态； 当 (S+1, S1)>(S2+1, S2) 时处于不导通状态
			LDE<	当 (S+1, S1)<(S2+1, S2) 时处于导通状态； 当 (S+1, S1)≠(S2+1, S2) 时处于不导通状态
			ANDE<	当 (S+1, S1)<(S2+1, S2) 时处于导通状态； 当 (S+1, S1)≠(S2+1, S2) 时处于不导通状态
			ORE<	当 (S+1, S1)<(S2+1, S2) 时处于导通状态； 当 (S+1, S1)≠(S2+1, S2) 时处于不导通状态
			LDE>=	当 (S+1, S1)≠(S2+1, S2) 时处于导通状态； 当 (S+1, S1)<(S2+1, S2) 时处于不导通状态
			ANDE>=	当 (S+1, S1)≠(S2+1, S2) 时处于导通状态； 当 (S+1, S1)<(S2+1, S2) 时处于不导通状态
			ORE>=	当 (S+1, S1)≠(S2+1, S2) 时处于导通状态； 当 (S+1, S1)<(S2+1, S2) 时处于不导通状态
	算术操作指令	加减乘除操作	+	将 (S1)+(S2) 的值存入 (D) 中
			−	将 (S1)−(S2) 的值存入 (D) 中
			*	将 (S1)*(S2) 的值存入 (D) 中
			/	将 (S1)/(S2) 的值存入 (D) 中
		BIN 数据增加	INC	将 (D)+1 的值存入 (D) 中
			DEC	将 (D)−1 的值存入 (D) 中

续表

指令类型			符号	含义
基本指令	数据转换指令	BCD 转换指令	BCD	将（S）进行 BCD 转换后存入（D）中
		BIN 转换指令	BIN	将（S）进行 BIN 转换后存入（D）中
		从 BIN 转换成浮点十进制数	FLT	将 BIN 格式的（S）转换成浮点十进制数后存入（D）中
		从浮点十进制数转换成 BIN	BNT	将浮点十进制数格式的（S）转换成 BIN 数后存入（D）中
		BIN16 位和 32 位之间的转换	DBL	将 BIN16（BIN32）数格式的（S）转换成 BIN32（BIN16）数后存入（D）中
		BIN 转换成格雷码	GRY	将 BIN 格式的（S）转换成格雷码后存入（D）中
	数据转移指令	16 位数据传送指令	MOV	将（S）指定的 16 位数据传送到（D）中
		32 位数据传送指令	DMOV	将（S）指定的 32 位数据传送到（D）中
		浮点十进制数据传送	BMOV	将（S）指定的实型数据传送到（D）中
		字符串数传送	SMOV	将（S）指定的字符串数据传送到（D）中
		负数据传送	CML	将（S）指定的负数据传送到（D）中
		高字节与低字节间的交换	SWAP	将高字节与低字节间的交换
	程序分支指令	跳转	CJ	当输入条件满足时跳转到指定的程序步
			SCJ	在输入条件满足后的下一个扫描周期跳转到指定步
			JMP	无条件地跳转到指定步
			GOEND	当输入条件得到满足时，跳转到 END 指令
	程序运行控制指令	使中断无效	DI	禁止中断程序的运行
		使中断有效	EI	允许中断程序的执行
		中断有效/无效设置	IMASK	对程序进行禁止或允许中断运行的设置
		返回	IRET	在中断程序之后返回到顺序程序
	I/O 刷新		RFS	在扫描过程中刷新相关的 I/O 区域
应用指令	位处理指令	位置位/复位	BSET	位置位
			BRST	位复位
		位测试	TEST	位测位
		位编程元件批量复位	BKRST	位编程元件批量复位
	结构体创建指令	固定索引修改	IX	对每个用于编程元件修改梯形图中的编程元件进行索引修改
			IXEND	
			IXDEV	在由（D）指定的编程元件后的编程元件中，存储在 IX 和 IXEND 之间执行的索引修改的修改值
			IVSET	

指令类型			符号	含义
应用指令	显示指令	ASCII 打印	PR	从由（S）指定的编程元件中将 8 点（16 字符）的 ASCII 码输出到输出模块
		ASCII 打印	PR	从由（S）指定的编程元件到 00H 的 ASCII 码输出到输出模块
			PRC	从由（S）指定的编程元件将注释转换成 ASCII 码，并输出到输出模块
		显示	LED	从由（S）指定的编程元件中将 8 点（16 字符）的 ASCII 码显示出来
			LED	从由（S）指定的编程元件中将注释显示出来
		复位	LEDR	复位报警器
	调试和故障诊断指令	检查	CHKST	当 CHKST 可执行时执行 CHK 指令，当 CHKST 处于不可执行状态时，跳至 CHK 指令之后的步
			CHKCIR	在由 CHK 指令检查的梯形图模式中开始更新
			CHKEND	在由 CHK 指令检查的梯形图模式中结束更新
		状态闭锁	STL	执行状态闭锁
			STLR	复位状态闭锁以及使能量新执行，应用触发器到采样跟踪中
		采样跟踪	STRA	应用触发器到采样跟踪中
			STRAR	复位采样跟踪
		程序跟踪	PTRA	应用触发器到程序跟踪
			PTRAR	复位程序跟踪
			PTRAEXE	执行程序跟踪
	特殊功能指令	三角函数功能	SIN	对（S）指定的数据求其 SIN 值并存入（D）中
			COS	对（S）指定的数据求其 COS 值并存入（D）中
			TAN	对（S）指定的数据求其 TAN 值并存入（D）中
			ASIN	对（S）指定的数据求其 SIN^{-1} 值并存入（D）中
			ACOS	对（S）指定的数据求其 COS^{-1} 值并存入（D）中
			ATAN	对（S）指定的数据求其 TAN^{-1} 值并存入（D）中
		在角度和弧度间的转换	RAD	将角度转换为弧度
			DEG	将弧度转换为角度
		方根	SQR	对（S）指定的数据开方并将数值存入（D）中
		指数操作	EXP	求以 e 为廓（S）指定的数值为指数的值并将数值存入（D）中
		自然对数	EOG	求（S）指定的数值的自然对数的值并将数值存入（D）中
		随机数的产生	RND	产生一个随机数（0～32767）并将它存储到由（D）指定的编程元件中
			SRND	按照存储在由（S）指定的编程元件中的 16 位 BIN 数据更新随机数序列

指令类型			符号	含义
应用指令	特殊功能指令	随机数序列的更新	RSET	将扩展文件寄存器块的号码转换成由（S）指定的号码
	转换指令	块号码标定	QDRSET	将文件名称用作文件寄存器
		文件设定	QCDSET	将文件名称用作注释文件
数据链接指令		网络刷新	ZCOM	将其他站的字编程元件数据读到本地站中
		QnA 链接指令：从另一个站读取数据	READ	将本地站的数据写入到其他站的编程元件
		QnA 链接指令：将数据写入到另一个站	WRIIE	发送数据（消息）到其他站
		QnA 链接指令：发送数据	SEND	接收送往本地站的数据（消）息
		QnA 链接指令：接收数据	RECV	将一个瞬时请求送往其他站并扫行它
		QnA 链接指令：来自其他站的瞬时请求	REQ	从远程 I/O 站中的特殊功能模块中读取数据
		QnA 链接指令：从远程 I/O 站中的特殊功能模块中读取数据	ZNFR	写数据到远程 I/O 站中的特殊功能模块
		QnA 链接指令：写数据到远程 I/O 站中的特殊功能模块	ZNTO	将其他站中的编程元件数据读取到本地站
		A 系列兼容链接指令：从其他站中读取编程元件数据	ZNRD	将本地站的数据写入到其他站的字编程元件中
		A 系列兼容链接指令：写编程元件数据到其他站	ZNWR	从远程 I/O 站的特殊功能模块中读取数据
		A 系列兼容链接指令：从远程 I/O 站的特殊功能模块中读取数据	RFRP	写数据到远程 I/O 站的特殊功能模块中
		A 系列兼容链接指令：写数据到远程 I/O 站的特殊功能模块中	RTOP	读取路由器参数设定数据
		读取路由器信息	RTREAD	写路由器数据到由参数指定的区域内
		登记路由器信息	RTWRITE	读取存储在从（n）指定号码的 I/O 开始的区域内，由（n2）指定点数的模块信息，并存储它们到（d）指定的编程元件开始的区域内
QCUP 指令		读取模块信息	UNIRD	当 SM800、SM801 和 SM802 变为 ON 时，将设定在外围编程元件上的跟踪数据存储到指定号码的内存卡中的跟踪文件内
		跟踪设定	TRACE	将由 TRACE 指令设置的数据复位
		跟踪复位	TRACER	写数据到指定的文件
		写数据到指定的文件	SPFWRITE	从指定的文件中读取数据
		从指定的文件中读取数据	SPFREAD	将存储在存储卡或标准存储器（驱动器 0 外的其他编程元件）中的程序传送到启动器，并将程序置于备用状态

指令类型		符号	含义
QCUP 指令	从存储卡中装载程序	PLOADP	删除存储在标准存储器（驱动器）中的备用程序
	从程序存储中卸载程序	PUNLOADP	删除存储在由（S1）指定的标准存储器（驱动器）中的备用程序。然后，将存储在存储卡或由（S2）指定的标准存储器（驱动器外的其他编程元件）中的程序传送到驱动器0，并将程序置于备用状态
	装载+卸载	PSWAPP	将由（S）指定的编程元件的n数据点的16位数据传送到由（D）指定的编程元件开始的区域内
	文件寄存器中的高速块传送	RBMOV	将本地站的编程元件数据写入到主机站CPU模块的共享存储区域内
	写入到本地站CPU的共享存储器	STO	将本地站的编程元件数据写入到主机站CPU模块的CPU共享存储器内
		TO	将其他站CPU模拟的CPU共享存储器区域内的编程元件数据读取到主机站
	将其他站CPU模块的CPU共享存储器区域内的编程元件数据读取到主机站	FROM	执行智能功能模块的自动刷新，一般数据处理，和CPU共享存储器的自动刷新
	执行智能功能模块的自动刷新，一般数据处理，和CPU共享存储器的自动	COM	当系统上进行CPU启动时，确定（SI）上的操作模式，在启动前是清除Q4ARCPU还是不清除它们
冗余系统指令	在CPU启动时的操作模式设置	S. STMODE	当系统上电进行CPU启动时，确定（SI）上的操作模式，在启动前是清除Q4ARCPU还是不消除它们
	CPU切换过程中的操作模式设置指令	S. CGMODE	当控制由主控系统切换到备用系统时，确定（SI）的操作模式，在启动前是清除Q4ARCPU编程元件还是不消除它们
	数据跟踪	S. TRUCK	在END处理过程中，按照存储在由（S）指定的编程元件开始的区域内的参数块数据内容，对编程元件存储器进行跟踪
	缓冲存储器的批量刷新	S. SPREF	按照存储在由（S）指定的编程元件开始的区域内的参数块数据内容，对特殊功能模块缓冲存储器内的内容时行批量读/写

1.2　PLC 应用系统设计

在了解并掌握了PLC的基本工作原理和编程硬/软件资源的基础上，就可以结合实际，应用PLC构成实际的工程应用系统。PLC的应用设计，首先应该详细分析PLC应用系统的规划与设计，然后，根据系统的控制要求选择PLC机型，进行控制系统的流程设计，画出较详细的程序流程图；并对PLC的输入口、输出口进行合理分配，给定编号，画出PLC的I/O实际接线图。

软件设计也就是梯形图设计，即编制控制程序。由于 PLC 所有的控制功能都是以所编写的用户程序的形式体现的，因此，PLC 应用的大量工作将用在控制程序设计上。

1.2.1 PLC 应用系统的规划与设计流程

1. PLC 系统的规划

设计前，要深入现场进行实地考察，全面详细地了解被控制对象的特点和生产工艺过程。同时，要搜集各种资料，归纳出工作状态流程图，并与有关的机械设计人员和实际操作人员交流和探讨，明确控制任务和设计要求。要了解工艺工程和机械运动与电气执行组件之间的关系和对控制系统的控制要求，共同拟订出电气控制方案，最后归纳出电气执行组件的动作节拍表。

在确定了控制对象和控制范围之后，需要制订相应的控制方案。在满足控制要求的前提下，力争使设计出来的控制系统简单、可靠、经济以及使用和维修方便。可以根据生产工艺和机械运动的控制要求，确定电气控制系统的工作方式，即采用单机控制方式就可以满足要求，还是需要多机联网通信。最后，综合考虑所有的要求，确定所要选用的 PLC 机型，以及其他各种硬件设备。

在考虑完所有的控制细节和应用要求后，还必须注意控制系统的安全性和可靠性。大多数工业控制现场，充满了各种各样的干扰和潜在的突发状态。因此，在设计的最初阶段就要考虑到这方面的各种因素，到现场去观察和搜集数据。

在设计 PLC 控制系统的时候，应考虑到日后生产的发展和工艺的改进，从而适当地留有一些余量，方便日后的升级。

2. PLC 控制系统的设计流程

PLC 控制系统的设计流程图，如图 1-29 所示，具体步骤如下。

（1）分析被控对象，明确控制要求。根据生产和工艺过程分析控制要求，确定控制对象及控制范围，确定控制系统的工作方式，如全自动、半自动、手动、单机运行、多机联合运行等。还要确定系统应有的其他功能，如故障检测、诊断与显示报警、紧急情况的处理、管理功能、联网通信功能等。在分析被控对象的基础上，根据 PLC 的技术特点，与继电器控制系统、DCS 系统、微机控制系统进行比较，优选控制方案。

（2）确定所需要的 PLC 机型，以及用户 I/O 设备，据此确定 PLC 的 I/O 点数。选择 PLC 机型时应考虑生产厂家、性能结

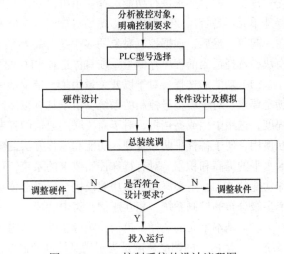

图 1-29　PLC 控制系统的设计流程图

构、I/O 点数、存储容量、特殊功能等方面。选择过程中应注意：CPU 功能要强，结构要合理，I/O 控制规模要适当，I/O 功能及负载能力要匹配，以及对通信、系统响应速度的要求要满足等。此外，还要考虑电源的匹配等问题。如果是单机自动化或机电一体化产品，可选用小型机；如果控制系统较大，I/O 点数较多，控制要求比较复杂，则可选用中型机或大型机。

根据系统的控制要求，确定系统的I/O设备的数量及种类，如按钮、开关、继电器、接触器、电磁阀和信号灯等；明确这些设备对控制信号的要求，如电压/电流的大小，直流还是交流，开关量还是模拟量和信号幅度等。据此确定PLC的I/O设备的类型、性质及数量。以上统计的数据是一台PLC完成系统功能所必须满足的，但在具体确定I/O点数时，则要按实际I/O点数再加上20%~30%的备用量。

（3）分配PLC的I/O点地址，设计I/O连接图。根据已确定的I/O设备和选定的PLC，列出I/O设备与PLC的I/O点的地址分配表，以便于编制控制程序、设计接线图及系统安装。

（4）可同时进行PLC的硬件设计和软件设计。硬件设计指电气电路设计，包括主电路、PLC外部控制电路、PLC的I/O接线图、设备供电系统图、电气控制柜结构及电气设备安装图等。软件设计包括状态表、状态转换图、梯形图、指令表等。控制程序设计是PLC系统应用中最关键的问题，也是整个控制系统设计的核心。

（5）进行总装统调。一般先要进行模拟调试，即不带输出设备根据I/O模块的指示灯显示进行调试。发现问题及时修改，直到完全符合设计要求。此后就可联机调试，先连接电气柜而不带负载，各输出设备调试正常后，再接上负载运行调试，直到完全满足设计要求为止。

（6）修改或调整软、硬件设计，使之符合设计的要求。

（7）完成PLC控制系统的设计，投入实际使用。总装统调后，还要经过一段时间的试运行，以检验系统的可靠性。

（8）技术文件整理。技术文件包括设计说明书、电气原理图和安装图、器件明细表、状态表、梯形图及软件使用说明书等。

1.2.2 PLC选型与硬件系统设计

1. PLC选型

机型选择基本原则：在满足功能的前提下，力争最好的性价比，并有一定的可升级性。首先，按实际控制要求进行功能选择：单机控制还是要联网通信；一般开关量控制，还是要增加特殊单元；是否需要远程控制；现场对控制器响应速度有何要求；控制系统与现场是分开还是在一起等。然后，根据控制对象的多少选择适当的I/O点数和信道数；根据I/O信号选择I/O模块，选择适当的程序存储量。在具体选择PLC的型号时可考虑以下几个方面。

（1）功能的选择。对于以开关量为主，带少量模拟量控制的设备，一般的小型PLC都可以满足要求。对于模拟量控制的系统，由于具有很多闭环控制系统，可视控制规模的大小和复杂程度，选用中档或高档机。对于需要联网通信的控制系统，要注意机型统一，以便其模块可相互换用，便于备件采购和管理。功能和编程方法的统一，有利于产品的开发和升级，有利于技术水平的提高和积累。对有特殊控制要求的系统，可选用有相同或相似功能的PLC。选用有特殊功能的PLC，不必添加特殊功能模块。配了上位机后，可方便地控制各独立的PLC，连成一个多级分布的控制系统，相互通信，集中管理。

（2）基本单元的选择。包括：响应速度、结构形式和扩展能力。对于以开关量控制为主的系统，一般PLC的响应速度是为了满足控制的需要。但是对于模拟量控制的系统，则必须考虑PLC的响应速度。在小型PLC中，整体式比模块式的价格便宜，体积也较小，只是硬件配置不如模块式的灵活。在排除故障所需的时间上，模块式相对来说比较短。应该多加关注扩展单元的数量、种类以及扩展所占用的信道数和扩展口等。

（3）编程方式。PLC的编程有在线编程和离线编程两种。

1）在线编程PLC：有两个独立的CPU，分别在主机和编程器上。主机CPU主要完成控制现场的任务，编程器 CPU 处理键盘编程命令。在扫描周期末尾，两个 CPU 会互相通信，编程器里的 CPU 会把改好的程序传送给主机，主机将在下一扫描周期的时候，按照新的程序进行控制，完成在线编程的操作。可在线编程的 PLC 由于增加了软、硬件，因此，价格较高，但应用范围比较广。

2）离线编程 PLC：主机和编程器共享一个 CPU。在同一时刻，CPU 要么处于编程状态，要么处于运行状态，可通过编程器上的"运行/编程"开关进行选择。减少了软、硬件开销，因此，价格比较便宜，中/小型 PLC 多采用离线编程的方式。

2. PLC 硬件系统设计

硬件设计：完成系统流程图的设计，详细说明各个输入信息流之间的关系，具体安排输入和输出的配置，以及对输入和输出进行地址分配。

在对输入进行地址分配时，可将所有的按钮和限位开关分别集中配置，相同类型的输入点尽量分在一个组。对每一种类型的设备号，按顺序定义输入点的地址。如果有多余的输入点，可将每一个输入模块的输入点都分配给一台设备。将那些高噪声的输入模块尽量插到远离 CPU 模块的插槽内，以避免交叉干扰，因此，这类输入点的地址较大。

在进行输出配置和地址分配时，尽量将同类型设备的输出点集中在一起。按照不同类型的设备，顺序地定义输出点地址。如果有多余的输出点，可将每一个输出模块的输出点都分配给一台设备。另外，对有关联的输出器件，如电动机的正转和反转等，其输出地址应连续分配。

在进行上述工作时，也要结合软件设计以及系统调试等方面进行考虑。合理地安排配置与地址分配的工作，会给日后的软、硬件设计，以及系统调试等带来很多方便。

1.2.3 PLC 软件设计与程序调试

1. PLC 软件设计

PLC 软件设计包括完成参数表的定义，程序框图的绘制，程序的编制和程序说明书的编写。

参数表为编写程序做准备，对系统各个接口参数进行规范化的定义，不仅有利于程序的编写，也有利于程序的调试。参数表的定义包括输入信号表、输出信号表、中间标志表和存储表的定义。参数表的定义和格式因人而异，但总的原则是便于使用。

程序框图描述了系统控制流程走向和系统功能的说明。它应该是全部应用程序中各功能单元的结构形式，据此可以了解所有控制功能在整个程序中的位置。一个详细合理的程序框图有利于程序的编写和调试。

软件设计的主要过程是编写用户程序，它是控制功能的具体实现过程。

程序说明书是对整个程序内容的注释性综合说明。它应包括程序设计依据、程序基本结构、各功能单元详细分析、所用公式原理、各参数来源以及程序测试情况等。

2. PLC 程序调试

用装在 PLC 上的模拟开关模拟输入信号的状态，用输出点的指示灯模拟被控对象，检查程序无误后便把 PLC 接到系统中进行调试。

首先仔细检查 PLC 外部接线，外部接线一定要准确、无误。如果用户程序还没有送到机器里，可用自行编写的试验程序对外部接线作扫描检查，查找接线故障。为了安全可靠，常常将主电路断开进行预调，确认接线无误后再接主电路。将模拟调试好的程序送入用户存储器进行调试，直到各部分的功能正常，并能协调一致地工作为止。

1.2.4　节省I/O点数的方法

在设计PLC控制系统或对老设备进行改造时，往往会遇到输入点数不够或输出点数不够而需要扩展的问题。一般可以通过增加I/O扩展单元或I/O模块来解决，但PLC的每个I/O点平均价格高达几十元甚至上百元，节省所需I/O点数是降低系统硬件费用的主要措施。

1. 节省输入点的方法

（1）矩阵输入法。一般控制系统都存在多种工作方式，但各种工作方式又不可能同时运行。所以，可将这几种工作方式分别使用的输入信号分成若干组，PLC运行时只会用到其中的一组信号。这种方法常用于有多种输入操作方式的场合。

如图1-30所示，系统有自动和手动两种工作方式。将这两种工作方式分别使用的输入信号分成两组：自动输入信号S1~S8、手动输入信号Q1~Q8。两组输入信号共用PLC输入点X0~X7（如S1与Q1共用PIC输入点X0）。用"工作分式"选择开关SA来切换"自动"和"手动"信号输入电路，并通过X10让PLC识别是自动信号还是手动信号，从而分别执行自动程序或手动程序。

（2）输入触点的合并。如果某些外部输入信号总是以某种"或与非"组合的整体形式出现在梯形图中，可以将它们对应的触点在PLC外部串、并联后作为一个整体输入PLC，只占PLC的一个输入点。

如图1-31所示，如果负载可在多处启动和停止，可以将3个启动信号并联，将3个停止信号串联，分别送给PLC的两个输入点。与每个启动信号和停止信号都占用一个输入点的方法相比不仅节约了输入点，还简化了梯形图电路。

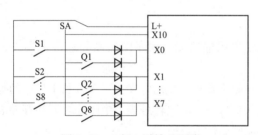

图1-30　8行2列输入矩阵　　　　图1-31　输入触点的合并

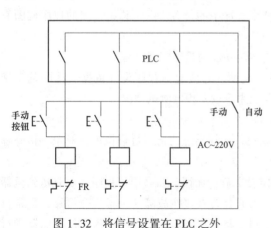

图1-32　将信号设置在PLC之外

（3）将信号设置在PLC之外。系统的某些输入信号，如手动操作按钮提供的信号、保护动作后需手动复位的电动机热继电器FR的动断触点提供的信号都可以设置在PLC外部的硬件电路中，如图1-32所示。某些手动按钮需要串接一些安全连锁触点，如果外部硬件连锁电路过于复杂，则应考虑将有关信号送入PLC，用梯形图实现连锁。

2. 节省输出点的方法

（1）矩阵输出。图1-33中采用8个输出组成4×4矩阵，可接16个输出设备。要使某个负载接通工作，只要控制它所在的行与列对应的输出继电器接通即可。要使负载 KM1 得电，必须控制 Y0 和 Y4 输出接通。因此，在程序中使某一负载工作，要使其对应的行与列输出继电器都接通。所以，8 个输出点就可控制 16 个不同控制要求的负载。

只有某一行对应的输出继电器接通，各列对应的输出继电器才可任意接通；或者只有某一列对应的输出继电器接通，各行对应的输出继电器才可任意接通，否则将会出现错误接通负载。因此，采用矩阵输出时，必须要将同一时间段接通的负载安排在同一行或同一列中，否则无法控制。

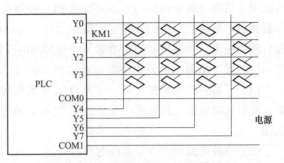

图 1-33 8 个输出组成 4×4 矩阵输出

（2）外部译码输出。用七段码译码指令 SEGD，可以直接驱动一个七段数码管，电路也比较简单，但需要 7 个输出端。如果采用在输出端外部译码，则可减少输出端的数量。外部译码的方法很多，如用七段码分时显示指令 SEGL，可以用 12 点输出控制 8 个七段数码管。

图 1-34 为集成电路 4511 组成的 1 位 BCD 译码驱动电路，只用了 4 点输出。如显示值小于 8 可用 3 点输出，显示值小于 2 可用 2 点输出。

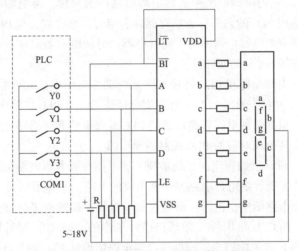

图 1-34 BCD 码驱动七段数码管电路图

1.2.5 PLC 编程常用的方法

1. 翻译设计法

由于 PLC 控制梯形图与电气控制（继电器—接触器）电路图在表示方法和分析方法上有很多相似之处，因此根据"继电器—接触器"电路图来设计梯形图是一条捷径。对于一些成熟的继电器—接触器控制线路可以按照一定的规则转换（翻译）成为 PLC 控制的梯形图。这样既保证了原有的控制功能的实现，又能方便地得到 PLC 梯形图，程序设计也十分方便。翻译设计法得到的控制方案虽然不是最优的，但对于 PLC 改造"继电器—接触器"控制老旧设备是一种十分有效和快速的方法。同时由于这种设计方法一般不需要改动控制面板，因而保持了系统原有的外部特性，操作人员不需改变长期形成的操作习惯。

在分析 PLC 控制系统的功能时，可以将它想象成一个"继电器—接触器"控制系统中的控制箱，其外部接线图描述了这个控制箱的外部接线，梯形图是这个控制箱的内部"线路图"。梯形图中的输入位寄存器和输出位寄存器是控制箱与外部世界联系的"接口继电器"，这样就可以用分析继电器电路图的方法来分析 PLC 控制系统。在分析和设计梯形图时可以将输入位寄存器的触点想象成对应的外部输入器件的触点或电路，将输出位寄存器的触点想象成对应的外部负载的线圈。外部负载的线圈除了受梯形图的控制外，还可能受外部触点的控制。将"继电器—接触器"电路图翻译成功能相同的 PLC 的外部接线图和梯形图的一般步骤如下。

（1）了解并熟悉被控设备。首先对原有的被控设备的工艺过程和机械的动作情况进行了解，并对其继电器电路图进行分析，熟悉并掌握继电器控制系统的各组成部分的功能和工作原理。

（2）两种电路的元件和电路的对应转换。

1）可以转换为 PLC 的外部接线图中的 I/O 设备的继电器电路中的元件。继电器电路图中的按钮、控制开关、限位开关、接近开关等是用来给 PLC 提供控制命令和反馈信号的，它们的触点应接在 PLC 的输入端，即可转换成为 PLC 外接线图中的输入设备。继电器电路图中的接触器、指示灯和电磁阀等执行机构应接入 PLC 的输出端，由 PLC 的输出位寄存器来控制，即它们可转换成为 PLC 外接线图中的输出设备。据此可画出 PLC 的外部接线图，同时也就确定了 PLC 的各输入信号和输出负载对应的输入位寄存器和输出位寄存器的元件号。

2）可以转换为 PLC 的内部梯形图中的继电器电路中的元件。继电器电路图中的中间继电器和时间继电器的功能用 PLC 的内部标志位存储器和定时器来完成，与 PLC 的输入位寄存器和输出位寄存器无关。确定继电器电路图的中间继电器、时间继电器对应的梯形图中的内部标志位存储器（M）和定时器（T）的元件号。

建立继电器电路图中的元件和 PLC 外接电路及内部梯形图中的元件号之间的对应关系后，列出 PLC 的 I/O 地址分配表，画出 PLC 的外部实际接线图，为 PLC 梯形图的设计打下基础。

（3）设计梯形图。根据两种电路转换得到的 PLC 外部电路和梯形图元件及其元件号，将原继电器电路的控制逻辑转换成对应的 PLC 控制的梯形图。

（4）翻译（置换）设计法编程应注意的事项。梯形图和继电器电路虽然表面上看起来差不多，实质上却有着本质区别。继电器电路是硬件组成的电路，而梯形图是一种软件，是 PLC 图形化的程序。在继电器电路图中，由同一继电器的多对触点控制的多个继电器的状态可能同时（并行）变化。而 PLC 的 CPU 是串行（循环扫描）工作的，即 CPU 同时只能处理一条与触点和输出位寄存器（线圈）有关的指令。根据继电器电路图设计 PLC 的外部接线图和梯形图时应注意下面一些问题。

1）应遵循梯形图语言中的语法规则。在继电器电路图中，触点可以放在线圈的左边，也可以放在线圈的右边（目前新制图标准件中也不提倡放在线圈的右边），但是在梯形图中，输出位寄存器（线圈）必须放在电路的最右边。

2）设置中间单元。在梯形图中，若多个线圈都受某一触点串并联电路控制，为了简化编程电路，在梯形图中可以设置用该电路控制的内部标志位存储器，它类似于继电器电路中的中间继电器。

3）尽量减少 PLC 的输入信号和输出信号。PLC 的价格与 I/O 点数有关，每一输入信号和每一输出信号分别要占用一个输入点和一个输出点，因此减少输入信号和输出信号的点数是降低硬件费用的主要措施。

与继电器电路不同，一般只需要同一输入器件的一个动合触点给 PLC 提供输入信号，在梯形图中，可以多次使用同一输入位的动合触点和动断触点。

在继电器电路图中，如果几个输入器件的触点的串并联电路总是作为一个整体出现，可以将它们作为 PLC 的一个输入信号，只占 PLC 的一个输入点。

某些器件的触点如果在继电器电路图中只出现一次，并且与 PLC 输出端的负载串联（如有锁存功能的热继电器的动断触点），不必将它们作为 PLC 的输入信号，可以将它们放在 PLC 外部的输出回路，仍与相应的外部负载串联。

继电器控制系统中某些相对独立且比较简单的部分，可以用继电器电路控制，这样同时减少了所需的 PLC 的输入点和输出点。

4）设立外部连锁电路。为了防止控制电动机正反转或不同电压调速的两个或多个接触器同时动作造成电源短路或不同电压的混接，应在 PLC 外部设置硬件互锁电路。即在转换为 PLC 控制时，除了在梯形图中设置与它们对应的输出位寄存器串联的动断触点组成的互锁电路外，还在 PLC 外部电路中设置硬件互锁电路，以保证系统可靠运行。

5）注意梯形图的优化设计。为了减少语句表指令的指令条数，注意编程的规律和技巧，诸如在串联电路中单个触点应放在最右边；在并联电路中单个触点应放在最下面等。

6）外部负载电压/电流匹配。PLC 的继电器输出模块和晶闸管输出模块只能驱动电压不高于 220V 的负载，如果原系统的交流接触器的线圈电压为 380V，应将线圈换成 220V 的，也可设置外部中间继电器；同时它们的电流也必须要匹配。

2. 经验设计法

所谓经验设计法，就是在 PLC 典型控制环节程序段的基础上，根据被控对象的具体要求，凭经验进行组合、修改，以满足控制要求。例如，要编制一个控制一台工程设备电动机正、反转的梯形图程序，可将两个"启—保—停"环节梯形图组合，再加上互锁的控制要求进行修改即可。有时为了得到一个满意的设计结果，需要进行多次反复调试和修改，增加一些辅助触点和中间编程元件。这种设计方法没有普遍的规律可遵循，具有一定的试探性和随意性，最后得到的结果也不是唯一的，而且设计所用的时间、质量与设计者的经验有关。经验设计法对于简单控制系统的设计是非常有效的，并且它是设计复杂控制系统的基础，需要很好地掌握。但这种方法主要依靠设计者的经验，所以要求设计者在平常的工作中注意尽可能多地收集与积累 PLC 编程常用的各种典型环节程序段，从而不断丰富自己的经验。

用工程经验设计法设计 PLC 程序时大致可以按下面几步来进行：分析控制要求、选择控制原则；设计主令元件和检测元件、确定输入/输出设备；设计执行元件的控制程序；检查修改和完善程序。

因为经验设计法没有固定的规律可遵循，往往需要经过多次反复修改和完善才能符合设计要求，所以设计的结果也会因人而异，并且也不是很规范。如果用经验设计法来设计复杂系统的梯形图，会存在以下问题。

1）考虑不周、设计麻烦、设计周期长。用工程经验设计法设计复杂系统的梯形图时，需要用大量的中间元件来完成记忆、连锁、互锁等功能，由于需要考虑的因素很多，它们往往又交织在一起，分析起来非常困难，并且也很容易遗漏一些问题。修改某一局部程序时，很有可能会对系统其他部分地区程序产生意想不到的影响；往往花了很长时间，还得不到一个满意的结果。

2）梯形图的可读性差、系统维护困难。用经验设计法设计的梯形图是按设计者的经验和习惯的思路进行的，没有规律可遵循。因此即使是设计者的同行，要分析这种程序也有一定的困难，更不用说维护人员了，这就给 PLC 系统的维护和改进带来许多困难。

3. 逻辑设计法

逻辑设计法的理论基础是逻辑代数。在机床电气PLC编程中，各输入/输出状态是以0和1形式表示断开和接通，其控制逻辑符合逻辑运算的基本规律，可用逻辑运算的形式表示，逻辑设计法是以组合逻辑的方法和形式设计控制系统。因此，非常适合于PLC控制系统中应用程序的设计。这种设计方法既有严密可循的规律性、明确可行的设计步骤，又具有简便、直观和十分规范的特点。

（1）逻辑画数和运算形式与PLC梯形图、指令语句的对应关系。由于逻辑代数的3种基本运算"与""或""非"都有着非常明确的物理意义，其逻辑函数表达式的结构也与FLC指令表程序完全一样，因此可以直接转化。逻辑函数和运算形式与PLC梯形图、指令语句的对应关系见表1-13。

表1-13　　　　逻辑画数和运算形式与PLC梯形图、指令语句的对应关系表

逻辑函数和运算形式	梯形图	指令语句
"与"运算 $Q0.0 = I0.0 \cdot I0.1 \cdot \cdots \cdot I0.n$	I0.0　I0.1　……　I0.n　　Q0.0	LD　I0.0 A　I0.1 ⋮　⋮ A　I0.n =　Q0.0
"或"运算 $Q0.0 = I0.0 + I0.1 + \cdots + I0.n$	I0.0　　　　　　　Q0.0 I0.1 ⋮ I0.n	LD　I0.0 O　I0.1 ⋮　⋮ O　I0.n =　Q0.0
"或与"运算 $Q0.0 = (I0.1 + I0.2) \cdot I0.3 \cdot M0.1$	I0.1　　I0.3　M0.1　Q0.0 I0.2	LD　I0.1 O　I0.2 A　I0.3 A　M0.1 =　Q0.0
"与或"运算 $Q0.0 = I0.1 + I0.2 + I0.3 \cdot I0.4$	I0.1　　I0.2　　Q0.0 I0.3　　I0.4	LD　I0.0 A　I0.2 LD　I0.3 A　I0.4 OLD =　Q0.0
"非"运算 $Q0.0 = \overline{I0.1}$	I0.0　　　　　　Q0.0	LDN　I0.1 =　Q0.0

（2）逻辑设计法编程的一般步骤。用逻辑设计法对PLC组成的控制系统进行编程一般可以分为以下几步。

1）明确控制系统的任务和控制要求。通过分析生产工艺过程，明确控制系统的任务和控制要求，绘制工作循环和检测元件分布图，得到各种执行元件功能表。

2）绘制PLC控制系统状态转换表。通常PLC控制系统状态转换表由输出信号状态表、输入信号状态表、状态转换主令表和中间元件状态表4个部分组成。状态转换表全面、完整地展示了PLC控制系统各部分、各时刻的状态和状态之间的联系及转换，非常直观，对建立PLC控制系统的整体联系、动态变化的概念有很大帮助，是进行PLC控制系统分析和设计的有效

工具。

3）建立逻辑函数关系。有了状态转换表，便可建立控制系统的逻辑函数关系，内容包括列写中间元件的逻辑函数式和列出执行元件（输出端子）的逻辑函数式两个内容。这两个函数式组，既是生产机械或生产过程内部逻辑关系和变化规律的表达形式，又是构成控制系统时控制目标的具体程序。

4）编制 PLC 程序。编制 PLC 程序就是将逻辑设计的结果转化为 PLC 的程序。PLC 作为工业控制计算机，逻辑设计的结果（逻辑函数式）能够很方便地过渡到 PLC 程序，特别是语句表形式，其结构和形式都与逻辑函数非常相似，很容易直接由逻辑函数式转化。当然，如果设计者需要由梯形图程序作为一种过渡，或者选用的 PLC 的编程器具有图形输入功能，则也可以首先由逻辑函数式转化为梯形图程序。

5）程序的完善和补充。程序的完善和补充是逻辑设计法的最后一步。包括手动调整工作方式的设计、手动与自动工作方式的选择、自动工作循环、保护措施等。

4. 顺序功能图设计法

顺序功能图是描述控制系统的控制过程、功能和特性的一种图形（见图 1-35），也是编制 PLC 顺序控制程序的有力工具。顺序功能图并不涉及所描述的控制功能的具体技术，它是一种通用的技术语言，可以供进一步编程和不同专业的人员之间进行技术交流之用。

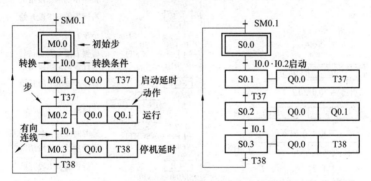

图 1-35 顺序功能图

顺序功能图（或称状态转移图 SFC）用来编制顺序控制程序。步、动作和转换是顺序功能图的三大要素，如图 1-36 所示。步是一种逻辑块，即对应于特定控制任务的编程逻辑；动作是控制任务的独立部分；转换是从一个任务变换到另一个任务的原因或条件。

顺序功能图设计法是在顺控指令的配合下设计复杂的控制程序。一般比较复杂的程序，都可以根据生产工艺和工序所对应的顺序或时序分成若干个功能比较简单的程序段，一个程序段可以看成整个控制过程中的一步。每一个时段对应设备运作的一组动作（步、路径和转换），该动作完成后根据相应的条件转换到下一个时段完成后续动作，并按系统的功能流程依次完成状态转换。从这个角度看，一个复杂系统的控制过程是由

图 1-36 顺序功能图

这样若干个步组成的。系统控制的任务实际上可以认为在不同时刻或者在不同进程中去完成对各个步的控制。为此，一般 PLC 生产厂家都在自己的 PLC 中增加了步进顺控指令。在画完各个步进的状态流程图之后，就可以利用步进顺控指令方便地编写控制程序。顺序功能图设计法能清晰地反映系统的控制时序或逻辑关系。

顺序功能图的常用结构有单序列、选择序列和并行序列多种形式，如图1-37所示。

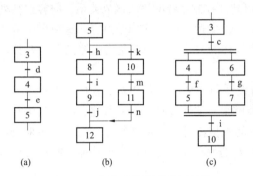

图1-37　顺序功能图的常用结构

（a）单序列；（b）选择序列；（c）并行序列

状态转移图（顺序功能图）是顺序控制编程的重要工具。其编程的一般设计思想是：将一个复杂的控制过程分解为若干个工作状态，弄清各工作状态的工作细节（状态功能、转移条件和转移方向），再依据总的控制顺序要求，将这些工作状态联系起来，就构成了状态转移图（SFC图），然后再转换为梯形图。顺序控制程序既可以采用"启保停电路"和"以转换为中心"顺序控制编程，又可以采用PLC的专用步进指令进行编程。采用PLC的专用步进指令进行小车运行的编程如图1-38所示。

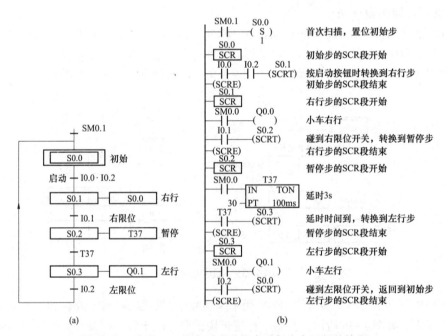

图1-38　采用PLC的专用步进指令进行小车运行的编程

（a）状态转移图；（b）梯形图

1.3　PLC的主要功能和编程应用

1.3.1　PLC的主要功能

PLC是一种根据生产过程顺序控制的要求，为了取代传统的"继电器—接触器"控制系统而发展起来的工业自动控制设备，它必须首先具备满足顺序控制要求的基本逻辑运算功能。随后，由于技术的不断进步与PLC应用范围的日益扩大，在顺序控制的基础上，又不断开发了可以满足各种工业控制要求的特殊控制功能。

PLC的指令功能强，有布尔、传送、比较、移位、循环移位、产生补码、调用子程序、脉冲宽度调制、脉冲序列输出、跳转、数制转换、算术运算、字逻辑运算、浮点数运算、开平方、三角函数和 PID 控制指令等，采用主程序、最多 8 级子程序和中断程序的程序结构，可使用 1~255ms 的定时中断。用户程序可设置多级口令保护，监控定时器（看门狗）的定时时间为 300ms。

为满足不同的应用，PLC 还具有丰富的扩展模块，主要包括数字量输入、输出和混合模块，模拟量输入、输出及混合模块，测温模块，通信模块，定位模块，称重模块等。利用这些扩展模块会给 CPU 增加许多附加的功能，如图 1-39 所示。

近年来，为了适应信息、网络技术的发展，PLC 作为基本的工业控制设备，网络与通信功能已经成为 PLC 的重要技术指标之一。总之，虽然各 PLC 的性能、价格有较大的区别，但其主要功能相近，它包括图 1-40 所示的几部分。

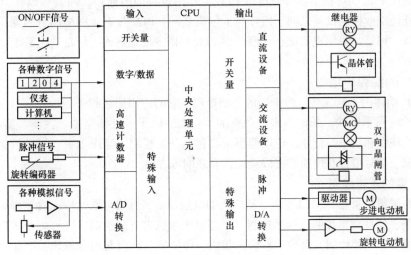

图 1-39　S7-200 PLC 扩展模块及附加功能

（1）基本功能。逻辑控制功能是 PLC 必备的基本功能。从本质上说，这是一种以计算机"位"运算为基础，按照程序的要求，通过对来自设备外围的按钮、行程开关、接触器与传感器触点等开关量（也称数字量）信号进行逻辑运算处理，并控制外围指示灯、电磁阀、接触器线圈的通断的功能。

在早期的 PLC 上，顺序控制所需要的定时、计数功能需要通过定时模块与计数模块实现，但是，目前它已经成为 PLC 的基本功能之一。此外，逻辑控制中常用的代码转换、数据比较与处理等，也成为了 PLC 常用的基本功能。

（2）特殊控制功能。PLC 的特殊控制功能包括模/数（A/D）转换、数/模（D/A）转换、温度的调节与控制、位置控制等。这些特殊控制功能的实现，一般需要选用 PLC 的特殊功能模块。

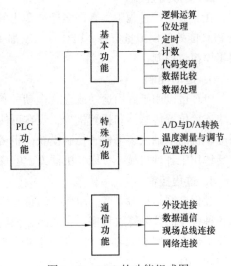

图 1-40　PLC 的功能组成图

A/D 转换与 D/A 转换多用于过程控制或闭环调节系统。在 PLC 中，通过特殊的功能模块与功能指令，可以对过程控制中的温度、压力、流量、速度、位移、电压、电流等连续变化的物理量进行采样，并通过必要的运算（如PID），实现闭环自动调节。当然，需要时也可以对这些物理量进行各种形式的显示。

在PLC中，位置控制一般是通过PLC的特殊应用指令，通过对命令的写入与状态的读取，对位置控制模块的位移量、速度、方向等进行控制。位置控制模块一般以脉冲的形式输出位置给定指令，指令脉冲再通过伺服驱动器（或步进驱动器），驱动伺服电动机（或步进电动机）带动进给传动系统实现闭环位置控制。

（3）网络与通信功能。随着信息技术的发展，网络与通信在工业控制中已经显得越来越重要。PLC早期的通信，一般仅仅局限于PLC与外围设备（编程器或编程计算机等）间的简单串行口通信。

然而，现代PLC的通信不仅可以进行PLC与外围设备间的通信，而且可以在PLC与PLC间、PLC与其他工业控制设备之间、PLC与上位机之间、PLC与工业网络间进行通信，并可以通过现场总线、网络总线组成系统，从而使得PLC可以方便地进入工厂自动化系统。

1.3.2　PLC的编程应用

随着PLC功能的不断完善、性价比的不断提高，它的应用面也越来越广泛。目前，PLC在国内外已广泛应用于钢铁、采矿、水泥、石油、化工、电子、机械制造、汽车、船舶、装卸、造纸、纺织、环保和娱乐等行业，应用范围主要包括开关控制、顺序控制、运动控制、过程控制、数据处理、信号报警和连锁系统以及通信和联网等方面。

1. 开关量的逻辑控制

开关量的逻辑控制是PLC最基本、最广泛的应用领域，可用它取代传统的"继电器—接触器"控制电路，实现逻辑控制、顺序控制，既可用于单机设备的控制，又可用于多机群控制及自动化流水线。如电梯控制、高炉上料、注塑机、印刷机、数控与组合机床、磨床、包装生产线、电镀流水线等。

2. 模拟量控制

在工业生产过程中，有许多连续变化的模拟量，如温度、压力、流量、液位和速度等。为使PLC能处理模拟量信号，PLC各厂家都生产有配套的A/D和D/A转换模块，使PLC可直接用于模拟量控制。

3. 运动控制

PLC可以用于圆周运动或直线运动的控制。从控制机构配置来说，早期直接用开关量I/O模块连接位置传感器和执行机构；现在可使用专用的运动控制模块，如可驱动步进电动机或伺服电动机的单轴或多轴位置控制模块。世界上各主要PLC厂家的产品几乎都有运动控制功能，广泛地用于各种机械、机床、机器人、电梯等场合。

4. 过程控制

过程控制是指对温度、压力、流量等模拟量的闭环控制。作为工业控制计算机，PLC能编制各种各样的控制算法程序，完成闭环控制。PID控制是一般闭环控制系统中常用的控制方法。目前不仅大中型PLC都有PID模块，而且许多小型PLC也具有PID功能。PID处理一般是运行专用的PID子程序。过程控制在冶金、化工、热处理、锅炉控制等场合有非常广泛的应用。过程控制又可细分为慢连续量的过程控制和快连续量的运动控制两种。

（1）慢连续量的过程控制。慢连续量的过程控制是指对温度、压力、流量和速度等慢连续变化的模拟量的闭环控制。作为工业控制计算机，PLC通过模拟量输入输出模块，实现A/D和

D/A 的转换，并通过专用的智能 PID 模块，编制各种各样的控制算法程序，实现对模拟量的闭环控制，使被控变量保持为设定值。PID 控制是一般闭环控制系统中常用的控制方法，PID 处理一般是运行专用的 PID 子程序。PLC 的这一功能已广泛应用在电力、冶金、化工、轻工、机械等行业。例如，锅炉控制、加热炉控制、磨矿分级过程控制、水处理控制、酿酒控制等。

（2）快连续量的运动控制。PLC 提供了拖动步进电动机或伺服电动机的单轴或多轴位置控制模块，通过这些模块可实现直线运动或圆周运动的控制。如今，运动控制已是 PLC 不可缺少的功能之一，世界上各主要 PLC 厂家的产品几乎都有运动控制功能，广泛地用于各种机械、机床、机器人、电梯等场合。

5. 数据处理

现代 PLC 具有数学运算（含矩阵运算、逻辑运算）、数据传送、数据转换、排序、查表、位操作等功能，可以完成数据的采集、分析及处理。这些数据可以与储存在存储器中的参考值比较，完成一定的控制操作，也可以利用通信功能传送给别的智能装置，或将它们打印制表。数据处理一般用于大型控制系统，如无人控制的柔性制造系统；也可用于过程控制系统，如造纸、冶金、食品工业中的一些大型控制系统。

6. 通信及联网

随着计算机控制技术的不断发展，工厂自动化网络的发展也更加迅猛，各 PLC 厂商都十分重视 PLC 的通信功能，纷纷推出各自的网络系统。最新生产的 PLC 都具有通信接口，实现通信非常方便快捷。PLC 通信包含 PLC 之间的通信以及 PLC 与其他智能设备之间的通信，主要有以下 4 种情况。

（1）PLC 之间的通信。PLC 之间可一对一通信，也可在多达几十甚至几百台 PLC 之间进行通信。既可在同型号 PLC 之间进行通信，也可在不同型号的 PLC 之间进行通信。例如，可以将三菱 FX 系列 PLC 作为三菱 A 系列 PLC 的就地控制站，从而可简单地实现生产过程的分散控制和集中管理。

（2）PLC 与各种智能控制设备之间的通信。PLC 可与条形码读出器、打印机以及其他远程 I/O 智能控制设备进行通信，形成一个功能强大的控制网络。

（3）PLC 与上位计算机之间的通信。可用计算机进行编程，或对 PLC 进行监控和管理。通常情况下，采用多台 PLC 实现分散控制，由一台上位计算机进行集中管理，这样的系统称为分布式控制系统。

（4）PLC 与 PLC 的数据存取单元进行通信。PLC 提供了各种型号不一的数据存取单元，通过此数据存取单元可方便地对设定数据进行修改，对各监控点的数据或图形变化进行监控，还可对 PC 出现的故障进行诊断等。

近几年来，随着计算机控制技术和通信网络技术的发展，已兴起工厂自动化（FA）网络系统。PLC 的联网、通信功能正适应了智能化工厂发展的需要，它可使工业控制从点、到线再到面，使设备级的控制、生产线的控制和工厂创造更高的效益。

PLC 的应用领域越来越广泛，几乎可以说凡是有控制系统存在的地方都需要 PLC。在发达国家，PLC 已广泛应用于所有的工业部门，随着 PLC 性能价格比的不断提高，PLC 的应用范围还将不断扩大。对于 PLC 应用的整体认识如图 1-41 所示；以 PLC 为核心的工业网络结构如图 1-42 所示。

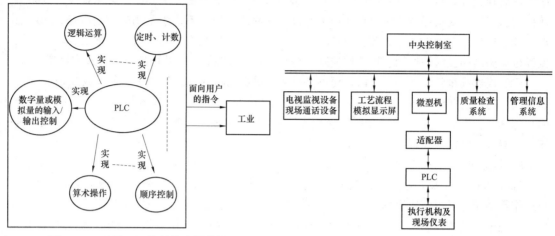

图 1-41　对于 PLC 的整体应用认识　　　　图 1-42　以 PLC 为核心的工业网络结构

1.4　识读生产设备 PLC 梯形图和指令语句表的方法和步骤

　　PLC 控制系统是综合了生产设备、电气控制和 PLC 应用技术的一门新兴科学，是实现工业生产、科学研究以及其他各个领域自动化的重要技术之一，广大读者学习 PLC 编程之目的无疑就是掌握生产设备的结构组成、生产工艺过程、对电气控制的要求以及传统生产设备电气控制特点，从而会安装/调试、操作/使用、维修/保养生产设备的电控装置；并了解传统电控技术上的落后，进而采用先进的 PLC 技术加以改造和研发创新。这就需要读者首先掌握识读和分析生产设备电气与 PLC 控制电路图的方法和步骤，会识读和分析常用典型生产设备电气和 PLC 控制电路图，特别是依据传统控制原理而编制的 PLC 控制梯形图或语句表程序。

　　对于一般生产设备电气与 PLC 控制系统，都会给出生产设备电气与 PLC 控制电路图。生产设备电气与 PLC 控制电路图通常包括生产设备电气控制主电路与 PLC 控制的 I/O 接线图、PLC 控制的用户程序等。这就是识读和分析生产设备电气与 PLC 控制梯形图和语句表程序的原始资料。识读和分析生产设备电气与 PLC 控制梯形图和语句表程序的方法和步骤如下。

1.4.1　总体分析

1. 系统分析

　　依据控制系统所需完成的控制任务，对被控对象（生产设备）的工艺过程、工作特点以及控制系统的控制过程、控制规律、功能和特征进行详细分析。明确输入、输出的物理量是开关量还是模拟量，明确划分控制的各个阶段及其特点，阶段之间的转换条件，画出完整的工作流程图和各执行元件的动作节拍表。

2. 看 PLC 控制电路主电路

　　通过看 PLC 控制电路主电路进一步了解工艺流程和对应的执行装置和元器件。

3. 看 PLC 控制系统的 I/O 配置表和 PLC 的 I/O 接线图

　　通过看 PLC 控制系统的 I/O 配置表和 PLC 的 I/O 接线图，了解输入信号和对应输入继电器编号、输出继电器的分配及其所连接对应的负载。

　　在没有给出输入/输出设备定义和 I/O 配置的情况下，应根据 PLC 的 I/O 接线图或梯形图和语句表，定义输入/输出设备和配置 I/O。

4. 通过 PLC 的 I/O 接线图了解梯形图和语句表

PLC 的 I/O 接线是连接 PLC 控制电路主电路和 PLC 梯形图的纽带。

"继电器—接触器"电路图中的交流接触器和电磁阀等执行机构用 PLC 的输出继电器来控制，它们的线圈接在 PLC 的 I/O 接线的输出端。按钮、控制开关、限位开关、接近开关、传感测量元器件等用来给 PLC 提供控制命令和反馈信号，它们的触点接在 PLC 的 I/O 接线的输入端。

（1）根据所用电器（如电动机、电磁阀、电加热器等），主电路的控制电器（接触器、继电器），主触点的文字符号，在 PLC 的 I/O 接线图中找出相应控制电器的线圈，并可得知控制该控制电器的输出继电器，再在梯形图或语句表中找到该输出继电器的梯级或程序段，并将相应输出设备的文字代号标注在梯形图中输出继电器的线圈及其触点旁。

（2）根据 PLC I/O 接线的输入设备及其相应的输入继电器，在梯形图（或语句表）中找出输入继电器的动合触点、动断触点，并将相应输入设备的文字代号标注在梯形图中输入继电器的触点旁。值得注意的是，在梯形图和语句表中，没有输入继电器的线圈。

（3）对于采用移植设计法（"翻译法"）进行技术改造而得到的 PLC 控制系统，宜先进行已熟识的传统电气控制电路图的识读和分析，然后再进行 PLC 控制梯形图和语句表的识读和分析，会事半功倍。

1.4.2 梯形图和指令语句表的结构分析

看其结构是采用一般编程方法还是采用顺序功能图编程方法？采用顺序功能图编程时是单序列结构还是选择序列结构、并行序列结构？是使用了"启—保—停"电路、以转换为中心的置位复位指令进行编程还是使用了 PLC 的专用步进顺控指令进行编程？

另外，还要注意在程序中使用了哪些功能指令，对程序中不太熟悉的指令，还要查阅相关资料。

1.4.3 梯形图和指令语句表的分解

由操作主令电路（如按钮）开始，查线追踪到主电路控制电器（如接触器）动作，中间要经过许多编程元件及其电路，查找起来比较困难。

无论多么复杂的梯形图和语句表，都是由一些基本单元构成的。按照主电路的构成情况，可首先利用逆读溯源法，把梯形图和语句表分解成与主电路的所用电器（如电动机）相对应的若干个基本单元（基本环节）；然后再利用顺读跟踪法，逐个环节加以分析；最后再利用顺读跟踪法把各环节串接起来。

将梯形图分解成若干个基本单元，每一个基本单元可以是梯形图的一个梯级（包含一个输出元件）或几个梯级（包含几个输出元件），而每个基本单元相当于"继电器—接触器"控制电路的一个分支电路。

1. 按钮、行程开关、转换开关的配置情况及其作用

在 PLC 的 I/O 接线图中有许多行程开关和转换开关，以及压力继电器、温度继电器等。这些电器元件没有吸引线圈，它们的触点的动作是依靠外力或其他因素实现的，因此必须先找到引起这些触点动作的外力或因素。其中，行程开关由机械联动机构来触压或松开，而转换开关一般由手工操作。这样，使这些行程开关、转换开关的触点，在设备运行过程中便处于不同的工作状态，即触点的闭合、断开情况不同，以满足不同的控制要求，这是看图过程中的一个关键。

这些行程开关、转换开关触点的不同工作状态，单凭看电路图有时难以搞清楚，必须结合设备说明书、电器元件明细表，明确该行程开关、转换开关的用途；操纵行程开关的机械联动机构；触点在不同的闭合或断开状态下电路的工作状态等。

2. 采用逆读溯源法将多负载（如多电动机电路）分解为单负载（如单电动机）电路

根据主电路中控制负载的控制电器的主触点文字符号，在PLC的I/O接线图中找出控制该负载的接触器线圈的输出继电器，再在梯形图和语句表中找出控制该输出继电器的线圈及其相关电路，这就是控制该负载的局部电路。

在梯形图和语句表中，很容易找到该输出继电器的线圈电路及其得电、失电条件，但引起该线圈的得电、失电及其相关电路有时就不太容易找到，可采用逆读溯源法去寻找。

（1）在输出继电器线圈电路中串、并联的其他编程元件触点，这些触点的闭合、断开就是该输出继电器得电、失电的条件。

（2）由这些触点再找出它们的线圈电路及其相关电路，在这些线圈电路中还会有其他接触器、继电器的触点。

（3）如此找下去，直到找到输入继电器（主令电器）为止。

值得注意的是，当某编程元件得电吸合或失电释放后，应该把该编程元件的所有触点所带动的前后级编程元件的作用状态全部找出，不得遗漏。

找出某编程元件在其他电路中的动合触点、动断触点，这些触点为其他编程元件的得电、失电提供条件或者为互锁、连锁提供条件，引起其他电器元件动作，驱动执行电器。

3. 单负载电路的进一步分解

控制单负载的局部电路可能仍然很复杂，还需要进一步分解，直至分解为基本单元电路。

4. 分解电路的注意事项

（1）由电动机主轴连接有速度继电器，可知该电动机按速度控制原则组成反接制动电路。

（2）若电动机主电路中接有整流器，表明该电动机采用能耗制动停车电路。

1.4.4　集零为整，综合分析

把基本单元电路串起来，采用顺读跟踪法分析整个电路。综合分析时应注意以下几个方面。

（1）分析PLC梯形图和语句表的过程同PLC扫描用户程序的过程一样，从左到右、自上而下，按梯级或程序段的顺序逐级分析。

（2）值得指出的是，在程序的执行过程中，在同一周期内，前面的逻辑运算结果影响后面的触点，即执行的程序用到前面的最新中间运算结果；但在同一周期内，后面的逻辑运算结果不影响前面的逻辑关系。该扫描周期内除输入继电器以外的所有内部继电器的最终状态（线圈导通与否、触点通断与否），将影响下一个扫描周期各触点的通与断。

（3）某编程元件得电，其所有动合触点均闭合、动断触点均断开。某编程元件失电，其所有已闭合的动合触点均断开（复位），所有已断开的动断触点均闭合（复位）；因此编程元件得电、失电后，要找出其所有的动合触点、动断触点，分析其对相应编程元件的影响。

（4）按钮、行程开关、转换开关闭合后，其相对应的输入继电器得电，该输入继电器的所有动合触点均闭合，动断触点均断开。

再找出受该输入继电器动合触点闭合、动断触点断开影响的编程元件，并分析使这些编程元件产生什么动作，进而确定这些编程元件的功能。值得注意的是，这些编程元件有的可能立即得电动作，有的并不立即动作而只是为其得电动作做好准备。

在"继电器—接触器"控制电路中，停止按钮和热继电器均用动断触点，为了与"继电器—接触器"控制的控制关系相一致，在 PLC 梯形图中，同样也用动断触点，这样一来，与输入端相接的停止按钮和热继电器触点就必须用动合触点。在识读程序时必须注意这一点。

（5）"继电器—接触器"电路图中的中间继电器和时间继电器的功能用 PLC 内部的辅助继电器和定时器来完成，它们与 PLC 的输入继电器和输出继电器无关。

（6）设置中间单元，在梯形图中，若多个线圈都受某一触点串并联电路的控制，为了简化电路，在梯形图中可设置用该电路控制的辅助继电器，辅助继电器类似于"继电器—接触器"电路中的中间继电器。

（7）时间继电器瞬动触点的处理。除了延时动作的触点外，时间继电器还有在线圈得电或失电时马上动作的瞬动触点。对于有瞬动触点的时间继电器，可以在梯形图中对应的定时器的线圈两端并联辅助继电器，后者的触点相当于时间继电器的瞬动触点。

（8）外部连锁电路的设立。为了防止控制电动机正反转的两个接触器同时动作，造成三相电源短路，除了在梯形图中设置与它们对应的输出继电器的线圈串联的动断触点组成的软互锁电路外，还应在 PLC 外部设置硬互锁电路。

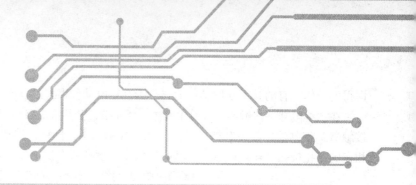

第2章

PLC最基本最常用的典型环节编程

　　绝大多数读者学习 PLC 控制技术的主要目的是为了工程应用。而 PLC 的工程应用主要是通过编写用户程序来实现的。基本控制环节是工程中经常用到的，任何复杂的工程应用系统总是由一些基本的编程环节组成的，因此，要学会三菱系列 PLC 工程应用编程，首先必须掌握一些三菱系列 PLC 工程应用的最基本编程环节，具有事半功倍的作用。特别是对初学者来说，必须由浅入深，循序渐进，首先要认真学好、熟练掌握 PLC 控制中的这些典型环节编程。

　　简单地说，PLC 就是一台工业控制计算机，它的全称是 Programmable Logic Controller（可编程逻辑控制器）。如果说融入人们日常生活的计算机是通用级电脑的话，那么 PLC 则是专业级的，是业界备受推崇的工业控制器。PLC 和计算机一样，也是由中央处理器（CPU）、存储器（Memory）及输入/输出单元（I/O）三大部分组成的，但它又不同于一般的计算机，更适合工业控制。图 2-1 为 PLC 用于电动机点动控制 。

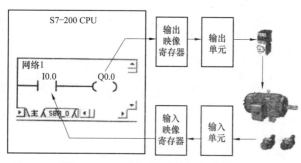

图 2-1　PLC 用于电动机的点动控制

例1　电动机的长动控制及连锁控制编程

　　图 2-2 是一个典型的继电器控制的电动机长动及连锁电路，KT 是时间继电器；KM1、KM2 是两个接触器，分别控制电动机 M1、M2 的运转；SB1 为停止按钮，SB2 为启动按钮。控制过程如下：按下启动按钮 SB2，电动机 M1 开始运转，10s 后，电动机 M2 开始运转；按下停止按钮 SB1，电动机 M1、M2 同时停止运转。

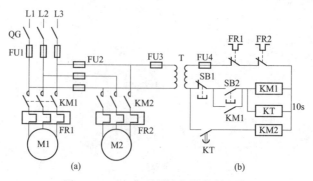

图 2-2　一个典型的继电器控制电路

在控制线路中，当按下 SB2 时，KM1、KT 的线圈同时得电，KM1 的一个动合触点闭合并自锁，M1 开始运转；KT 线圈通电后开始计时，10s 后 KT 的延时动合触点闭合，KM2 线圈得电，M2 开始运转。当按下 SB1 时，KM1、KT 线圈同时失电，KM2 线圈也失电，M1、M2 随之停转。

现用三菱 FX 系列微型 PLC 来实现上述的控制功能。图 2-3 为改用 PLC 控制的等效电路图。在 PLC 的面板上有一排输入端子和一排输出端子，输入端子和输出端子各有自己的公共接线端子 COM，输入端子的编号为 X0、X1、……，输出端子的编号为 Y0、Y1、……。停止按钮 SB1、启动按钮 SB2、热继电器 FR1 与 FR2 的一端接到输入端子上，另一端接到输入公共端子 COM 上；接触器 KM1、KM2 的线圈接到输出端子上，输出公共端子 COM 上接 AC220V 负载驱动电源。PLC 控制的等效电路由以下三部分组成。

（1）输入部分。接收操作指令（由启动按钮、停止按钮、开关等提供），或接收被控对象的各种状态信息（由行程开关、接近开关、各种传感器信号等提供）。PLC 的每一个输入点对应一个内部输入继电器，当输入点与输入 COM 端接通时，输入继电器线圈得电，它的动合触点闭合、动断触点断开；当输入点与输入 COM 端断开时，输入继电器线圈失电，它的动合触点断开、动断触点接通。

（2）控制部分。这部分是用户编制的控制程序，通常用梯形图的形式

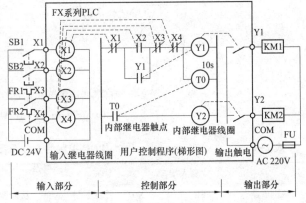

图 2-3 将图 2-2 改用 PLC 控制的等效电路图

表示。用户控制程序放在 PLC 的用户程序存储器中。系统运行时，PLC 依次读取用户程序存储器中的程序语句，对它们的内容进行解释并加以执行，有需要输出的结果则送到 PLC 的输出端子，以控制外部负载的工作。

（3）输出部分。根据程序执行的结果直接驱动负载。PLC 的每一个输出点对应一个内部输出继电器，每个输出继电器仅有一个硬触点与输出点相对应。当程序执行的结果使输出继电器线圈得电时，对应的硬输出触点闭合，控制外部负载动作。

其 PLC 控制过程为：当按下 SB2 时，输入继电器 X2 的线圈得电，X2 的动合触点闭合，使输出继电器 Y1 的线圈得电，Y1 对应的硬输出触点闭合，KM1 得电，M1 开始运转；同时 Y1 的一个动合触点闭合并自锁；定时器 T0 的线圈得电开始计时，延时 10s 后 KT 的动合触点闭合，输出继电器 Y2 的线圈得电，Y2 对应的硬输出触点闭合，KM2 得电，M2 开始运转。当按下 SB1 时，输入继电器 X1 的线圈得电，X1 的动断触点断开，Y1、T0 的线圈均失电，Y2 的线圈也失电，Y1、Y2 对应的两个硬输出触点随之断开，KM1、KM2 断电，M1、M2 停转。

例2 PLC 控制自耦变压器降压启动电路的编程

1. 自耦变压器降压启动继电器控制电路

自耦变压器降压启动继电器控制电路，如图 2-4 所示。在控制电路中，输入元件有热继电器 FR、停止按钮 SB1 和启动按钮 SB2；中间部分元件有中间继电器 KA 和时间继电器 KT；输出元件为接触器 KM1 和 KM2。

2. PLC 控制的 I/O 分配

把电器元件与 PLC 输入/输出端连接起来，构成 PLC 控制的 I/O 分配表见表 2-1。

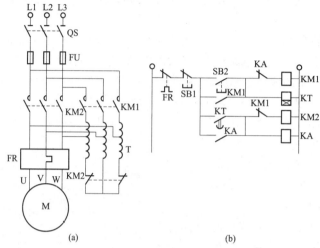

图 2-4　自耦变压器降压启动继电器控制电路

（a）主电路；（b）控制电路

表 2-1　　　　　　　　　　　　PLC 控制的 I/O 分配表

输入端口			输出端口		
热继电器	FR	X0	⊣⊬	接触器线圈	KM1	Y0	─(Y0)─
停止按钮	SB1	X1	⊣⊬	接触器线圈	KM2	Y1	─(Y1)─
启动按钮	SB2	X2	⊣⊢				

3. 绘制 PLC 控制的内部等效电路（梯形图）

把图 2-1 中的控制电路用表 2-1 中的 PLC 符号代替，绘制出 PLC 控制的内部等效电路（梯形图），如图 2-5 所示。

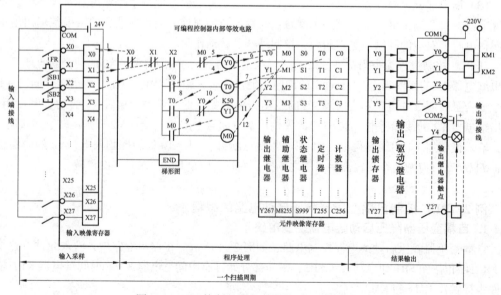

图 2-5　PLC 控制的内部等效电路（梯形图）

图 2-5 所示边框内为自耦变压器降压启动继电器控制电路改用 PLC 控制的等效电路，分为以下三个部分。

（1）输入部分电路。由 PLC 内部的 24V 直流电源、输入继电器 X0、X1 等与外部输入按钮、触点组成，用于接收外部输入信号。

（2）逻辑部分电路。是以梯形图表达的控制程序，表达方式和继电器控制电路相同。

（3）输出部分电路。由 PLC 内部的输出继电器触点 Y0、Y1 等与外部的负载和电源组成，用于外部输出控制。

自耦变压器降压启动 PLC 控制的等效电路过程：按下启动按钮 SB2，输入继电器线圈 X2 得电，梯形图中 X2 动合触点闭合，输出继电器 Y0 得电自锁，Y0 输出触点闭合，使接触器线圈 KM1 得电，图 2-4 所示主电路中的 KM1 主触点闭合，接通自耦变压器 T 电动机 M 降压启动。

中间继电器 KA 和时间继电器 KT 被 PLC 内部的软元件定时器 T0 和辅助继电器 M0 所代替。梯形图中的定时器 T0 延时 5s，T0 触点闭合使辅助继电器 M0 得电并自锁。

动断触点断开 Y0 线圈（接触器线圈 KM1 失电），Y1 线圈得电（接触器线圈 KM2 得电），主电路中的 KM2 主触点闭合，电动机 M 全压运行。

例 3　电动机的正反转控制编程

电动机正反转控制电路如图 2-6 所示，按下正转启动按钮 SB1，KM1 线圈得电，电动机正转运行；按下反转启动按钮 SB2，KM1 线圈失电，KM2 线圈得电，电动机反转运行；按下 SB3，KM1 或 KM2 线圈失电，电动机停止正转或反转。现将其改用为 PLC 进行控制，设定 I/O 分配表，见表 2-2。

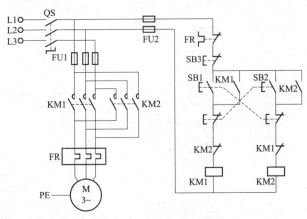

图 2-6　电动机正反转控制电路

表 2-2　　　　　　　　　　PLC 控制电动机正反转 I/O 分配表

输入信号		输出信号	
元件名称	输入点	元件名称	输出点
正转启动按钮 SB1	X000	正转按钮接触器 KM1	Y000
反转启动按钮 SB2	X001	反转按钮接触器 KM2	Y001
停止按钮 SB3	X002		
热继电器触点 FR	X003		

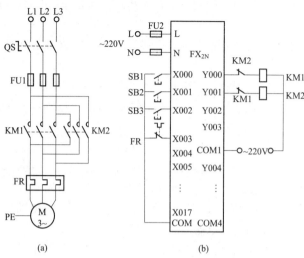

根据 I/O 分配表绘制出 PLC 控制正反转控制电路接线原理图，如图 2-7 所示。

PLC 控制电动机正反转运转程序可采用多种形式。达里列举几种形式，以供拓展编程的思路。

控制方法一：采用将继电器控制电路按 I/O 分配表的编号，写出梯形图和指令语句表，如图 2-8 所示。注意：由于热继电器的保护触点采用动断触点输入，因此，程序中的 X003（FR 常闭）采用动合触点。

控制方法二：采用主控方式控制正反转电路，如图 2-9 所示。

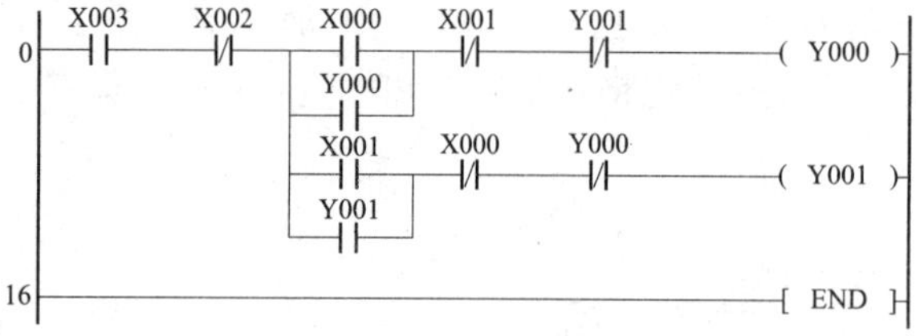

图 2-7 PLC 控制正反转控制电路接线原理图

（a）主电路；（b）PLC 控制电路

0	LD	X003
1	ANI	X002
2	MPS	
3	LD	X000
4	OR	Y000
5	ANB	
6	ANI	X001
7	ANI	Y001
8	OUT	Y000
9	MPP	
10	LD	X001
11	OR	Y001
12	ANB	
13	ANI	X000
14	ANI	Y000
15	OUT	Y0001
16	END	

图 2-8 PLC 控制电动机正反转运转程序方法一

（a）梯形图；（b）指令语句表

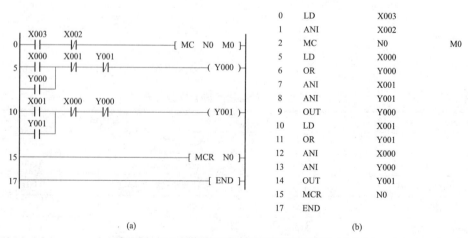

图 2-9 PLC 控制电动机正反转运转程序方法二

（a）梯形图；（b）指令语句表

例4　电动机的自动循环控制编程

有些生产机械，如机床工作台要求在一定距离内能自动往返循环运动。这种继电接触控制线路如图 2-10（a）所示，采用 PLC 控制的 I/O 接线示意图如图 2-10（b）所示，图中 1SQ～4SQ 为限位开关，PLC 梯形图如图 2-10（c）所示。

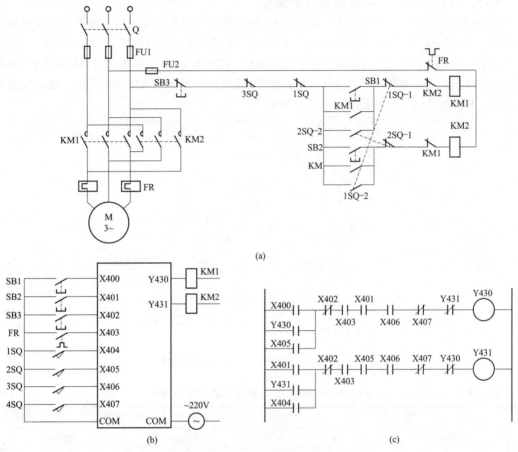

(a)

(b)　(c)

图 2-10　机床工作台的自动往返循环控制

（a）继电—接触器控制电路图；（b）PLC 控制 I/O 接线图；（c）PLC 控制梯形图

采用 PLC 控制工作过程如下：

按下正向启动按钮 SB1，输入继电器 X400 动合触点闭合，接通输出继电器 Y430 并自保，接触器 KM1 得电吸合，电动机正向运行，通过机械转动装置拖动工作台向左运动；当工作台上的挡铁碰撞限位开关 1SQ（固定在床身上）时，X404 的动断触点断开 Y430 的线圈，KM1 线圈失电释放，电动机断电；与此同时，X404 的动合触点接通 Y431 的线圈并自保，KM2 得电吸合，电动机反转，拖动工作台向左运动，运动到一定位置时 1SQ 复原。当工作台继续向右运动到一定位置时，挡铁碰撞 2SQ，使 X405 动断触点断开 Y431 的线圈，KM2 失电释放，电动机断电，同时 X405 动合触点闭合接通 Y430 线圈并自保，KM1 得电吸合，电动机又正转。这样往返循环直到停机为止。停机时按下停机按钮 SB3，X402 动断触点断开 Y430 或 Y431 的线圈，KM1 或 KM2 失电释放，电动机停转，工作台停止运动。

3SQ、4SQ 安装在工作台正常的循环行程之外，在工作台运动的方向上。当 1SQ、2SQ 失效时，挡铁碰撞到 3SQ 或 4SQ，X406 或 X407 的动断触点断开 Y430 或 Y431 的线圈，KM1 或 KM2 失电释放，电动机停转起到终端保护作用。

过载时，热继电器 FR 动作，X403 动断触点断开 Y430 或 Y431 的线圈，使 KM1 或 KM2 失电释放，电动机停转，工作台停止运动，达到过载保护的目的。

例5 电动机的丫/△减压启动控制编程

图 2-11 所示电路是一个控制三相交流异步电动机丫/△减压启动电路。按下启动按钮 SB1，接触器 KM 线圈得电，同时接触器 KMY 线圈得电，电动机定子绕组接成丫形减压启动；当转速上升并接近电动机的额定转速时，时间继电器动作，接触器 KMY 线圈失电，接触器 KM△ 线圈得电，电动机定子绕组接成△形全压运行；按下按钮 SB2，接触器 KM 线圈失电，电动机 M 停止运行。PLC 输入输出地址分配表，见表 2-3。

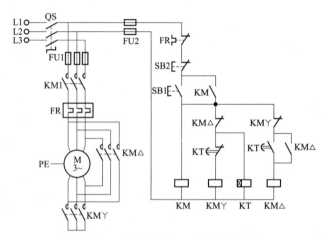

图 2-11 电动机的丫/△减压启动控制

表 2-3　　　　　　　PLC 控制电动机丫/△减压启动 I/O 分配表

输入信号		输出信号	
元件名称	输入点	元件名称	输出点
启动按钮 SB1	X000	接触器 KM	Y000
停止按钮 SB2	X001	接触器 KMY	Y001
热继电器触点 FR	X003	接触器 KM△	Y002

根据 I/O 分配表绘制出 PLC 控制电动机丫/△减压启动电路接线原理图，如图 2-12 所示。

PLC 内部时间继电器自动控制电动机丫/△减压启动控制程序可采用多种形式。这里列举几种形式，以供拓展编程的思路。

控制方法一：采用将继电控制电路按 I/O 分配表的编号，写出梯形图和指令语句表，如图 2-13 所示。注意：由于热继电器的保护触点采用动断触点输入，因此，程序中的 X003（FR 常闭）采用动合触点。

控制方法二：在接触-继电器控制电路中，通常考虑时间继电器完成定时后，就切断时间继电器的线圈，以实现节省能源和延长时间继电器使用寿命的目的。但在 PLC 控制程序中定时器是一种软元件，因此不必考虑以上问题，其控制程序可采用如图 2-13 所示梯形图。

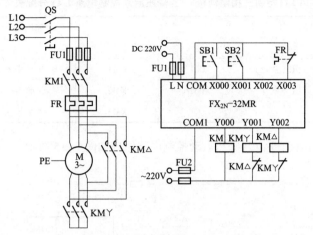

图 2-12　Y/△减压启动电路接线原理图

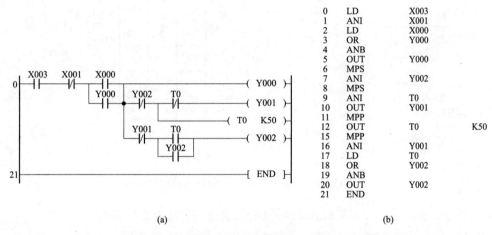

0	LD	X003	
1	ANI	X001	
2	LD	X000	
3	OR	Y000	
4	ANB		
5	OUT	Y000	
6	MPS		
7	ANI	Y002	
8	MPS		
9	ANI	T0	
10	OUT	Y001	
11	MPP		
12	OUT	T0	K50
15	MPP		
16	ANI	Y001	
17	LD	T0	
18	OR	Y002	
19	ANB		
20	OUT	Y002	
21	END		

(a)　　　　　　　　　　　　(b)

图 2-13　PLC 内部时间继电器自动控制Y/△减压启动控制方法一

（a）梯形图；（b）指令语句表

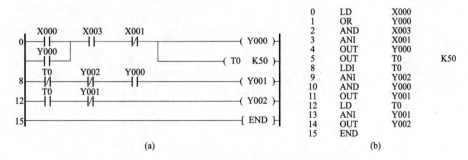

0	LD	X000	
1	OR	Y000	
2	AND	X003	
3	ANI	X001	
4	OUT	Y000	
5	OUT	T0	K50
8	LDI	T0	
9	ANI	Y002	
10	AND	Y000	
11	OUT	Y001	
12	LD	T0	
13	ANI	Y001	
14	OUT	Y002	
15	END		

(a)　　　　　　　　　　　　(b)

图 2-14　PLC 内部时间继电器自动控制Y/△减压启动控制方法二

（a）梯形图；（b）指令语句表

　　控制方法三：为更安全和节省输入触点，也可考虑不将热继电器触点 FR 接入 PLC，直接从外线路上控制。此时，PLC 控制三相电动机Y/△降压启动控制电路 I/O 分配见表 2-4。

表 2-4 　　　　　　　　**PLC 控制三相电动机丫/△降压启动控制电路 I/O 分配表**

输入端口			输出端口		
元件编号	功能	PLC 输入端	元件编号	功能	PLC 输入端
SB1	启动按钮（常开）	X001	KM1	电源引入	Y001
SB2	停止按钮（常开）	X002	KM2	丫形连接	Y002
			KM3	△形连接	Y003

其 PLC 控制三相电动机丫/△降压启动控制电路原理如图 2-15 所示。

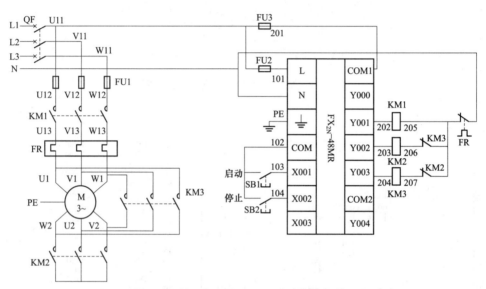

图 2-15　PLC 控制三相电动机丫/△降压启动控制电路原理

PLC 控制三相电动机丫/△降压启动控制电路元件组成及功能见表 2-5。

表 2-5 　　　　　　**PLC 控制三相电动机丫/△降压启动控制电路元件组成及功能表**

电路名称		电路元件	元件功能	备注
电源电路		QF	自动开关	
主电路		FU1	主电路短路保护	
		KM1 主触点	主电路供电控制	
		KM2 主触点	电动机丫启动	
		KM3 主触点	电动机△启动	
		FR	电动机过载检测	
		M	三相电动机	
控制电路	PLC 输入电路	FU2	PLC 电源短路保护	
		SB1	电动机启动按钮	
		SB2	电动机停止按钮	
	PLC 输出电路	FU3	PLC 输出短路保护	
		KM1 线圈	控制 KM1 的触点动作	
		KM2 线圈	控制 KM2 的触点动作	

续表

电路名称		电路元件	元件功能	备注
控制电路	PLC 输出电路	KM2、KM3 常闭	Υ-△硬件连锁保护	
		FR 动断触点	过载保护	

PLC 控制三相电动机Υ/△降压启动控制电路硬件接线图如图 2-16 所示。

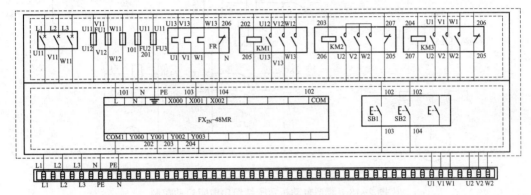

图 2-16　PLC 控制三相电动机Υ/△降压启动控制电路硬件接线图

PLC 控制三相电动机Υ/△降压启动控制的梯形图程序如图 2-17 所示。

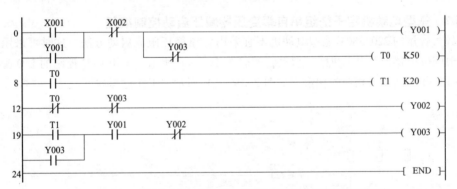

图 2-17　PLC 控制三相电动机Υ/△降压启动控制的梯形图程序

例6　笼型电动机定子绕组串电阻减压启动控制编程

为了限制启动电流，可在笼型电动机定子绕组中串电阻降压启动，这种控制线路的继电接触控制电气原理图如图 2-18（a）所示。梯形图如图 2-18（b）所示，采用 PLC 控制的 I/O 配置接线如图 2-18（c）所示。工作过程如下：

合上电源开关 QK，按下启动按钮 SB1，输入继电器 X400 的动合触点闭合，输出继电器 Y430 线圈接通并自锁，使接触器 KM1 得电吸合，电动机定子绕组串入电阻 R 降压启动，与此同时，定时器 T450 开始计时，到达定时值时（定时值 K 由用户设定），T450 动合触点闭合，Y431 线圈接通，接触器 KM2 得电吸合，把 R 短路，启动结束，电动机转入稳定运行。停机时，按下停机按钮 SB2，输入继电器 X401 动断触点断开 Y430 线圈（Y431 线圈也断开），KM1 失电释放，切断交流输入电源，电动机就会停下来。过载时，热继电器动合触点 FR 闭合，X402 动断触点断开 Y430 线圈，KM1 失电释放，达到过载保护的目的。

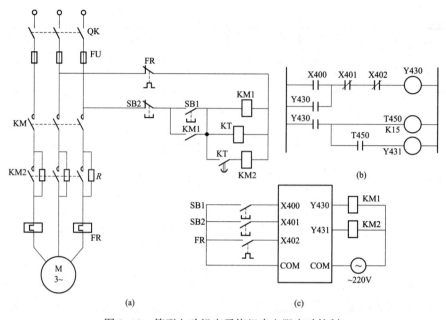

图 2-18　笼型电动机定子绕组串电阻启动控制

（a）继电—接触器控制电路图；（b）PLC 控制梯形图；（c）PLC 控制 I/O 接线图

例 7　笼型电动机定子绕组串自耦变压器减压启动控制编程

对较大容量的220/380V 笼型电动机不宜采用丫/△降压限流启动方法，这时可采用自耦变压器与时间继电器控制电动机降压启动，如图 2-19（a）所示。采用 PLC 控制的 I/O 配置接线如图 2-19（b）所示，相应的梯形图如图 2-19（c）所示。工作过程如下：

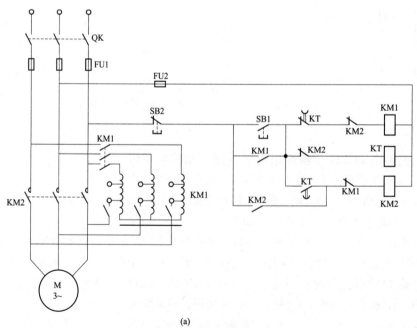

(a)

图 2-19　笼型电动机定子绕组串自耦变压器减压启动控制（一）

（a）继电—接触器控制电路图

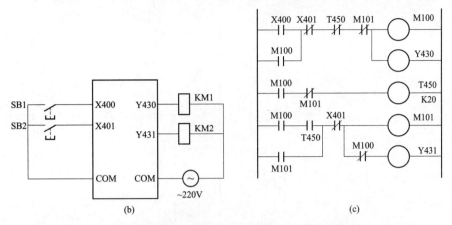

图 2-19 笼型电动机定子绕组串自耦变压器减压启动控制（二）

(b) PLC 控制 I/O 接线图；(c) PLC 控制梯形图

从 I/O 接线图和梯形图中可见，当按下 SB1，X400 接通，Y430 动作使 KM1 吸合，串入自耦变压器降压启动，与此同时，由于 M100 的作用，使 Y430 自保，并使 T450 开始计时。经过一段启动时间后，T450 动合触点闭合，Y431 动作使 KM2 吸合，与此同时，由于 M101 的作用，Y431 自锁，T450 动断触点动作，Y430 和 M100 线圈回路断开，从而 KM1 失电跳开，自耦变压器停止工作，电动机启动完成，投入全电压运行。定时器定时设定 K 值根据需要由用户确定。停机时按下 SB2，X401 动断触点断开 Y431 线圈，使 KM2 失电释放，电动机停转。

例8 笼型电动机延边三角形降压启动控制编程

笼型电动机延边三角形降压启动继电接触控制电气原理图如图 2-20（a）所示。采用 PLC 控制的 I/O 接线如图 2-20（b）所示，其梯形图如图 2-20（c）所示。工作过程如下：

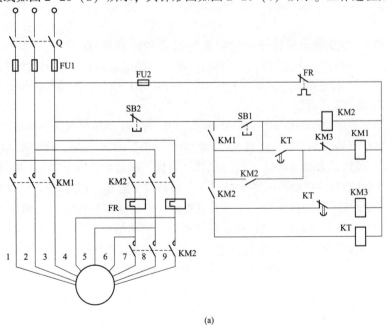

(a)

图 2-20 笼型电动机延边三角形降压启动控制（一）

（a）继电—接触器控制电路图

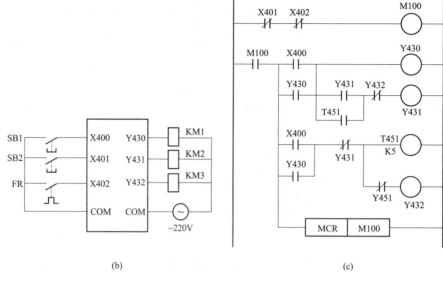

图 2-20　笼型电动机延边三角形降压启动控制（二）

（b）PLC 控制 I/O 接线图；（c）PLC 控制梯形图

按下启动按钮 SB1，X400 的两对动合触点闭合，Y430 线圈接通并自保，使接触器 KM1 得电吸合。与此同时，计时器 T451 线圈接通开始计时，Y432 线圈也接通并使接触器 KM3 得电吸合。通过 KM1 的主触头将绕组端点 1、2、3 分别接到三相电源，绕组端点 4 与 8、5 与 9、6 与 7 通过 KM3 主触头接通，这时电动机绕组被接成延边三角形降压启动。到达定时器 T451 设定值 K（K 值由用户设定）时，T451 的动断触点断开 Y432 的线圈，KM3 失电释放，而 T451 的动合触点闭合，接通 Y431 的线圈，接触器 KM2 得电吸合，绕组端点 1 与 6、2 与 4、3 与 5，通过 KM1 和 KM2 的主触头连接成三角形并接到三相电源，启动结束。

例9　绕线式异步电动机转子串频敏变阻器启动控制编程

绕线式异步电动机转子串频敏变阻器启动控制采用继电接触控制的电气原理图如图 2-21（a）所示，应用 PLC 控制的 I/O 接线示意图如图 2-21（b）所示，其梯形图如图 2-21（c）所示。采用 PLC 控制的工作过程如下：

合上电源后，按下启动按钮 SB1，X400 触点闭合，Y430 动作并自保，驱动接触器 KM1 吸合，电动机在转子回路串入频敏变阻器 RF 开始启动，同时 M100 接通，计时器 T451 开始计时，启动一段时间后 T451 动合触点闭合，Y432 动作并自保，驱动中间继电器 KA 吸合，Y432 动合触点闭合，使 Y431 动作并驱动接触器 KM2 合上，将频敏变阻器"切除"，启动过程结束，图中 TA 为电流互感器。从上面分析可见，在启动过程中，中间继电器动断触点把热继电器热元件短路，以防止由于热继电器 FR 误动作造成启动失败，启动结束时中间继电器触点断开，接入热继电器作为过载保护用，计时器 K 值由用户设定。过载时 FR 动作，X402 动断触点断开 Y431 和 M100，按下停机按钮 SB2 时，X401 触点同样断开 Y430 和 M100，KM1 失电释放，电动机停止运行。

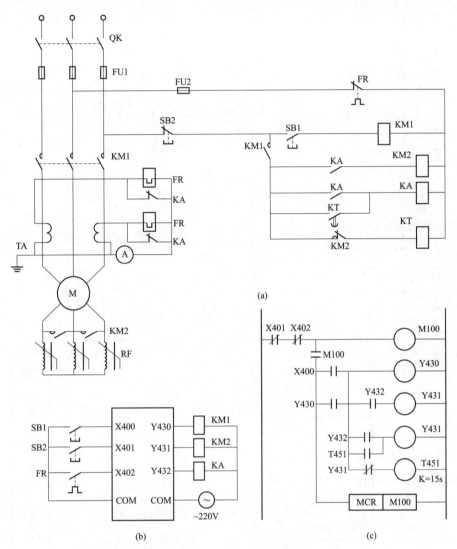

图 2-21　绕线式异步电动机转子串频敏变阻器启动控制

（a）继电—接触器控制电路图；（b）PLC 控制 I/O 接线图；（c）PLC 控制梯形图

例 10　绕线式异步电动机转子串电阻启动控制编程

为了限制启动电流，在绕线转子电动机转子回路中串电阻启动，这种继电接触控制线路如图 2-22（a）所示。用 PLC 控制的 I/O 接线如图 2-22（b）所示，其梯形图如图 2-22（c）所示。工作过程如下：

按下启动按钮 SB1，输入继电器 X400 的动合触点接通输出继电器 Y430 线圈并自保，接触器 KM 得电吸合，电动机定子接通电源，转子串接全部电阻启动。与此同时，辅助继电器 M100 线圈接通其触点保护，定时器 T450 线圈接通开始计时（减法计时），延时时间到达设定值时 T450 动合触点闭合，Y431 线圈接通，KM1 得电吸合，短路第一级启动电阻 R_1，并使 T451 线圈接通开始计时。经过设定的延时时间后，T451 的动合触点闭合，使 Y432 接通，并使 KM2 先前得电动作，短路第二级启动电阻 R_2，同时 Y432 的动合触点闭合，使 T452 线圈接通开始计时。

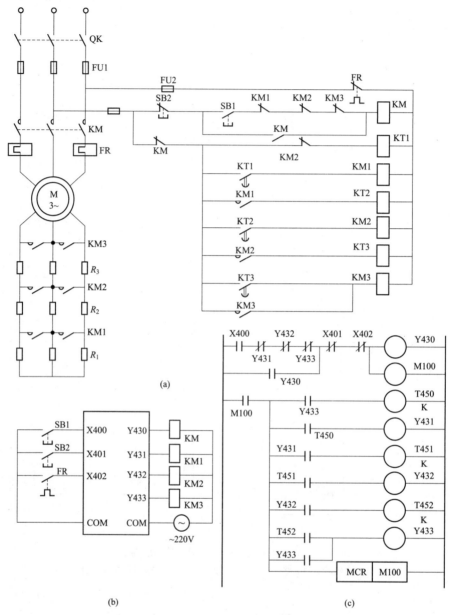

(a)

(b)　　　　　　　　　　　　(c)

图 2-22　绕线式异步电动机转子串电阻启动控制

（a）继电—接触器控制电路图；（b）PLC 控制 I/O 接线图；（c）PLC 控制梯形图

经过整定延时时间后，T452 动合触点闭合，Y433 线圈接通并自保，使 KM3 线圈得电动作，短路第三级启动电阻 R_3，同时 Y433 的一对动断触点断开 T450 线圈，其触点断开后，使 Y431（KM1）、T451、Y432（KM2）、T452 的线圈依次断开，KM1、KM2 失电释放，启动完毕。只有 KM 和 KM3 保持通电状态，电动机转入稳定运行。定时器 T450、T451、T452 的设定值 K，由用户自定。

　　按下停机按钮 SB2，X401 动断触点断开 Y430 和 M100 线圈，随之断开 Y433 线圈，进而使 KM 和 KM3 失电释放，电动机停转。当电动机过载时，热继电器 FR 动合触点闭合，X402 的动断触点断开，如同按下停机按钮一样，电动机断电停车，从而得到保护。从梯形图第一行和图

2-22（a）可见，只有Y431（KM1）、Y432（KM2）、Y433（KM3）的动断触点闭合时，启动控制回路才能接通，电动机才能串入电阻启动，否则电动机不能启动，以防止启动电流过大。

例11 交流电动机的单管整流能耗制动控制编程

交流电动机的单管整流能耗制动控制的继电接触控制线路图如图2-23（a）所示，PLC控制的I/O接线图如图2-23（b）所示，其梯形图如图2-23（c）所示。工作过程如下：

启动时按下启动按钮SB1，X400接通，Y430动作，并自锁，使接触器KM1得电吸合，电动机启动到稳定运行。

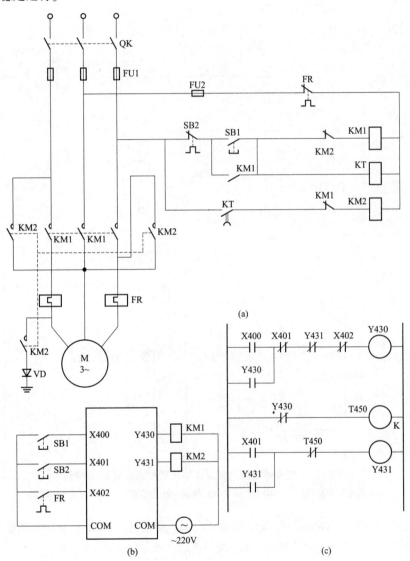

图 2-23 交流电动机的单管整流能耗制动控制
（a）继电—接触器控制电路图；（b）PLC控制I/O接线图；（c）PLC控制梯形图

制动时按下停机按钮SB2，X401动断触点断开Y430线圈回路，使KM1断开，同时Y430的动断触点使T450开始计时。X401的动合触点闭合使Y431动作并自锁，从而使KM2有电吸合，电流从其中两相绕组流入，从另一相绕组流出，并经二极管整流后到"地"，电动机处于能耗制动状态，转速很快下降。当定时器 T450 计时时间到时（图中 K 值减至零，K 值中用户设定），T450 动断触点断开 Y4 引线圈回路，KM2 断开，制动过程很快将结束。

例 12　带变压器桥式整流能耗制动控制编程

带变压器桥式整流能耗制动控制的继电接触电气原理图如图 2-24（a）所示，PLC 控制的 I/O 配置接线如图 2-24（b）所示，其梯形图如图 2-24（c）所示。PLC 控制工作过程如下：

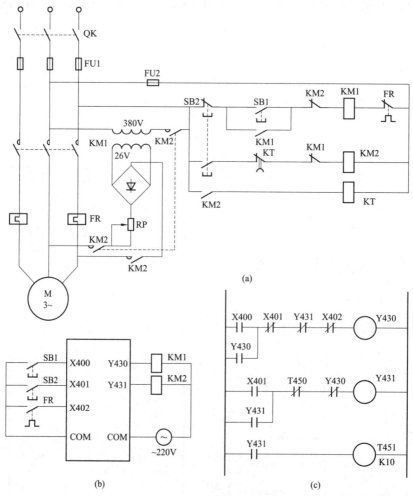

图 2-24　交流电动机的带变压器桥式整流能耗制动控制

（a）继电—接触器控制电路图；（b）PLC 控制 I/O 接线图；（c）PLC 控制梯形图

启动时，按下 SB1，X400 接通 Y430 线圈并自保，使接触器 KM1 吸合，电动机启动至稳定运行。与此同时，Y430 动断触点切断 Y431 线圈通路，接触器 KM2 不能合上，起到电气互锁的作用。

制动时，按下 SB2，由于 X401 的动断触点和动合触点的作用，分别使 Y430 线圈回路断开，KM1 失电释放，Y431 线圈接通并自保，KM2 得电吸合，经桥式整流的电流从电动机的一相绕组流入，经另一相流出，对电动机实现能耗制动。在 Y431 线圈接通其动合触点闭合的同时，计时器 T450 开始计时，当计时时间到时（K 值由用户设定），T450 动断触点断开 Y431 线圈通路，KM2 失电释放，电动机转速很快降至零。图中电位器供调节制动电流的大小用。当电动机过载时，热继电器动合触点闭合，X402 动断触点切断 Y430 线圈通路，KM1 失电释放，切断电动机交流供电电源，电动机得到保护。

例13　电动机串电阻降压启动和反接制动控制编程

电动机串电阻降压启动和反接制动控制的继电接触控制线路如图 2-25（a）所示，PLC 控制的 I/O 接线如图 2-25（b）所示，其梯形图如图 2-25（c）所示。图中 KS1 是与主电动机同轴安装的速度继电器。控制工作过程如下：

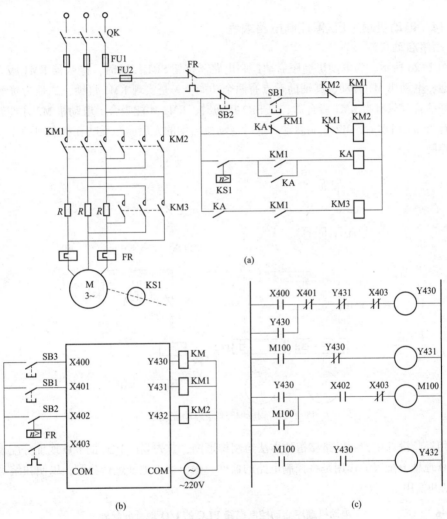

图 2-25　电动机串电阻降压启动和反接制动控制

（a）继电—接触器控制电路图；（b）PLC 控制 I/O 接线图；（c）PLC 控制梯形图

启动时，按下启动按钮 SB1，X400 动合触点闭合，Y430 线圈接通并自锁，KM1 线圈接通，主触头吸合，电动机串入限流电阻 R 开始启动，同时 Y430 的两对动合触点闭合。当电动机转速上升到某一定值时（此值为速度继电器 KS1 的整定值，可调节，如调至 100r/min 时动作），KS1 的动合触点闭合，X402 动合触点闭合，M100 线圈接通并自锁 M100 的一对动合触点接通 Y432 的线圈，KM3 线圈有电，主触头吸合，短路启动电阻，电动机转速上升至给定值时投入稳定运行。

制动时，按下停机按钮 SB2，X401 动断触点断开 Y430 线圈，使 KM1 失电释放，而 Y430 的动断触点接通 Y431 线圈，制动用的接触器 KM2 有电吸合，对调两相电源的相序，电动机处于反接制动状态。与此同时，Y430 的动合触点断开 Y432 的线圈，KM3 失电释放，串入电阻 R 限制制动电流。当电动机转速迅速下降至某一定值（比如 100r/min）时，KS1 动合触点断开，X402 动合触点断开 M100 的线圈，M100 的动合触点断开 Y431 线圈，KM2 失电释放，电动机很快停下来。过载时，热继电器 FR 动合触点闭合，X403 的两对动断触点断开 Y430 和 M100 的线圈，从而使 KM1 或 KM2 失电释放，起到过载保护作用。

例 14　电动机顺序启/停控制电路编程

1. 顺序启动控制

如图 2-26 所示，为电动机顺序启动控制电路。按钮 SB1 接通时，接触器 KM1 吸合，其主触点接通，电动机 M1 转动，其辅助触点有两个功能：一是实现 KM1 自锁，二是为接触器 KM2 吸合做好准备。只有当 KM1 吸合后，且 SB2 接通时，KM2 才能吸合，电动机 M2 才能转动。就是说只有当 M1 启动后，M2 才能启动，这时电动机启动的先后顺序反映在控制电路上，即为顺序启动控制。

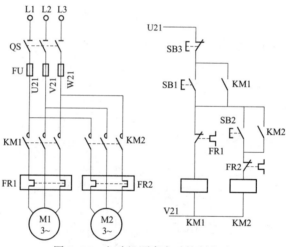

图 2-26　电动机顺序启动控制电路

利用经验设计中控制电路移植的方法绘制梯形图，首先列出 PLC 的 I/O 地址分配表，见表 2-6。I/O 地址分配表的作用是将控制电路的器件、输出端点地址进行分配，以便在编写程序时统一规划和使用。

表 2-6　　　　　　　电动机顺序启动控制电路 PLC 的 I/O 地址分配表

类别	元件	元件号	备　注
输入	SB1	X001	M1 电动机启动
	SB2	X002	M2 电动机启动
	SB3	X003	M1、M2 停止
输出	KM1	Y001	M1 电动机启动
	KM2	Y002	M2 电动机启动

I/O 地址分配表确定后，可以得出如图 2-27 所示的梯形图。由梯形图可知，Y1 是 Y2 的必

要条件，同时，Y1 停止时，Y2 立即停止。

2. 顺序停机控制

图 2-28 为电动机顺序启动与停止控制电路，假定主电路与图 2-26 相同。

在图 2-28（a）中，只有接触器 KM1 吸合，也就是电动机 M1 启动后，KM2 才能吸合，电动机 M2 才能启动。SB12 接通时，M1、M2 同时停机。而 SB22 仅使接触器 KM2 失电，实现在 M1 不停机的情况下 M2 单独停机。因此 M1 不可能先停机。

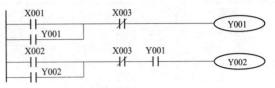

图 2-27 顺序启动控制梯形图

在图 2-28（b）中，只有接触器 KM2 断电，即电动机 M2 停机后，接触器 KM1 才能断电，电动机 M1 才能停机。

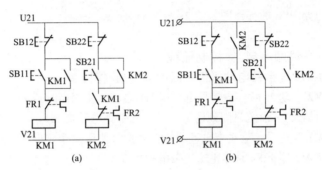

图 2-28 顺序停机控制电路

（a）电路图 1；（b）电路图 2

图 2-28（a）顺序启动单独停机控制电路 PLC 的 I/O 地址分配表及梯形图如下：

顺序启动单独停机 I/O 地址分配表见表 2-7。

表 2-7   **顺序启动单独停机 I/O 地址分配表**

类别	元件	元件号	备　注
输入	SB11	X001	M1 电动机启动
	SB12	X002	M1、M2 电动机停止
	SB21	X003	M2 电动机启动
	SB22	X004	M2 电动机停止
输出	KM1	Y001	M1 电动机启动
	KM2	Y002	M2 电动机启动

顺序启动单独停机梯形图如图 2-29（a）所示。

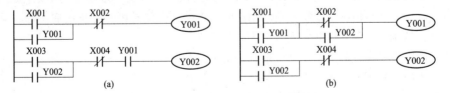

图 2-29 顺序启动单独停机梯形图

（a）顺序启动单独停机梯形图；（b）顺序停机控制梯形图

图 2-29（b）的 I/O 地址分配表及梯形图如下：

顺序停机控制电路 PLC 的 I/O 地址分配表见表 2-8。

表 2-8　　　　　顺序停机控制电路 PLC 的 I/O 地址分配表

类别	元件	元件号	备 注
输入	SB11	X001	M1 电动机启动
	SB12	X002	M1 电动机停机
	SB21	X003	M2 电动机启动
	SB22	X004	M2 电动机停机
输出	KM1	Y001	M1 电动机运行
	KM2	Y002	M2 电动机运行

顺序停机控制电路 PLC 的梯形图如图 2-29（b）所示。

例 15　物料输送线顺序启/停控制编程

1. 输送带电动机和皮带秤电动机带时限的顺序启/停控制

输送带电动机 M2 启动 2s 后，皮带秤电动机 M1 启动，使用定时器 T1，在输送带电动机 M2 启动的同时启动定时器 T1，设定时间到达后，启动皮带秤电动机 M1。

皮带秤电动机 M1 停止后，输送带电动机 M2 停止，使用一个定时器 T2，完成断电延时功能，在皮带秤电动机 M1 停止 8s 时停止输送带电动机 M2。

I/O 信号的确定：皮带秤电动机 M1 启动按钮 SB11，停止按钮 SB12，接触器 KM1。输送带电动机 M2 启动按钮 SB21，停止按钮 SB22，接触器 KM2。

（1）PLC 的 I/O 地址分配表。物料输送线 I/O 地址表见表 2-9。

表 2-9　　　　　物料输送线 I/O 地址分配表

类别	元件	元件号	备 注
输入	SB11	X001	M1 电动机启动
	SB12	X002	M1 电动机停机
	SB21	X003	M2 电动机启动
	SB22	X004	M2 电动机停机
	SB3	X005	输送线紧急停车
输出	KM1	Y001	M1 电动机运行
	KM2	Y002	M2 电动机运行

（2）PLC 的外部接线。图 2-30（a）是 PLC 的外部接线图的一种方式，可以看出，所有的输入开关均采用动合触点，当输入开关接通时，相对应的输入元件接通，即为得电状态。比较图 2-26 不难发现，接入 PLC 的停机按钮 SB12、SB22 和急停开关 SB3 也使用了动合触点。

而在实际中，通常情况下停机按钮采用动断触点，这主要是因为停机按钮一般在系统中具有安全特性，特别是紧急停车对于安全生产非常重要。

从设计的角度考虑，如果采用动合触点，正常状态下在 PLC 的输入端没有信号输入。一旦停机线路发生故障时不能及时发现，等到需要紧急停机时，停机按钮失去控制功能。而采用动断触点作为停机按钮，一旦停机线路发生故障立即停机并检修，从而保证停机线路总是完好无损，具备其控制功能。因此，在实际应用中，特别是当系统停机影响生产安全的时候，通常采用图 2-30（b）所示的接线方式，即停机按钮采用动断输入触点的接线方式。

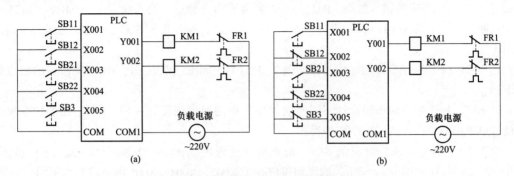

图 2-30　物料输送线 PLC 外部接线图

（a）物料输送线 PLC 外部接线图 1；（b）物料输送线 PLC 外部接线图 2

（3）PLC 梯形图设计。

1）"启保停"电路梯形图设计。图 2-30（a）的梯形图与前述控制电路移植法所得到的"启保停"电路梯形图的形式相一致（参考图 2-28、图 2-29），采用复位优先结构，顺序停机控制采用了失电延时电路的经验设计法。PLC 梯形图如图 2-31（a）所示。

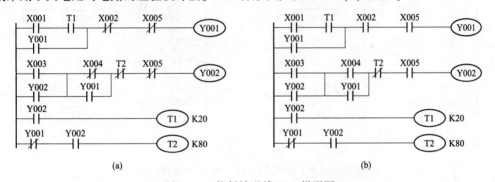

图 2-31　物料输送线 PLC 梯形图

（a）物料输送线 PLC 梯形图 1；（b）物料输送线 PLC 梯形图 2

SB12、SB22 两个停止按钮使用了动合触点作为 PLC 的输入触点，在"启保停"电路梯形图中，其作用是当停止按钮接通时，动断触点断开，输出复位，电动机停转；当停止按钮断开时，其动断触点接通，此时当启动按钮接通时，输出置位，电动机得电启动。X005 是全线的急停开关，当急停开关接通时，全线停机。

a. 顺序启动过程。Y002 不得电、M2 不启动，T1 不能启动计时，Y001 不能得电，M1 不能启动。X3 接通，Y2 得电，M2 启动：①T1 开始计时，2s 后，如果 X001 接通，Y001 得电，M1 启动，顺序启动完成；②T2 计时开始，若 Y001 在 8s 内未得电，T2 计时到，Y002 被复位，M2 电动机停止。若 8s 内 Y001 得电，M1 启动，则 T2 复位，顺序启动完成。

b. 顺序停止过程。M1、M2 都启动后，由于 Y001 与 X004 的动断触点并联，在 Y001 得电时 X004 动断触点不能使 Y002 复位，即 M1 不停机时 M2 不能停机。①当 X002 的动断触点断开后，Y001 复位，M1 停机的同时 T2 启动，8s 后，T2 计时时间到，其动断触点断开，Y002 被复位，M2 自动停机，顺序停止完成。②M1 停机的同时 T2 启动，8s 内 T2 计时时间未到，也可以接通 X000 使 Y002 复位，M2 停机。③在任何情况下，接通急停开关 Y001、Y002 都被复位，M1、M2 同时停机。

图 2-30（b）接线方式的 PLC 控制梯形图如图 2-31（b）所示。从梯形图中可以看出，SB12、SB22 分别对应的输入触点 X002、X004 采用了动合触点，这意味着一旦 SB12、SB22 动断触点断开，对应的 Y001、Y002 失电，M1、M2 停机。总停开关 SB3 对应的输入触点 X5 同样采用了动合触点。

图 2-31（b）顺序启停的动作过程与图 2-31（a）类似，仅仅三个停止开关按钮的触点类型不同。

2）SET、RST 指令梯形图设计。同"启保停"电路梯形图设计一样，SET、RST 指令梯形图设计也采用复位优先的程序结构编程。

图 2-29（a）、（b）对应的 SET、RST 指令梯形图如图 2-32（a）、2-32（b）所示。图 2-30 与图 2-31 中的（a）、（b）的区别仅仅在于 X002、X004、X005 的触点类型不同。

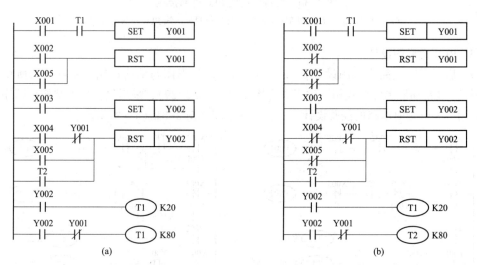

图 2-32　物料输送线 PLC 梯形图

（a）物料输送线 PLC 梯形图 3；（b）物料输送线 PLC 梯形图 4

图 2-32（a）的置位、复位条件分析：

a. Y001 的置位、复位条件。①置位条件：M2 启动后 M1 才能启动（顺序启动），即 X001 接通且 T1 接通。②复位条件：M1 停机或急停，即 X002 或 X005 接通。

b. Y002 的置位、复位条件。①置位条件：M2 启动，即 X003 接通。②复位条件：M1 停机 M002 才能停机（顺序停机），即 X2 接通且 M1 停机；急停开关 X005 接通；M1 停机 8s 后 T2 接通。

图 2-32（b）的置位、复位条件依此类推。

2. 具有手动/自动两工况操作的物料输送线控制

上面所述的案例中，电动机 M1、M2 的启停控制均为手动操作，在实际的 PLC 控制系统中，除了手动操作外还有自动控制方式。其控制面板如图 2-33 所示。

（1）任务描述。手动操作方式同上面描述。

切换运行方式开关至"自动"方式，皮带秤在物料称量完成后向 PLC 输出一个信号，PLC 启动输送带电动机 M2，2s 后启动皮带秤电动机 M1，皮带秤上的输送完成后，皮带秤显示质量为零并向 PLC 发出称空信号，此时皮带秤停转，8s 后，输送带电动机停机。可以看出，自动方式控制的过程与手动操作的要求是一样的，仅仅是操作过程由 PLC 完成，而不需要人工干预。

（2）PLC 外部接线。自动控制方式的外部接线如图 2-34 所示，与图 2-30 相比，增加了一些 I/O 信号。

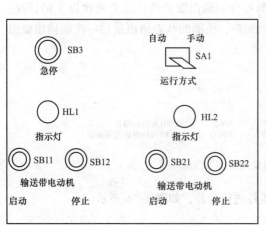

图 2-33　物料输送线控制面板

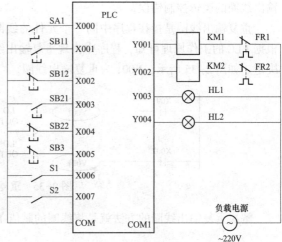

图 2-34　手动/自动控制方式的外部接线

增加的输入信号：

转换开关 SA1 作为手动/自动转换，接通时为自动方式，断开时为手动方式。

开关 S1 是物料称量完成输入信号，当称量值达到设定值时接通，否则断开。

开关 S2 是皮带秤物料输送完成信号，当皮带秤称量值变为零时接通，否则断开。

增加的输出信号：

皮带秤电动机 M1 运转时 HL1 点亮指示，电动机停转时熄灭。

输送带电动机 M2 运转时 HL2 点亮指示，电动机停转时熄灭。

指示灯的工作电压应选择与接触器的工作电压相一致，否则需要另外提供指示灯的工作电源。

（3）PLC 的 I/O 地址及内部元件分配表。自动/手动控制方式 I/O 分配表见表 2-10。

表 2-10　　　　　　　　　自动/手动控制方式 I/O 分配表

类别	元件	元件号	备注
输入	SA1	X000	自动/手动选择
	SB11	X001	M1 电动机启动
	SB12	X002	M1 电动机停止
	SB21	X003	M2 电动机启动
	SB22	X004	M2 电动机停止
	SB3	X005	输送线紧急停车
	S1	X006	物料称量完成
	S2	X007	皮带秤物料空
输出	KM1	Y001	皮带秤电动机 M1 启动
	KM2	Y002	输送带电动机 M2 启动
	HL1	Y003	皮带秤电动机启动指示灯
	HL2	Y004	输送带电动机启动指示灯

外部的 I/O 分配接线图在这里省略，不再画出。

内部元件的分配除了 T1、T2 外，需要增加 M11、M12、M21、M22 辅助继电器，避免重复输出线圈的逻辑控制错误。

重复输出线圈是指在程序中同一个元件的线圈被分别输出赋值两次或者两次以上的情况。根据 PLC 的工作原理可知，程序中出现重复输出线圈时，线圈的状态值由最后一次的输出赋值决定。如图 2-35 所示，Y001 为重复输出线圈。

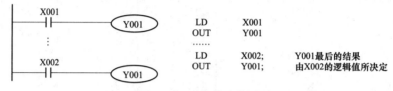

图 2-35　重复输出线圈

解决重复输出线圈的方法就是将线圈的赋值条件进行合并，如图 2-36 所示。

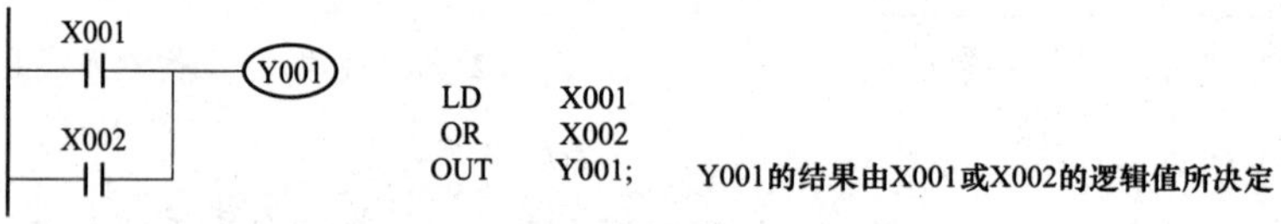

```
X001
 ┤├────（Y001）        LD    X001
X002                   OR    X002
 ┤├───                 OUT   Y001;    Y001的结果由X001或X002的逻辑值所决定
```

图 2-36　解决重复输出线圈的方法

在本例中自动和手动两种方式下都会对 Y001、Y002 线圈进行输出赋值，Y001、Y002 就是重复输出线圈，为了方便对 Y001、Y002 线圈的赋值条件进行合并，增加 M11、M21，分别作为 Y001 的自动与手动启动赋值条件，控制 M1 的启停；M12、M22 分别作为 Y002 的自动与手动启动赋值条件，控制 M2 的启停。

用"启保停"电路方法设计的物料输送线手动/自动控制方式梯形图如图 2-37 所示。

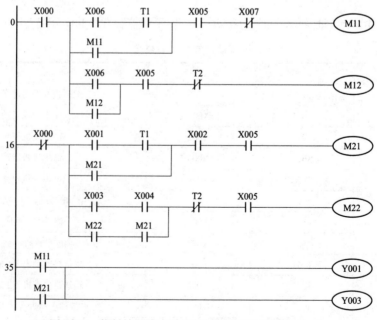

图 2-37　物料输送线自动/手动控制 PLC 梯形图（一）

图2-37　物料输送线自动/手动控制PLC梯形图（二）

手动方式：分析同前所述。

自动方式：

1）皮带秤电动机M1的启动条件：皮带秤称量完成，且输送带启动2s。

2）皮带秤电动机M1的停止条件：皮带秤物料空或急停。

3）输送带电动机M2的启动条件：皮带秤称量完成。

4）输送带电动机M2的停止条件：皮带秤物料空且M1停机8s或急停。

其指令语句表：

0	LD	X000	26	LD	X003
1	MPS		27	OR	M22
2	LD	X006	28	ANB	
3	AND	T1	29	LD	X004
4	OR	M11	30	OR	M21
5	ANB		31	ANB	
6	AND	X005	32	ANI	T2
7	ANI	X007	33	AND	X005
8	OUT	M11	34	OUT	M22
9	MPP		35	LD	M11
10	LD	X006	36	OR	M21
11	OR	M12	37	OUT	Y001
12	ANB		38	OUT	Y003
13	AND	X005	39	LD	M12
14	ANI	T2	40	OR	M22
15	OUT	M12	41	OUT	Y002
16	LDI	X000	42	OUT	Y004
17	MPS		43	OUT	T1 K20
18	LD	X001	46	LDI	M11
19	AND	T1	47	AND	M12
20	OR	M21	48	LDI	M21
21	ANB		49	AND	M22
22	AND	X002	50	ORB	
23	AND	X005	51	OUT	T2 K80

24	OUT	M21	54	END
25	MPP			

例16　双速电动机的变速控制编程

双速电动机变速控制的继电接触控制线路如图 2-38（a）所示，PLC控制的I/O接线如图 2-38（b）所示，其梯形图如图 2-38（c）所示。工作过程如下：

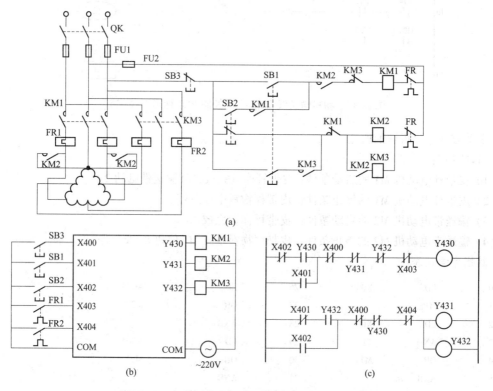

图 2-38　电动机串电阻降压启动和反接制动控制

（a）继电—接触器控制电路图；（b）PLC控制 I/O 接线图；（c）PLC控制梯形图

低速运行时，按下低速按钮 SB1，输入继电器 X401 的动合触点闭合，Y430 的线圈接通，其自锁触点闭合，连锁触点断开，接触器 KM1 得电吸合，电动机定子绕组做三角形连接，电动机低速运行。当要转为高速运行时，则按下高速启动按钮 SB2，X402 动断触点断开 Y430 线圈，KM1 失电释放，与此同时，X402 动合触点闭合，与 X400、X404、Y430 的动断触点，接通 Y431 的线圈，KM2 得电吸合，Y431 动合触点的闭合使 Y432 线圈接通，Y432 的另一对动合触点闭合，使 Y431 和 Y432 自锁，KM3 也得电吸合，于是电动机定子绕组连接成双星形，此时电动机高速运行。KM2 合上后 KM3 才得电合上（Y431 线圈先接通，Y432 才动作），这是为了避免 KM3 合上时电流很大。按下停机按钮 SB3 时，X400 两对动断触点断开，使 Y430 或 Y431 和 Y432 线圈断开，相应的接触器 KM1 或 KM2 和 KM3 失电释放，主触头断开，电动机则停下来。同理，电动机过载时，热继电器动合触点闭合，X403 或 X404 的动断触点断开，使 Y430 或 Y431 和 Y432 线圈断开，进而使 KM1 或 KM2 和 KM3 失电释放，电动机得到保护。如果按下 SB2，电动机高速运行，必要时再按 SB1，电动机会转为低速运行。

例17　按时间原则控制直流电动机的启动编程

按时间原则控制直流电动机启动的继电接触控制线路如图2-39（a）所示，采用PLC控制的I/O接线如图2-39（b）所示，梯形图如图2-39（c）所示。工作过程如下：

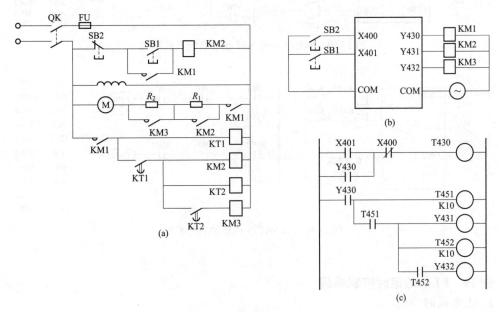

图2-39　电动机串电阻降压启动和反接制动控制

（a）继电—接触器控制电路图；（b）PLC控制I/O接线图；（c）PLC控制梯形图

合上电源开关QK，按下启动按钮SB1，输入继电器X401触点闭合，Y430线圈接通并自锁，接触器KM1得电吸合，直流电动机电枢回路串入两级电阻限流启动。与此同时，Y430的另一对动合触点闭合，定时器T451开始减法计时，其动合触点延时闭合后，Y431线圈接通，接触器KM2得电吸合，短路启动电阻R_1，电动机升速，与此同时，T452线圈接通，开始减法计时，其动合触点延时闭合后，输出继电器Y432线圈接通，KM2得电吸合，短路电阻R_2，这时启动过程便告结束。T451和T452定时设定值K，由用户给定。按下停机按钮SB2时，X400动断触点断开，所有的输出继电器和定时器的线圈都断开，三个接触器均失电释放，电动机则停下来。

例18　PLC对动断触点输入信号的控制编程

有些输入信号可由动断触点提供，如控制电动机正反转的继电器电路图中的停止按钮SB1，如果将它的动合触点接到PLC的输入端，则梯形图中的触点类型与继电器电路的触点类型完全一致，如图2-40所示。如果接入PLC的是SB1的动断触点、如图2-41中的SB1，则X000的动断触点断开，X000的动合触点接通，显然在梯形图中所用的X000的动合触点与Y000的线圈串联，但是这时在梯形图中所用的X000的触点的类型与PLC外接SB1的动合触点时刚好相反，与继电器电路图中的习惯也是相反的。为编程方便，建议在PLC的应用中尽可能采用动合触点作为PLC的输入信号。

如果某些信号只能用动断触点输入，则可以按输入全部为动合触点来设计，然后将梯形图中相应的输入继电器的触点改为相反的触点，即动断触点改为动合触点。

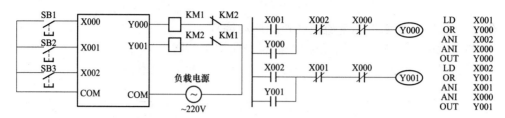

图 2-40　对停止按钮 SB1 按动合触点的编程

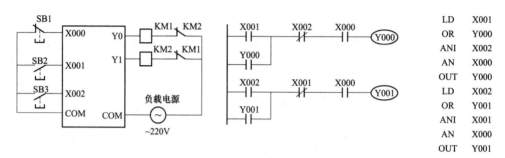

图 2-41　对 SB1 按动断触点的编程

例 19　PLC 的定时控制编程

1. 上电延时

三菱 FX$_{2N}$系列 PLC 的定时器就是上电延时定时器，其应用如图 2-42 所示。X000 为输入信号，定时器 T0 的定时时长为 2s。当 X000 接通时，T0 得电并开始计时，2s 时 T0 动合输出触点接通，因而 Y000 也在 X000 接通后的 2s 时接通。当 X000 断开时，T0、Y000 立即断开。

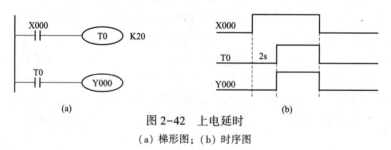

图 2-42　上电延时

（a）梯形图；（b）时序图

2. 断电延时

断电延时可以通过上电延时继电器实现，如图 2-43 所示。X000 为输入信号，当 X000 接通时，Y000 立即接通，而 T0 处于复位状态。

当 X000 由接通变为断开时，T0 得电，计时开始，当计时到 4s 时，T0 动合触点接通，Y000 复位，到下一个扫描周期由于 Y000 被复位导致 T0 失电，T0 的动合触点随即复位，因此 T0 的动合触点仅在计时时间到达后的一个扫描周期内维持接通状态，其他时间为复位状态。而 Y000 则在 X000 断电后的 4s 时被复位，实现了断电延时功能。

3. PLS 指令应用于上电延时

图 2-42 设计了一个典型的延时闭合瞬时断开继电器电路梯形图，它由一个输入信号触发一个输出信号。而在实际应用中，有时需要一个信号触发后输出延时接通，而输出信号的断开由其他信号控制。

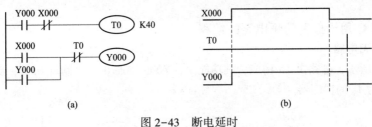

图 2-43 断电延时

(a) 梯形图; (b) 时序图

图 2-44 所示的梯形图中，采用了辅助继电器 M30、M31，其作用就是使输出信号的断开不受输入信号控制。X002 接通 5s 后 Y000 接通，输出接通由输入信号 X002 控制；X001 断开后 Y001 立即断开，输出信号 Y001 的断开是由 X001 控制而非 X002。

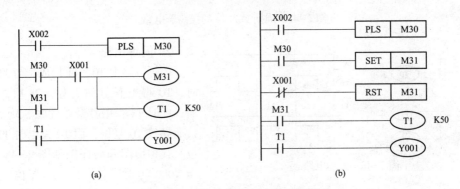

图 2-44 PLS 应用于上电延时梯形图

(a) "启保停" 电路移植法; (b) 置位复位法

4. 多个定时器组合扩展定时范围

当用多个定时器组合时，可组成长延时定时器，如图 2-45 所示，其定时范围为各个定时器之和（3000s+3000s+3000s=9000s）。

5. 定时器与计数器组合扩展定时范围

当用定时器与计数器组合时，可组成长延时定时器，如图 2-46 所示，其定时范围为定时器的定时与计数器计数次数之积（3000s×30000/3600=25000h）。

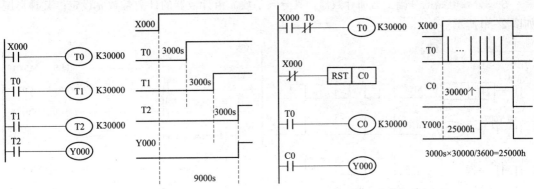

图 2-45 多个定时器组合   图 2-46 定时器与计数器组合

例20 PLC用于振荡闪烁电路的编程

1. 定时点灭电路

如图2-47所示，电路由T5构成，其功能是：Y005接通0.5s，断开0.5s，反复交替进行，形成了周期T为1s的振荡器。

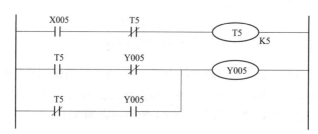

图2-47 周期T为1s的振荡器电路

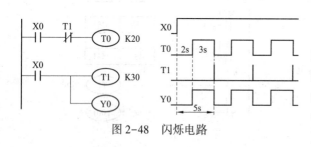

图2-48 闪烁电路

2. 闪烁电路

闪烁电路由T0、T1构成。当X000=1时，T0得电且计时开始。2s后，T0接通，此时T1得电且开始计时。3s后，T1接通导致T0复位，而T0失电时T1也复位。其梯形图和时序图如图2-48所示。当X000=0时，T0、T1均被复位。

例21 PLC用于分频电路的编程

1. 二分频电路

用PLS指令构成的分频电路如图2-49所示。在X000的上升沿触发时，M100接通1个扫描周期。当M100=1时，图中最后两行的逻辑运算结果Y000（$n+1$）$= \overline{Y000（n）}$，而当M100=0时，Y000（$n+1$）= Y000（n）。这个运算结果说明，当辅助继电器M100不接通时，Y000的逻辑值维持不变，每当M100接通时，Y000的逻辑状态改变一次。

2. n分频电路

在二分频电路的基础上增加计数器，其分频基数n由计数器的计数常数n设定。其梯形图如图2-50所示。

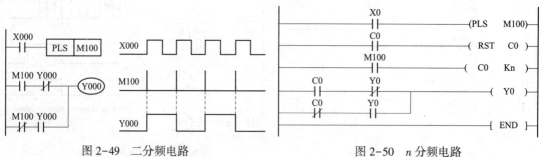

图2-49 二分频电路　　　　　　图2-50 n分频电路

例 22 集中控制与分散控制电路的编程

在多台单机连成的自动线上，有在总操作台的集中控制和单机操作台上分散控制的连锁。集中控制与分散控制的电路如图 2-51 所示。在图中，输入 X0 为选择开关，其触点为集中控制与分散控制的连锁触点。当 X0 接通时，为单机分散启动控制；当 X0 不接通时，为集中启动控制。在这两种情况下，单机和总操作台都可以发出停止命令。

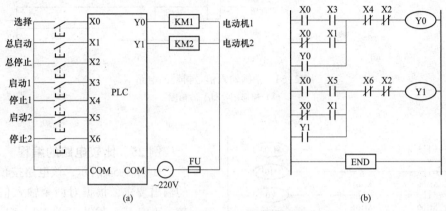

图 2-51 集中控制与分散控制的电路
(a) 接线图；(b) 梯形图

例 23 按通按断电路的编程

该电路是用一个按钮控制电路的通断，可用作分频电路和奇偶校验电路等，如图 2-52 所示。

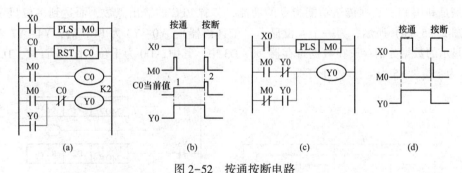

图 2-52 按通按断电路
(a) 梯形图 1；(b) 波形图 1；(c) 梯形图 2；(d) 波形图 2

例 24 消除输入信号抖动电路的编程

许多 PLC 控制系统的输入信号是由安装在现场的行程开关、压力继电器、微动开关等提供的。当输入信号发生抖动时，对继电器控制系统，由于系统的电磁惯性一般不会导致误动作；在 PLC 控制中，CPU 的扫描周期仅有几十毫秒，输入抖动的信号将进入 PLC，极易造成出错，通常要加消除输入信号抖动的电路，图 2-53 为一个消除输入信号抖动的电路，只有当输入信号脉冲 X0 的宽度≥0.5s 时才有效。

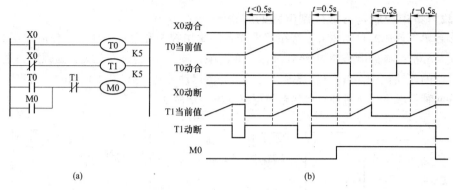

图 2-53 消除输入信号抖动的电路

（a）梯形图；（b）波形图

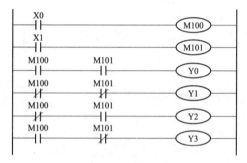

图 2-54 比较电路

例 25　比较电路的编程

如图 2-54 所示，该电路按预先设定的输出要求，根据对两个输入信号的比较，决定某一输出。若 X0、X1 同时接通，Y0 有输出；若 X0、X1 均不接通，Y1 有输出；若 X0 不接通，X1 接通，则 Y2 有输出；X0 若接通，X1 不接通，则 Y3 有输出。

例 26　四路七段显示器的编程

本例是利用 PLC 数据传送功能指令的功能，节省 PLC 的输出点数，而达到多位显示的目的。如图 2-55（a）所示，为一个 4 位显示（带译码器）；Y0~Y3 为 BCD 码，Y4~Y7 为片选信号，显示的数据分别存放在数据寄存器 D0~D3 中。其中，D0 为千位、D1 为百位，D2 为十位，D3 为个位。X5 为运行/停止开关。

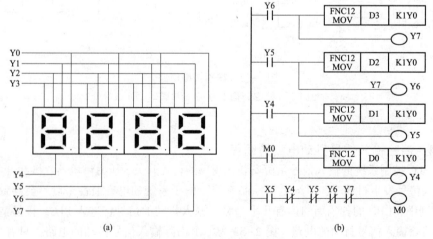

图 2-55　七段数显控制程序

（a）I/O 接线示意图；（b）梯形图

本例编程方法可以节省输出端，原来此显示需要 16 个输出，如用图 2-55 (b) 所示程序可以节省输出端 50%。

例 27　报警电路的编程

在 PLC 工程应用中常常要设置报警功能，当发生故障时，应能及时报警通知现场工作人员，采取紧急措施。对报警电路的要求：报警时蜂鸣器响、灯闪烁（闪烁频率为接通 0.5s，断开 0.5s）；报警响应后蜂鸣器声响可解除，灯光常亮；报警条件结束后灯灭；可测试蜂鸣器和灯是否正常工作。

在图 2-56 (a) 中，当有报警信号输入，即输入继电器 X0 的动合触点闭合时，由定时器 T0 和 T1 组成的振荡电路使输出继电器 Y0 产生间隔为 0.5s 的断续信号输出；在图 2-56 (b) 中，特殊功能辅助继电器为 1s（通 0.5s，断开 0.5s）时钟；接在 Y0 输出端的报警灯闪烁；同时输出继电器 Y1 线圈接通，接在 Y1 输出端的蜂鸣器发出声响。此后，按下报警响应按钮（蜂鸣器复位按钮），输入继电器 X1 的动合触点闭合，辅助继电器 M0 线圈接通并自锁，其动断触点 M0 打开，Y1 线圈断电，蜂鸣器停止响声，但报警灯仍然亮。当报警信号消失，即 X0 的动合触点复位时，报警指示灯熄灭。按下报警测试按钮时，输入继电器 X2 的动合触点闭合，输出继电器 Y0 和 Y1 接通，报警指示灯亮、蜂鸣器响，从而确定报警电路正常工作。

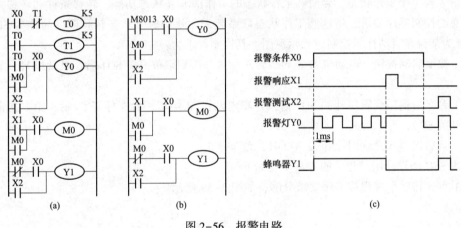

图 2-56　报警电路
(a) 梯形图 1；(b) 梯形图 2；(c) 时序图

例 28　工程设备自动间歇润滑控制电路的编程

工程设备自动间歇润滑控制的工作过程如图 2-57 所示：合上电源开关 Q 和控制开关 SA 后，X0 的动合触点闭合，T0 线圈接通，经过延时设定时间后，T0 的动合触点闭合，Y0 和 T1 线圈接通，KM 得电吸合，润滑电动机启动运行；经过延时设定时间后，T1 的动合触点闭合，M0 线圈接通，其动断触点断开 T0 线圈，进而使 T1、Y0、M0 线圈断开，润滑电动机停止运行。此时 M0 的动断触点又接通 T0 线圈，润滑电动机停转一段 T0 设定的延时时间后，T0 的动合触点又接通 Y0 和 T1 线圈，KM 又得电吸合，润滑电动机又启动运行；延时一定时间后又停止运行，润滑电动机就这样周而复始地间歇运行下去。只有断开控制开关 SA，X0 触点断开 KM 线圈，润滑电动机才停止运行。润滑电动机运行时间的长短由定时器 T1 控制，停止时间的长短由定时器 T0 控制。延时时间根据实际要求确定。

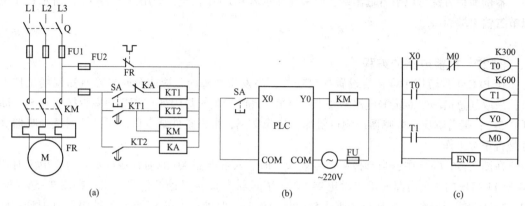

图 2-57   工程设备自动间歇润滑控制电路

(a) 电路图；(b) PLC 接图线；(c) 梯形图

例 29   状态转移图的编程

状态转移图是状态编程法的重要工具。状态编程法的一般设计思想是：将一个复杂的控制过程分解为若干个工作状态，弄清各工作状态的工作细节（状态功能、转移条件和转移方向），再依据总的控制顺序要求，将这些工作状态联系起来，就构成了状态转移图，简称为 SFC 图。图 2-58 为某台车自动往返控制过程示意图。其控制要求为：

（1）按下启动按钮，电动机 M 正转，台车前进，碰到限位开关 SQ1 后，电动机 M 反转，台车后退。

（2）台车后退碰到限位开关 SQ2 后，台车电动机 M 停转，台车停车 5s 后，第二次前进碰到限位开关 SQ3，再次后退。

（3）当后退再次碰到限位开关 SQ2 时，台车停止。

利用 SFC 图设计用户程序的方法步骤如下。

（1）首先将整个过程按工序要求分解，如图 2-59 所示。

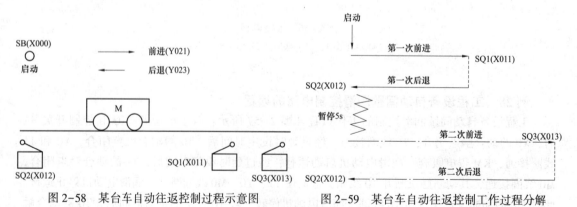

图 2-58   某台车自动往返控制过程示意图   图 2-59   某台车自动往返控制工作过程分解

（2）对每个工序分配状态元件，说明每个状态的功能与作用以及转移条件，见表 2-11。

表 2-11 每个工序分配的状态元件、每个状态的功能与作用以及转移条件

工序	分配的状态元件	功能与作用	转换条件
0. 初始状态	S0	PLC 上电做好工作准备	M8002
1. 第一次前进	S20	驱动输出线圈 Y021，M 正转	X000（SB）
2. 第一次后退	S21	驱动输出线圈 Y023，M 反转	X011（SQ1）
3. 暂停 5s	S22	驱动定时器 T0 延时 5s	X012（SQ2）
4. 第二次前进	S23	驱动输出线圈 Y021，M 正转	T0
5. 第二次后退	S24	驱动输出线圈 Y023，M 反转	X013（SQ3）

（3）根据表 2-11 可给出状态转移（SFC）图如图 2-60 所示。图中初始状态 S0 要用双框表示，驱动 S0 的电路要在对应的状态梯形图中的开始处绘出。SFC 图和状态梯形图结束时要使用 RET 和 END。由图 2-59 可以看出，状态转移图具有以下特点。

1）SFC 将复杂的任务或过程分解成了若干个工序（状态）。无论多么复杂的过程均能分化为小的工序，有利于程序的结构化设计。

2）相对某一个具体的工序来说，控制任务实现了简化，并给局部程序的编写带来了方便。

3）整体程序是局部程序的综合，只要弄清各工序成立的条件、工序转移的条件和转移的方向，就可以进行这类图形的设计。

4）SFC 容易理解，可读性强，能清晰地反映全部控制工艺过程。

（4）将状态转移图（SFC）转换成状态梯形图（STL）、指令表程序，如图 2-61 所示。这就是所要编写的某台车自动往返控制的用户程序，该程序虽小，却极具有经典编程的代表性。

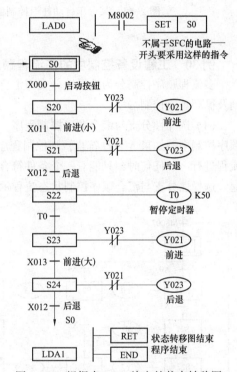

图 2-60　根据表 2-11 绘出的状态转移图

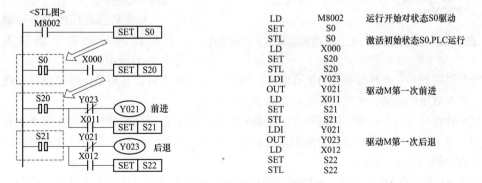

图 2-61　某台车自动往返控制的状态梯形图（STL）和指令表程序（一）

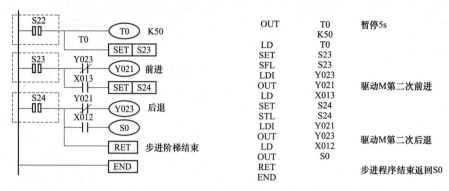

图 2-61　某台车自动往返控制的状态梯形图（STL）和指令表程序（二）

例 30　工程设备控制中的多流程顺序控制的编程

多流程顺序控制分为选择性分支与汇合顺序控制、并行分支与汇合顺序控制、跳步顺序控制及循环顺序控制。

（1）选择性分支与汇合顺序控制程序。所谓选择性分支与汇合顺序控制，是指在多个流程顺序控制中，如果 A 条件符合，则控制程序按 A 流程进行；如果 B 条件符合，则控制程序按 B 流程进行……任何时刻只能有一个条件符合，但不管按哪个流程进行，最后的流程应汇合在一起。选择性分支与汇合顺序控制状态流程示意图如图 2-62 所示。

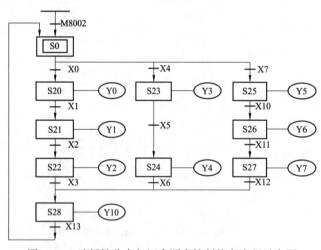

图 2-62　选择性分支与汇合顺序控制状态流程示意图

图 2-62 中，任何时刻 X0、X4、X7 只能有一个符合转移条件，即初始状态后只能从三个分支中选择一个流程分支。当 X0 闭合时，程序从 S0 至 S20 这条分支执行；当 X4 闭合时，程序从 S0 至 S23 这条分支执行；当 X7 闭合时，程序从 S0 至 S25 这条分支执行。但不管按哪条分支执行，最后都会汇总到 S28 状态，而当 X13 闭合时，程序又回到 S0 状态。

根据状态流程图很容易画出其梯形图并写出指令语句表，如图 2-63 所示。

需要说明的是，选择性分支与汇合顺序控制程序中的分支可以是两条，也可以是三条或更多条，没有数量的限制，编程者可根据实际情况灵活应用。

（2）并行分支与汇合顺序控制程序。所谓并行分支与汇合顺序控制，是指在多个流程顺序控制中，多个流程同时进行，每个流程运行后最后汇合在一起。并行分支与汇合顺序控制状态流程示意图如图 2-64 所示。

图 2-64 中，当 X0 闭合时，状态同时转移到 S20，S23 和 S25，这三条支路执行完毕，最后汇合到 S27。同样，根据图 2-64 所示的状态流程图很容易画出梯形图并写出指令语句表，如图 2-65 所示。

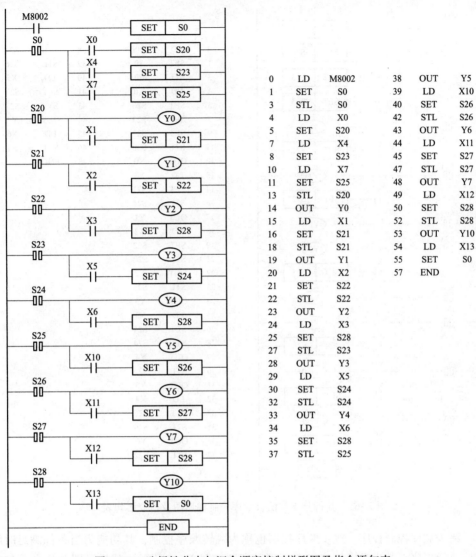

0	LD	M8002	38	OUT	Y5
1	SET	S0	39	LD	X10
3	STL	S0	40	SET	S26
4	LD	X0	42	STL	S26
5	SET	S20	43	OUT	Y6
7	LD	X4	44	LD	X11
8	SET	S23	45	SET	S27
10	LD	X7	47	STL	S27
11	SET	S25	48	OUT	Y7
13	STL	S20	49	LD	X12
14	OUT	Y0	50	SET	S28
15	LD	X1	52	STL	S28
16	SET	S21	53	OUT	Y10
18	STL	S21	54	LD	X13
19	OUT	Y1	55	SET	S0
20	LD	X2	57	END	
21	SET	S22			
22	STL	S22			
23	OUT	Y2			
24	LD	X3			
25	SET	S28			
27	STL	S23			
28	OUT	Y3			
29	LD	X5			
30	SET	S24			
32	STL	S24			
33	OUT	Y4			
34	LD	X6			
35	SET	S28			
37	STL	S25			

图 2-63　选择性分支与汇合顺序控制梯形图及指令语句表

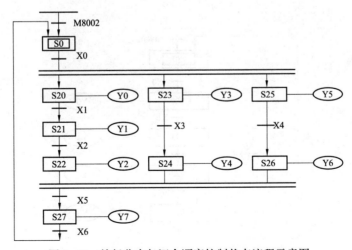

图 2-64　并行分支与汇合顺序控制状态流程示意图

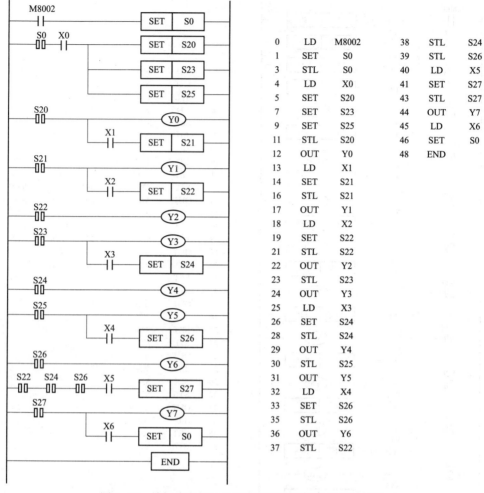

0	LD	M8002	38	STL	S24
1	SET	S0	39	STL	S26
3	STL	S0	40	LD	X5
4	LD	X0	41	SET	S27
5	SET	S20	43	STL	S27
7	SET	S23	44	OUT	Y7
9	SET	S25	45	LD	X6
11	STL	S20	46	SET	S0
12	OUT	Y0	48	END	
13	LD	X1			
14	SET	S21			
16	STL	S21			
17	OUT	Y1			
18	LD	X2			
19	SET	S22			
21	STL	S22			
22	OUT	Y2			
23	STL	S23			
24	OUT	Y3			
25	LD	X3			
26	SET	S24			
28	STL	S24			
29	OUT	Y4			
30	STL	S25			
31	OUT	Y5			
32	LD	X4			
33	SET	S26			
35	STL	S26			
36	OUT	Y6			
37	STL	S22			

图 2-65　并行分支与汇合顺序控制梯形图及指令语句表

（3）跳步顺序控制程序。跳步顺序控制也称为跳转顺序控制，其功能为当条件满足时跳过某些步骤执行程序。跳步顺序控制状态流程示意图如图 2-66 所示，其梯形图及指令语句表如图 2-67 所示。

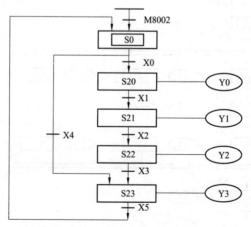

图 2-66　跳步顺序控制状态流程示意图

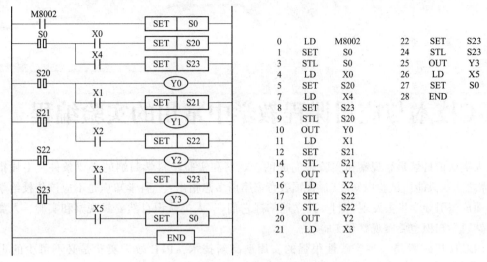

图 2-67　跳步顺序控制梯形图及指令语句表

在图 2-67 中，当 X4 未闭合而 X0 闭合时，程序按照 S0→S20→S21→S22→S23→S0 的顺序执行；当 X4 闭合而 X0 未闭合时，程序按照 S0→S23→S0 的顺序执行。显然，在跳步顺序控制中，条件 X0、X1、X2、X3 与 X4 不能同时闭合，否则程序会出错。

（4）循环顺序控制程序。循环顺序控制是指当条件满足时循环执行某段程序，其状态流程示意图如图 2-68 所示，梯形图如图 2-69 所示。

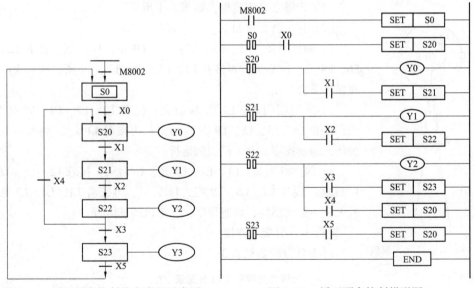

图 2-68　循环顺序控制状态流程示意图　　　　图 2-69　循环顺序控制梯形图

在图 2-69 中，当程序从 S0 执行到 S22 时，如果 X4 闭合而 X3 未闭合，则程序又返回到 S20，然后从 S20 往下执行；当 X4 未闭合而 X3 闭合时，则程序按正常的顺序一直执行到 S23，然后回到 S0。

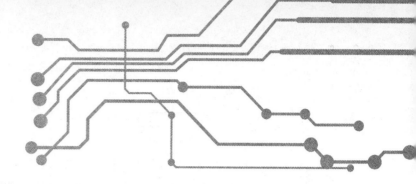

第3章

PLC技术与应用课程教学中常用的实验编程

人类认识自然是靠观察和实验来完成的。观察和实验是科学归纳的必要条件。牛顿指出"物体之属性只能由试验以知之"。德国教育家第斯多惠指出："科学知识是不应该传授给学生的，而应当引导学生去发现它们，独立地掌握它们。"人类认识自然要靠观察和实验，人类传承自然科学知识也要靠观察和实验。

PLC应用编程是一种实践性很强的实用型高新技术，PLC教学实验是必不可少的重要教学环节。为达到工学结合、学用一致、理实一体、强化培养大学生分析和解决生产实际问题的工程实践能力、努力提高大学生的综合素质和生产实践技能、加速培养出国家紧缺急需的高素质高技能的未来蓝领人才、铸造未来的卓越工程师的教学效果，通常所选做的教学实验都是极具典型且富有代表性的。掌握这些典型且具有代表性的教学实验对学会PLC编程大有裨益。

例31 天塔之光控制的实验编程

（1）天塔之光实验板，如图3-1所示。

（2）其控制要求如下。

1）隔灯闪烁：L1、L3、L5、L7、L9亮，1s后灭；接着L2、L4、L6、L8亮，1s后灭；再接着L1、L3、L5、L7、L9亮，1s后灭……如此循环下去。

2）发射型闪烁：L1亮2s后灭；接着L2、L3、L4、L5亮2s后灭；接着L6、L7、L8、L9亮2s后灭；再接着L1亮2s后灭……如此循环，编制程序，并上机调试运行。

3）隔两灯闪烁：L1、L4、L7亮，1s后灭；接着L2、L5、L8亮，1s后灭；接着L3、L6、L9亮，1s后灭；再接着L1、L4、L7亮，1s后灭……如此循环，编制程序，并上机调试运行。

（3）I/O分配及连接

1）I/O分配表见表3-1。

图3-1 天塔之光实验板

表3-1 天塔之光控制I/O分配表

输 入		输 出					
功能	输入继电器	元件代号	输出继电器	元件代号	输出继电器	元件代号	输出继电器
启动按钮	X0	L1	Y0	L2	Y1	L3	Y2
停止按钮	X1	L4	Y3	L5	Y5	L6	Y5
—	—	L7	Y6	L8	Y07	L9	Y10

2）输入开关和输出模拟元件在实验板上均有，根据I/O分配表3-1与主输入、输出端口进行相应连接。

3）将电源模板上的24V直流电源引到实验板上的24V直流电源端。

4）把主机上用到的输入/输出触点对应的COM端与实验板的+24V端相连，输入/输出触点对应的C0、C1、C2端与实验板的0V端相连。

5）按要求编写程序并输入程序。

6）调试并运行程序。

（4）实验的参考梯形图如图3-2~图3-5所示。

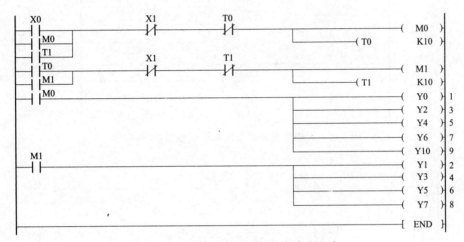

图3-2 天塔之光隔灯闪烁控制参考程序

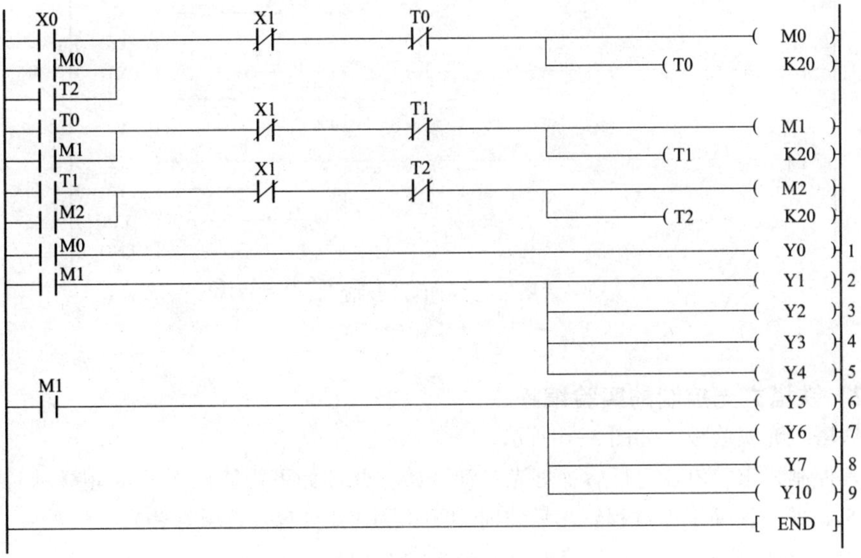

图3-3 天塔之光发射型闪烁控制参考程序（一）

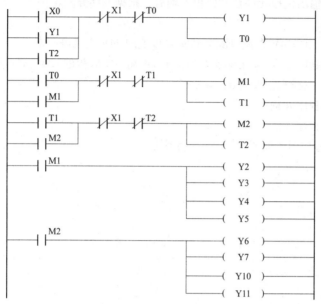

图 3-4 天塔之光发射型闪烁控制参考程序（二）

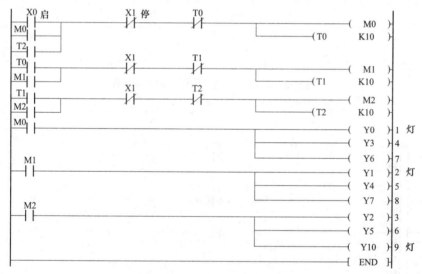

图 3-5 天塔之光隔两灯闪烁控制参考程序

例32 铁塔之光控制的实验编程

（1）铁塔之光实验板，如图 3-6 所示。

（2）其控制要求：PLC 运行后，灯光自动开始，并按如下规律依次显示（显示时间间隔可以先设为 5s，便于读懂工作过程，然后将时间缩小为 1，看起来效果好些）。

1）由中心向外扩散：L1→L2，L3，L4→L5，L6，L7，L8，L9。

2）外层顺时针：从 L5→L9（一次只亮一只灯）。

3）由外向中心收缩：L5，L6，L7，L8，L9→L2，L3，L4→L1。

4）中间层逆时针：从 L4→L2。

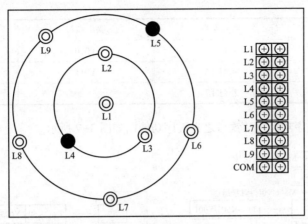

图 3-6　铁塔之光实验板

当然也可以按其他规律亮灯。

（3）亮灯状态分析。亮灯状态见表 3-2。

表 3-2 　　　　　　　　　　亮　灯　状　态

亮灯规律	动作步顺序	亮灯对象
由中心向外扩散（共3步）	第一步	L1
	第二步	L2, L3, L4
	第三步	L5, L6, L7, L8, L9
外层顺时针（共5步）	第四步	L5
	第五步	L6
	第六步	L7
	第七步	L8
	第八步	L9
由外向中心收缩（共3步）	第九步	L5, L6, L7, L8, L9
	第十步	L2, L3, L4
	第十一步	L1
中间层逆时针（共3步）	第十二步	L2
	第十三步	L3
	第十四步	L4

从表 3-2 可以看出，动作步共有 14 步，加上初始步为 15 步，每只灯都出现二次以上亮灯，且有时是亮一只灯，有时是亮多只灯。

（4）铁塔之光的 I/O 分配。铁塔之光的 I/O 分配见表 3-3。

表 3-3 　　　　　　　　　　铁塔之光的 I/O 分配表

输出端口	功能说明	输出端口	功能说明
Y001	彩灯 L1	Y003	彩灯 L3
Y002	彩灯 L2	Y004	彩灯 L4

输出端口	功能说明	输出端口	功能说明
Y005	彩灯 L5	Y010	彩灯 L8
Y006	彩灯 L6	Y011	彩灯 L9
Y007	彩灯 L7		

（5）铁塔之光程序功能图。铁塔之光程序功能图如图 3-7 所示。

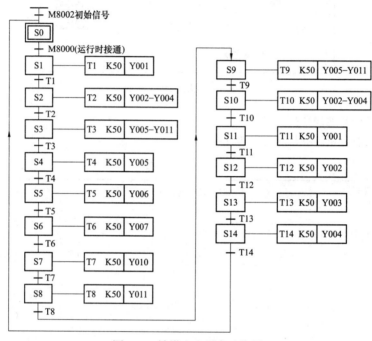

图 3-7　铁塔之光程序功能图

（6）铁塔之光 PLC 控制 I/O 接线图。铁塔之光 PLC 控制 I/O 接线图如图 3-8 所示。

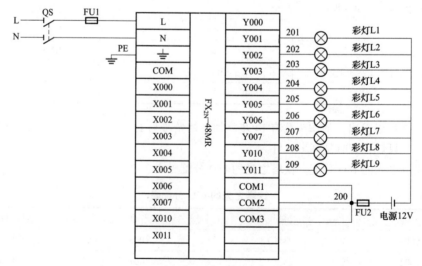

图 3-8　铁塔之光 PLC 控制 I/O 接线图

（7）铁塔之光 PLC 控制的梯形图参考程序。铁塔之光 PLC 控制的梯形图参考程序如图 3-9 所示。

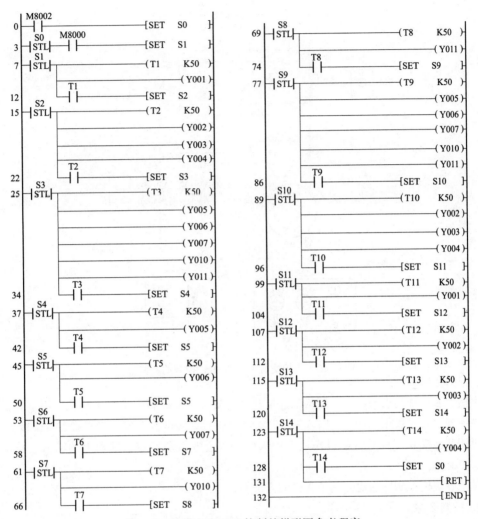

图 3-9　铁塔之光 PLC 控制的梯形图参考程序

例 33　三相交流电动机的 PLC 控制实验编程

1. 三相交流电动机的 PLC 控制实验板

图 3-10 为三相交流电动机 PLC 控制的实验板。其要完成的功能是用 PLC 控制三相交流异步电动机的正反转与丫/△启动等，其控制对象是一台三相交流异步电动机。要完成这些功能，除电动机外，起码还要有四组三相交流接触器 KM1、KM2、KMY、KM△ 和 3 个按钮开关 SB1、SB2、SB3。3 个按钮开关采用体积很小的按钮，可以将实物安装在实验板上。而电动机和接触器体积大，不宜安装在实验板上，若用实物将使整个实验板变得庞大。在实验板上采用示意图加指示灯显示的方法模拟这些元件。图 3-10 中的 M 代表三相交流异步电动机，两个方向的箭头下面有发光二极管 LED，实验时发光的一个 LED 表示电动机在按箭头所示方向旋转；两者均不发光，表示电动机停转。对于 KM1、KM2、KMY、KM△ 的方框中分别有一个发光二极管，它发光时表示该接触器线圈得电，对应的动合触点也闭合；不发光时表示接触器线圈失电，对

应的动合触点断开。

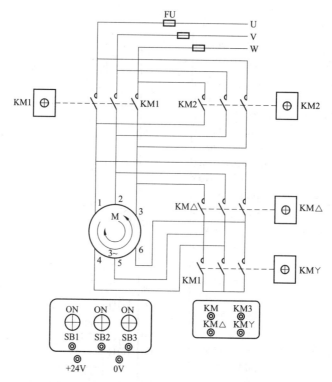

图3-10　三相交流电动机 PLC 控制的实验板

　　主机输入或输出点与模拟实验板的连接是通过安装在实验板上的 7 个插孔，用带有插头的连线来实现。该实验用到的 3 个输入按钮开关和模拟接触器的几个发光二极管在实验板上均有。无须再用其他模块。只需将主机模块上用到的输入、输出端口与实验板上的输入、输出插孔相连。

　　其他各块模拟实验板也是基于类似的方法编程。

2. 控制要求

（1）控制电动机正、反转。

1）按下启动按钮 SB1，KM1 得电，电动机正转；按下启动按钮 SB2，KM2 得电，电动机反转。

2）按下停止按钮 SB3，电动机停转；电动机正反转之间要有可靠的互锁。

（2）控制电动机丫/△启动。按下启动按钮 SB1，KM1、KMY 得电接通，电动机丫启动；2s 后 KMY 失电断开，KM△ 得电接通，切换到△运行；按下停止按钮 SB3，电动机停止运行；电动机丫/△之间要有可靠的互锁。

（3）电动机正、反转的反控制动控制。用两个开关模拟速度继电器，实现正反转停机时的反接制动控制。

（4）控制电动机往复运行。按下启动按钮 SB1，KM1 得电，电动机正转 10s；然后再反转运行 10s；如此不断循环；当按下停止按钮 SB3 后，电动机停转；电动机正反转之间要有可靠的互锁。

（5）PLC 控制电动机正、反转，丫/△启动，往复运行和正反转停机时的反接制动综合控制。在分别做了前 4 种基本环节的 PLC 控制之后，将其组合在一起，实现机床的综合控制。

3. 输入输出 I/O 地址分配及连接

（1）I/O 分配表见表 3-4。

表 3-4　　　　　　　　　　　　　I/O 地址分配表

输入		输出		输入（Kn 为速度传感器）		输出	
元件代号	输入继电器	元件代号	输出继电器	元件代号	输入继电器	元件代号	输出继电器
SB1（正）	X001	KM1（正）	Y000	Kn（正）	X003	KM△	Y003
SB2（反）	X002	KM2（反）	Y001	Kn（反）	X004	—	—
SB3（停）	X000	KM丫	Y002	—	—	—	—

（2）输入开关和输出模拟元件实验板上均有，根据 I/O 地址分配表 3-4 与 PLC 主机输入输出端口进行相应连接。

（3）将电源模板上的 24V 直流电源引到实训板上的 24V 直流电源端。

（4）把主机上用到的输入/输出触点对应的 COM 端与实验板的 +24V 端相连，输入输出触点对应的 C0、C1、C2 端与实验板的 OV 端相连。

4. 实验的参考梯形图程序

上述 4 种控制的单环节控制梯形图程序已在第 2 章中给出，其综合控制参考梯形图程序如图 3-11 所示。

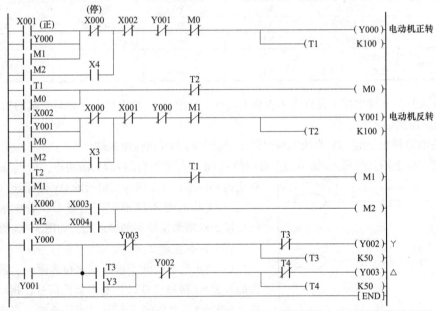

图 3-11　PLC 控制电动机正、反转，丫/△启动，往复运行和正反转停机时反接制动综合控制的梯形图

例 34　PLC 控制水塔水池水位的实验编程

（1）水塔水池水位实验板，如图 3-12 所示。

（2）控制要求 1。当水池水位低于水池低水位界（S4 为 ON）时，电磁阀 Y 打开进水（S4 为 OFF 表示高于水池低水位界）。当水池水位高于水池高水位界（S3 为 ON 表示）时，阀 Y 关闭。当 S4 为 OFF，且水塔水位低于水塔低水位界时，S2 为 0N，电动机 M 运转，开始抽水。当水塔水位高于水塔高水位界时，S1 为 ON，电动机 M 停止。

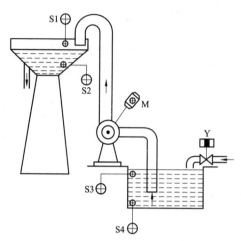

图 3-12　水塔水池水位实验板

1）I/O 分配及连线。I/O 分配见表 3-5。

表 3-5　　　　　　　　　　水塔水位自动控制 I/O 分配表

输　入			输　出		
元件代号	元件功能	输入继电器	元件代号	元件功能	输出继电器
S0	启动开关	X0	Y	电磁阀	Y1
S1	水塔高水位开关	X1	M	电动机	Y2
S2	水塔低水位开关	X2	—	—	—
S3	水池高水位开关	X3	—	—	—
S4	水池低水位开关	X4	—	—	—

　　a. 输入开关和输出模拟元件在实验板上均有，分配输入/输出触点，并与主机的输入/输出端进行相应连接。

　　b. 将电源模板上的24V 直流电源引到实验板上的24V 直流电源端。

　　c. 把主机上用到的输入/输出触点对应的 COM 端与实验板的+24V 端相连，输入/输出触点对应的 C0、C1、C2 端与实验板的 0V 端相连。

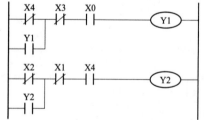

　　2）实验的参考梯形图。按照 I/O 分配表，画出 PLC 控制水塔水位控制的梯形图，如图 3-13 所示。

　　（3）控制要求 2。

　　1）当水池水位低于水池低水位界限时，液面传感器的开关 S4 接通（ON），发出低位信号，指示灯 1 闪烁（1 次/s）；电磁阀 Y 打开，水池进水。当水位高于低水位界限时，开关 S4 断开（OFF）；指示灯 1 停止闪

图 3-13　PLC 控制水塔水位控制的梯形图

烁。当水位升高到高于水池高水位界限时，液面传感器使开关 S3 接通（ON），电磁阀门 Y 关闭，停止进水。

　　2）如果水塔水位低于水塔低水位界限时，液面传感器的开关 S2 接通（ON），发出低位信号，指示灯 2 闪烁（2 次/s）；此时 S4 为 OFF，则电动机 M 运转，水泵抽水。当水位高于低水位界限时，开关 S2 断开（OFF），指示灯 2 停止闪烁。当水塔水位上升到高于水塔高水位界限时，液面传感器使开关 S1 接通（ON），电动机停止运行，水泵停止抽水。电动机由接触器 KM 控制。

设定 I/O 分配表，见表 3-6。

表 3-6　控制水塔、水池水位自动运行系统 I/O 分配表（S4、S3、S2、S1）

输　入		输　出	
输入设备	输入编号	输出设备	输出编号
水池低水位液面传感器开关 S4	X000	电磁阀门 Y	Y000
水池高水位液面传感器开关 S3	X001	水池低水位指示灯 1	Y001
水塔低水位液面传感器开关 S2	X002	接触器 KM	Y002
水塔高水位液面传感器开关 S1	X003	水塔低水位指示灯 2	Y003

根据系统控制要求和 I/O 分配表，编写控制程序梯形图如图 3-14（a）所示。其对应的指令语句表如图 3-14（b）所示。

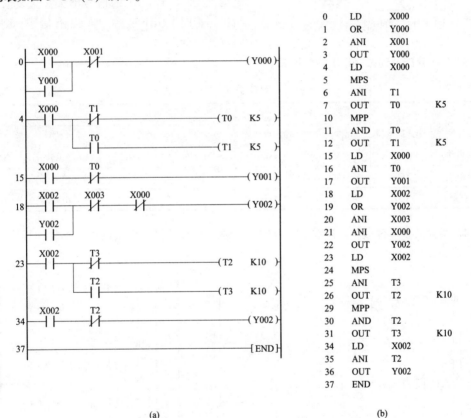

```
0    LD    X000
1    OR    Y000
2    ANI   X001
3    OUT   Y000
4    LD    X000
5    MPS
6    ANI   T1
7    OUT   T0    K5
10   MPP
11   AND   T0
12   OUT   T1    K5
15   LD    X000
16   ANI   T0
17   OUT   Y001
18   LD    X002
19   OR    Y002
20   ANI   X003
21   ANI   X000
22   OUT   Y002
23   LD    X002
24   MPS
25   ANI   T3
26   OUT   T2    K10
29   MPP
30   AND   T2
31   OUT   T3    K10
34   LD    X002
35   ANI   T2
36   OUT   Y002
37   END
```

(a)　　　　　　　　　　　　(b)

图 3-14　水塔、水池水位自动运行电路系统控制程序

（a）梯形图；（b）指令语句表

例 35　PLC 控制轧钢机的实验编程

（1）自控轧钢机实验板，如图 3-15 所示。

（2）控制要求。自控轧钢机实验板的输出端 Y1 为一特殊设计的端子。它的功能是：开机后 Y1 旁箭头内的三个发光管均为 OFF；Y1 第一次接通后，最上面的发光管为 ON，表示轧钢机有一个压下量；Y1 第二次接通后，最上面和中间的发光二极管为 ON，表示轧钢机有两个压下量；Y1 第三次接通后，箭头内三个发光二极管都为 ON，表示轧钢机有三个压下量；当 Y1 第

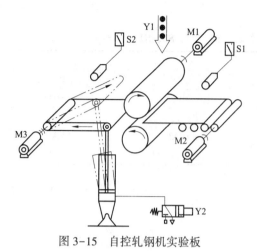

图3-15　自控轧钢机实验板

四次接通，Y1旁箭头内的三个发光管均为OFF，表示轧机复位；第五次接通回到第一次，如此循环。

当启动按钮按下时，电动机M1、M2运行，传送钢板；监测传送带上有无钢板的传感器S1有信号（为ON）时，表示有钢板，则电动机M3正转，S1的信号消失（为OFF）；监测传送带上钢板到位后的传感器S2有信号（为ON）时，表示钢板到位，电磁阀Y2动作，电动机M3反转。Y1给出一向下压下量，S2信号消失，S1有信号，电动机M3正转，S1的信号消失；重复直至Y1给出三个向下压下量后，若S2有信号，则停机，需重新启动。

（3）I/O分配及连接。I/O分配见表3-7。

表3-7　　　　　　　　　　I/O分配表

输入		输出		输入		输出	
元件代号	输入继电器	元件代号	输出继电器	元件代号	输入继电器	元件代号	输出继电器
SB0（启动）	X000	M1	Y001	S2（到位）	X002	M4（反转）	Y004
SB1（停止）	X003	M2	Y002	—	—	Y1（信号灯）	Y005
S1（有钢）	X003	M3（正转）	Y003	—	—	Y2（电磁阀）	Y005

（4）实验的参考梯形图。按照I/O分配表，画出PLC控制轧钢机的参考梯形图程序，如图3-16、图3-17所示。

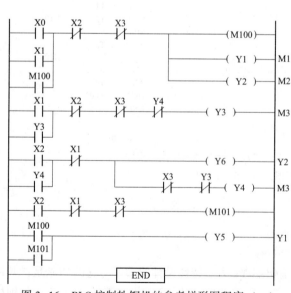

图3-16　PLC控制轧钢机的参考梯形图程序（一）

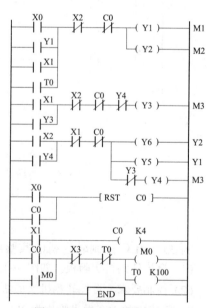

图3-17　PLC控制轧钢机的参考梯形图程序（二）

例 36　PLC 控制汽车自动清洗机的实验编程

（1）汽车自动清洗机实验板如图 3-18 所示。

（2）控制要求。汽车清洗机上有启动按钮和一个车辆检测器，当按下启动按钮后，汽车清洗机就沿着轨道运动；当车辆检测器检测到有汽车时，就自动打开喷淋器阀门并启动刷子电动机；清洗完毕自动停止。

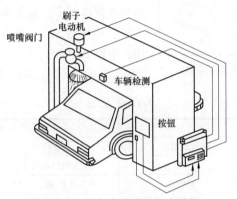

图 3-18　汽车自动清洗机实验板

（3）I/O 分配。汽车自动清洗机控制 PLC 输入/输出点分配见表 3-8。

表 3-8　　　　　　　　　　　　　I/O 分 配 表

输入		输出		输入		输出	
元件代号	输入继电器	元件代号	输出继电器	元件代号	输入继电器	元件代号	输出继电器
SB1（启动）	X000	YV（喷淋阀）	Y000	SQ2（终点到位）	X002	KM3（清洗机）	Y002
SQ1（车辆检测）	X001	KM1（刷子机）	Y001	SB0（急停）	X003	HA（蜂鸣器）	Y003

（4）实验的参考梯形图。按照 I/O 分配表，画出 PLC 控制汽车自动清洗机的参考梯形图程序，如图 3-19 所示。

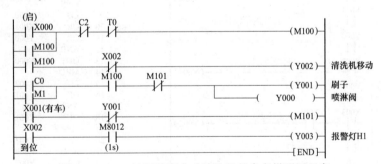

图 3-19　PLC 控制汽车自动清洗机的参考梯形图程序

例 37　PLC 控制三组智力抢答器的实验编程

（1）智力抢答器的实验板如图 3-18 所示。

（2）控制要求。图 3-20 为智力竞赛抢答器示意图。在主持人的位置上有一个总停止按钮 S06 控制三个抢答桌。主持人说出题目并按动启动按钮 S07 后，谁先按下按钮，谁的桌子上的灯即亮。当主持人再按总停止按钮 S06 后，灯才灭（否则一直亮着）。三个抢答案的按钮安排：

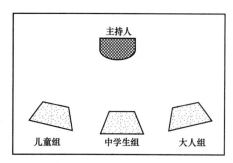

一是儿童组，抢答桌上有两只按钮 S01 和 S02，并联形式连接，无论按哪一只，桌上的灯 LD1 即亮；二是中学生组，抢答桌上只有一只按钮 S03，且只有一个人，一按下按钮灯 LD2 即亮；三是大人组，抢答桌上也有两只按钮 S04 和 S05，串联形式连接，只有两只按钮都按下，抢答桌上的灯 LD3 才亮。当主持人将启动按钮 S07 按下后，10s 之内有人按抢答按钮，电铃 DL 即响。

图 3-20   智力竞赛抢答器示意图

（3）I/O 分配。其端口（I/O）分配表，见表 3-9。

表 3-9   I/O 分配表

输　　入		输　　出	
元件代号	输入继电器	元件代号	输出继电器
儿童按钮 S01	X000	儿童组指示灯 LD1	Y000
儿童按钮 S02	X001	中学生组指示灯 LD2	Y001
中学生按钮 S03	X002	大人组指示灯 LD3	Y003
大人按钮 S04	X003		
大人按钮 S05	X004		
主持人总停止按钮 S06	X005		
主持人启动按钮 S07	X006		

（4）实验的参考梯形图。按照 I/O 分配表，画出 PLC 控制智力抢答器的参考梯形图程序，如图 3-21 所示。

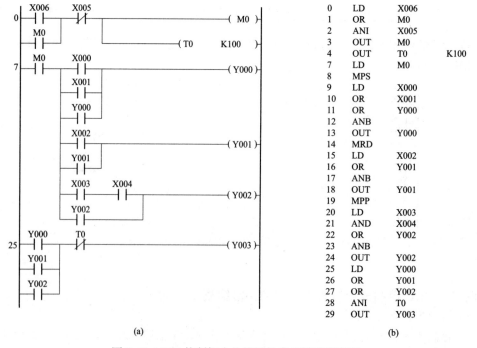

0	LD	X006	
1	OR	M0	
2	ANI	X005	
3	OUT	M0	
4	OUT	T0	K100
7	LD	M0	
8	MPS		
9	LD	X000	
10	OR	X001	
11	OR	Y000	
12	ANB		
13	OUT	Y000	
14	MRD		
15	LD	X002	
16	OR	Y001	
17	ANB		
18	OUT	Y001	
19	MPP		
20	LD	X003	
21	AND	X004	
22	OR	Y002	
23	ANB		
24	OUT	Y002	
25	LD	Y000	
26	OR	Y001	
27	OR	Y002	
28	ANI	T0	
29	OUT	Y003	

(a)   (b)

图 3-21   PLC 控制智力抢答器的参考梯形图程序

（a）梯形图；（b）指令语句表

例 38 PLC 控制八组抢答器的实验编程

（1）八组抢答器的八段码显示板如图 3-22 所示。

（2）控制要求。

1）控制一个八组抢答器，任一组抢先按下后，显示器能及时显示该组的编号，同时锁住其他抢答器，使其他组按下无效；复位后可重新抢答。

2）当主持人按下"开始"按钮后方可抢答；否则视为犯规，相应显示器显示。

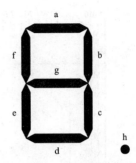

图 3-22 八段码显示板

（3）I/O 分配及接线。

1）I/O 分配。其端口（I/O）分配表，见表 3-10。

表 3-10   I/O 分 配 表

输入		输出		输入		输出	
元件代号	输入继电器	元件代号	输出继电器	元件代号	输入继电器	元件代号	输出继电器
SB0（复位）	X000	a	Y001	SB6（6 组）	X006	g	Y007
SB1（1 组）	X003	b	Y002	SB7（7 组）	X007	h	Y011
SB2（2 组）	X003	c	Y003	SB8（8 组）	X010		
SB3（3 组）	X003	d	Y004	SB9（开始）	X020		
SB4（4 组）	X003	e	Y005	—	—	—	—
SB5（5 组）	X003	f	Y006	—	—	—	—

2）输入开关和输出模拟元件在实验板上均有，用开关、按钮板上的按钮作为启动按钮，根据表 3-10，将输入/输出触点与主机的输入/输出端进行相应连接。

3）将电源模板上的 24V 直流电源引到实验板上的 24V 直流电源端。

4）把主机上用到的输入/输出触点对应的 COM 端与实验板的 +24V 端相连，输入/输出触点对应的 C0、C1、C2 端与实验板的 0V 端相连。

（4）实验的参考梯形图。按照 I/O 分配表，画出 PLC 控制八组抢答器的参考梯形图程序，如图 3-23、图 3-24 所示。

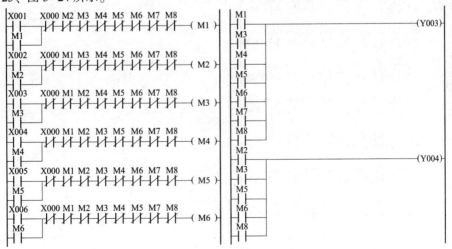

图 3-23 PLC 控制八组抢答器的参考梯形图程序方案一（一）

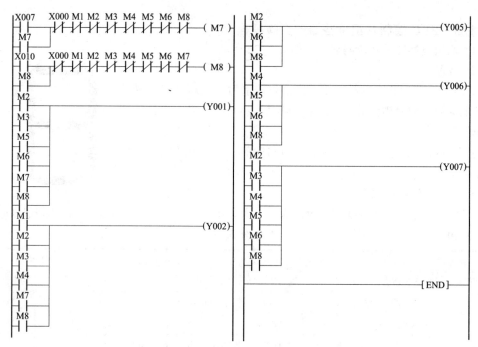

图 3-23　PLC 控制八组抢答器的参考梯形图程序方案一（二）

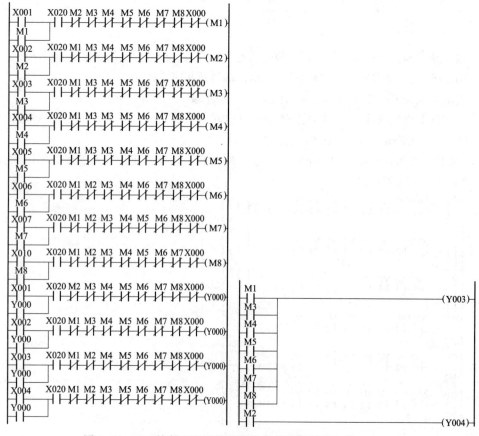

图 3-24　PLC 控制八组抢答器的参考梯形图程序方案二（一）

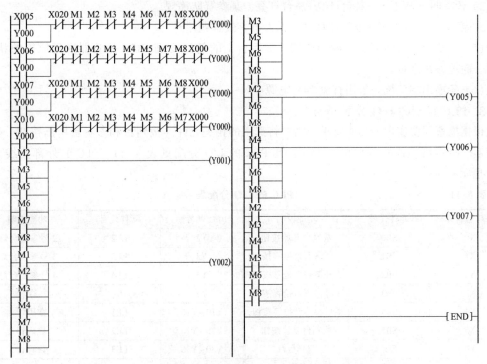

图 3-24　PLC 控制八组抢答器的参考梯形图程序方案二（二）

例 39　PLC 控制四组抢答器的实验编程

1. 四组抢答器的实验板

四组抢答器的实验板，如图 3-25 所示。

2. 控制要求

用 PLC 设计一个四组知识竞赛抢答器，抢答器的功能及控制要求如下。

（1）知识竞赛抢答器能使 4 个队同时抢答。

（2）设裁判队为裁判台，能参赛队为参赛台。裁判台设有音响和裁判台灯，并设有裁判台开始按钮 SB0 和裁判台复位按钮 SB5；参赛台设有参赛台按钮及参赛台灯，1~4 号参赛台分别对应按钮 SB1~SB4 及参赛台灯 EL1~EL4。

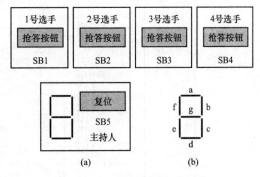

图 3-25　四组抢答器的实验板
（a）控制示意图；（b）7 段数码管

（3）知识竞赛抢答器能适合以下比赛规则：出题后，各队抢答必须在裁判员说出"开始"并按下裁判台开始按钮 SB0 后 15s 内抢答，并由数码管显示时间。如提前抢答，抢答器将发出"违规"信号。15s 时间到，如无队抢答，则抢答器给出时间已到信号，该题作废。在有队抢答的情况下，则抢答器发出"抢答"信号，数码管开始计时显示，并由数码管显示出抢到题的参赛队号。抢到题的队必须在 30s 内答完题，如 30s 内未答完，则做超时处理。

赛场还设有时间数码显示器和显示抢到答题队号的数码显示器。

（4）灯光与音响信号的意义如下。

1）音响叫（响 1s）+某台灯亮，由某参赛队正常抢答。

2）音响叫（响 1s）+某台灯亮+总台灯亮，某参赛队违规。

3）音响叫（响 1s）+裁判台灯亮，无人抢答或答题超时。

（5）在某个题目结束后，裁判员按下裁判台上的复位按钮 SB5，抢答器恢复原来的状态，为下一轮抢答做准备。

（6）各输出端口统一采用直流 24V 电源。

3. PLC 控制的 I/O 分配

根据抢答器要实现的功能要求，需要将选用的相关元件（裁判台和参赛台所需按钮、数码显示器、指示灯、音响等）接入 PLC，其 PLC 的 I/O 分配见表 3-11。PLC 的外部接线如图 3-26所示。

表 3-11　　　　　　　　　　　　PLC 的 I/O 分配表

PLC 点名称	元件代号	功能说明	PLC 点名称	元件代号	功能说明
X0	SB0	裁判台开始按钮	Y2	EL2	2 号参赛台灯
X1	SB1	1 号参赛台抢答按钮	Y3	EL3	3 号参赛台灯
X2	SB2	2 号参赛台抢答按钮	Y4	EL4	4 号参赛台灯
X3	SB3	3 号参赛台抢答按钮	Y5	B	音响
X4	SB4	4 号参赛台抢答按钮	Y10~Y16	LE1	数码管 1
X5	SB5	裁判台复位按钮	Y20~Y26	LE2	数码管 2
Y0	EL0	裁判台灯	Y30~Y36	LE3	数码管 3
Y1	EL1	1 号参赛台灯			

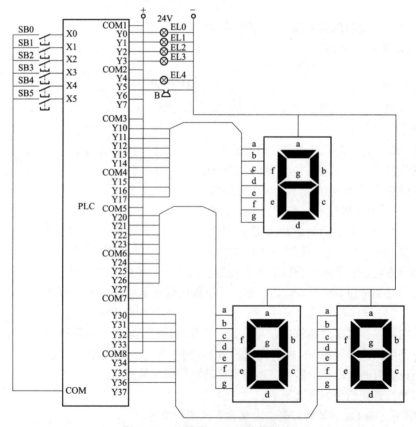

图 3-26　抢答器 PLC 的外部接线

4. PLC 控制梯形图

PLC 控制梯形图如图 3-27 所示。

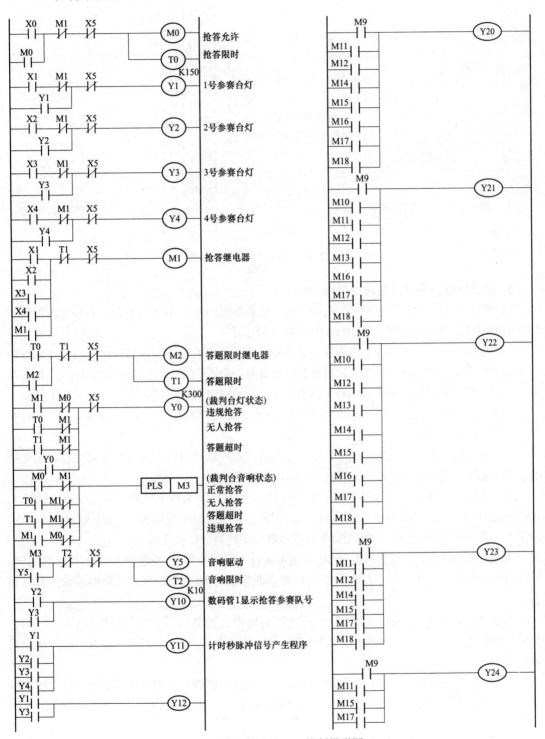

图 3-27 正常抢答时的 PLC 控制梯形图（一）

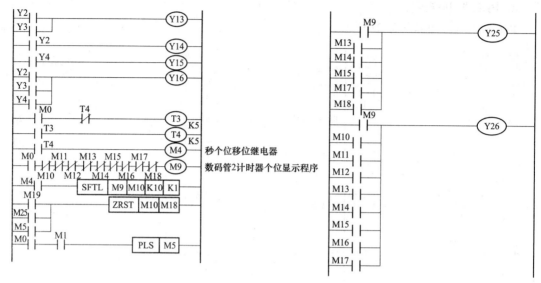

图 3-27 正常抢答时的 PLC 控制梯形图（二）

5. 知识竞赛抢答器控制程序功能分析

（1）抢答允许、抢答限时程序。裁决员按下抢答按钮 SB0（X0 闭合）后，抢答允许继电器 M0 闭合并自锁，同时抢答限时计时器 T0 通电开始计时。

（2）各参赛台灯、抢答继电器程序。各参赛台按下相应的抢答按钮后，相应的参赛台灯输出继电器闭合并自锁，该台灯亮。同时抢答继电器 M1 通电并自锁，抢答继电器 M1 与其他参赛台按钮输入触点相串联的动断触点断开，使得在有抢答按钮按下的情况下，其他按钮均无效。

（3）当有抢答按钮按下时，抢答继电器 M1 闭合，答题限时继电器 M2 闭合并自锁，使得答题限时计时器 T1 开始计时。

（4）根据控制要求，当违规提前抢答、无人抢答和答题超时时，裁判台灯要亮；在正常抢答、无人抢答、答题超时和违规抢答时，音响都会发声。

违规抢答的条件是：抢答允许继电器 M0 未闭合，裁判员未拉下开始［按钮 SB0（X0）未闭合］，而抢答继电器 M1 闭合（有人抢答）。因此，在违规抢答的情况下，M0 和 M1 是"与"的关系，即 M0 的动断触点与 M1 的动合触点串联驱动裁判台灯和音响。

无人抢答的条件是：抢答继电器 M1 未通电闭合（无人抢答），抢答限时计时器 T0 计时到，其动合触点闭合。因此，当无人抢答时，M1 的动断触点与 T0 的动合触点串联驱动裁判台灯和音响。

答题超时的条件是：抢答继电器 M1 通电闭合（有人抢答），答题限时计时器 T1 计时到，其动合触点闭合。因此，在答题超时的情况下，M1 的动合触点与 T1 的动合触点串联驱动裁判台灯和音响。

正常抢答的条件是：抢答允许继电器 M0 闭合（裁判员按下按钮 SB0，X0 闭合），抢答继电器 M1 闭合（有人抢答）。因此，在正常抢答的情况下，M0 的动合触点与 M1 的动合触点串联驱动裁判台灯和音响。

综上所述，违规抢答、无人抢答、答题超时驱动裁决台灯及正常抢答、违规抢答、无人抢答、答题超时驱动音响的梯形图如图 3-28 所示。其中，M3 为音响驱动继电器，当 4 种条件中有一种条件符合时，M3 闭合一个扫描周期，使得音响输出继电器 Y5 闭合，音响发声。同时音响限时计时器 T2 通电计时，经过 1s 后计时器 T1 动作，其动断触点断开 Y5 和 T2 的电源，音响停止发声。

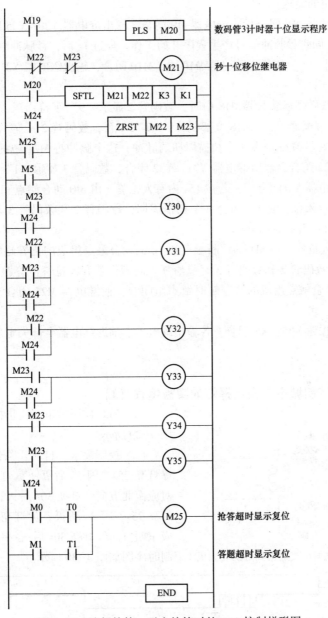

图 3-28　违规抢答、无人抢答时的 PLC 控制梯形图

（5）抢答参赛队号的显示。选用输出继电器 Y10~Y16 驱动数码管 1 的七段发光管，即有人抢答时即可显示抢到题的队号。设 1 号参赛台抢到题，则 1 号参赛台灯驱动输出继电器 Y1 接通，Y1 的动合触点闭合，驱动 Y11 和 Y12，数码管 1 即显示字符"1"。

（6）计时秒脉冲产生程序。计时秒脉冲产生程序由计时器 T3 和 T4 组成，当抢答允许继电器 M0 闭合时，计时器 T3 开始计时，经过 0.5s 后，T3 的动合触点闭合，接通计时器 T4 的电源；再经过 0.5s 后，T4 动作，其动断触点断开，使 T3 复位，动合触点闭合，接通秒个位移位继电器 M4。经过一个扫描周期后 T4 的动合触点断开，M4 复位。

（7）计时显示程序。计时显示程序由输出继电器 Y20~Y26、Y30~Y36 驱动数码管 2 和数码管 3 完成。其中，输出继电器 Y20~Y26 驱动数码管 2，担任秒个位的显示；Y30~Y36 驱动数码管 3，担任秒十位的显示。

在抢答允许继电器 M0 闭合后，继电器 M9 闭合，输出继电器 Y20~Y25 闭合，驱动数码管 2 显示 "0" 字符，同时秒脉冲信号产生程序开始工作。经过 1s 后，秒脉冲继电器 M4 闭合一个扫描周期，将 M9 中 "1" 的状态移位至 M10 中，M10 闭合，输出继电器 Y21、Y22 闭合，驱动数码管 2 显示 "1" 字符……

当 "1" 的状态移位至继电器 M18 中时，数码管 2 显示 "9" 字符；当 "1" 的状态移位至继电器 M19 中时，继电器 M10~M18 全部复位，M9 又闭合，数码管 2 又显示 "0" 字符。同时 M19 闭合，使得继电器 M20 产生一个扫描周期的脉冲，这个脉冲将 M21 中的 "1" 状态移位至 M22 中，继电器 M22 闭合，输出继电器 Y31、Y32 闭合，数码管 3 显示 "1" 字符……

在抢答允许继电器 M0 闭合后，若在 15s 内有人抢答，由 M0 动合触点和 M1 动合触点组成的抢答计时显示触点闭合，使 M5 闭合一个扫描周期，数码管 2 和数码管 3 复位清零，同时数码管 2、数码管 3 开始答题计时显示。

若在 15s 内无人抢答，由 M1 的动断触点和 T0 的动合触点组成的抢答超时触点组闭合，使继电器 M25 闭合，数码管 2 和数码管 3 复位清零。同理，若有人抢答但答题超时，则由 M1 的动合触点和 T1 的动合触点组成的答题超时触点组闭合，使继电器 M25 闭合、数码管 2 和数码管 3 复位清零。

（8）按下复位按钮 SB5，X5 闭合，各输出继电器、辅助继电器全部失电释放，为下一次抢答做准备。

例 40 PLC 控制城市交通指挥灯的实验编程（1）

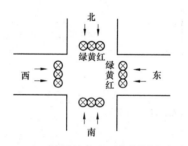

图 3-29 PLC 控制城市交通指挥灯的实验板 1

（1）PLC 控制城市交通指挥灯的实验板 1 如图 3-29 所示。

（2）控制要求。自动开关合上后，东西方向绿灯亮 25s，闪 3s 后灭；黄灯亮 2s 后灭，此时对应南北方向红灯亮 30s 后灭；然后南北方向绿灯亮 25s，闪 3s 后灭；黄灯亮 2s 后灭，此时对应东西方向红灯亮 30s 后灭……如此循环。其控制时序图如图 3-30 所示。

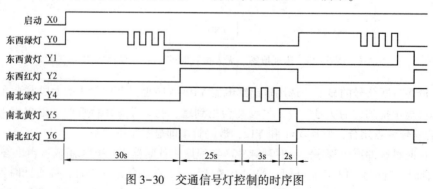

图 3-30 交通信号灯控制的时序图

（3）I/O 分配及连接 I/O 地址分配表见表 3-12。

表 3-12

I/O 地 址 分 配 表

输　入		输　出			
功能	输入继电器	功能	输出继电器	功能	输出继电器
启动按钮	X0	南北红灯	Y6	东西红灯	Y2
停止按钮	X1	南北黄灯	Y5	东西黄灯	Y1
		南北绿灯	Y4	东西绿灯	Y0

（4）实验的参考梯形图。根据时序图，按照 I/O 分配表，画出 PLC 控制城市交通指挥灯的参考梯形图程序，如图 3-31、图 3-32 所示。

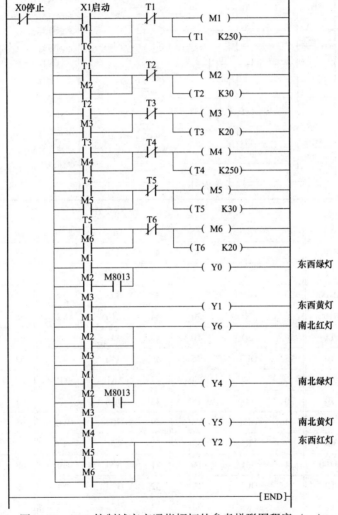

图 3-31　PLC 控制城市交通指挥灯的参考梯形图程序（一）

对交通信号灯时序步进类 PLC 控制，采用步进触点指令编程，设计思路更清晰，梯形图更简明易懂，一目了然。

（1）按单流程编程。如果把东西和南北方向信号灯的动作视为一个顺序动作过程，其中每一个时序同时有两个输出，一个输出控制东西方向的信号灯，另一个输出控制南北方向的信号灯，这样就可以按单流程进行编程，其状态转移图如图 3-33 所示，对应的步进梯形图如图 3-34所示。

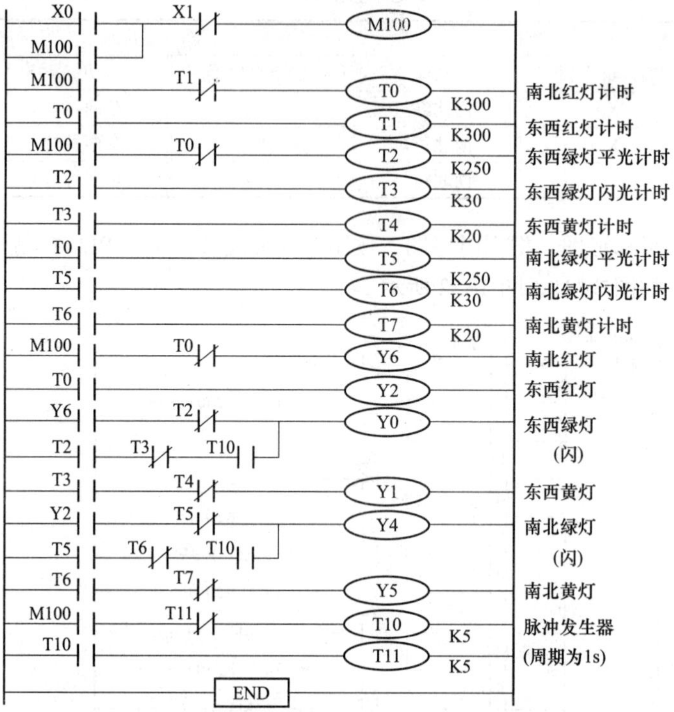

图中梯形图标注：
- X0 / M100 ─ X1 ─ M100
- M100 / T0 ─ T1 ─ T0 K300 南北红灯计时
- T0 ─ T1 K300 东西红灯计时
- M100 / T2 ─ T0 ─ T2 K250 东西绿灯平光计时
- T2 ─ T3 K30 东西绿灯闪光计时
- T3 ─ T4 K20 东西黄灯计时
- T0 ─ T5 K250 南北绿灯平光计时
- T5 ─ T6 K30 南北绿灯闪光计时
- T6 ─ T7 K20 南北黄灯计时
- M100 / T0 ─ Y6 南北红灯
- T0 ─ Y2 东西红灯
- Y6 / T2 ─ Y0 东西绿灯（闪）
- T2 ─ T3 ─ T10
- T3 / T4 ─ Y1 东西黄灯
- Y2 / T5 ─ Y4 南北绿灯（闪）
- T5 ─ T6 ─ T10
- T6 / T7 ─ Y5 南北黄灯
- M100 / T11 ─ T10 K5 脉冲发生器
- T10 ─ T11 K5 （周期为1s）
- END

指令程序		指令程序		指令程序		指令程序	
0	LD X0	19	OUT T3	40	OUT Y6	56	ANI T6
1	OR M100		K 30	41	LD T0	57	AND T10
2	ANI X1	22	LD T3	42	OUT Y2	58	ORB
3	OUT M100	23	OUT T4	43	LD Y6	59	OUT Y4
4	LD M100		K 20	44	ANI T2	60	LD T6
5	ANI T1	26	LD T0	45	LD T2	61	ANI T7
6	OUT T0	27	OUT T5	46	ANI T3	62	OUT Y5
	K 300		K 250	47	AND T10	63	LD M100
9	LD T0	30	LD T5	48	ORB	64	ANI T11
10	OUT T1	31	OUT T6	49	OUT Y0	65	OUT T11
	K 300		K 30	50	LD T3		K 5
13	LD M100	34	LD T6	51	ANI T4	68	LD T10
14	ANI T0	35	OUT T7	52	OUT Y1	69	OUT T11
15	OUT T2		K 20	53	LD Y2		K 5
	K 250	38	LD M100	54	ANI T5	72	END
18	LD T2	39	ANI T0	55	LD T5		

图3-32 PLC控制城市交通指挥灯的参考梯形图程序（二）

（2）按双流程编程。东西方向和南北方向信号灯的动作过程也可以分别看成是两个独立的顺序动作过程，其状态转移图如图3-35所示。它具有两条状态转移支路，其结构为并联分支与汇合。其对应的步进梯形图可由读者自己完成。

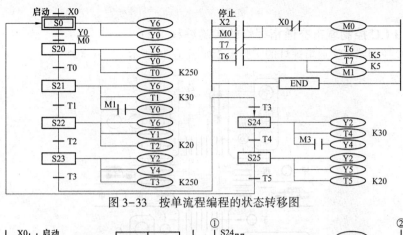

图 3-33　按单流程编程的状态转移图

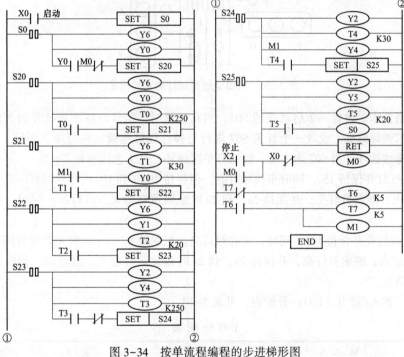

图 3-34　按单流程编程的步进梯形图

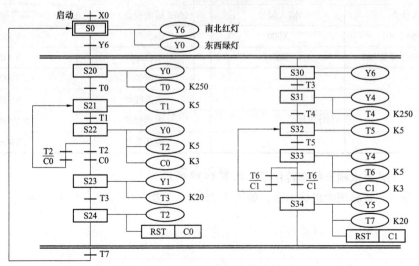

图 3-35　按双流程编程的状态转移图

例41　PLC控制城市交通指挥灯的实验编程（2）

（1）PLC控制城市交通指挥灯的实验板2如图3-36所示。

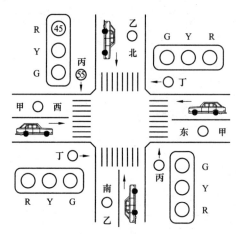

图3-36　城市交通指挥灯的实验板2

（2）控制要求。设置一个启动按钮S01，当它接通时，信号灯控制系统开始工作，且先南北红灯亮，东西绿灯亮。设置一个开关S07进行选择红绿灯连续循环与单次循环，当S07为0时，红绿灯连续循环；当S07为1时，红绿灯单次循环。其工艺流程如下。

1）南北红灯并保持15s，同时东西绿灯亮，但保持10s，到10s时东西绿灯闪亮3次（每周期1s）后熄火；继而黄灯亮，并保持2s，到2s时东西黄灯熄灭，红灯亮，同时，南北红灯熄灭，绿灯亮。

2）东西红灯亮并保持10s，同时，南北绿灯亮，但保持5s，到5s时南北绿灯闪亮3次（每周期1s）后熄火；继而黄灯亮，并保持2s，到2s时南北黄灯熄火，红灯亮，同时，东西红灯熄灭，绿灯亮。

（3）确定输入/输出（I/O）分配表，见表3-13。

表3-13　　　　　　　　　　I/O分配表

输　入		输　出	
输入设备	输入编号	输出设备	输出编号
启动按钮S01	X000	南北红灯	Y000
循环方式选择开关S07	X001	东西绿灯	Y001
		东西黄灯	Y002
		东西红灯	Y003
		东西绿灯	Y004
		南北黄灯	Y005

（4）根据工艺要求画出状态转移图，如图3-37所示。

（5）根据状态转移图画出梯形图，如图3-38所示，指令语句如图3-39所示。

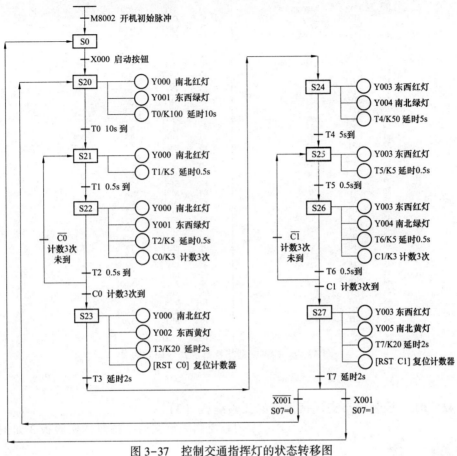

图 3-37 控制交通指挥灯的状态转移图

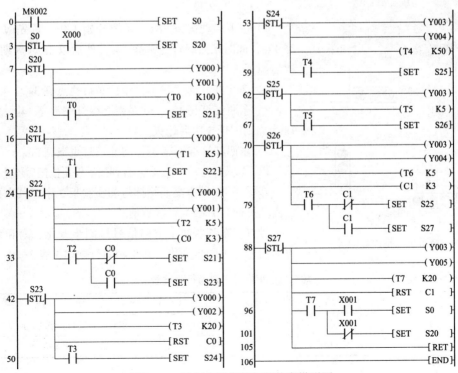

图 3-38 控制交通指挥灯的状态梯形图

0	LD	M8002		53	STL	S24	
1	SET	S0		54	OUT	Y003	
3	STL	S0		55	OUT	Y004	
4	LD	X000		56	OUT	T4	K50
5	SET	S20		59	LD	T4	
7	STL	S20		60	SET	S25	
8	OUT	Y000		62	STL	S25	
9	OUT	Y001		63	OUT	Y003	
10	OUT	T0	K100	64	OUT	T5	K5
13	LD	T0		67	LD	T5	
14	SET	S21		68	SET	S26	
16	STL	S21		70	STL	S26	
17	OUT	Y000		71	OUT	Y003	
18	OUT	T1	K5	72	OUT	Y004	
21	LD	T1		73	OUT	T6	K5
22	SET	S22		76	OUT	C1	K3
24	STL	S22		79	LD	T6	
25	OUT	Y000		80	MPS		
26	OUT	Y001		81	ANI	C1	
27	OUT	T2	K5	82	SET	S25	
30	OUT	C0	K3	84	MPP		
33	LD	T2		85	AND	C1	
34	MPS			86	SET	S27	
35	ANI	C0		88	STL	S27	
36	SET	S21		89	OUT	Y003	
38	MPP			90	OUT	Y005	
39	AND	C0		91	OUT	T7	K20
40	SET	S23		94	RST	C1	
42	STL	S23		96	LD	T7	
43	OUT	Y000		97	MPS		
44	OUT	Y002		98	AND	X001	
45	OUT	T3	K20	99	SET	S0	
48	RST	C0		101	MPP		
50	LD	T3		102	ANI	X001	
51	SET	S24		103	SET	S20	
				105	RET		
				106	END		

图 3-39　控制交通指挥灯的指令语句表

例42　PLC 控制城市交通指挥灯的实验编程（3）

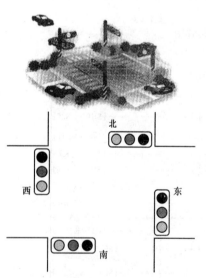

（1）PLC 控制城市交通指挥灯的实验板 3 如图 3-40 所示。

（2）控制要求。

1）按下启动按钮 SB1，系统开始工作，首先南北红灯亮 17s，同时东西绿灯先常亮 14s，然后以 1s 为周期闪烁 3 次后熄灭。

2）南北红灯继续亮 3s，东西黄灯也点亮 3s。

3）东西红灯亮 17s，同时南北绿灯先常亮 14s，然后以 1s 为周期闪烁 3 次后熄灭。

4）东西红灯继续亮 3s，南北黄灯也点亮 3e。

以后重复 1）～4）步骤。直到按下停止按钮后停止工作。

在图 3-40 城市交通指挥灯的实验板 3 中，其东西方向及南北方向各有两组红绿黄信号灯，东和西两个方向信号灯同步变化，南和北两个方向信号灯也同步变化。其车辆通行规律见表 3-14。

图 3-40　城市交通指挥灯的实验板 3

表 3-14　　　　　　　　　城市交通指挥灯车辆通行规律表

状态	亮灯情况	车辆通行情况
状态 1	南北红灯亮，东西绿灯亮（17s）	东西方向通行，南北方向禁行
状态 2	南北红灯亮，东西黄灯亮（3s）	换向等待

续表

状态	亮灯情况	车辆通行情况
状态3	东西红灯亮，南北绿灯亮（17s）	南北方向通行，东西方向禁行
状态4	东西红灯亮，南北黄灯亮（3s）	换向等待

（3）确定输入/输出（I/O）分配表，见表3-15。

表3-15　　　　　　　　　　　　　　I/O 分 配 表

输入端口	功能说明	输出端口	功能说明
X000	启动按钮	Y001	东西黄灯
X001	停止按钮	Y002	东西绿灯
		Y003	东西红灯
		Y004	南北黄灯
		Y005	南北绿灯
		Y006	南北红灯

（4）画出城市交通指挥灯顺序功能图。根据城市交通指挥灯控制要求，可以作出城市交通指挥灯顺序功能图，如图3-41所示。

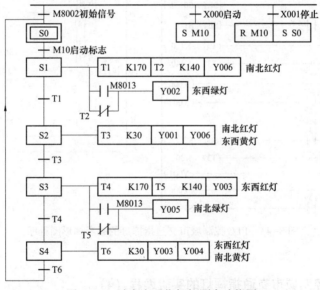

图3-41　城市交通指挥灯顺序功能图

（5）根据I/O分配表，画出城市交通指挥灯I/O接线图，如图3-42所示。

（6）实验的参考梯形图。根据顺序功能图，按照I/O分配表，画出PLC控制城市交通指挥灯的参考梯形图程序，如图3-43所示。

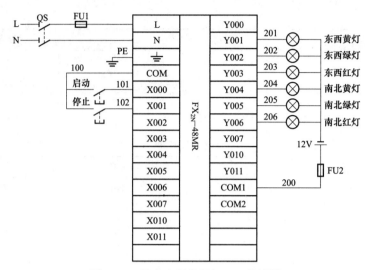

图 3-42　城市交通指挥灯 I/O 接线图

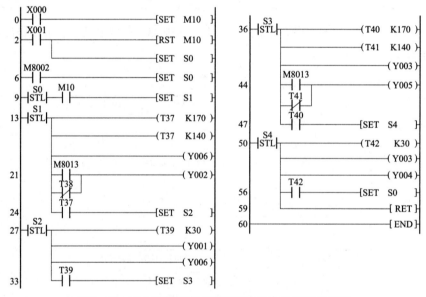

图 3-43　PLC 控制城市交通指挥灯的参考梯形图程序

例 43　PLC 控制城市交通指挥灯的实验编程（4）

1. PLC 控制城市交通指挥灯的实验板 4

PLC 控制城市交通指挥灯的实验板 4 如图 3-44 所示。

2. 控制要求

设置一个启动按钮 S01，当它接通时，信号灯控制系统开始工作，且先南北红灯亮、东西绿灯亮。设置一个停止按钮 S02。

其工艺流程如下。

（1）南北红灯亮并保持 15s，同时东西绿灯亮，但保持 10s，到 10s 时东西绿灯闪亮 3 次（每周期 1s）后熄灭；继而黄灯亮，并保持 2s，到 2s 时东西黄灯熄灭、红灯亮，同时南北红灯熄灭、绿灯亮。

（2）东西红灯亮并保持 10s，同时南北绿灯亮，并保持 5s，到 5s 时南北绿灯闪亮 3 次（每周期 1s）后熄灭；继而黄灯亮，并保持 2s，到 2s 时南北黄灯熄灭、红灯亮，同时东西红灯熄灭、绿灯亮。

（3）上述过程作一次循环，当强制按钮 S03 接通时，南北黄灯和东西黄灯同时亮，并不断闪亮（每周期 2s），同时将控制台指示灯点亮并关闭信号灯控制系统。控制台指示灯及强制闪烁的黄灯在下一次启动时熄灭。

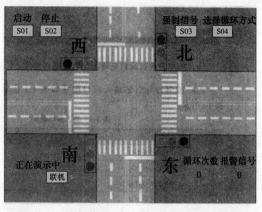

图 3-44　PLC 控制城市交通指挥灯的实验板 4

其工作方式如下。

（1）方式 A：红绿灯连续循环与单次循环可按 S07 自锁按钮进行选择，当 S07 为 0 时红绿灯连续循环，当 S07 为 1 时红绿灯单次循环。

（2）方式 B：红绿灯连续循环，按停止按钮 S02 红绿灯立即停止；再次按启动按钮 S01，红绿灯重新运行。

（3）方式 C：连续作三次循环后自动停止；中途按停止按钮 S02，红绿灯完成一次循环后才能停止。

本例就是要实现以上红绿灯的控制工艺以及三种不同的工作方式。

3. PLC 控制城市交通指挥灯的 I/O 分配表与实际接线图

PLC 控制城市交通指挥灯的 I/O 分配表见表 3-16，其实际接线图如图 3-45 所示。

表 3-16　　　　　　　　　　　　PLC 控制城市交通指挥灯的 I/O 分配表

输入设备	输入端口编号	输出设备	输出端口编号
启动按钮 S01	X00	南北红灯	Y00
停止按钮 S02	X01	东西绿灯	Y01
选择循环方式按钮 S07	X02	东西黄灯	Y02
强制按钮 S03	X03	东西红灯	Y03
		南北绿灯	Y04
		南北黄灯	Y05
		控制台指示灯	Y06

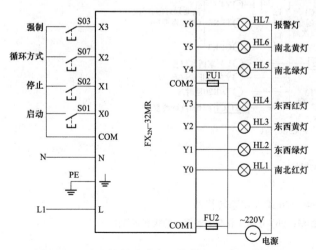

图 3-45　PLC 控制城市交通指挥灯的实际接线图

4. PLC 控制城市交通指挥灯的编程

根据控制要求，电路工作方式有 A、B、C 三种，可根据不同的工作方式分别画出其对应的状态转移图、梯形图及写出指令语句表。

（1）按方式 A，红绿灯连续循环与单次循环可按 S07 自锁按钮进行选择，当 S07 为 0 时红绿灯连续循环，当 S07 为 1 时红绿灯单次循环。其状态转移图如图 3-46 所示，对应的梯形图如图 3-47 所示，对应的指令语句如图 3-48 所示。

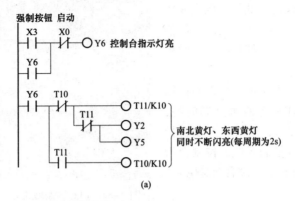

(a)

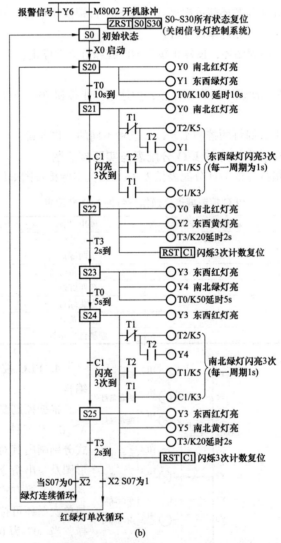

(b)

图 3-46　方式 A 状态转移图

（a）报警灯与黄灯闪烁控制；（b）正常工作与强制停止的状态转移图

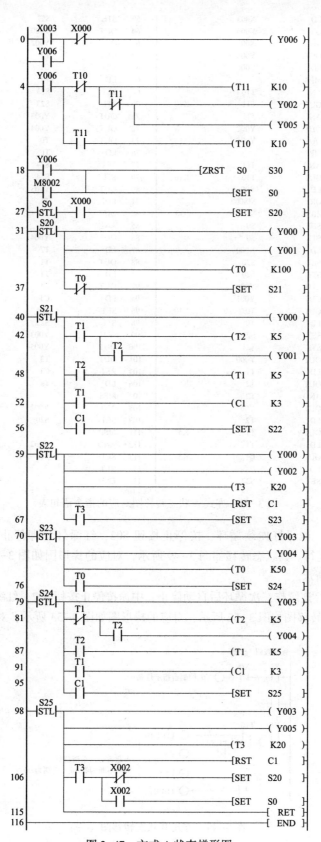

图3-47　方式A状态梯形图

0	LD	X003		59	STL	S22	
1	OR	Y006		60	OUT	Y000	
2	ANI	X000		61	OUT	Y002	
3	OUT	Y006		62	OUT	T3	K20
4	LD	Y006		65	RST	C1	
5	MPS			67	LD	T3	
6	ANI	T10		68	SET	S23	
7	OUT	T11	K10	70	STL	S23	
10	ANI	T11		71	OUT	Y003	
11	OUT	Y002		72	OUT	Y004	
12	OUT	Y005		73	OUT	T0	K50
13	MPP			76	LD	T0	
14	AND	T11		77	SET	S24	
15	OUT	T10	K10	79	STL	S24	
18	LD	Y006		80	OUT	Y003	
19	OR	M8002		81	LDI	T1	
20	ZRST	S0	S30	82	OUT	T2	K5
25	SET	S0		85	AND	T2	
27	STL	S0		86	OUT	Y004	
28	LD	X000		87	LD	T2	
29	SET	S20		88	OUT	T1	K5
31	STL	S20		91	LD	T1	
32	OUT	Y000		92	OUT	C1	K3
33	OUT	Y001		95	LD	C1	
34	OUT	T0	K100	96	SET	S25	
37	LD	T0		98	STL	S25	
38	SET	S21		99	OUT	Y003	
40	STL	S21		100	OUT	Y005	
41	OUT	Y000		101	OUT	T3	K20
42	LDI	T1		104	RST	C1	
43	OUT	T2	K5	106	LD	T3	
46	AND	T2		107	MPS		
47	OUT	Y001		108	ANI	X002	
48	LD	T2		109	SET	S20	
49	OUT	T1	K5	111	MPP		
52	LD	T1		112	AND	X002	
53	OUT	C1	K3	113	SET	S0	
56	LD	C1		115	RET		
57	SET	S22		116	END		

图3-48 方式A状态转移图对应的指令语句表

（2）按方式B，红绿灯连续循环，按停止按钮S02，红绿灯立即停止，再次按启动按钮S01，红绿灯重新运行。其状态转移如图3-49所示，对应的梯形图如图3-50所示，对应的指令语句如图3-51所示。

（3）按方式C，连续作三次循环后自动停止，中途按停止按钮S02，红绿灯完成一次循环后才能停止。其状态转移图如图3-52所示；对应的梯形图如图3-53所示；对应的指令语句表如图3-54所示。

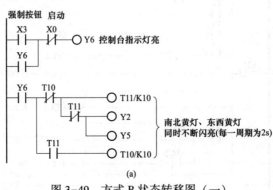

(a)

图3-49 方式B状态转移图（一）

（a）报警灯与黄灯闪烁控制

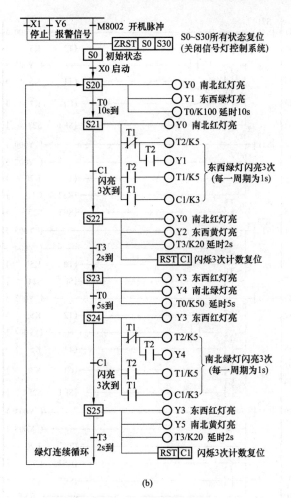

(b)

图 3-49　方式 B 状态转移图（二）

（b）正常工作与强制停止、按下停止时立即停止的状态转移图

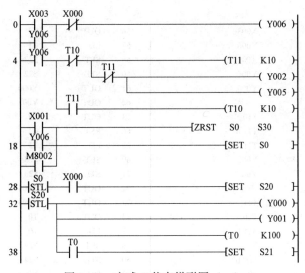

图 3-50　方式 B 状态梯形图（一）

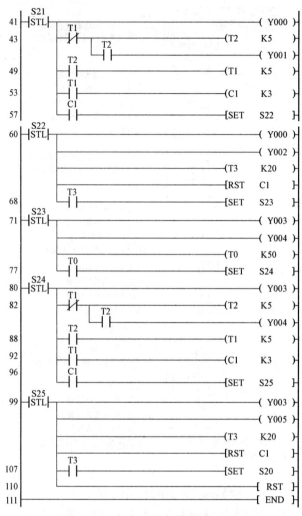

图 3-50 方式 B 状态梯形图（二）

0	LD	X003		54	OUT	C1	K3
1	OR	Y006		57	LD	C1	
2	ANI	X000		58	SET	S22	
3	OUT	Y006		60	STL	S22	
4	LD	Y006		61	OUT	Y000	
5	MPS			62	OUT	Y002	
6	ANI	T10		63	OUT	T3	K20
7	OUT	T11	K10	66	RST	C1	
10	ANI	T11		68	LD	T3	
11	OUT	Y002		69	SET	S23	
12	OUT	Y005		71	STL	S23	
13	MPP			72	OUT	Y003	
14	AND	T11		73	OUT	Y004	
15	OUT	T10	K10	74	OUT	T0	K50
18	LD	X001		77	LD	T0	
19	OR	Y006		78	SET	S24	
20	OR	M8002		80	STL	S24	
21	ZRST	S0	S30	81	OUT	Y003	

图 3-51 方式 B 状态转移图对应的指令语句表（一）

26	SET	S0		82	LDI	T1	
28	STL	S0		83	OUT	T2	K5
29	LD	X000		86	AND	T2	
30	SET	S20		87	OUT	Y004	
32	STL	S20		88	LD	T2	
33	OUT	Y000		89	OUT	T1	K5
34	OUT	Y001		92	LD	T1	
35	OUT	T0	K100	93	OUT	C1	K3
38	LD	T0		96	LD	C1	
39	SET	S21		97	SET	S25	
41	STL	S21		99	STL	S25	
42	OUT	Y000		100	OUT	Y003	
43	LDI	T1		101	OUT	Y005	
44	OUT	T2	K5	102	OUT	T3	K20
47	AND	T2		105	RST	C1	
48	OUT	Y001		107	LD	T3	
49	LD	T2		108	SET	S20	
50	OUT	T1	K5	110	RET		
53	LD	T1		111	END		

图 3-51　方式 B 状态转移图对应的指令语句表（二）

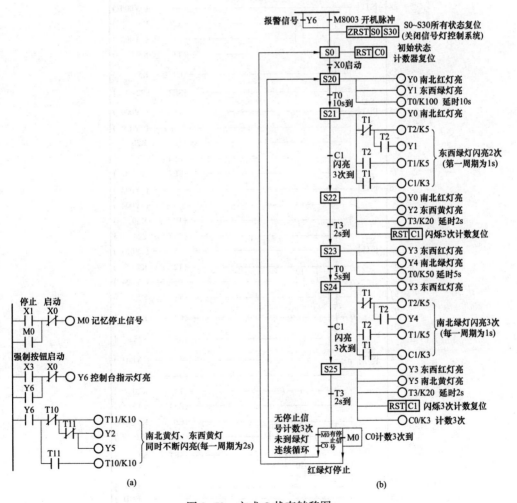

图 3-52　方式 C 状态转移图

（a）报警灯与黄灯闪烁控制；（b）正常工作、强制停止与循环完停止的状态转移图

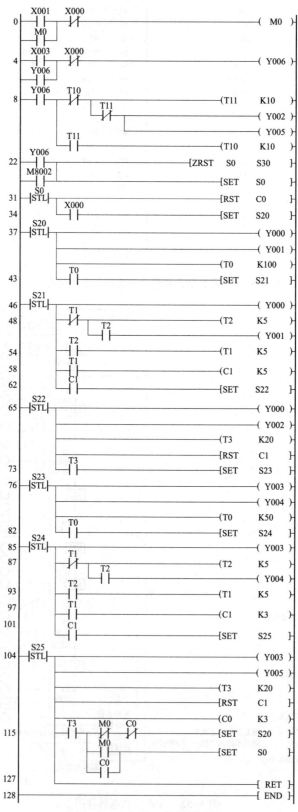

图 3-53　方式 C 状态梯形图

0	LD	X001	
1	OR	M0	
2	ANI	X000	
3	OUT	M0	
4	LD	X003	
5	OR	Y006	
6	ANI	X000	
7	OUT	Y006	
8	LD	Y006	
9	MPS		
10	ANI	T10	
11	OUT	T11	K10
14	ANI	T11	
15	OUT	Y002	
16	OUT	Y005	
17	MPP		
18	AND	T11	
19	OUT	T10	K10
22	LD	Y006	
23	OR	M8002	
24	ZRST	S0	S30
29	SET	S0	
31	STL	S0	
32	RST	C0	
34	LD	X000	
35	SET	S20	
37	STL	S20	
38	OUT	Y000	
39	OUT	Y001	
40	OUT	T0	K100
43	LD	T0	
44	SET	S21	
46	STL	S21	
47	OUT	Y000	
48	LDI	T1	
49	OUT	T2	K5
52	AND	T2	
53	OUT	Y001	
54	LD	T2	
55	OUT	T1	K5
58	LD	T1	
59	OUT	C1	K3
62	LD	C1	
63	SET	S22	
65	STL	S22	
66	OUT	Y000	
67	OUT	Y002	
68	OUT	T3	K20
71	RST	C1	
73	LD	T3	
74	SET	S23	
76	STL	S23	
77	OUT	Y003	
78	OUT	Y004	
79	OUT	T0	K50
82	LD	T0	
83	SET	S24	
85	STL	S24	
86	OUT	Y003	
87	LDI	T1	
88	OUT	T2	K5
91	AND	T2	
92	OUT	Y004	
93	LD	T2	
94	OUT	T1	K5
97	LD	T1	
98	OUT	C1	K3
101	LD	C1	
102	SET	S25	
104	STL	S25	
105	OUT	Y003	
106	OUT	Y005	
107	OUT	T3	K20
110	RST	C1	
112	OUT	C0	K3
115	LD	T3	
116	MPS		
117	ANI	M0	
118	ANI	C0	
119	SET	S20	
121	MPP		
122	LD	M0	
123	OR	C0	
124	ANB		
125	SET	S0	
127	RET		
128	END		

图 3-54　方式 C 状态转移图对应的指令语句表

例 44　PLC 控制全自动洗衣机的实验编程

（1）PLC 控制全自动洗衣机的实验板，如图 3-55 所示。全自动洗衣机的进水和排水由进水电磁阀和排水电磁阀控制。进水时，洗衣机将水注入外桶；排水时水从外桶排出。

洗涤和脱水由同一台电动机拖动，通过脱水电磁离合器来控制，将动力传递到洗涤波轮或内桶：脱水电磁离合器失电，电动机拖动洗涤波轮实现正、反转，开始洗涤；脱水电磁离合器得电，电动机拖动内桶单向高速旋转，进行脱水（此时波轮不转）。

（2）控制要求。全自动洗衣机的控制要求如下。

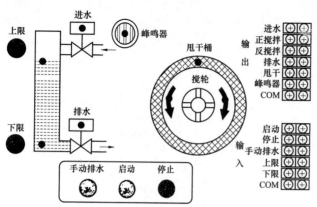

图 3-55　PLC 控制全自动洗衣机的实验板

1）按启动按钮，首先进水电磁阀打开（进水指示灯亮）。

2）按上限按钮，停止进水（进水指示灯灭）。搅轮开始按"正搅拌 3s→停止 1s→反搅拌 3s→停止 1s"规律进行，同时正反搅拌指示灯轮流亮火。

3）20s 后停止搅拌。开始排水（排水灯亮）。5s 后开始甩干（甩干桶灯亮）。

4）按下限按钮，排水灯灭、甩干也停止（甩干桶灯灭），又开始进水（进水灯亮）。

5）重复两次 1）~4）的过程。

6）第三次按下限按钮时，蜂鸣器灯亮 5s 后灭。整个过程结束。

7）操作过程中，按停止按钮可结束动作过程。

8）手动排水按钮是独立操作命令，按下手动排水后，必须要按下限按钮。

（3）全自动洗衣机的 I/O 分配。全自动洗衣机的 I/O 分配见表 3-17。

表 3-17　　　　　　　　　　全自动洗衣机的 I/O 分配表

输入端口	功能说明	输出端口	功能说明
X000	启动按钮	Y000	进水指示灯
X001	停止按钮	Y001	正搅拌指示灯
X002	上限按钮	Y002	反搅拌指示灯
X003	下限按钮	Y003	甩干桶指示灯
		Y004	排水指示灯
		Y005	蜂鸣器指示灯

（4）全自动洗衣机自动洗衣顺序功能图。根根全自动洗衣机控制要求，作出全自动洗衣机自动洗衣顺序功能图，如图 3-56 所示。

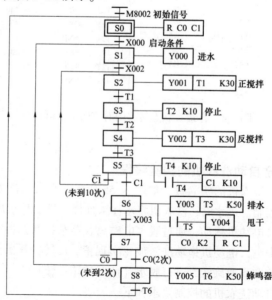

图 3-56　全自动洗衣机自动洗衣顺序功能图

（5）全自动洗衣机的I/O接线图。全自动洗衣机的I/O接线图如图3-57所示。

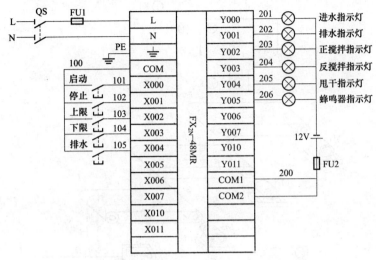

图3-57　全自动洗衣机的I/O接线图

（6）实验的参考梯形图。根据顺序功能图，按照I/O分配表，画出PLC控制全自动洗衣机的参考梯形图程序，如图3-58所示。

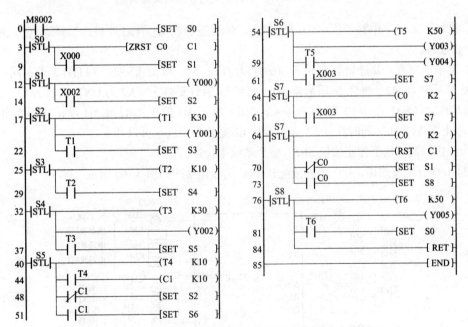

图3-58　PLC控制城市全自动洗衣机的参考梯形图程序

例45　PLC控制自动送料装车的实验编程

（1）PLC控制自动送料装车的实验板，如图3-59所示。

（2）控制要求。

1）初始状态。红灯L1灭，绿灯L2亮，表明允许汽车开进装料，M2和M1皆为OFF。

2）装车控制。

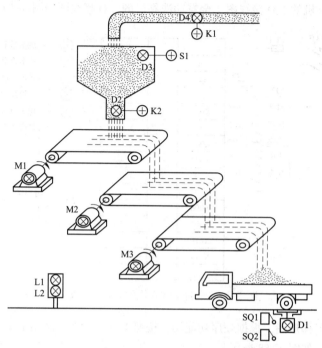

图 3-59　PLC 控制自动送料装车的实验板

① 进料。如料斗中料不满（S1 为 OFF），5s 后进料阀 K1 开启进料；当料满（S1 为 ON）时，中止进料。

② 装车。当汽车开进到装车位置（SQ1 为 ON）时，红灯 L1 亮，绿灯 L2 灭；同时启动 M3，经 2s 后启动 M2，再经 2s 后启动 M1，再经 2s 后打开料斗（K2 为 ON）出料。

当车装满（SQ2 为 OFF）时，料斗 K2 关闭，2s 后 M1 停止，M2 在 M1 停止 2s 后停止，M3 在 M2 停止 2s 后停止，同时红灯 L1 灭，绿灯 L2 亮，表明汽车可以开走。

3）停机控制。按下停止按钮 SB2，整个系统中止运行。

（3）I/O 分配及连接。I/O 地址分配及 PLC 实际连接图如图 3-60 所示。

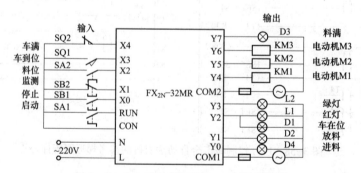

图 3-60　I/O 地址分配及 PLC 实际连接图

注意：本接线图中 SB2 和 SQ2 用的是动断触点，其梯形图中要格外考虑其动断触点的控制关系。

考虑到车在位指示信号和红灯信号的同步控制，Y10～Y17 还要用于计数输出，为了节省输出点，可用一个输出点 Y2 驱动红灯 L1 和车在位信号 D1。电动机 M1～M3 通过接触器 KM1～

KM3 控制，也可以在实验板上用信号灯模拟电动机的运行。

1）分配 I/O，并与主机输入、输出端口进行相应连接。

2）将电源模板上的 24V 直流电源引到实验板上的 24V 直流电源端。

3）把主机上用到的输入/输出触点对应的 COM 端与实验板的+24V 端相连，输入/输出触点对应的 C0、C1、C2 端与实验板的 0V 端相连。

（4）实验的参考梯形图。

1）用基本逻辑指令编程。自动送料装车控制系统中，进料阀 K1 受料位传感器 S1 的控制，S1 无监测信号，表明料不满，经 5s 后进料；S1 有监测信号时表明料已满，中止进料。送料系统的启动，可以通过台秤下面的限位开关 SQ1 实现。当汽车开近装车位置时，在其自重作用下，接通 SQ1，送料系统启动；当车装到吨位时，限位开关 SQ2 断开，停止送料。

用基本逻辑指令设计的自动送料装车控制系统梯形图如图 3-61 所示。其对应的指令字程序见表 3-18。

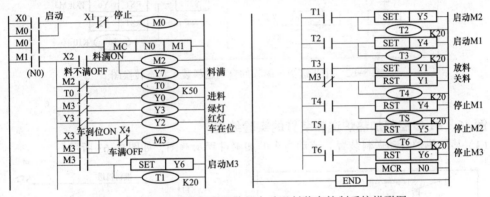

图 3-61 用基本逻辑指令设计的自动送料装车控制系统梯形图

表 3-18 自动送料装车控制系统的指令字程序

指令程序			指令程序			指令程序			指令程序		
0	LD	X0	16	OUT	Y0	31	SET	Y5	48	RST	Y4
1	OR	M0	17	LDI	M3	32	OUT	T2	49	OUT	T5
2	ANI	X1	18	OUT	Y3		K	20		K	20
3	OUT	M0	19	LDI	Y3	35	LD	T2	52	LD	T5
4	LD	M0	20	OUT	Y2	36	SET	Y4	53	RST	Y5
5	MC	N0	21	LD	X3	37	OUT	T3	54	OUT	T6
		M1	22	OR	M3		K	20		K	20
8	LD	X2	23	ANI	X4	40	LD	T3	57	LD	T6
9	OUT	M2	24	OUT	M3	41	SET	Y1	58	RST	Y6
10	OUT	Y7	25	LD	M3	42	LDI	M3	59	MCR	N0
11	LDI	M2	26	SET	Y6	43	RST	Y1	61	END	
12	OUT	T0	27	OUT	T1	44	OUT	T4			
	K	50		K	20		K	20			
15	LD	T0	30	LD	T1	47	LD	T4			

2）用步进指令编程。自动送料装车过程实际上是一个按一定顺序动作的生产控制过程，因此用步进指令编程更为方便，其状态转移图如图3-62所示。

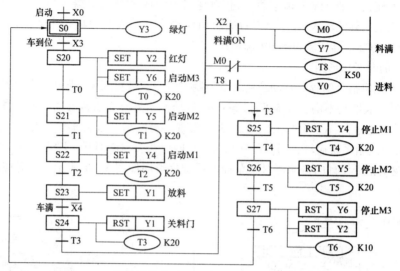

图3-62 用步进指令编程的自动送料装车状态转换图

例46 PLC控制加热炉送料装置的实验编程

（1）某加热炉自动送料装置，该动力头的加工过程示意图，如图3-63所示。

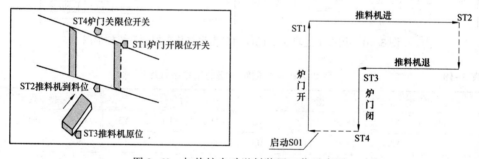

图3-63 加热炉自动送料装置工作示意图

（2）控制要求。

1）按压S01启动按钮→KM1得电，炉门电动机正转→炉门开。

2）压动限位开关ST1→KM1失电，炉门电动机停转；KM3得电，推料机电动机正转→推料机进，送料入炉到料位。

3）压动限位开关ST2→KM3失电，推料机电动机停转，延时3s后，KM4得电，推料机电动机反转→推料机退到原位。

4）压动限位开关ST3→KM4失电，推料机电动机停转；KM2得电，炉门电动机反转，炉门闭。

5）压动限位开关ST4→KM2失电，炉门电动机停转；ST4动合触点闭合，并延时3s后才允许下次循环开始。

6）上述过程不断运行，若按下停止按钮S02后，立即停止，再按启动按钮继续运行。

（3）确定输入/输出（I/O）分配表，见表3-19。

表 3-19　　　　　　　　　　加热炉自动送料装置 I/O 分配表

输　　入		输　　出	
输入设备	输入编号	输出设备	输出编号
启动按钮 S01	X000	炉门开接触器 KM1	Y000
停止按钮 S02	X001	炉门闭接触器 KM2	Y001
限位开关 ST1	X002	推料机进接触器 KM3	Y002
限位开关 ST2	X003	推料机进接触器 KM4	Y003
限位开关 ST3	X004		
限位开关 ST4	X005		

（4）根据工艺要求画出状态转移图，如图3-64所示。

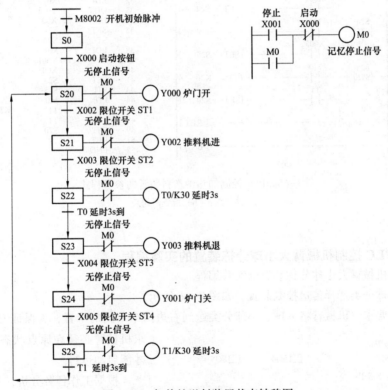

图 3-64　加热炉送料装置状态转移图

图3-64中辅助继电器M0用来记忆停止信号，若停止按钮按下，则M0线圈接通并保持，M0动断触点断开，则输出被停止，再按启动按钮则M0线圈断开，M0动断触点接通，输出继续运行。

（5）根据状态转移图画出梯形图及指令语句表，如图3-65所示。

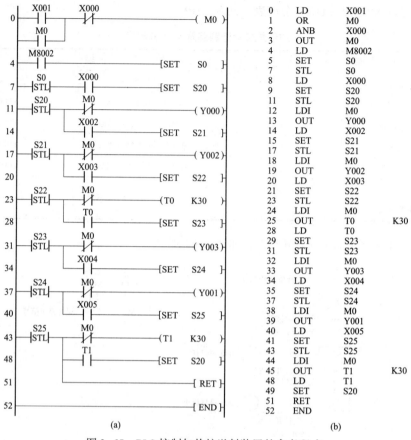

0	LD	X001
1	OR	M0
2	ANB	X000
3	OUT	M0
4	LD	M8002
5	SET	S0
7	STL	S0
8	LD	X000
9	SET	S20
11	STL	S20
12	LDI	M0
13	OUT	Y000
14	LD	X002
15	SET	S21
17	STL	S21
18	LDI	M0
19	OUT	Y002
20	LD	X003
21	SET	S22
23	STL	S22
24	LDI	M0
25	OUT	T0	K30
28	LD	T0
29	SET	S23
31	STL	S23
32	LDI	M0
33	OUT	Y003
34	LD	X004
35	SET	S24
37	STL	S24
38	LDI	M0
39	OUT	Y001
40	LD	X005
41	SET	S25
43	STL	S25
44	LDI	M0
45	OUT	T1	K30
48	LD	T1
49	SET	S20
51	RET	
52	END	

(a)　　　　　　　　　(b)

图 3-65　PLC 控制加热炉送料装置的参考程式

（a）梯形图；（b）指令语句表

例47　PLC 控制机械臂大小球分拣装置的实验编程

PLC 控制机械臂大小球分拣装置的实验编程

（1）大小球分类选择传送控制装置，如图 3-66 所示。

（2）控制要求。机械臂将大球、小球分类送到右边两个不同的位置，为保证安全操作，要求机械臂必须在原点状态即左上位置才能启动运行。

根据工作任务分析，左上为原点，机械臂的动作顺序为下降、吸住、上升、右行、下降、释放、上升、左行。机械臂下降时，当电磁铁压着大球时，下限位开关 SQ2 断开；压着小球时，SQ2 接通；以此可判断吸住的是大球还是小球，再根据判断，把球送到指定的位置。

根据工艺要求，该控制流程根据吸住的是大球还是小球有两个分支，且属

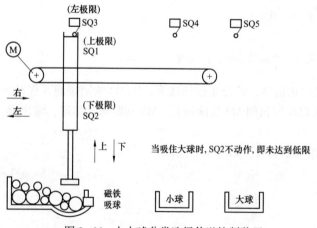

图 3-66　大小球分类选择传送控制装置

于选择性分支。分支在机械臂下降之后根据下限开关 SQ2 的通断，分别将球吸住、上升、右行到 SQ4（小球位置动作）或 SQ5（大球位置动作）处下降，然后再释放、上升、左移到原点。

在此任务中涉及选择性问题。顺序控制过程常常包含几个分支的顺序动作，如果只允许这几个分支选择其中一支执行，这种结构就是选择序列结构，本案例就属于此结构。

（3）确定输入输出点分配表。根据对任务的分析，可以写出本案例大小球分类选择控制的输入输出点分配表，见表 3-20。

表 3-20　　　　　　　　大小球分类选择控制的输入输出点分配表

类别	元件	元件号	备注
输入	SB0	X000	启动按钮
	SQ1	X001	上极限限位开关
	SQ2	X002	下极限限位开关
	SQ3	X003	左行极限限位开关
	SQ4	X004	放小球右极限限位开关
	SQ5	X005	放大球右极限限位开关
输出	YA0	Y000	吸球
	YV1	Y001	上升
	YV2	Y002	下降
	YV3	Y003	左移
	YV4	Y004	右移

（4）设计状态转移图。根据任务分析，可得到图 3-67 所示的状态转移图。

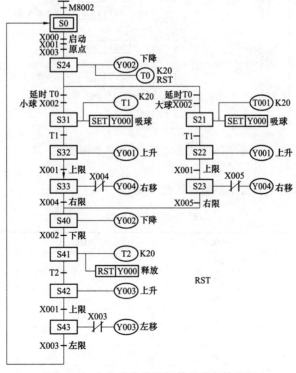

图 3-67　大小球分类选择传送状态转移图

（5）状态梯形图。利用 STL 指令和 RET 指令等，可以将状态转移图编写成状态梯形图（也称步进梯形图），如图 3-68 所示。

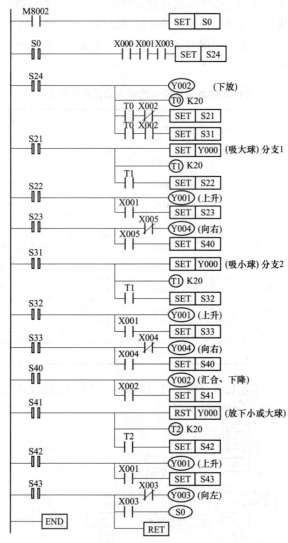

图 3-68　大小球分类选择传送梯形图

（6）指令语句表。对应的指令语句表见表 3-21。

表 3-21　　　　　　　　　　　　　对应的指令语句表

LD	S002	OUT	Y002
SET	S0	OUT	T0
STL	S0		K20
LD	X000	LD	T0
AND	X001	ANI	X002
AND	X003	SET	S21
SET	S24	LD	T0
STL	S24	AND	X002

SET	S31	OUT	Y004
STL	S21	LD	X004
SET	Y000	SET	S40
OUT	T1	STL	S40
	K20	OUT	Y002
LD	T1	LD	X002
SET	S22	SET	S41
STL	S22	STL	S41
OUT	Y001	RST	Y000
LD	X001	OUT	T2
SET	S23		K20
STL	S23	LD	T2
LDI	X005	SET	S42
OUT	Y004	STL	S42
LD	X005	OUT	Y001
SET	S40	LD	X001
STL	S31	SET	S43
SET	Y000	LD1	X003
OUT	T1	OUT	Y003
	K20	LD	X003
LD	T1	OUT	S0
SET	S32	RET	
STL	S32	END	
OUT	Y001		
LD	X001		
SET	S33		
STL	S33		
LDI	X004		

例48 PLC控制机械手分拣大小球的实验编程

（1）PLC控制机械手分拣大小球的实验装置，如图3-69所示。

（2）控制要求。机械手初始状态在左上角原点处（上限位开关SQ3及左限位开关SQ1压合，机械手处于放松状态），当按下启动按钮S01后，机械手下降，2s后机械手一定会碰到球，如果碰到球的同时还碰到下限位开关SQ2，则一定是小球；如果碰到球的同时未碰到下限位开关SQ2，则一定是大球。机械手抓住球后

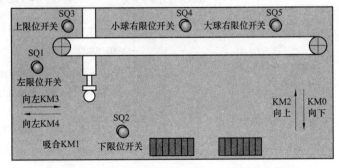

图3-69 PLC控制机械手分拣大小球的实验装置

开始上升，碰到上限位开关 SQ3 后右移。如果是小球右移到 SQ4 处（如果是大球右移到 SQ5 处），机械手下降，当碰到下限位开关 SQ2 时，将小球（大球）释放放入小球（大球）容器中。释放后机械手上升，碰到上限位开关 SQ3 后左移，碰到左限位开关 SQ1 时停。一个循环结束。

（3）确定输入输出（I/O）分配表，见表 3-22。

表 3-22　　　　　　　　　　I/O 分 配 表

输　　入		输　　出	
输入设备	输入编号	输出设备	输出编号
启动按钮 S01	X000	下降电磁阀 YV0	Y000
左限位开关 SQ1	X001	机械手吸合电磁阀 YV1	Y001
下限位开关 SQ2	X002	上升电磁阀 YV2	Y002
上限位开关 SQ3	X003	右移电磁阀 YV3	Y003
小球右限位开关 SQ4	X004	左移电磁阀 YV4	Y004
大球右限位开关 SQ5	X005		

（4）根据工艺要求画出状态转移图，如图 3-70 所示。

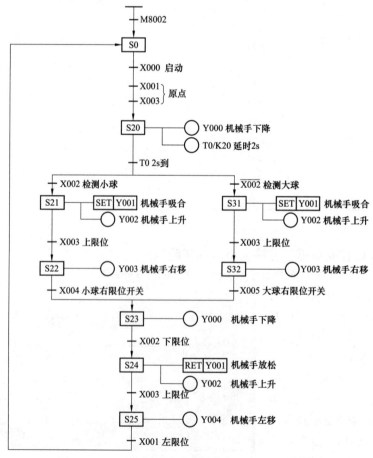

图 3-70　PLC 控制机械手分拣大小球的状态转移图

从图3-70所示的状态转移图中可以看出，状态转移图中出现了分支，而两条分支不会同时工作，具体转移到哪一条分支由转移条件（下限位开关SQ2）X002的通断状态决定。

此类状态转移图称为选择性分支与汇合的多流程状态转移图。

（5）根据状态转移图画出梯形图及指令语句表，如图3-71所示。

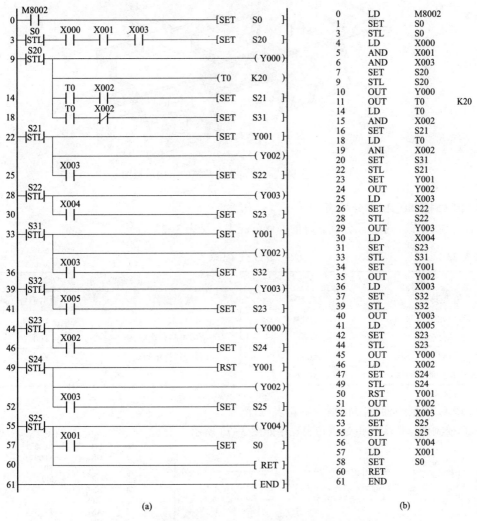

(a)   (b)

图3-71 机械手分拣大小球控制的梯形图及指令语句表

(a) 梯形图；(b) 指令语句表

例49 PLC控制金属、非金属分拣系统的实验编程

1. 金属、非金属分拣系统的结构示意图

金属、非金属分拣系统的结构示意图，如图3-72所示。

2. 控制要求

如图3-72所示，当落料口有物体落下，光敏开关检测到物体后，启动传送带运行，在非金属落料口上方装有金属检测传感器，若传送带启动3s后，金属传感器仍未检测到信号则说明该物体为非金属，则非金属推料杆伸出将物料推入非金属出料槽后收回；若3s内金属传感器检测到物体，则在金属传感器检测到物体6s后由金属推料杆将物料推入金属出料槽。

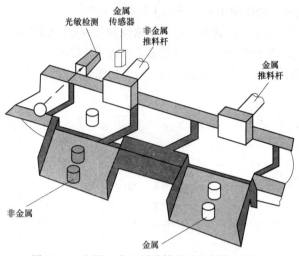

图 3-72　金属、非金属分拣系统的结构示意图

3. PLC 控制的 I/O 分配表

PLC 控制金属、非金属分拣系统的 I/O 分配表，见表 3-23。

表 3-23   I/O 分 配 表

输　　入		输　　出	
输入设备	输入编号	输出设备	输出编号
落料口光敏检测	X000	传送带运行	Y000
金属传感器	X001	非金属推料杆电磁阀	Y001
非金属推料杆伸出到位	X002	金属推料杆电磁阀	Y002
金属推料杆伸出到位	X003		

4. PLC 控制的梯形图和指令语句表程序

PLC 控制的梯形图和指令语句表程序如图 3-73 所示。

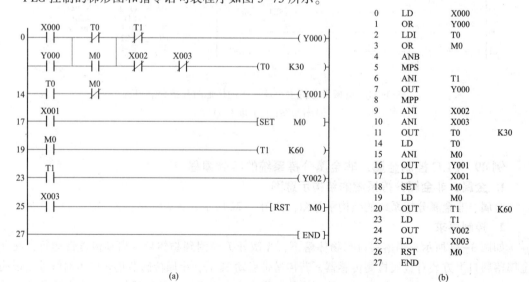

(a)   (b)

图 3-73　PLC 控制的梯形图和指令语句表程序

（a）梯形图；（b）指令语句表

在图 3-73（a）所示梯形图中，当 3s 内金属传感器未检测到信号，则 T0 动断触点动作，停止传送带 Y000，非金属推料杆提出金属，当非金属推料杆伸出到位后，复位 T0，等待下一次进料。当 3s 内金属传感器检测到信号后，使用置位辅助继电器 M0 保持该信号，将定时器 T0 动断触点旁路，保证传送带 Y000 继续旋转，T1 延时 6s，停止传送带 Y000，金属推料杆推出金属，当金属推料杆伸出到位后，保持记忆信号 M0，使定时器 T0、T1 复位，等待下一次进料。

例 50　PLC 控制物件传送、检测与分拣的实验编程

1. 物件传送、检测与分拣控制装置工作示意图

该装置主要由供料部件、气动机械手搬运部件和带输送机部件等组成，如图 3-74 所示。

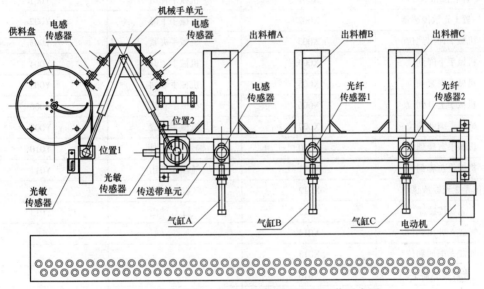

图 3-74　物件传送、检测与分拣控制装置工作示意图

（1）供料部件。由供料盘和供料架组成。供料盘推料拨杆由直流电动机拖动，供料架通过光敏传感器进行物件到位检测。

（2）气动机械手搬运部件。由手指气缸、机械手悬臂气缸、机械手手臂气缸和摆动气缸等组成。手指气缸装有夹紧识别磁性开关，悬臂气缸和手臂气缸两端安装有磁性开关，机械手支架的两端装有检测气缸左右摆动位置的电容传感器。

（3）进行物件传送、检测与分拣的带输送机部件。在传送带的位置 2 装有漫射敏型光敏传感器，在位置 A、B、C 分别装有电感传感器和光纤传感器。气缸 A、B、C 都装有磁性开关，对应位置装有出料槽 A、B、C。

带输送机由三相交流电动机（带减速箱）拖动，交流电动机转速由变频器控制。

2. 控制要求

设备能自动完成金属物件、黑色塑料物件与白色塑料物件（顺序不确定）的传送、分拣与包装。

系统启动后，供料盘首先送出一个物件，当位置 1 的光敏传感器检测到物件后，由机械手搬运到带输送机位置 2 的下料孔，再进行检测和分拣。

若送到输送带上的物件为金属物件，则由输送带将金属物件输送到位置 A，并由气缸 A 推入出料槽 A；若送到输送带上的物件为白色塑料物件，则由输送带将白色塑料物件输送到位

B，并由气缸 B 推入出料槽 B；若送到输送带上的物件为黑色塑料物件，则由输送带将黑色塑料物件输送到位置 C，并由气缸 C 推入出料槽 C。

3. I/O 分配表

输入输出（I/O）分配表，如表 3-24 所示。

表 3-24   I/O 分 配 表

输　　　入		输　　　出	
输入设备	输入编号	输出设备	输出编号
启动按钮 S01	X000	供料盘电动机	Y000
停止按钮 S02	X001	机械手伸出	Y001
位置 1 光敏传感器	X002	机械手下降	Y002
机械手伸出到位	X003	机械手夹紧	Y003
机械手下降到位	X004	机械手上升	Y004
机械手夹紧到位	X005	机械手缩回	Y005
机械手上升到位	X006	机械手右旋	Y006
机械手缩回到位	X007	机械手左旋	Y007
机械手右旋到位	X010	输送带电动机	Y010
机械手左旋到位	X011	气缸 A 伸出	Y011
位置 2 光敏传感器	X012	气缸 B 伸出	Y012
金属传感器	X013	气缸 C 伸出	Y013
气缸 A 伸出到位	X014		
气缸 A 缩回到位	X015		
光纤传感器 1	X016		
气缸 B 伸出到位	X017		
气缸 B 缩回到位	X020		
光纤传感器 2	X021		
气缸 C 伸出到位	X022		
气缸 C 缩回到位	X023		

根据工艺要求画出机械手控制程序状态转移图，如图 3-75 所示；输送带控制程序状态转移图，如图 3-76 所示。

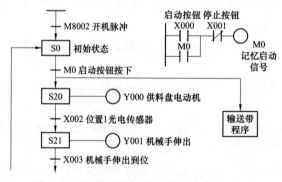

图 3-75　机械手控制程序状态转移图（一）

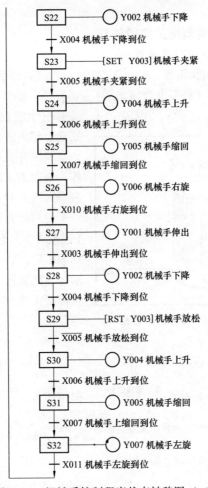

图 3-75　机械手控制程序状态转移图（二）

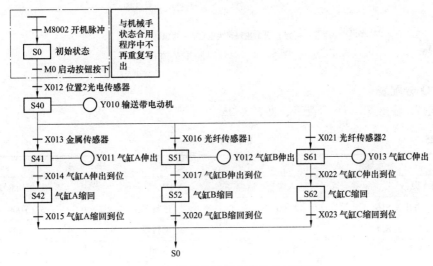

图 3-76　输送带控制程序状态转移图

根据状态转移图，读者可自行画出梯形图及指令语句表。

例51 PLC控制自动混料罐的实验编程

1. PLC控制自动混料罐的实验装置

PLC控制自动混料罐的实验装置，如图3-77所示。混料罐装有两个进料泵（控制两种液料的进罐），装有一个出料泵（控制混合料出罐），还有一个混料泵（用于搅拌液料），罐体上

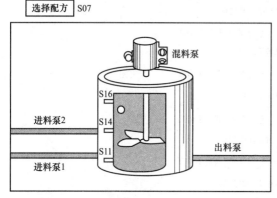

装有三个液位检测开关SI1、SI4、SI6，分别送出罐内液位低、中、高的检测信号，罐内与检测开关对应处有一个装有磁钢的浮球作为液面指示器（浮球到达开关位置时开关吸合，离开时开关释放）。操作面板上设有一个混料配方选择开关S07，用于选择配方1或配方2，还设有一个启动按钮S01。当按动S01后，混料罐就按给定的工艺流程开始运行，连续进行3次循环后自动停止，中途按停止按钮S02，混料罐完成一次循环后才能停止。

图3-77　PLC控制自动混料罐的实验装置

2. 混料罐的工艺流程

混料罐的工艺流程如图3-78所示。

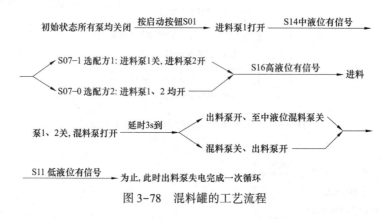

图3-78　混料罐的工艺流程

3. I/O分配表

确定输入/输出（I/O）分配表，见表3-25。

表3-25　　　　　　　　　　I/O 分 配 表

输　　入		输　　出	
输入设备	输入编号	输出设备	输出编号
高液位检测开关S16	X000	进料泵1	Y000
中液位检测开关S14	X001	进料泵2	Y001
低液位检测开关S11	X002	混料泵	Y002
启动按钮S01	X003	出料泵	Y003
停止按钮S02	X004		
配方选择开关S07	X005		

4. 根据工艺要求画出状态转移图

根据工艺要求画出状态转移图，如图3-79所示。

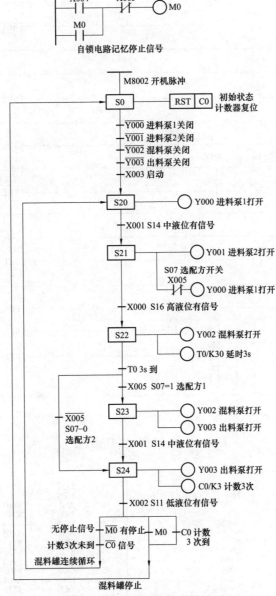

图3-79　混料罐的状态转移图

5. 根据状态转移图画出梯形图，编写指令语句表

根据状态转移图画出梯形图，如图3-80所示；编写指令语句如图3-81所示。

图3-80　混料罐的梯形图（一）

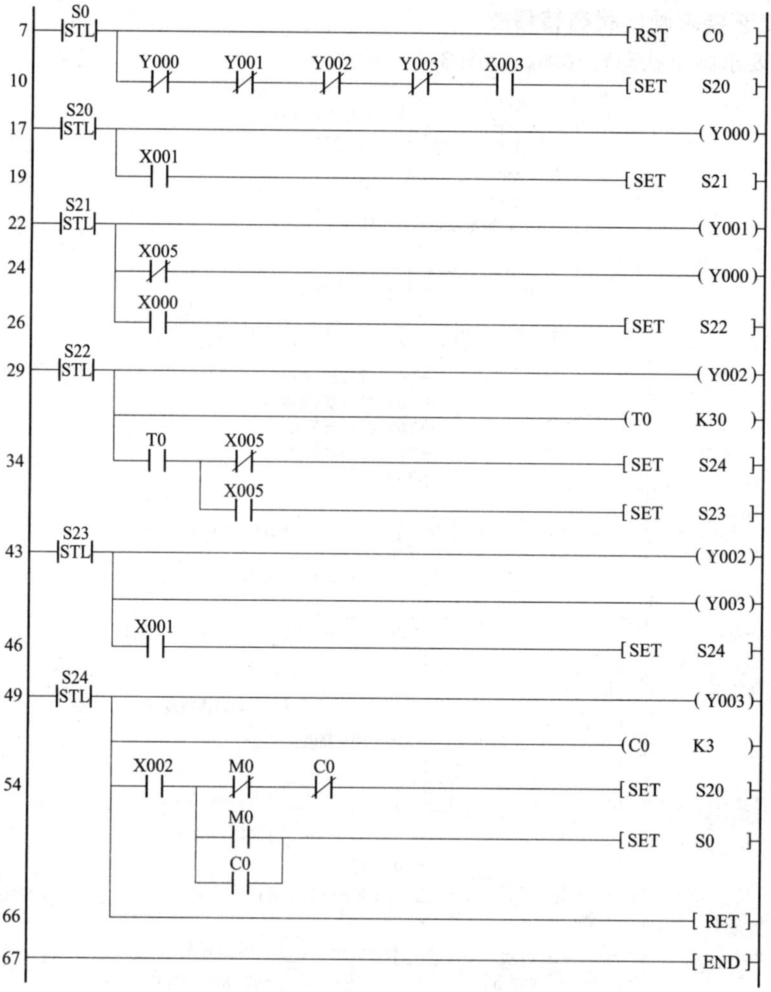

图 3-80 混料罐的梯形图（二）

0	LD	X004		34	LD	T0
1	OR	M0		35	MPS	
2	ANI	X003		36	ANI	X005
3	OUT	M0		37	SET	S24
4	LD	M8002		39	MPP	
5	SET	S0		40	AND	X005
7	STL	S0		41	SET	S23
8	RST	C0		43	STL	S23
10	LDI	Y000		44	OUT	Y002
11	ANI	Y001		45	OUT	Y003
12	ANI	Y002		46	LD	X001
13	ANI	Y003		47	SET	S24
14	AND	X003		49	STL	S24
15	SET	S20		50	OUT	Y003
17	STL	S20		51	OUT	C0	K3
18	OUT	Y000		54	LD	X002
19	LD	X001		55	MPS	
20	SET	S21		56	ANI	M0
22	STL	S21		57	ANI	C0
23	OUT	Y001		58	SET	S20
24	LDI	X005		60	MPP	
25	OUT	Y000		61	LD	M0
26	LD	X000		62	OR	C0
27	SET	S22		63	ANB	
29	STL	S22		64	SET	S0
30	OUT	Y002		66	RET	
31	OUT	T0	K30	67	END	

图 3-81 混料罐的指令语句

例52 PLC 控制花式喷泉的实验编程

1. PLC 控制花式喷泉的实验装置

PLC 控制花式喷泉的实验装置，如图 3-82 所示。

2. 控制要求

喷水池有红、黄、蓝三色灯，两个喷水龙头和一个带动龙头移动的电磁阀，按 S01 启动按钮开始动作，喷水池的动作以 45s 为一个循环，每 5s 为一个节拍，如此不断循环直到按下 S02 停止按钮后停止。

灯、喷水龙头和电磁阀的动作安排，见表 3-26。状态表中在该设备有输出的节拍下显示灰色，无输出为空白。

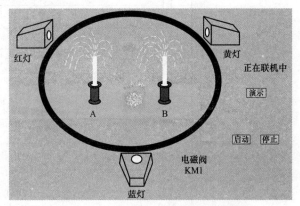

图 3-82 PLC 控制花式喷泉的实验装置

表 3-26 花式喷泉工作状态表

设备	1	2	3	4	5	6	7	8	9
红灯		■	■			■	■		
黄灯		■		■	■			■	
蓝灯		■	■		■		■		■
喷水龙头 A		■	■		■			■	■
喷水龙头 B	■	■		■	■		■		■
电磁阀			■	■		■	■		■

3. 确定输入输出（I/O）分配表

PLC 输入输出（I/O）分配表，见表 3-27。

表 3-27 PLC 输入输出（I/O）分配

输 入		输 出	
输入设备	输入编号	输出设备	输出编号
启动按钮 S01	X000	红灯	Y000
停止按钮 S02	X001	黄灯	Y001
		蓝灯	Y002
		喷水龙头 A	Y003
		喷水龙头 B	Y004
		电磁阀	Y005

4. 画出 PLC 控制梯形图，编写指令语句表程序

根据工艺要求画出 PLC 控制梯形图，如图 3-83 所示；编写的花式喷泉系统指令语句表程序，如图 3-84 所示。

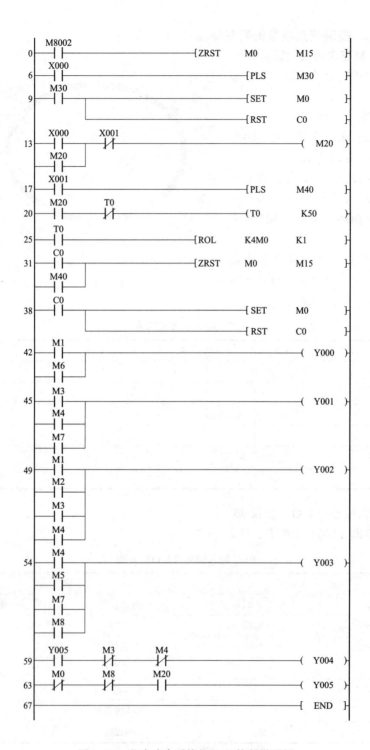

图3-83　花式喷泉系统的PLC控制梯形图

0	LD	M8002	
1	ZRST	M0	K15
6	LD	X000	
7	PLS	M30	
9	LD	M30	
10	SET	M0	
11	RST	C0	
13	LD	X000	
14	OR	M20	
15	ANI	X001	
16	OUT	M20	
17	LD	X001	
18	PLS	M40	
20	LD	M20	
21	ANI	T0	
22	OUT	T0	K50
25	LD	T0	
26	ROL	K4M0	K1
31	LD	C0	
32	OR	M40	
33	ZRST	M0	M15
38	LD	C0	
39	SET	M0	
40	RST	C0	
42	LD	M1	

43	OR	M6
44	OUT	Y000
45	LD	M3
46	OR	M4
47	OR	M7
48	OUT	Y001
49	LD	M1
50	OR	M2
51	OR	M3
52	OR	M4
53	OUT	Y002
54	LD	M4
55	OR	M5
56	OR	M7
57	OR	M8
58	OUT	Y003
59	LD	Y005
60	ANI	M3
61	ANI	M4
62	OUT	Y004
63	LDI	M0
64	ANI	M8
65	AND	M20
66	OUT	Y005
67	END	

图 3-84　花式喷泉系统的指令语句表

例 53　PLC 控制四层电梯的实验编程

1. 四层电梯的结构示意图

四层电梯的结构示意图如图 3-85 所示。

2. 控制要求

（1）开始时，电梯处于任意一层。

（2）当有外呼梯信号到来时，轿厢响应该呼梯信号，到达该楼层并停止运行，轿厢门打开，延时 3s 后自动关门。

（3）当有内呼梯信号到来时，轿厢响应该呼梯信号，到达该楼层并停止运行，轿厢门打开，延时 3s 后自动关门。

（4）轿厢运行（轿厢上升或下降）过程中，任何反方向的外呼梯信号均不响应。但如果反向外呼梯信号前方再无其他内外呼梯信号时，则电梯响应该外呼梯信号。

（5）电梯应具有最远反向外呼梯响应功能。

（6）电梯未平层或运行时，开门按钮和关门按钮均不起作用。电梯平层或轿厢停止运行时，按开门按钮则轿厢门打开，按关门按钮则轿厢门关闭。

3. I/O 的分配

根据控制要求，分配 PLC 的 I/O 见表 3-28。

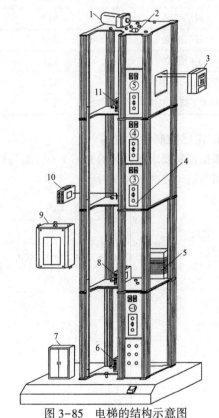

图 3-85　电梯的结构示意图

1—变频电动机；2—编码器；3—触摸屏；4—按钮；

5—变频器；6、8、10、11—PLC 主机；

7—控制器；9—电梯轿厢

表 3-28   PLC 的 I/O 分配

输入设备名称	PLC 输入点	输出设备名称	PLC 输出点
一层内呼	X0	一层内呼指示	Y0
二层内呼	X1	二层内呼指示	Y1
三层内呼	X2	三层内呼指示	Y2
四层内呼	X3	四层内呼指示	Y3
一层外呼上	X4	一层外呼上指示	Y4
二层外呼下	X5	二层外呼下指示	Y5
二层外呼上	X6	二层外呼上指示	Y6
三层外呼下	X7	三层外呼下指示	Y7
三层外呼上	X10	三层外呼上指示	Y10
四层外呼下	X11	四层外呼下指示	Y11
开门开关	X12	电梯轿厢上行	Y12
关门开关	X13	电梯轿厢下行	Y13
一层平层	X14	门电机开	Y14
二层平层	X15	门电机关	Y15
三层平层	X16	电梯上行指示	Y16
四层平层	X17	电梯下行指示	Y17
开门限位	X20		
关门限位	X21		
轿厢上升极限位	X22		
轿厢下降极限位	X23		

4. 电梯控制参考程序

根据控制要求和分配的 PLC I/O，编写四层电梯 PLC 控制的参考梯形图程序如图 3-86 所示，指令语句表如图 3-87 所示。

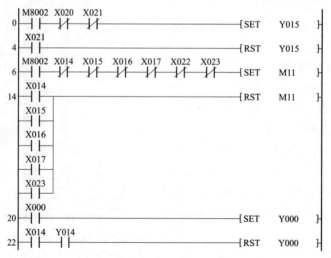

图 3-86 四层电梯 PLC 控制的参考梯形图程序（一）

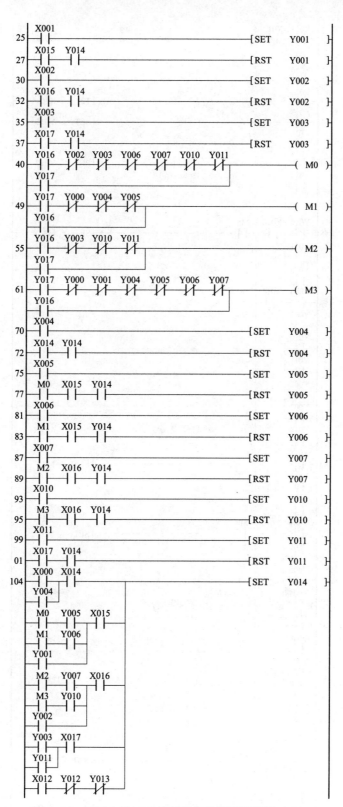

图 3-86 四层电梯 PLC 控制的参考梯形图程序（二）

```
         X013  X012
132  ─┤├──┤/├────────────────────────[RST   Y014 ]
     Y015
     ─┤├─
     X020
     ─┤├─

     X020
137  ─┤├────────────────────────────[T2    K30  ]
     X013
141  ─┤├────────────────────────────[SET   Y015 ]
     T2
     ─┤├─
     Y014
144  ─┤├────────────────────────────[RST   Y015 ]
     X012
     ─┤├─
     X021
     ─┤├─

     Y010  X016  M5
148  ─┤├──┤├──┤/├───────────────────[SET   M4   ]
     Y011
     ─┤├─
     Y003
     ─┤├─
     Y006  X015
     ─┤├──┤├─
     Y007
     ─┤├─
     Y010
     ─┤├─
     Y011
     ─┤├─
     Y002
     ─┤├─
     Y003
     ─┤├─
     X014
     ─┤├─

     X015  M0
163  ─┤├──┤├─────────────────────────[RST   M4   ]
     X016  M2
     ─┤├──┤├─
     X017
     ─┤├─

     Y007  X016  M4
170  ─┤├──┤├──┤/├───────────────────[SET   M5   ]
     Y006
     ─┤├─
     Y005
     ─┤├─
     Y004
     ─┤├─
     Y001
     ─┤├─
     Y000
     ─┤├─
     Y005  X015
     ─┤├──┤├─
     Y004
     ─┤├─
     Y000
     ─┤├─
     X017
     ─┤├─

     X016  M3
185  ─┤├──┤├─────────────────────────[RST   M5   ]
     X015  M1
     ─┤├──┤├─
     X014
     ─┤├─
```

图 3-86 四层电梯 PLC 控制的参考梯形图程序（三）

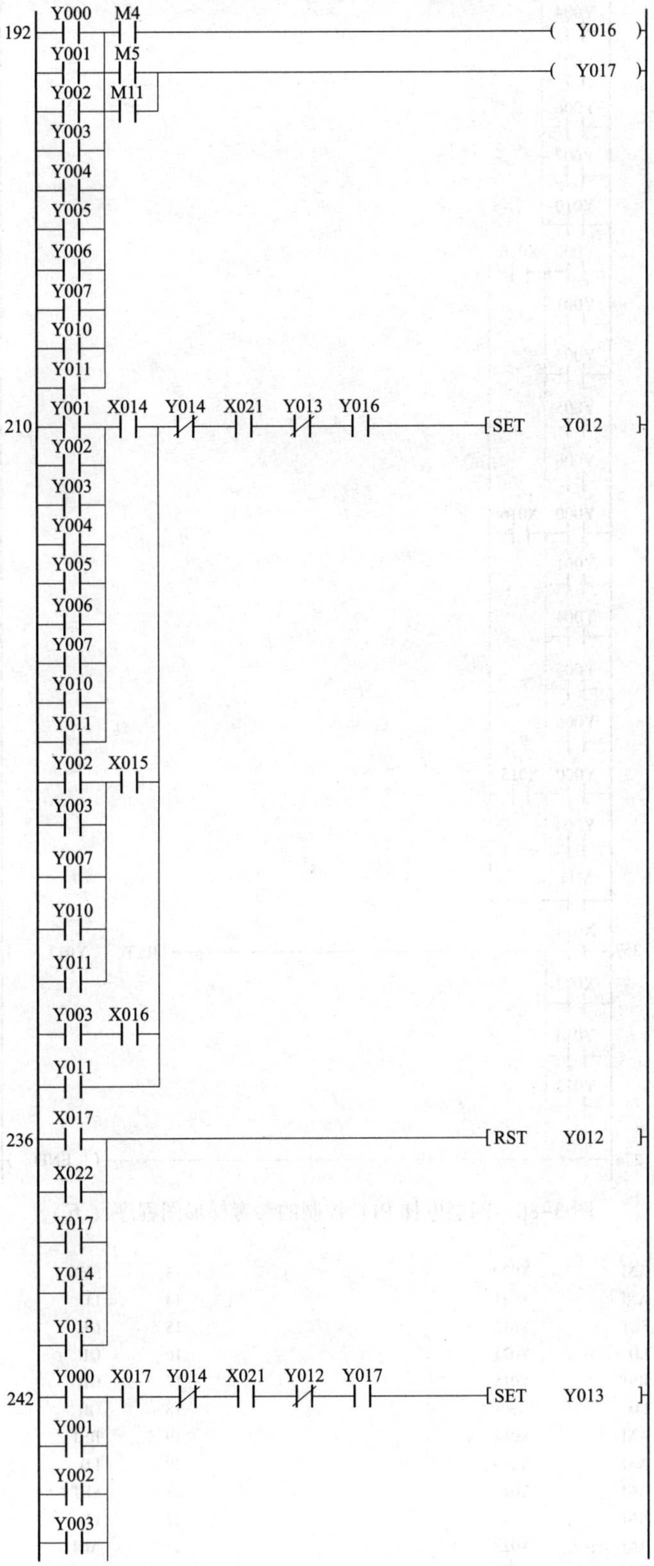

图 3-86　四层电梯 PLC 控制的参考梯形图程序（四）

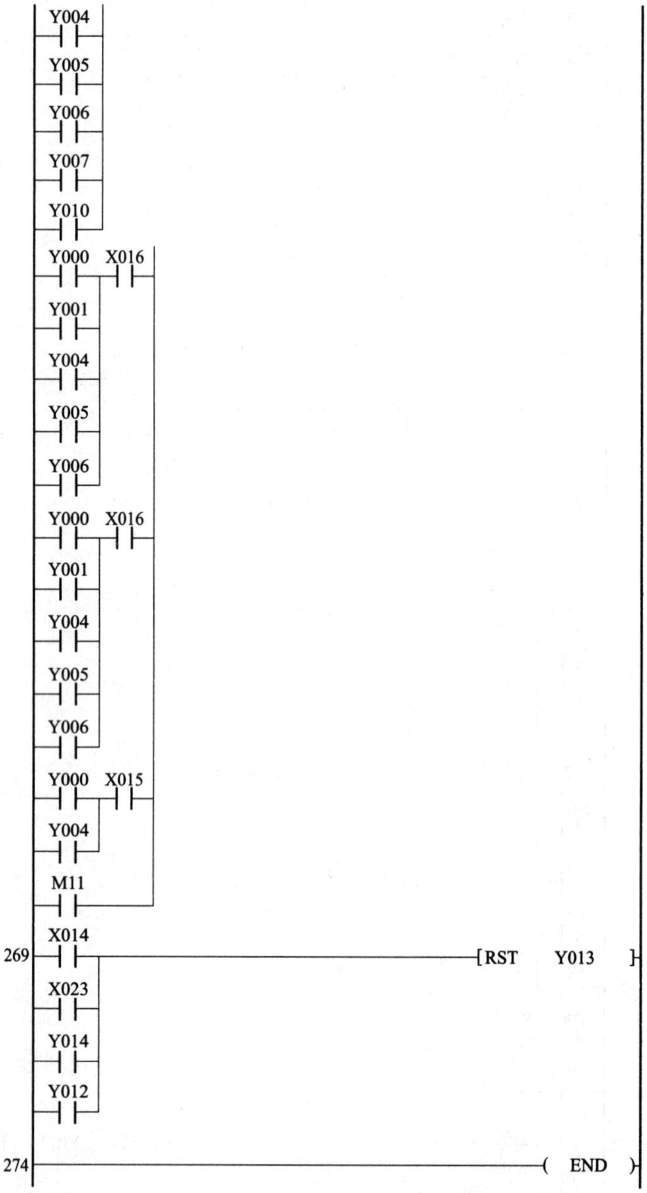

图 3-86　四层电梯 PLC 控制的参考梯形图程序（五）

1	ANI	X020	13	SET	M11
2	ANI	X021	14	LD	X014
3	SET	Y015	15	OR	X015
4	LD	X021	16	OR	X016
5	RST	Y015	17	OR	X017
6	LD	M8002	18	OR	X023
7	ANI	X014	19	RST	M11
8	ANI	X015	20	LD	X000
9	ANI	X016	21	SET	Y000
10	ANI	X017	22	LD	X014
11	ANI	X022	23	AND	Y014
12	ANI	X023	24	RST	Y000

图 3-87　四层电梯 PLC 控制的指令语句表（一）

25	LD	X001		83	LD	M1
26	SET	Y001		84	AND	X015
27	LD	X015		85	AND	Y014
28	AND	Y014		86	RST	Y006
29	RST	Y001		87	LD	X007
30	LD	X002		88	SET	Y007
31	SET	Y002		89	LD	M2
32	LD	X016		90	AND	X016
33	AND	Y014		91	AND	Y014
34	RST	Y002		92	RST	Y007
35	LD	X003		93	LD	X010
36	SET	Y003		94	SET	Y010
37	LD	X017		95	LD	M3
38	AND	Y014		96	AND	X016
39	RST	Y003		97	AND	Y014
40	LD	Y016		98	RST	Y010
41	ANI	Y002		99	LD	X011
42	ANI	Y003		100	SET	Y011
43	ANI	Y006		101	LD	X017
44	ANI	Y007		102	AND	Y014
45	ANI	Y010		103	RST	Y011
46	ANI	Y011		104	LD	X000
47	OR	Y017		105	OR	Y004
48	OUT	M0		106	AND	X014
49	LD	Y017		107	LD	M0
50	ANI	Y000		108	AND	Y005
51	ANI	Y004		109	LD	M1
52	ANI	Y005		110	AND	Y006
53	OR	Y016		111	ORB	
54	OUT	M1		112	OR	Y001
55	LD	Y016		113	AND	X015
56	ANI	Y003		114	ORB	
57	ANI	Y010		115	LD	M2
58	ANI	Y011		116	AND	Y007
59	OR	Y017		117	LD	M3
60	OUT	M2		118	AND	Y010
61	LD	Y017		119	ORB	
62	ANI	Y000		120	OR	Y002
63	ANI	Y001		121	AND	X016
64	ANI	Y004		122	ORB	
65	ANI	Y005		123	LD	Y003
66	ANI	Y006		124	OR	Y011
67	ANI	Y007		125	AND	X017
68	OR	Y016		126	ORB	
69	OUT	M3		127	LD	X012
70	LD	X004		128	ANI	Y012
71	SET	Y004		129	ANI	Y013
72	LD	X014		130	ORB	
73	AND	Y014		131	SET	Y014
74	RST	Y004		132	LD	X013
75	LD	X005		133	OR	Y015
76	SET	Y005		134	ANI	X012
77	LD	M0		135	OR	X020
78	AND	X015		136	RST	Y014
79	AND	Y014		137	LD	X020
80	RST	Y005		138	OUT	T2 K30
81	LD	X006		141	LD	X013
82	SET	Y006		142	OR	T2

图 3-87　四层电梯 PLC 控制的指令语句表（二）

143	SET	Y015		201	OR	Y011
144	LD	Y014		202	MPS	
145	OR	X012		203	AND	M4
146	OR	X021		204	OUT	Y016
147	RST	Y015		205	MPP	
148	LD	Y010		206	LD	M5
149	OR	Y011		207	OR	M11
150	OR	Y003		208	ANB	
151	AND	X016		209	OUT	Y017
152	LD	Y006		210	LD	Y001
153	OR	Y007		211	OR	Y002
154	OR	Y010		212	OR	Y003
155	OR	Y011		213	OR	Y004
156	OR	Y002		214	OR	Y005
157	OR	Y003		215	OR	Y006
158	AND	X015		216	OR	Y007
159	ORB			217	OR	Y010
160	OR	X014		218	OR	Y011
161	ANI	M5		219	AND	X014
162	SET	M4		220	LD	Y002
163	LD	X015		221	OR	Y003
164	AND	M0		222	OR	Y007
165	LD	X016		223	OR	Y010
166	AND	M2		224	OR	Y011
167	ORB			225	AND	X015
168	OR	X017		226	ORB	
169	RST	M1		227	LD	Y003
170	LD	Y007		228	AND	X016
171	OR	Y006		229	ORB	
172	OR	Y005		230	OR	Y011
173	OR	Y004		231	ANI	Y014
174	OR	Y001		232	AND	X021
175	OR	Y000		233	ANI	Y013
176	AND	X016		234	AND	Y016
177	LD	Y005		235	SET	Y012
178	OR	Y004		236	LD	X017
179	OR	Y000		237	OR	X022
180	AND	X015		238	OR	Y017
181	ORB			239	OR	Y014
182	OR	X017		240	OR	Y013
183	ANI	M4		241	RST	Y012
184	SET	M5		242	LD	Y000
185	LD	X016		243	OR	Y001
186	AND	M3		244	OR	Y002
187	LD	X015		245	OR	Y003
188	AND	M1		246	OR	Y004
189	ORB			247	OR	Y005
190	OR	X014		248	OR	Y006
191	RST	M5		249	OR	Y007
192	LD	Y000		250	OR	Y010
193	OR	Y001		251	AND	X017
194	OR	Y002		252	LD	Y000
195	OR	Y003		253	OR	Y001
196	OR	Y004		254	OR	Y004
197	OR	Y005		255	OR	Y005
198	OR	Y006		256	OR	Y006
199	OR	Y007		257	AND	X016
200	OR	Y010		258	ORB	

图 3-87 四层电梯 PLC 控制的指令语句表（三）

259	LD	Y000
260	OR	Y004
261	AND	X015
262	ORB	
263	OR	M11
264	ANI	Y014
265	AND	X021
266	ANI	Y012

267	AND	Y017
268	SET	Y013
269	LD	X014
270	OR	X023
271	OR	Y014
272	OR	Y012
273	RST	Y013
274	END	

图 3-87 四层电梯 PLC 控制的指令语句表（四）

例 54 PLC 控制自动售货机的实验编程（1）

自动售货机在城市的生活中得到了广泛的应用，它可以实现 24 小时无人售货，给人们的生活带来了很大的便利。从自动售货机的发展趋势来看，它是劳动密集型的产业结构向技术密集型产业结构转变的产物。随着生产以及消费模式和销售环境的变化，要求出现新的流通渠道；而随着超市、百货购物中心等新的流通渠道的产生，人工费用也不断上升；再加上场地的局限性以及购物的便利性等因素的制约，无人自动售货机作为一种必需的机器便应运而生了。

自动售货机从广义来讲是投入硬币后便可以销售商品的机械，从狭义来讲就是自动销售商品的机械。从供给的条件看，自动售货机可以充分补充人力资源的不足，适应消费环境和消费模式的变化，24 小时无人售货的系统可以更省力，运营时需要的资本少、面积小，有吸引人们购买好奇心的自身性能，可以很好地解决人工费用上升的问题等各项优点。

1. 自动售货机的系统框图

自动售货机提供咖啡和汽水两种饮料，其系统示意图如图 3-88 所示。

2. 控制要求

（1）自动售货机共设有接收 1 元、2 元、5 元三种硬币的投币口。

（2）一杯咖啡的售价是 8 元，一杯汽水的售价是 5 元。

（3）如果投入的钱币总值大于或等于 5 元，则汽水指示灯亮，如果投入的钱币总值大于或等于 8 元，则咖啡和汽水的指示灯都亮。

（4）咖啡指示灯亮时，选择咖啡按钮，则售货机应输出咖啡；汽水指示灯亮时，选择汽水按钮，则售货机应输出汽水。

（5）如果所投入的总钱币大于所购饮料，售货机以 1 元硬币的形式，将余额退还给顾客。

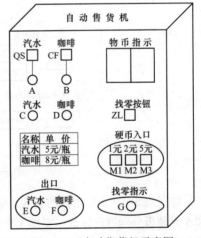

图 3-88 自动售货机示意图

3. 确定输入端/输出端元件分配

自动售货机输入、输出关系比较复杂，需要较多的元件配合，因此，首先结合实际自动售货过程，确定所有要用到的元件，汇总见表 3-29。

表 3-29   PLC 控制的 I/O 分配表

类别	元件号	备 注
输入	X000	启动按钮
	X001	投入 1 元硬币计数按钮

类别	元件号	备　注
输入	X002	投入2元硬币计数按钮
	X005	投入5元硬币计数按钮
	X003	汽水选择按钮
	X004	咖啡选择按钮
	X011	找回余额的1元硬币计数按钮
输出	Y000	大于5元指示灯
	Y001	大于8元指示灯
	Y002	汽水出口
	Y003	咖啡出口
	Y004	有余额指示灯

4. PLC 控制的状态转移图

从某顾客开始投币，选择想要购买的饮料，到最后售货机弹出对应饮料或余额、整个过程可用状态转移图描述，如图 3-89 所示。

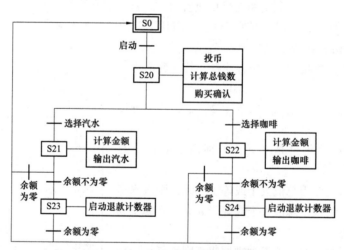

图 3-89　PLC 控制的状态转移图

除了表 3-29 中所用到的输入、输出元件外，还应考虑两个问题：①对顾客投入 1 元、2 元和 5 元硬币分别进行计数，安排 3 个计数器 C1、C2、C5 与之对应。②顾客在购买饮料过程中，投入的总钱数有若干种可能，所以选用数据寄存器存放不同钱数，具体安排如下：

D0：2 元硬币的总钱数；　　　　　　　D1：5 元硬币的总钱数；

D2：2 元和 5 元硬币的总钱数；　　　　D3：1 元、2 元和 5 元硬币的总钱数；

D4：总额

在此，可以将图 3-89 看作是一个选择性分支状态的转移过程，所以考虑选用状态编程法，能比较清楚地反映售货机的工作流程。

5. PLC 控制的状态梯形图

PLC 控制自动售货机的状态梯形图，如图 3-90 所示。具体可分为以下三个部分。

（1）图 3-90（a）为自动售货机接收顾客投币、确定总钱数的梯形图。

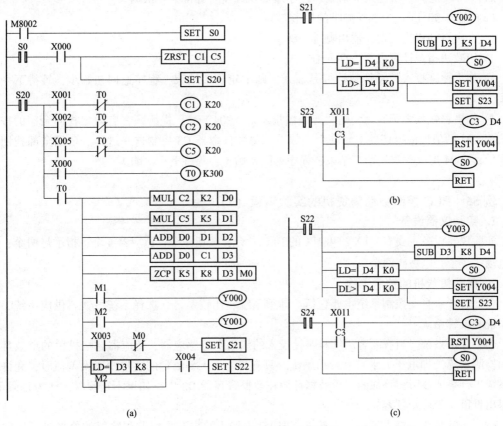

图 3-90 PLC 控制的状态梯形图

1）C1、C2、C5 分别对顾客所投入的 1 元、2 元或 5 元硬币进行计数。每个顾客投币之前，还必须保证这 3 个计数器的当前值为"0"。这一工作在程序的初始步用成批复位指令"ZRST"实现。

2）定时器 T0 的作用是控制一个顾客购买一杯饮料，投币动作必须在 30s 之内完成。

3）投币完成后，先用两条乘法指令计算投入 2 元和 5 元的总钱数（投入的 1 元硬币不需再计算），然后用 2 条加法指令计算所投入的总钱数，存入 D3 中。

4）用区间比较指令判断 D3 中数据的大小，即顾客投入钱数的大小，只可能出现两种结果：① （D3）≥5，且顾客此时又选择 X003，则程序进入图 3-90（b）；同时，大于 5 元的指示灯亮。② （D3）≥8，且顾客此时又选择 X004，则程序进入图 3-90（c）；同时，大于 8 元的指示灯亮（X003、X004 不能同时选择）。

（2）图 3-90（b）为选择汽水的梯形图。

1）本次自动售货成功，输出汽水一杯。①自动售货机接收顾客投币、确定总钱数的梯形图。②选择汽水的梯形图。③选择咖啡的梯形图。

2）用减法指令计算余额，存入 D4 中。

3）如果顾客投入的总钱数恰好是 5 元，则本轮购买结束，程序返回初始步，等待下一次购买。

4）如果总钱数大于 5 元，则"有余额指示灯 Y004"亮，提醒顾客启动"找回余额的按钮 X011"，D4 的值为应退还的 1 元硬币个数，由退款计数器 C3 控制这一过程。余额全部找回给顾客后，Y004熄灭，本轮购买结束、程序返回初始步，等待下一次购买。

（3）图3-90（c）为选择咖啡的梯形图。

1）本次自动售货成功，输出咖啡一杯。

2）用减法指令计算余额，存入D0中。

3）如果顾客投入的总钱数恰好是8元，则本轮购买结束，程序返回初始步，等待下一次购买。

4）如果总钱数大于8元，则"有余额指示灯Y004"亮，提醒顾客启动"找回余额的按钮X011"，D4的值即应退还的1元硬币个数，由退款计数器C3控制这一过程。余额全部找回给顾客后，Y004熄灭，本轮购买结束，程序返问初始步，等待下一次购买。

例55　PLC控制自动售货机的实验编程（2）

1. 实验仪器设备

实验仪器设备主要有：FX_{2N}-48MK的PLC一台；按钮4个；感应器4个；指示灯两个；传动电动机4个；电磁阀两个。

2. 自动售货机的控制工作

自动售货机自动控制系统主要包括：计币系统、比较系统、选择系统、饮料供应系统、退币系统和报警系统。

（1）计币系统。当有顾客买饮料时，投入的钱币经过感应器，感应器记忆投币的个数且传送到检测系统（即电子天平）和计币系统。只有当电子天平测量的重量少于误差值时，允许计币系统进行叠加钱币，叠加的钱币数据存放在数据寄存器D2中。如果不正确时，认为是假币，则退出投币，等待新顾客。

（2）比较系统。投入完毕后，系统会把D2内钱币数据和可以购买饮料的价格进行区间比较，当投入的钱币小于2元时，指示灯Y0亮，显示投入的钱币不足。此时可以再投币或选择退币。当投入的钱币在2~3元时，汽水选择指示灯长亮。当大于3元时，汽水和咖啡的指示灯同时长亮。此时可以选择饮料或选择退币。

（3）选择系统。比较电路完成后选择电路指示灯是长亮的，当按下汽水或咖啡选择，相应的选择指示灯由长亮转为以1s为周期的闪烁。当饮料供应完毕时，闪烁同时停止。

（4）饮料供应系统。当按下选择按钮时，相应的电磁阀（Y4或Y6）和电动机（Y3或Y5）同时启动。在饮料输出的同时，减去相应的购买钱币数。当饮料输出达到8s时，电磁阀首先关断，电动机继续工作0.5s后停机。此电动机的作用是：在输出饮料时，加快输出；在电磁阀关断时，给电磁阀加压，加速电磁阀的关断。（注：由于该售货机是长期使用的，电磁阀使用次数过多时，返回弹力减少，不能完全关断，会出现漏饮料的现象。此时电动机Y3和Y5延长工作0.5s，起到电磁阀加压的作用，使电磁阀可以完好地关断。）

（5）退币系统。当顾客购完饮料后，多余的钱币只要按下退币按钮，系统就会把数据寄存器D2内的钱币数首先除以10得到整数部分，是1元钱需要退回的数量，存放在D10里，余数存放在D11里。再用D11除以5得到的整数部分，是5角钱需要返回的数量，存放在D12里，余数存放在D13里。最后D13里面的数值，就是1角钱需要退出的数量。在选择退币的同时启动3个退币电动机。3个感应器开始计数，当感应器记录的个数等于数据寄存器退回的币数时，退币电动机停止运转。

（6）报警系统。报警系统如果是非故障报警，只要通过网络通知送液车或者送币车即可。但是如果是故障报警则需要通知维修人员到现场进行维修，同时停止服务，避免造成顾客的损失。

3. PLC 的 I/O 分配表

PLC 的 I/O 分配表见表 3-30。

表 3-30　　　　　　　　　　　　　PLC 的 I/O 分配表

名称	代号	输入编号	名称	代号	输入编号	名称	代号	输出编号	名称	代号	输出编号
1角钱币入口		X0	退币感应器	SB4	X10	钱币不足	EL	Y0	没有汽水报警	EL	Y11
5角钱币入口		X1	汽水液量不足		X11	汽水选择灯	EL	Y1	没有咖啡报警	EL	Y12
1元钱币入口		X2	咖啡液量不足		X12	咖啡选择灯	EL	Y2	1元传动电动机	KM3	Y13
汽水选择按钮	SB2	X3	1元钱币不足		X13	汽水电动机	KM1	Y3	5角传动电动机	KM4	Y14
咖啡选择按钮	SB3	X4	5元钱币不足		X14	汽水电磁阀	YV1	Y4	1角传动电动机	KM5	Y15
1元退币感应器		X5	1角钱币不足		X15	咖啡电动机	KM2	Y5			
5角退币感应器		X6	启动	SB0	X16	咖啡电磁阀	YV2	Y6			
1角退币感应器		X7	急停	SB1	X17	无币报警	EL	Y7			

4. PLC 控制的编程流程图

PLC 控制的编程流程图如图 3-91 所示。

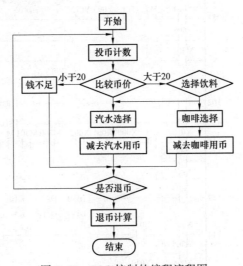

图 3-91　PLC 控制的编程流程图

5. PLC 控制的梯形图

PLC 控制的梯形图如图 3-92 所示。

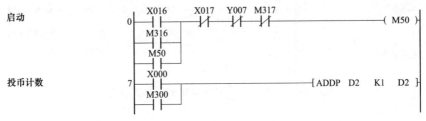

图 3-92　PLC 控制自动售货机的梯形图（一）

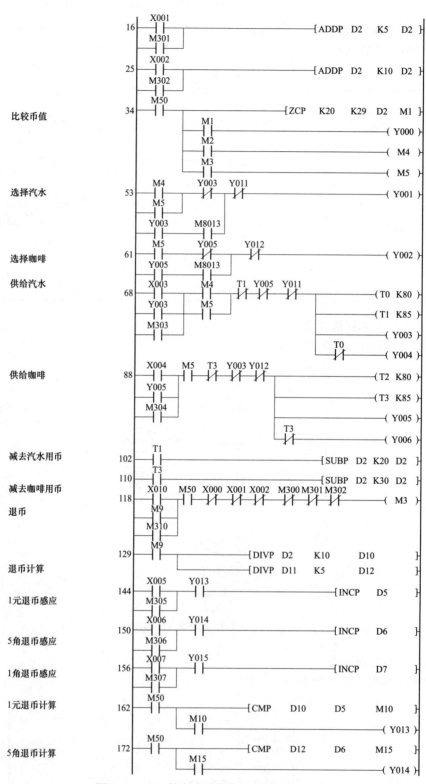

图 3-92 PLC 控制自动售货机的梯形图（二）

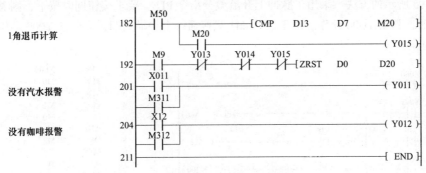

图 3-92　PLC 控制自动售货机的梯形图（三）

例 56　PLC 控制工业控制手柄的实验编程

对于控制系统工程师，一个常用的安全手段是使操作者必须处在一个相对任何控制设备都很安全的位置。其中最简单的方法是使操作者在远处操作，如图 3-93 所示。该安全系统被许多工程师称为"无暇手柄"，它是一个很简单但非常实用的控制方法。其 PLC 控制的 I/O 分配表，见表 3-31。

"柄"是用来指初始化和操作被控机器的方法，它用两个按钮构成一个"无暇手柄"（两按钮必须同时按下），用此方法能防止只用一手就能进行控制的情况。常把按钮放在控制板上直接相对的两端，按钮之间的距离保持在 300mm 左右。为了防止操作者误碰按钮，或者采取某种方式使得一只手已操作按钮，每个按钮都凹放在一个金属罩下，最后的作用是使操作者能位于一个没有危险的位置。

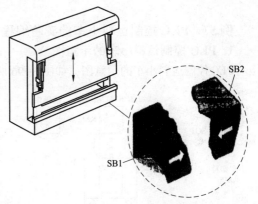

图 3-93　工业控制手柄装置

表 3-31　　　　　　　　　I/O 分 配 表

输　　入		输　　出	
输入设备	输入编号	输出设备	输出编号
左手按钮 SB1	X000	预定作用	Y000
右手按钮 SB2	X001		

图 3-94 为一个简单的两键控制实例，它采用串联的形式进行控制。

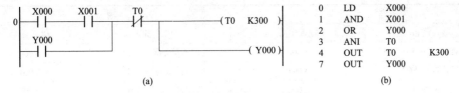

0	LD	X000	
1	AND	X001	
2	OR	Y000	
3	ANI	T0	
4	OUT	T0	K300
7	OUT	Y000	

(a)　　　　　　　　　　　　　　　(b)

图 3-94　PLC 控制"无暇手柄"程序一

(a) 梯形图；(b) 指令字语句表

图3-95所示的方法，采用了脉冲上升沿微分指令PLS，要求按钮同时按下，则M0、M1才能同时接通，驱动Y000动作。由于M0、M1只接通一个扫描周期，为保证Y000动作继续，应加入M2自锁。

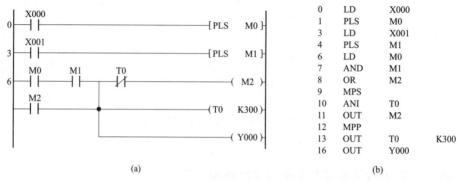

图3-95　PLC控制"无暇手柄"程序二

（a）梯形图；（b）指令字语句表

例57　PLC控制运料小车的实验编程

1. PLC控制运料小车的示意图

PLC控制运料小车的示意图，如图3-96所示。

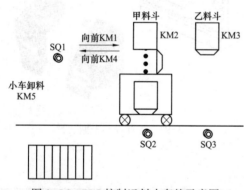

图3-96　PLC控制运料小车的示意图

2. 控制要求

启动按钮S01用来开启运料小车，停止按钮S02用来手动停止运料小车。按启动按钮S01，小车从原点启动，KM1接触器吸合使小车向前运行直到碰到SQ2开关停，KM2接触器吸合使甲料斗装料5s，然后小车继续向前运行直到碰到SQ3开关停，此时，KM3接触器吸合使乙料斗装料3s，随后KM4接触器吸合小车返回原点直到碰到SQ1开关停止，KM5接触器吸合使小车卸料5s后完成一次循环工作过程。小车连续循环，按停止按钮S02小车完成当前运行环节后，立即返回原点，直到碰到SQ1开关立即停止，再次按启动按钮S01，小车重新运行。

3. 确定PLC的I/O分配表

确定PLC的I/O分配表，见表3-32。

表3-32　I/O分配表

输入		输出	
输入设备	输入编号	输出设备	输出编号
启动按钮S01	X000	向前接触器KM1	Y000
停止按钮S02	X001	甲卸料接触器KM2	Y001
开关SQ1	X002	乙卸料接触器KM3	Y002
开关SQ2	X003	向后接触器KM4	Y003
开关SQ3	X004	车卸料接触器KM5	Y004

4. 画出 PLC 控制运料小车的状态转移图

根据工艺要求画出 PLC 控制运料小车状态转移图，如图 3-97 所示。

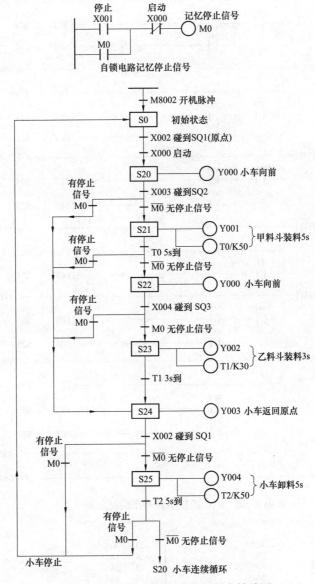

图 3-97　PLC 控制运料小车的状态转移图

5. 画出 PLC 控制运料小车的梯形图，编写指令语句表

　　根据状态转移图画出 PLC 控制运料小车的梯形图，如图 3-98 所示；编写出 PLC 控制运料小车的指令语句如图 3-99 所示。

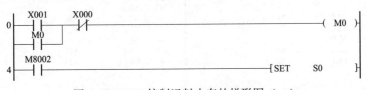

图 3-98　PLC 控制运料小车的梯形图（一）

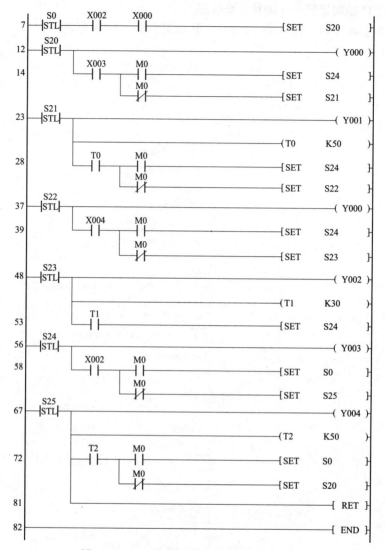

图 3-98　PLC 控制运料小车的梯形图（二）

0	LD	X001		23	STL	S21	
1	OR	M0		24	OUT	Y001	K50
2	ANI	X000		25	OUT	T0	
3	OUT	M0		28	LD	T0	
4	LD	M8002		29	MPS		
5	SET	S0		30	AND	M0	
7	STL	S0		31	SET	S24	
8	LD	X002		33	MPP		
9	AND	X000		34	ANI	M0	
10	SET	S20		35	SET	S22	
12	STL	S20		37	STL	S22	
13	OUT	Y000		38	OUT	Y000	
14	LD	X003		39	LD	X004	
15	MPS			40	MPS		
16	AND	M0		41	AND	M0	
17	SET	S24		42	SET	S24	
19	MPP			44	MPP		
20	ANI	M0		45	ANI	M0	
21	SET	S21		47	SET	S23	

图 3-99　PLC 控制运料小车的指令语句（一）

48	STL	S23		65	SET	S25	
49	OUT	Y002		67	STL	S25	
50	OUT	T1	K30	68	OUT	Y004	
53	LD	T1		69	OUT	T2	K50
54	SET	S24		72	LD	T2	
56	STL	S24		73	MPS		
57	OUT	Y003		74	AND	M0	
58	LD	X002		75	SET	S0	
59	MPS			77	MPP		
60	AND	M0		78	ANI	M0	
61	SET	S0		79	SET	S20	
63	MPP			81	RET		
64	ANI	M0		82	END		

图 3-99　PLC 控制运料小车的指令语句（二）

例 58　PLC 控制双头钻床的实验编程

1. 双头钻床的示意图

双头钻床加工零件的示意图，如图 3-100 所示。

2. 控制要求

该双头钻床用来加工一零件。要求在该零件两端分别加工大小深度不同的孔。操作人员将工件放好后，按下启动按钮，工件被夹紧，夹紧后压力继电器为 ON，在各自电磁阀的控制下大钻头和小钻头同时开始向下进给。大钻头钻到预先设定的终点限位深度 SQ3 时，由其对应的后退电磁阀控制使它向上退回到原始位置 SQ1，大钻头到位指示灯亮，保持 10s；小钻头钻到顶先设定的终点限位深度 SQ4 时，由其对应的后退电磁阀控制使它向上退回到原始位置 SQ2，小钻头到位指示灯亮，也保持 10s。然后工件被松开，松开到位，系统返回初始状态。

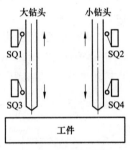

图 3-100　双头钻床加工零件的示意图

3. PLC 的 I/O 分配

PLC 的 I/O 分配表见表 3-33。

表 3-33　　　　　　　　　　　I / O 分 配 表

类别	元件	元件号	备　　注
输入	SB0	X000	启动按钮
	SQ1	X001	大钻头原点限位开关
	SQ2	X002	小钻头原点限位开关
	SQ3	X003	大钻头终点限位开关
	SQ4	X004	小钻头终点限位开关
	KR	X010	夹紧压力继电器
	SQ0	X011	松开限位继电器
输出	YV0	Y000	夹紧电磁阀
	YV1	Y001	大钻前进电磁阀
	YV2	Y002	小钻前进电磁阀
	YV3	Y003	大钻后退电磁阀
	YV4	Y004	小钻后退电磁阀

续表

类别	元件	元件号	备注
输出	YV5	Y010	松开电磁阀
	HL1	Y005	大钻到位指示灯
	HL2	Y006	小钻到位指示灯

4. PLC 的状态转移图

根据"大钻头动作和小钻头动作可以看作两个独立的顺序控制过程。当原点按启动按钮后，满足工件夹紧的条件，大小钻头同时工作，当钻头到位，退回并灯亮，最后汇合松开，回初始状态"的工艺分析，就可得到图 3-101 所示状态转移图。

在原点位置时按下启动按钮，系统从初始状态转向 S20 状态，当 S20 处于激活时 Y0 位为 ON，夹钳将工件夹紧使压力继电器动作，转移条件 X10 为 ON。这时状态 S21 和 S31 同时被激活，状态 S20 被关闭，大钻和小钻两个分支同时工作。

5. PLC 的状态梯形图

利用 STL 指令和 RET 指令等，可以写出 PLC 控制的状态梯形图，如图 3-102 所示。

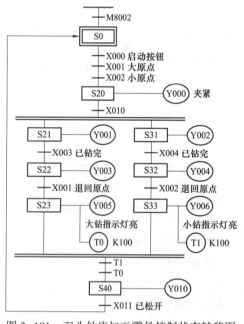

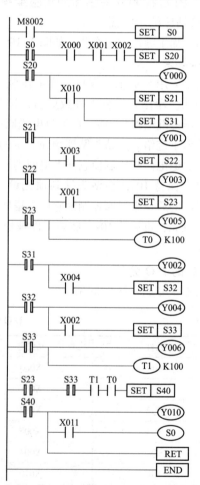

图 3-101　双头钻床加工零件控制状态转移图　　图 3-102　双头钻床加工零件控制状态梯形图

在梯形图中，对并行序列分支点的处理是用 S20 的 STL 触点和 X10 的动合触点组成的串联支路来控制 SET 指令对 S21 和 S31 同时置位。当两个分支的顺序动作各自都执行完后，此时状态 S23 和 S33 均处于激活状态，若 T0 和 T1 均计时到设定值，转移条件满足，则合并状态 S40 被激活置位，状态 S23 和 S33 同时关闭，两个并行序列的合并就实现了。

例 59　PLC 控制机械滑台的实验编程

1. 控制机械滑台的示意图

控制机械滑台的示意图，如图 3-103 所示。

2. 控制要求

机械滑台上带有主轴动力头，在操作面板上装有启动按钮 S01、停止按钮 S02。工艺流程如下。

1）当工作台在原始位置时，按下循环启动按钮 S01，电磁阀 YV1 得电，工作台快进，同时，由接触器 KM1 驱动的动力头电动机 M 启动。

2）当工作台快进到达 A 点时，行程开关 SI4 压合，YV1、YV2 得电，工作台由快进切换成工进，进行切削加工。

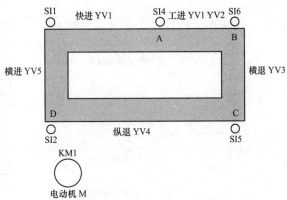

图 3-103　控制机械滑台的示意图

3）当工作台工进到达 B 点时，SI6 动作，工进结束，YV1、YV2 失电，同时工作台停留 3s，时间一到 YV3 得电，工作台做横向退刀，同时，主轴电动机 M 停转。

4）当工作台到达 C 点时，行程开关 SI5 压合，YV3 失电，横退结束，YV4 得电，工作台做纵向退刀。

5）工作台退到 D 点碰到开关 SI2，YV4 失电，纵向退刀结束，YV5 得电，工作台横向进给直到原点，压合开关 SI1，此时 YV5 失电，完成一次循环。

6）机械滑台连续进行 3 次循环后自动停止，中途按停止按钮 S02，机械滑台立即停止运行，并按原路径返回，直到压合开关 SI1 才停止；再次按启动按钮 S01，机械滑台重新计数运行。

3. 确定 PLC 控制的 I/O 分配表

确定 PLC 控制的 I/O 分配表，见表 3-34。

表 3-34　　　　　　　　　　　　PLC 控制的 I/O 分配表

输　入		输　出	
输入设备	输入编号	输出设备	输出编号
启动按钮 S01	X000	主轴电动机接触器 KM1	Y000
停止按钮 S02	X001	电磁阀 YV1	Y001
行程开关 S11	X002	电磁阀 YV2	Y002
行程开关 S14	X003	电磁阀 YV3	Y003
行程开关 S16	X004	电磁阀 YV4	Y004
行程开关 S15	X005	电磁阀 YV5	Y005
行程开关 S12	X006		
选择按钮 S07	X007		

4. 画出 PLC 控制的状态转移图

根据工艺要求画出 PLC 控制的状态转移图，如图 3-104 所示。

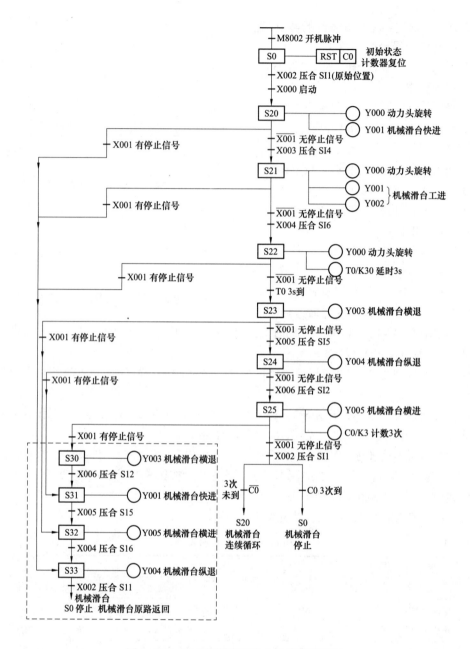

图 3-104　PLC 控制机械滑台的状态转移图

5. 画出 PLC 控制的状态梯形图，编写 PLC 控制的指令语句

根据状态转移图画出 PLC 控制的状态梯形图，如图 3-105 所示；编写 PLC 控制的指令语句如图 3-106 所示。

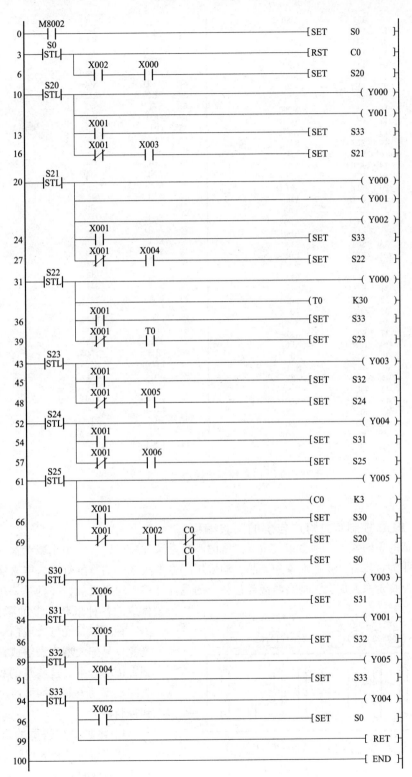

图3-105 PLC控制机械滑台的状态梯形图

0	LD	M8002		52	STL	S24	
1	SET	S0		53	OUT	Y004	
3	STL	S0		54	LD	X001	
4	RST	C0		55	SET	S31	
6	LD	X002		57	LDI	X001	
7	AND	X000		58	AND	X006	
8	SET	S20		59	SET	S25	
10	STL	S20		61	STL	S25	
11	OUT	Y000		62	OUT	Y005	
12	OUT	Y001		63	OUT	C0	K3
13	LD	X001		66	LD	X001	
14	SET	S33		67	SET	S30	
16	LDI	X001		69	LDI	X001	
17	AND	X003		70	AND	X002	
18	SET	S21		71	MPS		
20	STL	S21		72	ANI	C0	
21	OUT	Y000		73	SET	S20	
22	OUT	Y001		75	MPP		
23	OUT	Y002		76	AND	C0	
24	LD	X001		77	SET	S0	
25	SET	S33		79	STL	S30	
27	LDI	X001		80	OUT	Y003	
28	AND	X004		81	LD	X006	
29	SET	S22		82	SET	S31	
31	STL	S22		84	STL	S31	
32	OUT	Y000		85	OUT	Y001	
33	OUT	T0	K30	86	LD	X005	
36	LD	X001		87	SET	S32	
37	SET	S33		89	STL	S32	
39	LDI	X001		90	OUT	Y005	
40	AND	T0		91	LD	X004	
41	SET	S23		92	SET	S33	
43	STL	S23		94	STL	S33	
44	OUT	Y003		95	OUT	Y004	
45	LD	X001		96	LD	X002	
46	SET	S32		97	SET	S0	
48	LDI	X001		99	RET		
49	AND	X005		100	END		
50	SET	S24					

图 3-106　PLC 控制机械滑台的指令语句表

例 60　PLC 控制霓虹灯广告屏的实验编程

随着改革的不断深入，社会主义市场经济的不断繁荣和发展，各大中小城市都在进行亮化工程。各企业为宣传自己企业形象和产品，均采用广告手法之一的霓虹灯广告屏来实现这一目的。当我们夜晚走在大街上，马路两旁各色各样的霓虹灯广告均可见到，一种是采用霓虹灯管做成的各种形状和多种彩色的灯管，另一种是以日光灯管或白炽灯管作为光源，另配大型广告语或宣传画来达到宣传的效果。这些灯的亮灭、闪烁时间及流动方向等均可通过 PLC 来达到控制要求。

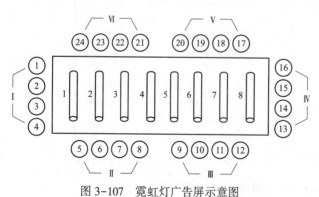

图 3-107　霓虹灯广告屏示意图

1. 霓虹灯广告屏的示意图

某广告屏共有 8 根灯管，24 只流水灯，每 4 只灯为一组，其示意图如图 3-107 所示。

2. 工艺过程和控制要求

用 PLC 对霓虹灯广告屏实现控制，其具体要求如下。

（1）该广告屏中间 8 个灯管亮灭的时序为第 1 根亮→第 2 根亮→第 3 根亮→…→第 8 根亮，时间间隔为 1s，全亮后，显示 10s，再反过来从 8→7→…→1 顺序熄灭。全灭后，停亮 2s，再从第 8 根灯管开始亮起，顺序点亮 8→7→…→1，时间间隔为 1s，显示 20s。再从 1→2→…→8 顺序熄灭。全熄灭后，停亮 2s，再从头开始运行，周而复始。

（2）广告屏四周的流水灯共 24 只，4 个 1 组，共分 6 组，每组灯间隔 1s 向前移动一次，且Ⅰ~Ⅵ每隔一组灯为亮，即从Ⅰ、Ⅲ亮→Ⅱ、Ⅳ亮→Ⅲ、Ⅳ亮→Ⅳ、Ⅵ亮…，移动一段时间后（如 30s），再反过来移动，即从Ⅵ、Ⅳ亮→Ⅴ、Ⅲ亮→Ⅳ、Ⅰ亮→Ⅲ、Ⅰ亮…，如此循环往复。

（3）系统有单步/连续控制，有启动和停止按钮。

（4）系统日光灯管、白炽灯的电压及供电电源均为市电 220V。

3. PLC 控制的 I/O 分配表

根据控制要求，PLC 控制霓虹灯广告显示屏的输入/输出（I/O）地址编排见表 3-35，其中 SA1（X0）为启动开关，SA2（X1）为停止开关，SA3（X2）为单步/连续选择开关，SB（X3）为步进按钮开关。Y0~Y7 控制 8 根霓虹灯管，用发光管 LED1~LED8 模拟显示，Y10~Y15 控制 6 组流水灯泡，这里用发光管 LED9~LED14 模拟显示。

表 3-35 I/O 分 配 表

类别	器件代号	地址号	功能说明
输入	SA1	X0	启动
	SA2	X1	停止
	SA3	X2	单步/连续
	SB	X3	步进按钮
输出	LED1~LED8	Y0~Y7	控制 8 根霓虹灯管
	LED9~LED14	Y10~Y15	流水灯泡

4. I/O 电气接口图

PLC 与霓虹灯广告显示屏之间的电气接口电路如图 3-108 所示。

图 3-108 中，LED1~LED14 用发光二极管指示灯进行模拟显示。而实际应用的电路中应加转换接口放大电路，如图 3-109 所示。

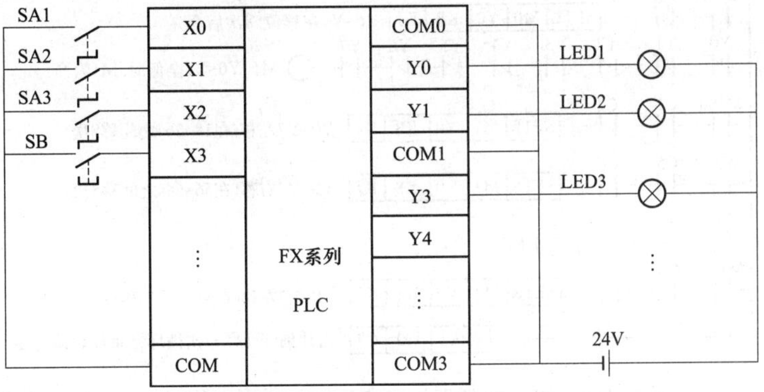

图 3-108　霓虹灯广告屏电气接口图

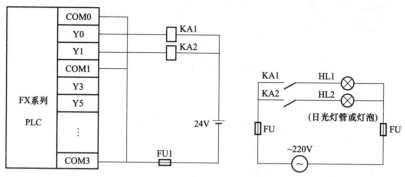

图 3-109　霓虹灯广告屏实际 PLC 外围接口放大电路

5. PLC 控制的梯形图程序

根据工艺过程和控制要求，采用移位指令及定时/计数指令设计的 PLC 控制霓虹灯广告屏的梯形图程序如图 3-110 所示。

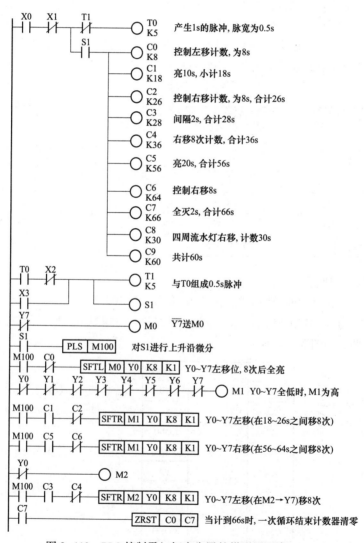

图 3-110　PLC 控制霓虹灯广告屏的梯形图程序（一）

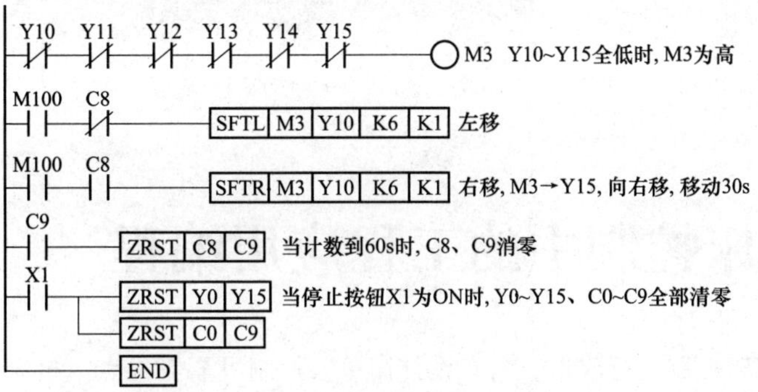

图3-110　PLC控制霓虹灯广告屏的梯形图程序（二）

第4章

PLC在机床控制中的工程应用编程

  利用 PLC 对机床控制进行改造，具有设计简单、控制可靠等优点。机床的种类/机型繁多，不可能一一介绍。本章主要介绍如何应用 S7-PLC 技术对现有常用的几种机床进行 PLC 技术改造的示范设计，其目的是抛砖引玉、举一反三，引导/启迪读者掌握方法去进行更多机床 PLC 控制的实用设计与创新。

  采用 PLC 对机床进行电气控制改造一般只是变更控制电路部分，而对机床主电路通常都是原样保留。控制电路的设计方案，通常包括 PLC 的 I/O 接线及梯形图的设计。

  将机床中原有的"继电器—接触器"控制电路的功能置换用 PLC 梯形图来实现可有两种思路：一种思路是套用继电器控制电路的结构设计梯形图；采用这种方式时，先进行电气元件的代换；具体代换方法为：按钮、传感器等主令传感设备用输入继电器代替，接触器等执行器件用输出继电器代替，原图中的中间继电器、计数器、定时器则用 PLC 机内的同类功能的编程元件代替；这种方式转换的问题是转换出来的梯形图大多不符合梯形图的结构原则，还需要进行调整。另一种思路是根据"继电器—接触器"控制电路图上反映出来的电气元件中的控制逻辑要求重新进行梯形图的设计；这种方法可以利用 PLC 中有许多辅助继电器的特点，将继电器控制电路图中的复杂结构化解为简单结构。

  利用 PLC 对机床控制进行技术改造通常都采用移植设计法（"翻译法"）。

  移植设计法主要是用来对原有机电设备的"继电器—接触器"控制系统进行改造。PLC 控制取代"继电器—接触器"控制已是大势所趋，用 PLC 改造"继电器—接触器"控制系统，根据原有的"继电器—接触器"电路图来设计梯形图显然是一条捷径。这是由于原有的"继电器—接触器"控制系统经过了长期的使用和考验，已经被证明能完成系统要求的控制功能，而"继电器—接触器"电路图又与梯形图极为相似，因此就可以将"继电器—接触器"电路图经过适当的"翻译"，直接转化为具有相同功能的 PLC 梯形图程序，所以人们将这种设计方法称为"移植设计法"或"翻译法"。这种设计方法没有改变系统的外部特性，对于操作工人来说，除了控制系统的可靠性提高之外，改造前后的系统没有什么区别，他们不用改变长期形成的操作习惯。这种设计方法一般不需要改动控制面板及器件，因此可以减少硬件改造的费用和改造的工作量。

  "继电器—接触器"电路图是一个纯粹的硬件电路图。将它改为 PLC 控制时，需要用 PLC 的外部接线图和梯形图来等效"继电器—接触器"电路图。可以将 PLC 想象成一个控制箱，其外部接线图描述了这个控制箱的外部接线，梯形图是这个控制箱的内部"线路图"，梯形图中的输入位和输出位是这个控制箱与外部世界联系的"接口继电器"，这样就可以用分析继电器电路图的方法来分析 PLC 控制系统。在分析梯形图时可以将输入位的触点想象成对应的外部输入器件的触点，将输出位的线圈想象成对应的外部负载的线圈。外部负载的线圈除了受梯形图的控制外，还可受外部触点的控制。

  将机床"继电器—接触器"电路图转换成为功能相同的 PLC 的外部接线图和梯形图的步骤

如下。

(1) 详尽了解和熟悉被控机床设备的机械结构组成、工作原理、生产工艺过程和机械的动作情况，根据"继电器—接触器"电路图分析和掌握被控机床设备控制系统的工作原理。

(2) 确定 PLC 控制的输入信号和输出负载。"继电器—接触器"电路图中的交流接触器和电磁阀等执行机构如果改用 PLC 的输出位来控制，它们的线圈在 PLC 的输出端；按钮、操作开关和行程开关、接近开关等提供 PLC 的数字量输入信号；"继电器—接触器"电路图中的中间继电器、时间继电器、机械或电子计数器等的功能用 PLC 内部的存储器、定时器和计数器来完成，它们由 PLC 内部的电子电路构成，与 PLC 的输入位、输出位无关。

(3) 选择 PLC 的型号，根据系统所需要的功能和规模选择 CPU 模块、电源模块、数字量输入和输出模块，对硬件进行组态，确定输入/输出模块在机架中的安装位置和它们的起始地址。

(4) 确定 PLC 各数字量输入信号与输出负载对应的输入位和输出位的地址，画出 PLC 的外部接线图。各输入和输出在梯形图中的地址取决于它们的模块的起始地址和模块中的接线端子号。

(5) 确定与"继电器—接触器"电路图中的中间、时间继电器、机械或电子计数器等对应的梯形图中的存储器、定时器、计数器的地址。

(6) 根据上述的对应关系画出梯形图。

(7) 将编制好的用户 PLC 控制程序通过编程工具下载到所使用的 PLC 中。

(8) 进行 PLC 控制系统的调试。

(9) 编制有关设计和使用说明文件。

在进行了机床设备控制的 PLC 技术改造之后，特别是对于较为复杂的机床设备，为了今后自己识读或为其他用户的工程技术人员识读提供方便，通常还应特别给出 PLC 控制电路的工作过程分析等技术性文件。这就需要熟练掌握识读和分析 PLC 梯形图和语句表程序的方法和步骤。

对于一般的 PLC 控制系统，都给出 PLC 控制电路与梯形图。PLC 控制电路包括 PLC 控制电路主电路与 PLC 的 I/O 接线。这就是识读和分析 PLC 梯形图和语句表程序的原始资料。识读和分析机床 PLC 控制梯形图和语句表程序的方法和主要步骤如下。

(1) 总体分析。

1) 系统分析。依据控制系统所需完成的控制任务，对被控对象——机床的工艺过程、工作特点以及控制系统的控制过程、控制规律、功能和特征进行详细分析。明确输入、输出的物理量是开关量还是模拟量，明确划分控制的各个阶段及其特点，阶段之间的转换条件，画出完成的工作流程图和各执行元件的动作节拍表。

2) 看 PLC 控制电路主电路。通过看 PLC 控制电路主电路进一步了解工艺流程和对应的执行装置和元器件。

3) 看 PLC 控制系统的 I/O 配置表和 PLC 的 I/O 接线图。通过看 PLC 控制系统的 I/O 配置表和 PLC 的 I/O 接线图，了解输入信号和对应输入继电器编号、输出继电器的分配及其所连接对应的负载。

在没有给出输入/输出设备定义和 I/O 配置的情况下，应根据 PLC 的 I/O 接线图或梯形图和语句表，定义输入/输出设备和配置 I/O。

4) 通过 PLC 的 I/O 接线图了解梯形图和语句表。PLC 的 I/O 接线是连接 PLC 控制电路主电路和 PLC 梯形图的纽带。

"继电器—接触器"电路图中的交流接触器和电磁阀等执行机构用 PLC 的输出继电器来控

制，它们的线圈接在 PLC 的 I/O 接线的输出端。按钮、控制开关、限位开关、接近开关、传感测量元器件等用来给 PLC 提供控制命令和反馈信号，它们的触点接在 PLC 的 I/O 接线的输入端。

a. 根据所用电器（如电动机、电磁阀、电加热器等）主电路的控制电器（接触器、继电器）主触点的文字符号，在 PLC 的 I/O 接线图中找出相应控制电器的线圈，并可得知控制该控制电器的输出继电器，再在梯形图或语句表中找到该输出继电器的梯级或程序段，并将相应输出设备的文字代号标注在梯形图中输出继电器的线圈及其触点旁。

b. 根据 PLCI/O 接线的输入设备及其相应的输入继电器，在梯形图（或语句表）中找出输入继电器的动合触点、动断触点，并将相应输入设备的文字代号标注在梯形图中输入继电器的触点旁。值得注意的是，在梯形图和语句表中，没有输入继电器的线圈。

（2）梯形图和语句表的结构分析。看其结构是采用一般编程方法还是采用顺序功能图编程方法？采用顺序功能图编程时是单序列结构还是选择序列结构、并行序列结构？是使用了"启—保—停"电路、步进顺控指令进行编程还是用置位复位指令进行编程？

另外，还要注意在程序中使用了哪些功能指令，对程序中不太熟悉的指令，还要查阅相关资料。

（3）梯形图和语句表的分解。从操作主令电路（如按钮）开始，查线追踪到主电路控制电器（如接触器）动作，中间要经过许多编程元件及其电路，查找起来比较困难。

无论多么复杂的梯形图和语句表，都是由一些基本单元构成的。按照主电路的构成情况，可首先利用逆读溯源法，把梯形图和语句表分解成与主电路的所用电器（如电动机）相对应的若干个基本单元（基本环节）；然后再利用顺读跟踪法，逐个环节加以分析；最后再利用顺读跟踪法把各环节串接起来。

将梯形图分解成若干个基本单元，每一个基本单元可以是梯形图的一个梯级（包含一个输出元件）或几个梯级（包含几个输出元件），而每个基本单元相当于"继电器—接触器"控制电路的一个分支电路。

1）按钮、行程开关、转换开关的配置情况及其作用。在 PLC 的 I/O 接线图中有许多行程开关和转换开关，以及压力继电器、温度继电器等。这些电气元件没有吸引线圈，它们的触点的动作是依靠外力或其他因素实现的，因此必须先找到引起这些触点动作的外力或因素。其中，行程开关由机械联动机构来触压或松开，而转换开关一般由手工操作。这样，使这些行程开关、转换开关的触点，在设备运行过程中便处于不同的工作状态，即触点的闭合、断开情况不同，以满足不同的控制要求，这是看图过程中的一个关键。

这些行程开关、转换开关触点的不同工作状态，单凭看电路图有时难以搞清楚，必须结合设备说明书、电气元件明细表，明确该行程开关、转换开关的用途；操纵行程开关的机械联动机构；触点在不同的闭合或断开状态下电路的工作状态等。

2）采用逆读溯源法将多负载（如多电动机电路）分解为单负载（如单电动机）电路。根据主电路中控制负载的控制电器的主触点文字符号，在 PLC 的 I/O 接线图中找出控制该负载的接触器线圈的输出继电器，再在梯形图和语句表中找出控制该输出继电器的线圈及其相关电路，这就是控制该负载的局部电路。

在梯形图和语句表中，很容易找到该输出继电器的线圈电路及其得电、失电条件，但引起该线圈的得电、失电及其相关电路有时就不太容易找到，可采用逆读溯源法去寻找。

a. 在输出继电器线圈电路中串、并联的其他编程元件触点，这些触点的闭合、断开就是该输出继电器得电、失电的条件。

b. 由这些触点再找出它们的线圈电路及其相关电路，在这些线圈电路中还会有其他接触器、继电器的触点。

c. 如此找下去，直到找到输入继电器（主令电器）为止。

值得注意的是，当某编程元件得电吸合或失电释放后，应该把该编程元件的所有触点所带动的前后级编程元件的作用状态全部找出，不得遗漏。

找出某编程元件在其他电路中的动合触点、动断触点，这些触点为其他编程元件的得电、失电提供条件或者为互锁、连锁提供条件，引起其他电气元件动作，驱动执行电器。

3）将单负载电路进一步分解。控制单负载的局部电路可能仍然很复杂，还需要进一步分解，直至分解为基本单元电路。

4）分解电路的注意事项。

a. 由电动机主轴连接有速度继电器，则该电动机按速度控制原则组成反接制动电路。

b. 若电动机主电路中接有整流器，表明该电动机采用能耗制动停车电路。

（4）集零为整，综合分析。把基本单元电路串起来，采用顺读跟踪法分析整个电路。综合分析时应注意以下几个方面。

1）分析PLC梯形图和语句表的过程同PLC扫描用户程序的过程一样，从左到右、自上而下，按梯级或程序段的顺序逐级分析。

2）值得指出的是，在程序的执行过程中，在同一周期内，前面的逻辑运算结果影响后面的触点，即执行的程序用到前面的最新中间运算结果；但在同一周期内，后面的逻辑运算结果不影响前面的逻辑关系。该扫描周期内除输入继电器以外的所有内部继电器的最终状态（线圈导通与否、触点通断与否），将影响下一个扫描周期各触点的通与断。

3）某编程元件得电，其所有动合触点均闭合、动断触点均断开。某编程元件失电，其所有已闭合的动合触点均断开（复位），所有已断开的动断触点均闭合（复位）；因此编程元件得电、失电后，要找出其所有的动合触点、动断触点，分析其对相应编程元件的影响。

4）按钮、行程开关、转换开关闭合后，其相对应的输入继电器得电，该输入继电器的所有动合触点均闭合，动断触点均断开。

再找出受该输入继电器动合触点闭合、动断触点断开影响的编程元件，并分析使这些编程元件产生什么动作，进而确定这些编程元件的功能。值得注意的是，这些编程元件有的可能立即得电动作，有的并不立即动作而只是为其得电动作做好准备。

在"继电器—接触器"控制电路中，停止按钮和热继电器均用动断触点，为了与"继电器—接触器"控制的控制关系相一致，在PLC梯形图中，同样也用动断触点，这样一来，与输入端相接的停止按钮和热继电器触点就必须用动合触点。在识读程序时必须注意这一点。

5）"继电器—接触器"电路图中的中间继电器和时间继电器的功能用PLC内部的辅助继电器和定时器来完成，它们与PLC的输入继电器和输出继电器无关。

6）设置中间单元，在梯形图中，若多个线圈都受某一触点串并联电路的控制，为了简化电路，在梯形图中可设置用该电路控制的辅助继电器，辅助继电器类似于"继电器—接触器"电路中的中间继电器。

7）时间继电器瞬动触点的处理。除了延时动作的触点外，时间继电器还有在线圈得电或失电时马上动作的瞬动触点。对于有瞬动触点的时间继电器，可以在梯形图中对应的定时器的线圈两端并联辅助继电器，后者的触点相当于时间继电器的瞬动触点。

8）外部连锁电路的设立。为了防止控制电动机正反转的两个接触器同时动作，造成三相电源短路，除了在梯形图中设置与它们对应的输出继电器的线圈串联的动断触点组成的软互锁电路外，还应在 PLC 外部设置硬互锁电路。

下面对现实生产中常用的几种典型机床设备进行 PLC 技术改造的示范设计。

例 61　PLC 控制 C650 型卧式车床的编程

1. C650 卧式车床的机械结构和主要运动

车床是机械加工业中应用最广泛的一种机床，约占机床总数的 25%~50%。在各种车床中，使用最多的就是普通车床。

普通车床主要用来车削外圆、内圆、端面和螺纹等，还可以安装钻头或铰刀等进行钻孔和铰孔等加工。普通车床有卧式和立式结构。

（1）C650 卧式车床的结构。C650 卧式车床的实物及结构示意图如图 4-1 所示，主要由床身、主轴变速箱、进给箱、挂轮箱、溜板箱、溜板与刀架、尾架、丝杠、光杠等组成。

C650 卧式车床属于中型车床，床身的最大工件回转半径为 1020mm，最大工件长度为 3000mm。C650 卧式车床的主电动机功率为 30kW，为提高工作效率，该机床采用了反接制动。为了减少制动电流，定子回路串入了限流电阻 R。拖动溜板箱快速移动的 2.2kW 电动机是为了减轻工人的劳动强度和节省辅助工作时间而专门设置的。

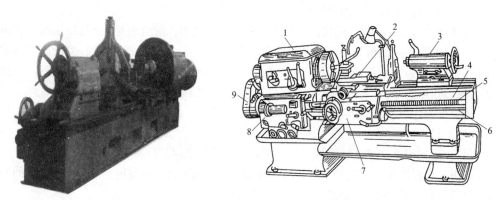

图 4-1　普通车床的实物及结构示意图

1—主轴变速箱；2—溜板与刀架；3—尾架；4—床身；5—丝杠；6—光杠；7—溜板箱；8—进给箱；9—挂轮箱

（2）车床的运动形式。车床在加工各种旋转表面时必须具有切削运动和辅助运动。切削运动包括主运动和进给运动；而切削运动以外的其他运动皆称为辅助运动。

车床的主运动为工件的旋转运功，由主轴通过卡盘或顶尖去带动工件旋转，它承受车削加工时的主要切削功率。车削加工时，应根据被加工零件的材料性质、工件尺寸、加工方式、冷却条件及车刀等来选择切削速度，这就要求主轴能在较大的范围内调速。对于普通车床，调速范围 D 一般大于 70。调速的方法可通过控制主轴变速箱外的变速手柄来实现。车削加工时一般不要求反转，但在加工螺纹时，为避免乱扣，要求反转退刀，再纵向进刀继续加工，这就要求主轴能够正、反转。主轴旋转是由主轴电动机经传动机构拖动的，因此主轴的正、反转可通过操作手柄采用机械方法来实现。

车床的进给运动是指刀架的纵向或横向直线运动，其运动形式有手动和机动两种。加工螺纹时，工件的旋转速度与刀具的进给速度应有严格的比例关系，所以车床主轴箱输出轴经挂轮箱传给进给箱，再经光杆传入溜板箱，以获得纵、横两个方向的进给运动。

车床的辅助运动有刀架的快速移动和工件的夹紧与松开。

图 4-2 为普通车床传动系统的框图。

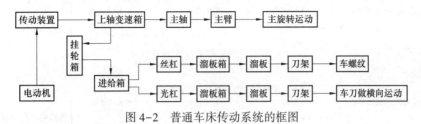

图 4-2　普通车床传动系统的框图

（3）车床的控制特点。

1）主轴能在较大的范围内调速。

2）调速的方法可通过控制主轴变速箱外的变速手柄来实现。

3）加工螺纹时，要求反转退刀，这就要求主轴能够正、反转。主轴的正、反转可通过采用机械方法如操作手柄获得；也可通过按钮直接控制主轴电动机的正、反转。

2. C650 型普通卧式车床电气控制电路图

C650 型普通卧式车床共有三台电动机。组合开关 QS 将三相电源引入，FU1 为主轴电动机 M1 的短路保护用熔断器，FR1 为 M1 电动机过载保护用热继电器。R 为限流电阻，防止在点动时连续的启动电流造成电动机的过载。通过互感器 TA 接入电流表 A 以监视主电动机绕组的电流，用时间继电器 KT 控制电流表 A 躲过电动机启动电流，只检测电动机正常工作电流；主轴电动机 M1 由接触器 KM3、KM4、KM 控制，可以正、反转控制，也可以点动控制，还可以双向反接制动控制。熔断器 FU2 为 M2、M3 电动机和电源变压器 TC 的短路保护，KM1 为 M2 冷却泵电动机启动用接触器；KR2 为 M2 电动机的过载保护；KM2 为快速移动电动机 M3 的启动用接触器，因快速移动电动机 M3 短时工作，所以不设过载保护。

C650 型普通卧式车床电气控制电路如图 4-3 所示，主轴电动机 M1 的各种控制流程图如图 4-4所示。

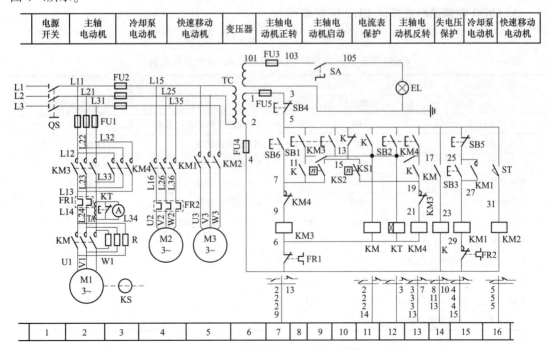

图 4-3　C650 型普通卧式车床电气控制电路

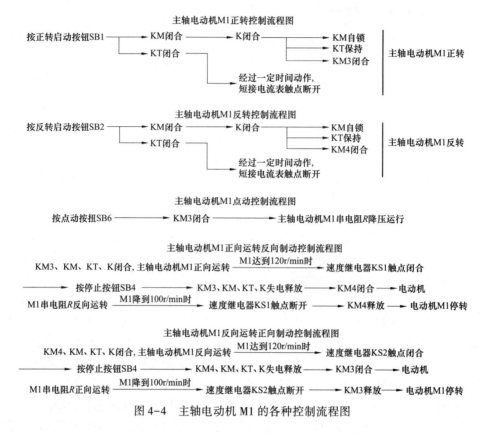

图 4-4　主轴电动机 M1 的各种控制流程图

冷却泵电动机 M2 由接触器 KM1 控制。当按下冷却泵电动机 M2 的启动按钮 SB3 时，接触器 KM1 闭合，冷却泵电动机 M2 启动运转；当按下冷却泵电动机 M2 的停止按钮 SB5 时，冷却泵电动机 M2 停转。快速移动电动机 M3 由行程开关 ST 点动控制。

3. C650 型普通卧式车床 PLC 控制编程

（1）C650 型普通卧式车床 PLC 控制输入、输出点分配表见表 4-1。

表 4-1　　　　　　　　C650 型普通卧式车床 PLC 控制输入/输出点分配表

输入信号			输出信号		
名称	元件代号	输入点编号	名称	元件代号	输出点编号
正转启动按钮	SB1	X0	M1 切除电阻 R 运行接触器	KM	Y0
反转停止按钮	SB2	X1	M2 运行接触器	KM1	Y1
启动按钮	SB3	X2	M3 运行接触器	KM2	Y2
总停止按钮	SB4	X3	M1 正转接触器	KM3	Y3
停止按钮	SB5	X4	M1 反转接触器	KM4	Y4
点动按钮	SB6	X5	电流表 A 短接中间继电器	K	Y5
点动位置开关	ST	X6			
主电动机过载保护热继电器	FR1	X7			
冷却泵电动机过载保护热继电器	FR2	X10			
正转制动速度继电器动合触点	KS1	X11			
反转制动速度继电器动合触点	KS2	X12			

（2）C650型普通卧式车床PLC控制接线图。C650型普通卧式车床PLC控制接线图如图4-5所示。

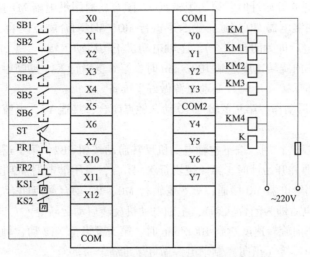

图4-5　C650型普通卧式车床PLC控制接线图

（3）C650型普通卧式车床PLC控制程序。根据主轴电动机M1的各种控制流程图以及冷却泵电动机M2、快速移动电动机M3的控制要求，C650型普通卧式车床PLC控制梯形图及指令语句表如图4-6所示。

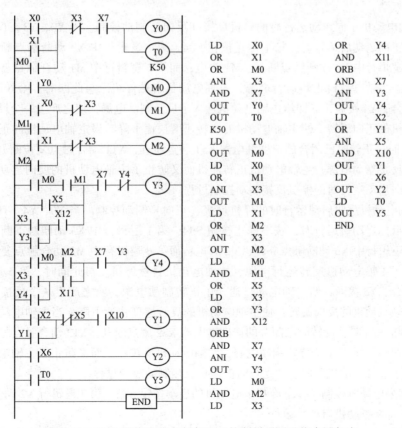

图4-6　C650型普通卧式车床PLC控制梯形图及指令语句表

（4）程序设计说明。

1）主轴电动机正转控制。按下主轴电动机正转启动按钮SB1，第1逻辑行中X0闭合，Y0接通并自锁，T0接通并开始计时，第3逻辑行X0闭合，通用继电器M1接通。第2逻辑行Y0动断触点闭合，通用继电器M0接通；第5逻辑行M0、M1动合触点闭合，Y3接通（因X7的动合触点在PLC通电后即为闭合状态），主轴电动机正转启动运转。

当主轴电动机正向旋转速度达到100r/min时，第6逻辑行X11动断触点闭合，为主轴电动机正向旋转停机时加反接（反向）制动电源做好了准备。

T0计时经过5s后动作，第9逻辑行T0动合触点闭合，接通Y5，电流表A开始监测主轴电动机的电流。

2）主轴电动机反转控制。按下主轴电动机反转启动按钮SB2，第1逻辑行中X1闭合，Y0接通并自锁，T0接通并开始计时，第4逻辑行X1闭合，通用继电器M2接通。第2逻辑行Y0动断触点闭合，通用继电器M0接通；第6逻辑行M0、M2动合触点闭合，Y4接通（因X7的动合触点在PLC通电后即为闭合状态），主轴电动机反转启动运转。

当主轴电动机正向旋转速度达到100r/min时，第5逻辑行X12动合触点闭合，为主轴电动机反向旋转停机时加反接（正向）制动电源做好了准备。

T0计时经过5s后动作，第9逻辑行T0动合触点闭合，接通Y5，电流表A开始监测主轴电动机的电流。

3）主轴电动机正向点动控制。按下主轴电动机正向点动按钮SB6，第5逻辑行X5动合触点闭合，Y3接通，主轴电动机串电阻R正向低速点动运行；松开SB6，Y3断电，主轴电动机停转，实现点动。

4）主轴电动机正向启动运行时的停机反接（反向）制动控制。当Y0、Y3、T0、Y5闭合，主轴电动机正向启动后运行时，按下停止按钮SB4，第1逻辑行中X3动断触点断开，Y0、T0失电；第3逻辑行中X3动断触点断开，M1失电；而第5逻辑行中M1动合触点复位断开，Y3失电，切除了主轴电动机正转运行电源，主轴电动机自然停机。与此同时，第6逻辑行中X3动合触点闭合，Y4接通，立即给主轴电动机通入了反转制动电源，使之产生一个反向力矩来制动主轴电动机的正向旋转，使主轴电动机的正转速度快速下降。当主轴电动机的正转速度下降至100r/min时，正转时已闭合的速度继电器KS1触点断开，X11动合触点复位断开，Y4失电，及时切断了反接制动电源，主轴电动机正转停机而又防止了主轴电动机的反向启动，完成了主轴电动机正向启动运行时的停机反接制动控制过程。

5）主轴电动机反向启动运行时的停机反接（正向）制动控制。当Y0、Y4、T0、Y5闭合，主轴电动机反向启动后运行时，按下停止按钮SB4，第1逻辑行中X3动断触点断开，Y0、T0失电；第4逻辑行中X3动断触点断开，M2失电；而第6逻辑行中M2动合触点复位断开，Y4失电，切除了主轴电动机反转运行电源，主轴电动机自然停机。与此同时，第5逻辑行中X3动合触点闭合，Y3接通，给主轴电动机通入了正转制动电源，使之产生一个反接（正向）力矩来制动主轴电动机的反向旋转，使主轴电动机的反转速度快速下降。当主轴电动机的反转速度下降至100r/min时，反转时已闭合的速度继电器KS2触点断开，X12动合触点复位断开，Y3失电，及时切断了反接（正转）制动电源，主轴电动机反转停机而又防止了主轴电动机的正向启动，完成了主轴电动机反向启动运行时的停机反接制动控制过程。

6）冷却泵电动机控制。按下冷却泵电动机的启动按钮SB3，第7逻辑行X2动合触点闭合，Y1接通，冷却泵电动机启动后运行。

7）快速移动电动机控制。按下位置开关ST，第8逻辑行X6动合触点闭合，Y2接通，快速移动电动机启动后运行。

8）主轴电动机过载保护。当主轴电动机过载，热继电器 FR1 动作时，第 1 逻辑行、第 5 逻辑行、第 6 逻辑行 X7 的动合触点复位断开，Y0、Y3、Y4 失电，主轴电动机停止运行。

（5）C650 型普通卧式车床常见的电控故障分析。根据 C650 型普通卧式车床自身的特点，在使用中常会出现以下故障。

1）主轴不能点动控制。主要检查点动按钮 SB2。检查其动合触点是否损坏或接线是否脱落。

2）刀架不能快速移动。故障的原因可能是行程开关损坏或接触器主触点被杂物卡住、接线脱落，或者快速移动电动机损坏。出现这些故障，应及时检查，逐项排除，直至正常运行。

3）主轴电动机不能进行反接制动控制。主要原因是速度继电器损坏或者接线脱落、接线错误；或者是电阻 R 损坏、接线脱落等。

4）不能检测主轴电动机负载。首先检查电流表是否损坏；如损坏，应先检查电流表损坏的原因；其次可能是时间继电器设定的时间较短或损坏、接线脱落，或者是电流互感器损坏。

例 62　PLC 控制 C5225 型立式车床的编程

1. C5225 型立式车床的机械结构和主要运动

立式车床用于加工径向尺寸大而轴向尺寸相对较小且形状比较复杂的大型和重型零件，如各种机架、体壳类零件。常用的立式车床有单柱立式车床和双柱立式车床两种。单柱立式车床加工直径一般小于 1600mm；双柱立式车床的加工直径较大，最大加工直径通常大于 2000mm。最大的立式车床其加工直径超过 25000mm。

C5225 型立式车床为大型立式加工车床，其外形图如图 4-7 所示。其工作台直径为 2500mm，共装 7 台三相异步电动机，机床的全部主要用电设备均由 380V 电源供电，控制电路的电压为 220V。

主拖动电动机 M1 通过变速箱能实现 16 种转速的变换。横梁的两端装有 2 个进给箱，在进给箱的后部装有刀架进给和快速移动电动机各一台。两个立柱上各装有一个侧刀架和进给箱。每个进给箱上装有刀架进给和快速移动电动机各一台。

图 4-7　C5225 型立式车床外形图

机床的主运动为工作台的旋转运动。进给运动包括垂直刀架的垂直移动和水平移动，侧刀架的横向移动和上下移动。辅助运动有横梁的上下移动。

2. 电路特点及拖动要求

（1）工作台由主轴电动机经变速箱直接启动。因立式车床在工作时主要是正向切削，所以电动机只需要正向转动。但是为了调整工件或刀具，电动机必须有正、反向点动控制。

（2）由于工作台直径大、质量大、惯性也大，所以必须在停车时采用制动措施。

（3）工作台的变速由电气、液压装置和机械联合实现。

（4）由于机床体积大，操作人员的活动范围也大，采用悬挂按钮站来控制，其选择开关和主要操作按钮都置于其上。

（5）在车削时，横梁应夹紧在立柱上，横梁上升的程序是松开夹紧装置→横梁上升→最后夹紧。当横梁下降时，丝杠和螺母间出现的空隙，影响横梁的水平精度，故设有回升环节，使横梁下降到位后略为上升一下。所以横梁下降的程序是松开→下降→回升→夹紧。

（6）必须有完善的连锁与保护措施。

3. C5225 型立式车床电气控制的电路图

C5225 型立式车床电气控制电路原理图如图 4-8 所示。

从图 4-8（a）可知，C5225 型立式车床由 7 台电动机拖动：主轴电动机 M1，油泵电动机

从图 4-8（b）、（c）可知，只有在油泵电动机 M2 启动运行、机床润滑状态良好的情况下，其他电动机才能启动。

（1）油泵电动机 M2 控制。按下按钮 SB4，接触器 KM4 闭合，油泵电动机 M2 启动运转，同时 14 区接触器 KM4 的动合触点闭合，接通了其他电动机控制电路的电源，为其他电动机的启动运行做好了准备。

（2）主拖动电动机 M1 控制。主拖动电动机 M1 可采用丫-△降压启动控制，也可采用正、反转点动控制，还可采用停车制动控制，由主拖动电动机 M1 拖动的工作台还可以通过电磁阀的控制来达到变速的目的。

1）主拖动电动机 M1 的丫-△降压启动控制。按下按钮 SB4（15 区），中间继电器 K1 闭合并自锁，接触器 KM1 线圈（17 区）得电闭合，继而接触器 KM丫线圈（24 区）得电闭合，同时时间继电器 KT1 线圈（21 区）得电闭合，主拖动电动机 Ml 开始丫-△降压启动。经过一定的时间，时间继电器 KT1 动作，接触器 KT1 线圈失电释放，接触器 KM丫线圈失电，接触器 KM△线圈（26 区）得电闭合，主拖动电动机 M1△接法全压运行。

2）主拖动电动机 M1 正、反转点动控制。按下正转点动按钮 SB5（17 区），接触器 KM1 线圈得电闭合，继而接触器 KM丫得电闭合，主拖动电动机 M1 正向丫接法点动启动运转。按下反转点动按钮 SB6（20 区），接触器 KM2 线圈（20 区）得电闭合，继而接触器 KM丫通电闭合，主拖动电动机 Ml 反向丫接法点动启动运转。

3）主拖动电动机 M1 停车制动控制。当主拖动电动机 M1 启动运转时，速度继电器 KS 的动合触点（22 区）闭合。按下停止按钮 SB3（15 区），中间继电器 K1、接触器 KM1、时间继电器 KT1、接触器 KM△线圈失电释放，接触器 KM3 线圈得电闭合，主拖动电动机 Ml 能耗制动。当速度下降至 100r/min 时，速度继电器的动合触点（22 区）复位断开，主拖动电动机 Ml 制动停车完毕。

4）工作台的变速控制。工作台的变速由手动开关 SA 控制，改变手动开关 SA 的位置（电路图中 35~38 区），电磁铁 YA1~YA4 有不同的通断组合，可得到工作台各种不同的转速。表 4-2 列出了 C5225 型立式车床转速表。

将 SA 扳至所需转速位置，按下按钮 SB7（31 区），中间继电器 K3、时间继电器 KT4 线圈得电吸合，继而电磁铁 YA5 线圈得电吸合，接通锁杆油路，锁杆压合行程开关 ST1（28 区）闭合，使中间继电器 K2、时间继电器 KT2 线圈得电吸合，变速指示灯 HL2 亮，相应的变速电磁铁（YA1~YA4）线圈得电，工作台得到相应的转速。

时间继电器 KT2 闭合后，经过一定的时间，KT3 线圈得电闭合，使接触器 KM1、KM丫得电吸合，主拖动电动机 M1 做短时启动运行，促使变速齿轮啮合。变速齿轮啮合后，ST1 复位，中间继电器 K2、时间继电器 KT2、KT3、电磁铁 YA1~YA4 失电释放，完成工作台的变速过程。

（3）横梁升、降控制。

1）横梁上升控制。按下横梁上升按钮 SB15（68 区），中间继电器 K12 得电吸合，继而横梁放松电磁铁 YA6（33 区）得电吸合，接通液压系统油路，横梁夹紧机构放松，然后行程开关 ST7、ST8、ST9、ST10（63 区）复位闭合，接触器 KM9 线圈（64 区）通电闭合，横梁升降电动机 M3 正向启动运转，带动横梁上升。松开按钮 SB15，横梁停止上升。

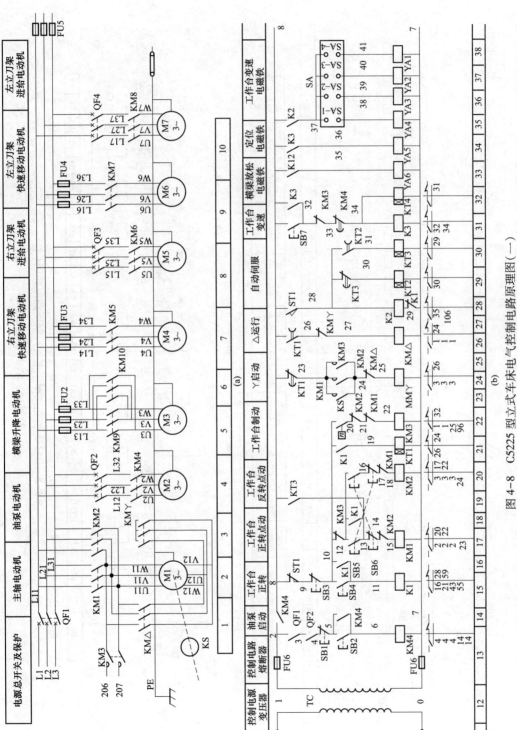

图 4-8 C5225 型立式车床电气控制电路原理图(一)

(a) 主电路;(b) 控制电路 1

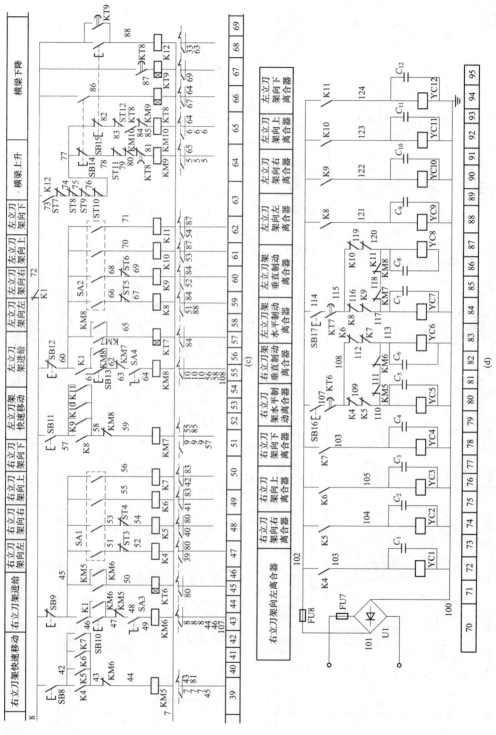

图 4-8 C5225 型立式车床电气控制电路原理图（二）

(c) 控制电路 2；(d) 控制电路 3

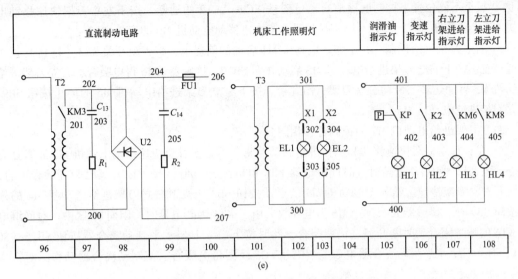

| 直流制动电路 | | 机床工作照明灯 | 润滑油指示灯 | 变速指示灯 | 右立刀架进给指示灯 | 左立刀架进给指示灯 |

| 96 | 97 | 98 | 99 | 100 | 101 | 102 | 103 | 104 | 105 | 106 | 107 | 108 |

(e)

图 4-8　C5225 型立式车床电气控制电路原理图（三）

（e）控制电路 4

表 4-2　　　　　　　　　　　C5225 型立式车床转速表

电磁铁	SA 转换开关触点	花盘各级转速、电磁铁及 SA 通断情况															
		2	2.5	3.4	4	6	6.3	8	10	12.5	16	20	25	31.5	40	50	63
YA1	SA1	−	+	+	−	+	−	+	−	+	−	+	−	+	−	+	−
YA2	SA2	+	+	−		+	+	−	+	+		+	+		−		
YA3	SA3	+	+	−	+	+	−	+	+	+	+		+				
YA4	SA4	+	+	+	+	+	+	+	+	−	−	−	−	−	−	−	−

说明：表中"+"表示接通状态，"−"表示断开状态。

2）横梁下降控制。按下横梁下降按钮 SB14（66 区），时间继电器 KT8（66 区）、KT9（67 区）及中间继电器 K12（68 区）线圈得电吸合，继而横梁放松电磁铁 YA6（33 区）得电吸合，接通液压系统油路，横梁夹紧机构放松，然后行程开关 ST7、ST8、ST9、ST10（63 区）复位闭合，接触器 KM10 线圈（65 区）得电闭合，横梁升降电动机 M3 反向启动运转，带动横梁下降。松开按钮 SB14 横梁下降停止。

（4）刀架控制。

1）右立刀架快速移动控制。将十字手动开关 SA1 扳至"向左"（47 区~50 区）位置，中间继电器 K4（47 区）得电吸合，继而右立刀架向左快速离合器电磁铁 YC1 线圈（72 区）得电吸合。然后按下右立刀架快速移动电动机 M4 的启动按钮 SB8（39 区），接触器 KM5 得电吸合，右立刀架电动机 M4 启动运转，带动右立刀架快速向左移动。松开按钮 SB8，右立刀架快速移动电动机 M4 停转。

同理，将十字手动开关 SA1 扳至"向右""向上""向下"位置，分别可使右立刀架各移动方向电磁离合器电磁铁 YC2~YC4（74 区~79 区）线圈吸合，从而控制右立刀架向右、向上、向下快速移动。

与右立刀架快速移动控制的原理相同，左立刀架快速移动通过十字手动开关 SA2（59 区~

62区）扳至不同位置来控制电磁离合器电磁铁 YC9~YC12 的通断，按下左立刀架快速移动电动机 M6 启动按钮 SB11（51区）控制左立刀架快速移动电动机 M6 的启停来实现。

2）右立刀架进给控制。在工作台电动机 M1 启动的前提下，将手动开关 SA3（43区）扳至接通位置，按下右立刀架进给电动机 M5 启动按钮 SB10，接触器 KM6 得电吸合，右立刀架进给电动机 M5 启动运转，带动右立刀架工作进给。按下右立刀架进给电动机 M5 的停止按钮 SB9，右立刀架进给电动机 M5 停转。

左立刀架进给电动机 M7 的控制过程相同。

3）左、右立刀架快速移动和工作进给制动控制。当右立刀架快速移动电动机 M3 或右立刀架进给电动机 M4 启动运转时，时间继电器 KT6 得电闭合，80区瞬时闭合延时断开触点闭合。当松开右立刀架快速进给移动电动机 M3 的点动按钮 SB8 或按下右立刀架进给电动机 M4 的停止按钮 SB9 时，接触器 KM5 或 KM6 失电释放，由于 KT6 为断电延时，因而 80区中的时间继电器 KT6 的瞬时闭合延时断开触点仍然闭合，此时按下右立刀架水平制动离合器按钮 SB16（80区），右立刀架水平制动离合器电磁铁 YC5、YC6 线圈得电吸合，使制动离合器动作，对右立刀架的快速进给及工作进给进行制动。

左立刀架快速移动和工作进给制动控制的工作过程相同。

4. C5225 型立式车床 PLC 控制编程

（1）C5225 型立式车床 PLC 控制输入/输出点分配表见表 4-3。

表 4-3　　　　　　　　C5225 型立式车床 PLC 控制输入/输出点分配表

输入信号			输出信号		
名称	代号	输入点编号	名称	代号	输出点编号
总停止按钮	SB1	X0	润滑指示灯	HL1	Y0
总启动开关、按钮	SB2、QF1、QF2	X1	变速指示灯	HL2	Y1
电动机 M1 停止按钮	SB3	X2	主拖动电动机 M1 正转接触器	KM1	Y2
电动机 M1 启动按钮	SB4	X3	主拖动电动机 M1 反转接触器	KM2	Y3
电动机 M1 正转点动	SB5	X4	主拖动电动机 M1 制动接触器	KM3	Y4
电动机 M1 反转点动	SB6	X5	主拖动电动机丫启动接触器	KM丫	Y5
工作台变速按钮	SB7	X6	主拖动电动机△启动接触器	KM△	Y6
右立刀架快速移动按钮	SB8	X7	油泵电动机 M2 接触器	KM4	Y7
右立刀架进给停止按钮	SB9	X10	右立刀架快速移动电动机接触器	KM5	Y10
右立刀架进给启动	SB10、SA3	X11	右立刀架进给电动机接触器	KM6	Y11
左立刀架快速移动按钮	SB11	X12	左立刀架快速移动电动机接触器	KM7	Y12
左立刀架进给停止按钮	SB12	X13	左立刀架进给电动机接触器	KM8	Y13
左立刀架进给启动	SB13、SA4	X14	横梁上升接触器	KM9	Y14
横梁下降按钮	SB14	X15	横梁下降接触器	KM10	Y15
横梁上升按钮	SB15	X16	工作台变速电磁铁	YA1	Y16

输入信号			输出信号		
名称	代号	输入点编号	名称	代号	输出点编号
右立刀架制动按钮	SB16	X17	工作台变速电磁铁	YA2	Y17
左立刀架制动按钮	SB17	X20	工作台变速电磁铁	YA3	Y18
工作台变速选择	SA-1	X21	工作台变速电磁铁	YA4	Y21
	SA-2	X22	定位电磁铁	YA5	Y22
	SA-3	X23	横梁放松电磁铁	YA6	Y23
	SA-4	X24	右立刀架向左离合器电磁铁	YC1	Y24
右立刀架向左	SA1-1	X25	右立刀架向右离合器电磁铁	YC2	Y25
右立刀架向右	SA1-2	X26	右立刀架向上离合器电磁铁	YC3	Y26
右立刀架向上	SA1-3	X27	右立刀架向下离合器电磁铁	YC4	Y27
右立刀架向下	SA1-4	X30	右立刀架水平制动离合器电磁铁	YC5	Y30
左立刀架向左	SA2-1	X31	右立刀架垂直制动离合器电磁铁	YC6	Y31
左立刀架向右	SA2-2	X32	左立刀架水平制动离合器电磁铁	YC7	Y32
左立刀架向上	SA2-3	X33	左立刀架垂直制动离合器电磁铁	YC8	Y33
左立刀架向下	SA2-4	X34	左立刀架向左离合器电磁铁	YC9	Y34
速度继电器	KS	X35	左立刀架向右离合器电磁铁	YC10	Y35
压力继电器	KP	X36	左立刀架向上离合器电磁铁	YC11	Y36
自动伺服行程开关	ST1	X37	左立刀架向下离合器电磁铁	YC12	Y37
右立刀架向左限位开关	ST3	X40			
右立刀架制动右限位开关	ST4	X41			
左立刀架向左限位开关	ST5	X42			
左立刀架制动右限位开关	ST6	X43			
横梁上升下降行程开关	ST7、ST8、ST9、ST10	X44			
横梁上升限位行程开关	ST11	X45			
横梁下降限位行程开关	ST12	X46			

（2）C5225型立式车床PLC控制接线图如图4-9所示。

（3）根据C5225型立式车床的控制要求，设计出C5225型立式车床PLC控制梯形图如图4-10所示。

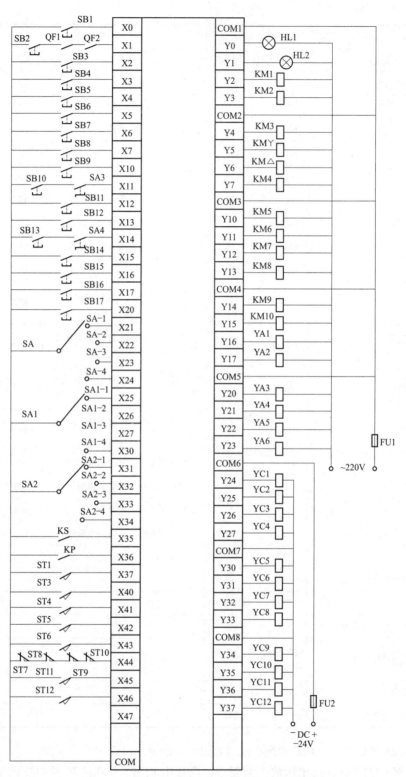

图 4-9　C5225 型立式车床 PLC 控制接线图

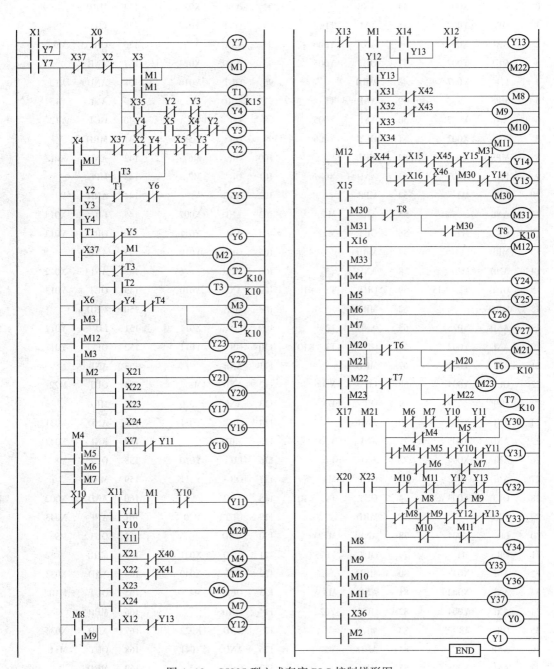

图 4-10 C5225 型立式车床 PLC 控制梯形图

（4）根据接线图，参照梯形图，就可编出 C5225 型立式车床 PLC 控制指令语句表。

步	指令	操作数	步	指令	操作数	步	指令	操作数	步	指令	操作数
0	LD	X001	44	ANB		92	AND	X023	134	MRD	
1	OR	Y007	45	ANI	T1	93	OUT	Y017	135	LD	M8
2	ANI	X000	46	ANI	Y006	94	MPP		136	OR	M9
3	OUT	Y007	47	OUT	Y005	95	AND	X024	137	ANB	
4	LD	Y007	48	MRD		96	OUT	Y016	138	AND	X12
5	MPS		49	AND	T1	97	MRD		139	ANI	Y13
6	ANI	X037	50	ANI	Y005	98	LD	M4	140	OUT	Y12
7	ANI	X002	51	OUT	Y006	99	OR	M5	141	MRD	
8	MPS		52	MRD		100	OR	M6	142	ANI	X013
9	LD	X003	53	AND	X037	101	OR	M7	143	MPS	
10	OR	M1	54	MPS		102	ANB		144	AND	M1
11	ANB		55	ANI	M1	103	AND	X007	145	LD	X014
12	OUT	M1	56	OUT	M2	104	ANI	Y011	146	OR	Y013
13	MRD		57	MRD		105	OUT	Y010	147	ANB	
14	AND	M1	58	ANI	T3	106	MPP		148	ANI	X012
15	OUT	T1 K15	59	OUT	T2 K10	107	ANI	X010	149	OUT	Y013
18	MRD		62	MPP		108	MPS		150	MRD	
19	AND	X035	63	AND	T2	109	LD	X011	151	LD	Y012
20	ANI	Y002	64	OUT	T3 K10	110	OR	Y011	152	OR	Y013
21	ANI	Y003	67	MRD		111	ANB		153	ANB	
22	OUT	Y004	68	LD	X006	112	AND	M1	154	OUT	M22
23	MPP		69	OR	M3	113	ANI	Y010	155	MRD	
24	ANI	Y004	70	ANB		114	OUT	Y011	156	AND	X031
25	AND	X005	71	ANI	Y004	115	MRD		157	ANI	X042
26	ANI	X004	72	ANI	T4	116	LD	Y010	158	OUT	M8
27	ANI	Y002	73	OUT	M3	117	OR	Y011	159	MRD	
28	OUT	Y003	74	OUT	T4 K10	118	ANB		160	AND	X002
29	MRD		77	MRD		119	OUT	M20	161	ANI	X043
30	LD	X004	78	AND	M12	120	MRD		162	OUT	M9
31	OR	M1	79	OUT	Y023	121	AND	X021	163	MRD	
32	ANI	X037	80	MRD		122	ANI	X040	164	AND	X033
33	ANI	X002	81	AND	M3	123	OUT	M4	165	OUT	M10
34	ANI	Y004	82	OUT	Y022	124	MRD		166	MPP	
35	OR	T3	83	MRD		125	AND	X022	167	AND	X034
36	ANB		84	AND	M2	126	ANI	X041	168	OUT	M11
37	ANI	X005	85	MPS		127	OUT	M5	169	MRD	
38	ANI	Y003	86	AND	X021	128	MRD		170	AND	M12
39	OUT	Y002	87	OUT	Y021	129	AND	X025	171	ANI	X044
40	MRD		88	MRD		130	OUT	M6	172	MPS	
41	LD	Y002	89	AND	X022	131	MPP		173	ANI	X015
42	OR	Y003	90	OUT	Y020	132	AND	X024	174	ANI	X045
43	OR	Y004	91	MRD		133	OUT	M7	175	ANI	Y015

176	ANI	M31	208	MRD		243	ANI	M5	273	LD1	M8
177	OUT	Y014	210	OUT	Y026	244	ORB		274	ANI	M9
178	MPP		211	MRD		245	ANB		275	ANI	Y012
179	ANI	X016	212	AND	M7	246	ANB		276	ANI	Y013
180	ANI	X046	213	OUT	Y027	247	OUT	Y030	277	LD1	M10
181	AND	M30	214	MRD		248	MPP		278	ANI	M11
182	ANI	Y014	215	LD	M20	249	LD1	M4	279	ORB	
183	OUT	Y015	216	OR	M21	250	ANI	M5	280	ANB	
184	MRD		217	ANB		251	AN1	Y010	281	OUT	Y033
185	AND	X015	218	ANI	T6	252	ANI	Y011	282	MRD	
186	OUT	M30	219	OUT	M21	253	LD1	M6	283	AND	M8
187	MRD		220	ANI	M20	254	AN1	M7	284	OUT	Y034
188	LD	M30	221	OUT	T6 K10	255	ORB		285	MRD	
189	OR	M31	224	MRD		256	ANB		286	AND	M9
190	ANB		225	LD	M22	257	OUT	Y031	287	OUT	Y035
191	ANI	TS	226	OR	M23	258	MRD		288	MRD	
192	OUT	M31	227	ANB		259	LD	X020	289	AND	M10
193	ANI	M30	228	ANI	T7	260		X023	290	OUT	Y036
194	OUT	TS K10	229	OUT	M23	261	MPS		291	MRD	
197	MRD		230	ANI	M22	262	LD1	M10	292	AND	M11
198	LD	X016	231	OUT	T7 K10	263	ANI	M11	293	OUT	Y037
199	OR	M33	234	MRD		264	ANI	Y012	294	MRD	
200	ANB		235	LD	X017	265		Y013	295	AND	X036
201	OUT	M12	236	AND	M21	266	LD1	M8	296	OUT	Y000
202	MRD		237	MPS		267	ANI	M9	297	MPP	
203	AND	M4	238	LD1	M6	268	ORB		298	AND	M2
204	OUT	Y024	239	ANI	M7	269	ANB		299	OUT	Y001
205	MRD		240	ANI	Y010	270	ANB		300	END	
206	AND	M5	241	ANI	Y011	271	OUT	Y032			
207	OUT	Y025	242	LD1	M4	272	MPP				

（5）C5225 型立式车床的常见故障及检修。机床电气常用短接法检查故障。在运用短接法检查故障时，要注意观察电器的动作程序，然后才能确定需要短接的开关、触点及导线。

1）按下 SB4，主拖动电动机不能启动。观察接触器 KM4 是否吸合。如不吸合，测量 3～10 是否有电压。确定电压正常后，按下 SB2，看 KM4 是否吸合。如不吸合，可短接 3～5、5～7、16～18、18～10。当排除 KM4 故障或看到 KM4 吸合后，可断定故障在 KM4 以后的电路。

看 KA1 是否吸合，如不吸合，可能是 KM4 的动合触点、SB4 触点、SB3 及 SQ1 动断触点接触不良。检查时，可短接 9～13、13～15、12～10、3～9，分别进行试验。如短接到某两标号后，继电器 KA1 吸合，故障就在这两标号之间所包含的触点或导线。必须注意，在短接 SQ1（3～9）时，必须确认工作台变速已结束，否则将会把齿轮打坏或出现其他事故。如对齿轮啮合情况不甚了解，可改用电压法进行检查。

经以上检查，KM1 仍不吸合，故障可能是 KA1 动合触点（13～17）、SB6（17～19）、KM2 动断触点（19～20）、KM5 动断触点（22～12）接触不良或线路断路及接触器 KM1 线圈故障。

具体检查方法同上。其他电器不工作都可用短接法来检查。

2）工作台变速故障。工作台变速分四步进行：第一步锁杆抬起；第二步变速电磁铁根据 SA1 变速开关接通情况，推动齿轮动作；第三步电动机自动伺服；第四步齿轮啮合后锁杆复位。检查故障时，可根据这四步的工作情况进行检查。

当按下 SB7 后，锁杆不动作，可按下列步骤检查：

观察电磁铁 YC5 是否吸合。如不动作，看继电器 SA3 是否动作。若不动作，可短接触点 SB7（3~51）、KM3 动断触点（51~53）、KT4（53~55）和 KA1 触点（14~12），这样可以检查出继电器 KA3 的故障。如 KA3 工作时间太短，可调整 KT4 的延时时间。

观察锁杆是否在抬起位置，如锁杆不动，可短接 KA3 的触点（3~57），观察电磁铁 YC5 的动作。如 YC5 吸合而锁杆不动，故障在液压装置和机械部分。

经检查或看到锁杆抬起，观察变速电磁铁是否在相应位置动作。变速开关 SA1 扳到 10 的位置，看电磁铁 YC1 和 YC4 是否吸合，并注意电动机是否做伺服冲动。经检查以上动作均正常，只是锁杆不能恢复原位，说明液压和机械方面有故障。

3）横梁升降故障。检查时间继电器 KT8 是否动作。如不动作，可在按着 SB14 的情况下，短接 SB14（401~427）、KA1（401~3）。如 KT8 仍不动作，故障在其本身。如时间继电器 KT8 吸合而 KB9 不吸合，可短接 KT8 的延时触点（402~412），检查 KT9 的故障，用同样的方法可检查出 KA12 不动作的故障点。

对于中间继电器 KA12 吸合而横梁不下降故障。因横梁下降接触器 KM10 的线圈电路中串联的触点较多，其中任一触点接触不良或不闭合，都会导致 KM10 不吸合，用短接法检查更为方便。

这种故障，检查前应注意检查横梁夹紧装置是否放松。若确认横梁已放松，可在按住按钮 SB14 的情况下，逐个短接 KA12（401~403）、SQ7（403~405）、SQ8（405~407）、SQ9（407~409）、SQ10（409~411）、KT8（421~423）、KM9（423~425）。当短接到某处，接触器 KM10 吸合，说明故障就在于此。特别强调，SQ7~SQ10 是夹紧装置控制的行程开关，绝对不能用长短接法短接标号 403 至 411 来检查故障，这是因为 4 个行程开关在横梁放松时才闭合，如因某原因有一夹紧装置没有放松，同时短接 4 个行程升关，会使升降电动机、丝杠和其他机构损坏。

4）利用电气控制柜中的接线端子板检查电路故障。在运用局部短接法时，对所检查的电气开关都要打开护盖进行检查。有的开关直接装在机床较狭窄的部位，检查很费时间而且很难接触到接线柱。在这种情况下，可利用电气控制柜和接线盒来检查故障。下面以左立刀架为例分析故障的检查方法。

当把 SA3 扳向左，按下按钮 SB11 刀架不做快速移动时，观察电动机 M6 是否启动，如不启动，故障在其控制电路中；观察 KA8 是否吸合，如不吸合，可在电气控制柜的接线端子板上短接 SB12（3~201）、SA3（201~215）、SQ5（215~217）各接线柱。

如 KA8 吸合，看接触器 KM7 是否吸合。如不吸合，可短接 SB11（3~203）、KA14（203~205）、KA8（202~12），便可检查出 KM7 不吸合的故障点。

利用电气控制柜内的接线端子板检查电路故障，既可进行局部短接，又可进行长短接；不但可短接电器的触点，而且可短接连接导线，检查时方便省力。

例 63 PLC 控制 Z3040 型摇臂钻床的编程

钻床是一种孔加工的机床。可用来钻孔、扩孔、铰孔、镗孔、攻丝及修刮端面等多种形式的加工，因此要求钻床的主轴运动和进给运动有较宽的调速范围。钻床的种类很多，按用途和结构可分为立式钻床、台式钻床、多轴钻床、摇臂钻床及其他专用钻床等。在各类钻床中，摇臂钻床操作方便、灵活，运用范围广，最具有典型性，适合于在大、中型零件上进行钻孔、扩孔、铰孔及攻螺纹等工作，在具有工艺装备的条件下还可以进行镗孔；特别适用于单件或批量生产中带有多孔的大、中型零件的加工；是一般机械加工车间最常见的机床。台钻和立钻的应用也较为广泛，但其电气线路比较简单，其他形式的钻床在控制系统上也大同小异。本节就以最典型和极具有代表性的 Z3040 型摇臂钻床为例介绍它的电气与 PLC 控制线路。

1. Z3040 摇臂钻床的机械结构和主要运动

（1）Z3040 摇臂钻床的机械结构。摇臂钻床主要由底座、内立柱、外立柱、摇臂、主轴箱及工作台等部分组成，Z3040 型摇臂钻床的实物及结构示意图如图 4-11 所示。

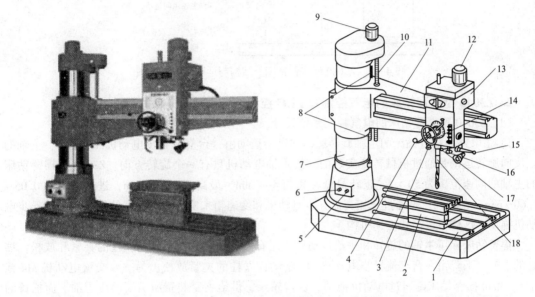

图 4-11　Z3040 型摇臂钻床的实物及结构示意图

1—底座；2—工作台；3—进给量预置手轮；4—离合器操纵杆；5—电源自动开关；6—冷却泵自动开关；7—外立柱；8—摇臂上下运动极限保护行程开关触杆；9—摇臂升降电动机；10—降传动丝杠；11—摇臂；12—主轴驱动电动机；13—主轴箱；14—电气设备操作按钮盒；15—组合阀手柄；16—手动进给小手轮；17—内齿离合器操作手柄；18—主轴

（2）Z3040 型摇臂钻床的运动。摇臂钻床的内立柱固定在底座的一端，在它的外面套有外立柱，外立柱可绕内立柱回转 360°。摇臂的一端为套筒，它套装在外立柱上，并借助丝杠的正反转可沿外立柱做上下移动；由于该丝杠与外立柱连成一起，且升降螺母固定在摇臂上，所以摇臂不能绕外立柱转动，只能与外立柱一起绕内立柱回转。主轴箱是一个复合部件，它由主传动电动机、主轴和主轴传动机构、进给和变速机构以及机床的操动机构等部分组成，主轴箱安装在摇臂的水平导轨上，可通过手轮操作使其在水平导轨上沿摇臂移动。当进行加工时，由特殊的夹紧装置将主轴箱紧固在摇臂导轨上，外立柱紧固在内立柱上，摇臂紧固在外立柱上，然后进行钻削加工。钻削加工时，钻头一面进行旋转切削，一面进行纵向进给。

Z3040 型摇臂钻床的主运动为主轴旋转（产生切削）运动。进给运动为主轴的纵向进给。辅助运动包括摇臂在外立柱上的垂直运动（摇臂的升降），摇臂与外立柱一起绕内立柱的旋转运动及主轴箱沿摇臂长度方向的运动。对于摇臂在立柱上升降时的松开与夹紧，Z3040 型摇臂钻床则是依靠液压推动松紧机构自动进行的。Z3040 型摇臂钻床的结构与运动情况示意图如

图 4-12 所示。

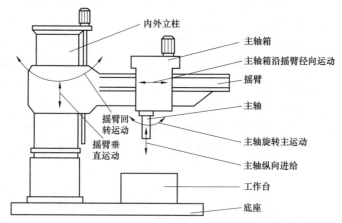

内外立柱

主轴箱

主轴箱沿摇臂径向运动

摇臂

主轴

摇臂回转运动

摇臂垂直运动

主轴旋转主运动

主轴纵向进给

工作台

底座

图 4-12　Z3040 型摇臂钻床的结构与运动情况示意图

2. Z3040 型摇臂钻床的电气控制和 PLC 控制系统设计

（1）Z3040 型摇臂钻床的电气控制系统设计。

1）主电路。摇臂钻床的主轴旋转运动和进给运动由一台交流异步电动机 M1 拖动，主轴的正反向旋转运动是通过机械转换实现的。故主轴电动机只有一个旋转方向。Z3040 型摇臂钻床的主轴的调速范围为 50：1，正转最低转速为 40r/min，最高为 2000r/min，进给范围为 0.05～1.60r/min。它的调速是通过三相交流异步电动机和变速箱来实现的。也有的是采用多速异步电动机拖动，这样可以简化变速机构。

摇臂钻床除了主轴的旋转和进给运动外，还有摇臂的上升、下降及立柱的夹紧和放松。摇臂的上升、下降由一台交流异步电动机 M2 拖动，立柱的夹紧放松由另一台交流电动机 M4 拖动。Z3040 摇臂钻床是通过电动机拖动一台齿轮泵，供给夹紧装置所需要的压力油。而摇臂的回转和主轴箱的左右移动通常采用手动。此外还有一台冷却泵电动机 M4 对加工的刀具进行冷却。

2）控制电路。Z3040 型摇臂钻床电气控制电路如图 4-13 所示。图中 M1 为主轴电动机，M2 为摇臂升降电动机，M3 为液压泵电动机，M4 为冷却泵电动机，QF1 为总电源控制开关。

① 主轴电动机控制。主轴电动机 M1 为单向旋转，由按钮 SB8、SB2 和接触器 KM1 实现启动停止控制。主轴的正、反转则由 M1 电动机拖动齿轮泵送出压力油，通过液压系统操纵机构，配合正、反转摩擦离合器驱动主轴正转或反转。

② 摇臂上升、下降控制。摇臂钻床在加工时，要求摇臂应处于夹紧状态，才能保证加工精度。但在摇臂需要升降时，又要求摇臂处于松开状态，否则电动机负载大，机械磨损严重，无法升降工作。摇臂上升或下降时，其动作过程是升降指令发出，先使摇臂与外立柱处于松开状态，而后上升或下降，待升降到位时，要自行重新夹紧。由于松开与夹紧工作是由液压系统实现的，因此，升降控制须与松紧机构液压系统紧密配合。M2 为升降电动机，由按钮 SB3、SB4 点动控制接触器 KM2、KM3 接通或断开，使 M2 电动机正、反向旋转，拖动摇臂上升或下降移动。

M3 为液压泵电动机，通过接触器 KM4、KM5 接通或断开，使 M3 电动机正、反向旋转，带动双向液压泵送出压力油，经二位六通阀至摇臂夹紧机构实现夹紧与松开。

M4 为冷却泵电动机，由手动转换开关 QS 控制其正向旋转。

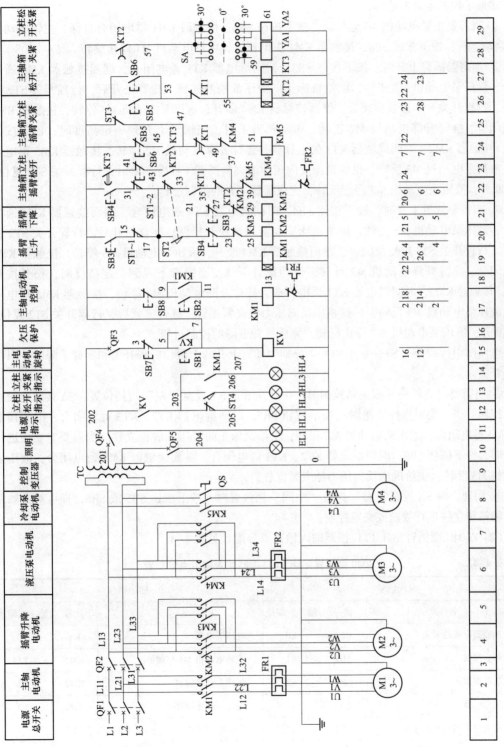

图4-13 Z3040型摇臂钻床电气控制电路

3）摇臂上升和下降的动作过程分析。

① 合上自动空气开关 QF1、QF2、QF3，按下总启动按钮 SB1，电压继电器 KV 闭合并自锁，接通了控制电路的电源。

② 当需要主轴电动机 Ml 运行时，按下按钮 SB2，接触器 KM1 得电闭合自保，主轴电动机 M1 启动运转；按下按钮 SB8，接触器 KM1 失电释放，主轴电动机 M1 停止旋转。

③ 当需要摇臂上升时，按下按钮 SB3，时间继电器 KT1 通电闭合，继而接触器 KM4 通电闭合，液压泵电动机 M3 正转，供给机床正向液压油松开摇臂。摇臂松开后，行程开关 ST2 被压下，行程开关 ST3 被复位闭合，继而接触器 KM4 断开，液压泵电动机 M3 停转，接触器 KM2 得电闭合，摇臂升降电动机 M2 正转，带动摇臂上升。当摇臂上升到一定高度时，松开按钮 SB3，接触器 KM2、时间继电器 KT1 失电释放，摇臂升降电动机 M2 停转，接触器 KM5 得电闭合，液压泵电动机 M3 反转，供给机床反向压力油夹紧摇臂。摇臂夹紧后，行程开关 ST2 复位，ST3 断开，液压泵电动机 M3 停止反转，完成摇臂上升的控制过程。

④ 当需要摇臂下降时，按下按钮 SB4，时间继电器 KT1 通电闭合，继而接触器 KM4 通电闭合，液压泵电动机 M3 正转，供给机床正向液压油松开摇臂。摇臂松开后，行程开关 ST2 被压下，行程开关 ST3 被复位闭合，继而接触器 KM4 断开，液压泵电动机 M3 停转，接触器 KM3 通电闭合，摇臂升降电动机 M2 反转，带动摇臂下降。当摇臂下降到一定高度时，松开按钮 SB4，接触器 KM3、时间继电器 KT1 失电释放，摇臂升降电动机 M2 停转，接触器 KM5 得电闭合，液压泵电动机 M3 反转，供给机床反向压力油夹紧摇臂。摇臂夹紧后，行程开关 ST2 复位，ST3 断开，液压泵电动机 M3 停止反转，完成摇臂下降的控制过程。

电路图中行程开关 ST1-1 和 ST1-2 分别为摇臂上升的上限位行程开关和摇臂下降的下限位行程开关。

⑤ 当需要对立柱松开或夹紧控制时，将转换开关 SA 扳至"左"边挡位置，SA 接通电磁铁 YA2 线圈。当需要对立柱放松时，按下按钮 SB5，时间继电器 KT2、KT3 得电闭合，继而接触器 KM4 得电闭合，液压泵电动机 M3 正转，供给机床正向液压油放松立柱。当需要对立柱进行夹紧时，按下按钮 SB6，时间继电器 KT2、KT3 得电闭合，继而接触器 KM5 通电闭合，液压泵电动机 M3 反转，供给机床反向压力油夹紧立柱。

⑥ 同理，将 SA 扳至"右"挡或"中间"挡位置时，按下按钮 SB5 或 SB6，即可对主轴箱或主轴箱和立柱进行放松或夹紧控制。

（2）Z3040 型摇臂钻床 PLC 控制输入输出点分配表见表 4-4。

表 4-4　　　　　　　　　Z3040 型摇臂钻床 PLC 控制输入输出点分配表

输入信号			输出信号		
名称	代号	输入点编号	名称	代号	输出点编号
控制线路电源总开关	QF3	X0	电压继电器	KV	Y0
总停止按钮	SB7	X1	主轴电动机 M1 接触器	KM1	Y1
总启动按钮	SB1	X2	摇臂上升接触器	KM2	Y2
电压继电器	KV	X3	摇臂下降接触器	KM3	Y3
主轴电动机 M1 热继电器	FR1	X4	主轴箱、立柱、摇臂松开接触器	KM4	Y4
主轴电动机 M1 启动按钮	SB2	X5	主轴箱、立柱、摇臂夹紧接触器	KM5	Y5

续表

输入信号			输出信号		
名称	代号	输入点编号	名称	代号	输出点编号
主轴电动机 M1 停止按钮	SB8	X6	主轴箱松开、夹紧电磁铁	YA1	Y6
摇臂上升按钮	SB3	X7	立柱松开、夹紧电磁铁	YA2	Y7
摇臂下降按钮	SB4	X10			
摇臂上升上限位行程开关	ST1-1	X11			
摇臂下降下限位行程开关	ST1-2	X12			
主轴箱、立柱、摇臂松开行程开关	ST2	X13			
主轴箱、立柱、摇臂夹紧行程开关	ST3	X14			
液压泵电动机 M3 热继电器	FR2	X15			
主轴箱、立柱松开按钮	SB5	X16			
主轴箱、立柱夹紧按钮	SB6	X17			
主轴箱松开、夹紧	SA-1	X20			
立柱松开、夹紧	SA-2	X21			
主轴箱、立柱松开、夹紧	SA-3	X22			

（3）Z3040 型摇臂钻床 PLC 控制接线图如图 4-14 所示。

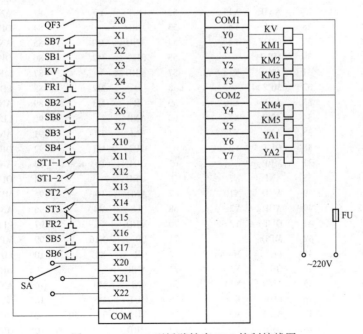

图 4-14　Z3040 型摇臂钻床 PLC 控制接线图

（4）Z3040 型摇臂钻床 PLC 控制梯形图如图 4-15 所示。

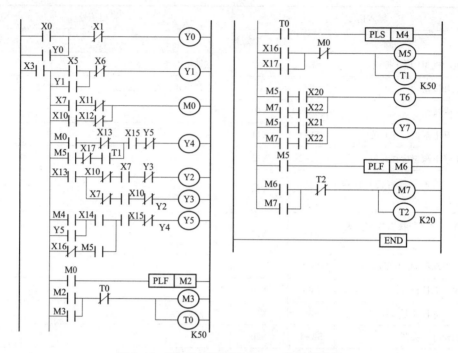

图 4-15　Z3040 型摇臂钻床 PLC 控制梯形图

（5）根据 PLC 控制梯形图，编写出 Z3040 型摇臂钻床 PLC 控制指令语句表如下：

0	LD	X0	25	ORB		50	AND	X15	81	ADN	X20
1	OR	Y0	26	ANB		51	ANI	Y4	82	LD	M7
2	ANI	X1	27	AND	X15	52	OUT	Y5	83	AND	X22
3	OUT	Y0	28	ANI	Y5	53	MRD		84	ORB	
4	LD	X3	29	OUT	Y4	54	AND	M0	85	ANB	
5	MPS		30	MRD		55	PLF	M2	86	OUT	Y6
6	LD	X5	31	AND	X13	57	MRD		87	MRD	
7	OR	Y1	32	MPS		58	LD	M2	88	LD	M5
8	ANB		33	ANI	X10	59	OR	M3	89	AND	X21
9	ANI	X6	34	AND	X7	60	ANB		90	LD	M7
10	OUT	Y1	35	ANI	Y3	61	ANI	T0	91	AND	X22
11	MRD		36	OUT	Y2	62	OUT	M3	92	ORB	
12	LD	X7	37	MPP		63	OUT	T0 K50	93	ANB	
13	ANI	X11	38	ANI	X7	66	MRD		94	OUT	Y7
14	LD	X10	39	AND	X10	67	AND	T0	95	MRD	
15	ANI	X12	40	ANI	Y2	68	PLS	M4	96	AND	M5
16	ORB		41	OUT	Y3	70	MRD		97	PLF	M6
17	ANB		42	MRD		71	LD	X16	99	MPP	
18	OUT	M0	43	LD	M4	72	OR	X17	100	LD	M6
19	MRD		44	OR	Y5	73	ANB		101	OR	M7
20	LD	M0	45	AND	X14	74	ANI	M0	102	ANB	
21	ANI	X13	46	LD1	X16	75	OUT	M5	103	ANI	T2
22	LD	X5	47	AND	M5	76	OUT	T1 K50	104	OUT	M7
23	ANI	X17	48	ORB		79	MRD		105	OUT	T2 K20
24	AND	T1	49	ANB		80	LD	M5	108	END	

3. Z3040 型摇臂钻床的常见电控故障分析

（1）主轴电动机不能启动。故障的主要原因是：启动按钮 SB2 或停止按钮 SB8 损坏或接触不良；接触器 KM1 线圈断线、接线脱落及主触点接触不良或接线脱落；热继电器 FR1 动作过；熔断器 FU11 的熔丝烧断；这些情况都可能引起主轴电动机不能启动，应逐项检查排除。

（2）主轴电动机不能停止。主要是由于接触器 KM1 的主触点熔焊在一起造成的，断开电源后更换接触器 KM1 的主触点即可。

（3）摇臂不能上升或下降。由摇臂上升或下降的动作过程可知，摇臂移动的前提是摇臂完全松开，此时活塞杆通过弹簧片压下行程开关 ST2，电动机 M3 停止运转，电动机 M2 启动运转，带动摇臂的上升或下降。若 ST2 的安装位置不当或发生偏移，这样摇臂虽然完全松开，但活塞杆仍压不上行程开关 ST2，致使摇臂不能移动；有时电动机 M1 的电源相序接反，此时按下摇臂上升或摇臂下降按钮 SB1、SB4，电动机 M3 反转，使摇臂夹紧，更压不上行程开关 ST2 了，摇臂也不能上升或下降。有时也会出现因液压系统发生故障，使摇臂没有完全松开，活塞杆压不上行程开关 ST2。如果 ST2 在摇臂松开后已动作，而不能上升或下降，则有可能是以下原因引起的：按钮 SB3、SB4 的动断触点损坏或接线脱落；接触器 KM2、KM3 线圈损坏或接线脱落；KM2、KM3 的触点损坏或接线脱落；应根据具体情况逐项检查，直到故障排除。

（4）摇臂移动后夹不紧。主要原因是行程开关 ST3 安装位置不当或松动移动，过早地被活塞杆压下动作，使液压泵电动机 M3 在摇臂尚未充分夹紧时就停止运转。

（5）液压泵电动机不能启动。主要原因可能是：熔断器 FU2 的熔丝已烧断；热继电器 FR2 动作过；接触器 KM4、KM5 线圈损坏或接线脱落及主触点接触不良或接线脱落；时间继电器 KT 的线圈损坏或接线脱落；及其相关的触点损坏或接线脱落；应根据具体情况逐项检查，直到故障排除。

（6）液压系统不能正常工作。有时电气系统正常，而液压系统中的电磁阀芯卡住或油路堵塞，导致液压系统不能正常工作，也可能造成摇臂无法移动、主轴箱和立柱不能松开和夹紧。

例 64　PLC 控制 T610 型卧式镗床的编程

镗床是一种精密加工机床，主要用于加工工件上的精密圆柱孔。这些孔的轴心线往往要求严格地平行或垂直，相互间的距离也要求很准确。这些要求都是钻床难以达到的。而镗床本身刚性好，其可动部分在导轨上的活动间隙很小，且有附加支撑，所以，能满足上述加工要求。

镗床除能完成镗孔工序外，在万能镗床上还可以进行镗、钻、扩、铰、车及铣等工序，因此，镗床的加工范围很广。

按用途的不同，镗床可分为卧式镗床、坐标镗床、金刚镗床及专门化镗床等。本节仅以最常用的卧式镗床为例介绍它的电气与 PLC 控制线路。

卧式镗床用于加工各种复杂的大型工件，如箱体零件、机体等，是一种功能很全的机床。除了镗孔外，还可以进行钻、扩、铰孔以及车削内外螺纹、用丝锥攻丝、车外圆柱面和端面。安装了端面铣刀与圆柱铣刀后，还可以完成铣削平面等多种工作。因此，在卧式镗床上，工件一次安装后，即能完成大部分表面的加工，有时甚至可以完成全部加工，这在加工大型及笨重的工件时，具有特别重要的意义。

1. 卧式镗床概述

（1）卧式镗床的主要结构。卧式镗床的外形结构如图 4-16 所示。主要由床身、尾架、导轨、后立柱、工作台、镗床、前立柱、镗头架、下溜板、上溜板等组成。

（2）卧式镗床的主要运动。卧式镗床的床身 1 是由整体的铸件制成，床身的一端装有固定

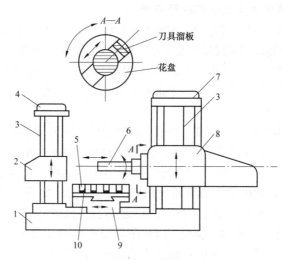

图 4-16 卧式镗床结构示意图

1—床身；2—尾架；3—导轨；4—后立柱；5—工作台；6—镗床；7—前立柱；8—镗头架；9—下溜板；10—上溜板

不动的前立柱 7，在前立柱的垂直导轨上装有镗头架 8，可以上下移动。镗头架上集中了主轴部件、变速箱、进给箱与操纵机构等部件。切削刀具安装在镗轴前端的锥孔里，或装在平旋盘的刀具溜板上。在工作过程中，镗轴一面旋转，一面沿轴向做进给运动。平旋盘只能旋转，装在上面的刀具溜板可在垂直于主轴轴线方向的径向做进给运动。平旋盘主轴是空心轴，镗轴穿过其中空部分，通过各自的传动链传动，因此可独立转动。在大部分工作情况下，使用镗轴加工，只有在用车刀切削端面时才使用平旋盘。

卧式镗床后立柱 4 上安装有尾架 2，用来夹持装在镗轴上的镗杆的末端。尾架 2 可随镗头架 8 同时升降，并且其轴心线与镗头架轴心线保持在同一直线上。后立柱 4 可在床身导轨上沿镗轴轴线方向上做调整移动。

加工时，工件安放在床身 1 中部的工作台 5 上，工作台在溜板上面，上溜板 10 下面是下溜板 9，下溜板安装在床身导轨上，并可沿床身导轨运动。上溜板又可沿下溜板上的导轨运动，工作台相对于上溜板可做回转运动。这样，工作台就可在床身上做前、后、左、右任一个方向的直线运动，并可回旋运动。再配合镗头架的垂直移动，就可以加工工件上一系列与轴线相平行或垂直的孔。

由以上分析，可将卧式镗床的运动归纳如下。

主运动：镗轴的旋转运动与平旋盘的旋转运动。

进给运动：镗轴的轴向进给、平旋盘刀具溜板的径向进给、镗头架的垂直进给、工作台的横向进给与纵向进给。

辅助运动：工作台的回旋、后立柱的轴向移动及垂直移动。

（3）卧式镗床的拖动特点及控制要求。镗床加工范围广，运动部件多，调速范围广，对电力拖动及控制提出了如下要求。

1）主轴应有较大的调速范围，且要求恒功率调速，往往采用机电联合调速。

2）变速时，为使滑移齿轮能顺利进入正常啮合位置，应有低速或断续变速冲动。

3）主轴能做正反转低速点动调整，要求对主轴电动机实现正反转及点动控制。

4）为使主轴迅速、准确停车，主轴电动机应具有电气制动。

5）由于进给运动直接影响切削量，而切削量又与主轴转速、刀具、工件材料、加工精度等因素有关，所以一般卧式镗床主运动与进给运动由一台主轴电动机拖动，由各自传动链传动。主轴和工作台除工作进给外，为缩短辅助时间，还应有快速移功，由另一台快速移动电动机拖动。

6）由于镗床运动部件较多，应设置必要的连锁和保护，并使操作尽量集中。

2. T610型卧式镗床的电气控制电路图识读分析

T610型卧式镗床的电气控制电路图和液压系统均较为复杂。它主要包括机床中的主轴旋转、平旋盘旋转、工作台转动、尾架升降用电动机拖动；主轴和平旋盘刀架进给、主轴箱进给、工作台的纵向及横向进给、各部件的夹紧采用液压传动控制等。

T610型卧式镗床电气控制线路原理图如图4-17所示。

从图4-17（a）可知，T610型卧式镗床由主轴电动机M1、液压泵电动机M2、润滑泵电动机M3、工作台电动机M4、尾架电动机M5、钢球无级变速电动机M6、冷却泵电动机M7拖动。

图4-17为机床各种工作状态的指示灯及机床照明灯电路控制原理图。

（1）液压泵电动机M2、润滑泵电动机M3的控制。T610型卧式镗床在对工件进行加工前必须先启动液压泵电动机M2和润滑泵电动机M3。在图4-17第28区中，按下按钮SB1，接触器KM5、KM6线圈得电吸合并自锁，液压泵电动机M2、润滑泵电动机M3启动运转；按下按钮SB2，接触器KM5、KM6失电释放，液压泵电动机M2、润滑泵电动机M3停止运转。

（2）机床启动准备控制电路。液压泵电动机M2、润滑泵电动机M3启动运转后，当机床中的液压油具有一定压力时，压力继电器KP2动作，第52区中KP2动合触点闭合，KP2的动断触点断开，为主轴电动机M1的正转点动和反转点动做好了准备。当压力继电器KP3动作时，接通中间继电器K17和K18线圈的电源，为主轴平旋盘进给、主轴箱进给及工作台进给做准备。

（3）主轴电动机M1的控制。主轴电动机M1可进行正、反转Y-△降压启动控制，也可进行正、反转点动控制和停止制动控制。

1）主轴电动机M1正、反转Y-△降压启动控制。按下30区中的按钮SB4，中间继电器K1线圈得电吸合并自锁，中间继电器K1线圈得电吸合，中间继电器K1在17区中204号线与207号线间的动合触点、31区中9号线与10号线间的动合触点、35区中9号线与15号线间的动合触点、38区中21号线与22号线间的动合触点闭合。继而接通信号指示灯HL4的电源，HL4发亮，表示主轴电动机M1正在正向旋转，并为接通时间继电器KT1线圈电源做好了准备。中间继电器K1的闭合，也接通了接触器KM1线圈的电源，接触器KM1得电吸合。

接触器KM1闭合，切断接触器KM2线圈的电源通路及中间继电器K3线圈的电源通路，接通主轴电动机M1的正转电源，为主轴钢球无级变速做好准备；继而38区中的时间继电器KT1线圈和40区中的接触器KM3线圈得电吸合，主轴电动机M1绕组接成Y接法正向降压启动。

经过一定的时间，时间继电器KT1动作，切断接触器KM3线圈的电源，接触器KM3失电释放；继而接通接触器KM4线圈的电源，接触器KM4得电闭合，主轴电动机M1的绕组接成△接法正向全压运行。

当需要主轴电动机M1制动停止时，按下主轴电动机M1的制动停止按钮SB3，中间继电器K1线圈、接触器KM1线圈失电释放，继而接触器KM4失电释放。中间继电器K1、接触器KM1、接触器KM4的所有动合、动断触点复位，主轴电动机M1断电。但由于惯性的作用，主轴继续旋转。然后按钮SB3在42区中3号线与27号线间的动合触点闭合，中间继电器K3得电吸合，接通主轴制动电磁铁YC的电源，对主轴进行抱闸制动。松开按钮SB3中间继电器K3，主轴制动电磁铁YC失电，完成主轴的停车制动过程。

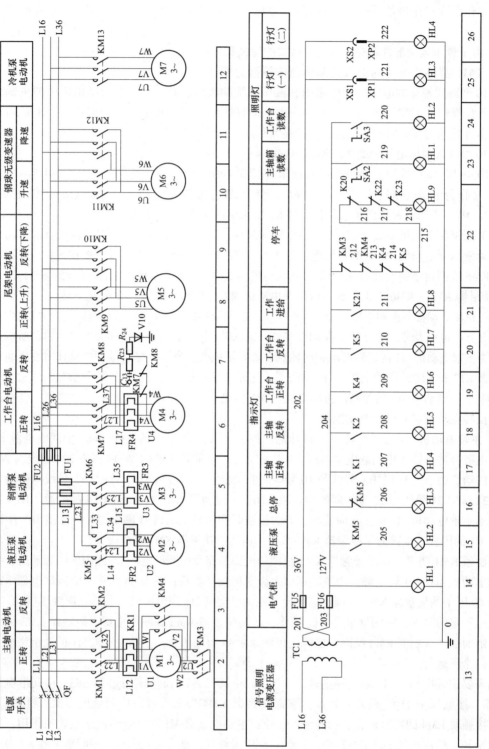

图4-17　T610型卧式镗床电气控制线路原理图（一）

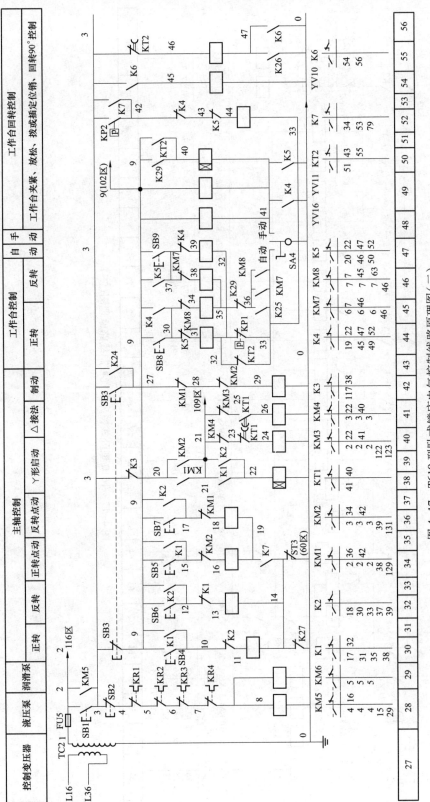

图 4-17 T610 型卧式镗床电气控制线路原理图（二）

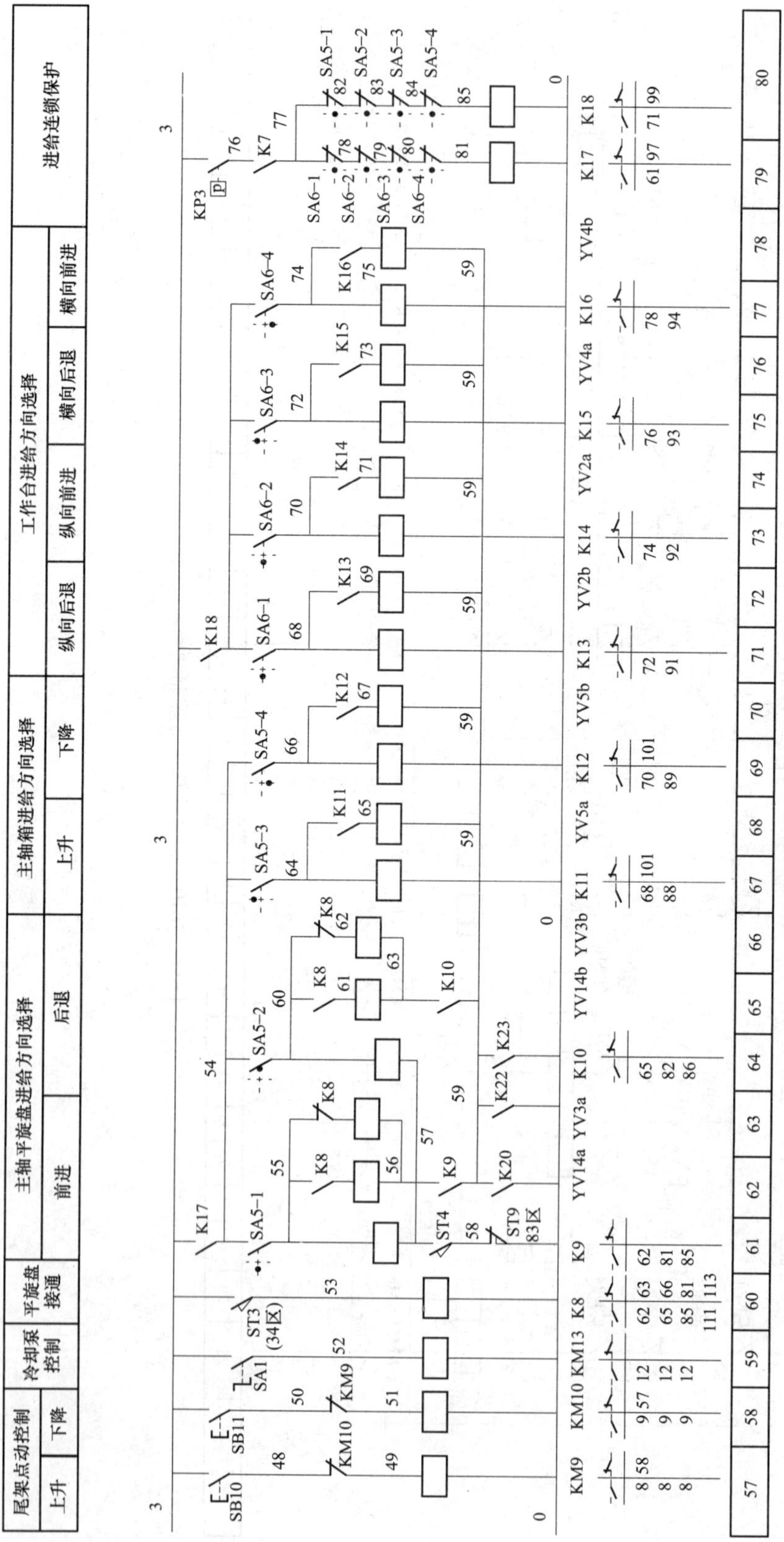

图 4-17 T610 型卧式镗床电气控制线路原理图（三）

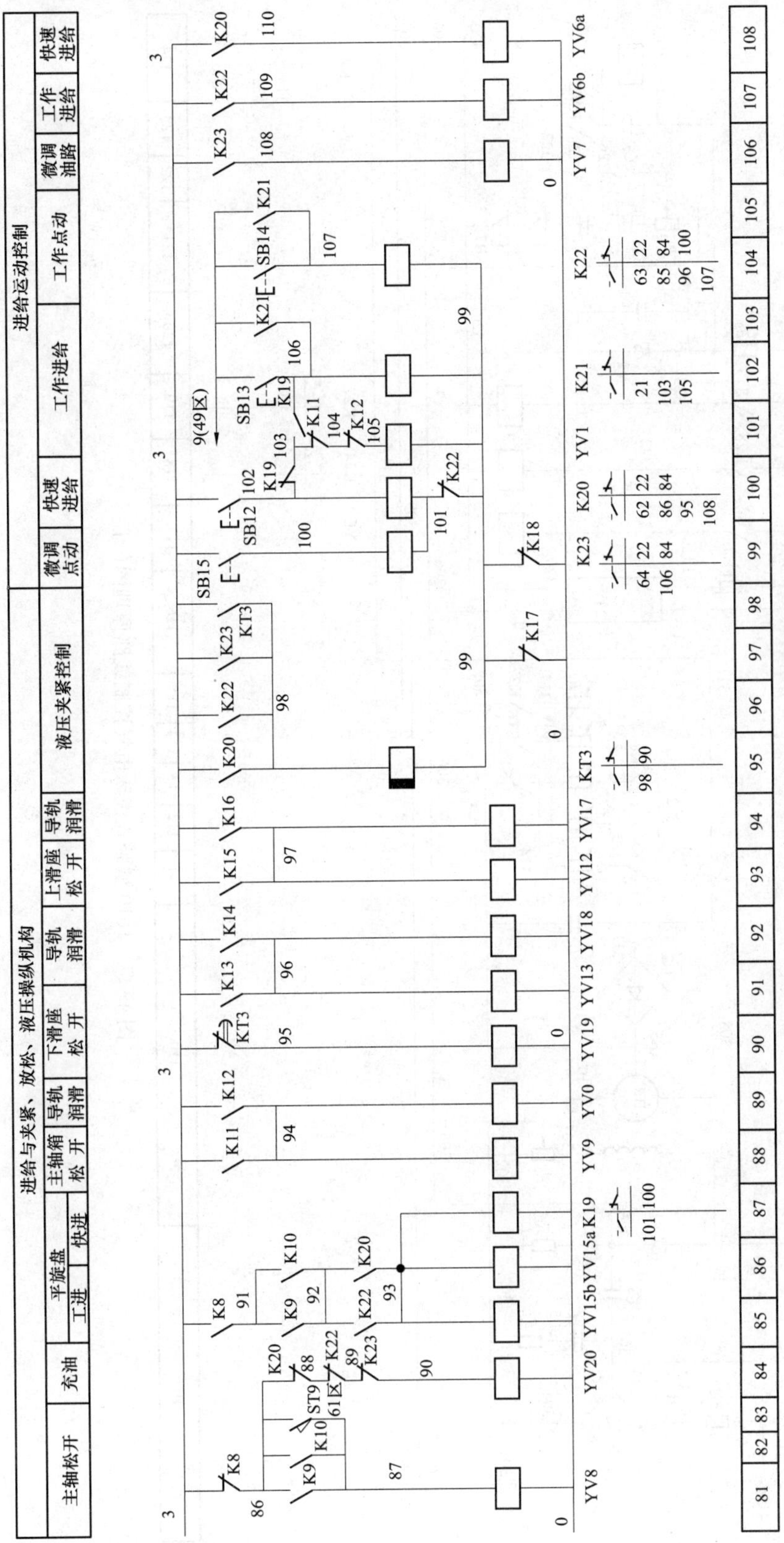

图4-17 T610型卧式镗床电气控制线路原理图（四）

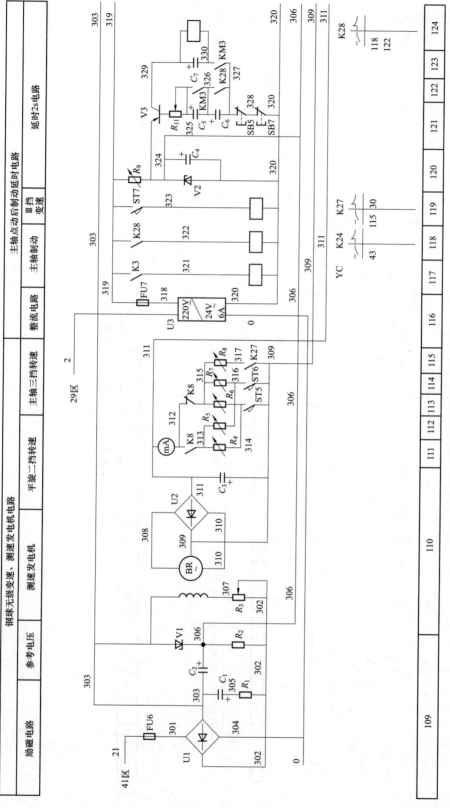

图4-17 T610型卧式镗床电气控制线路原理图（五）

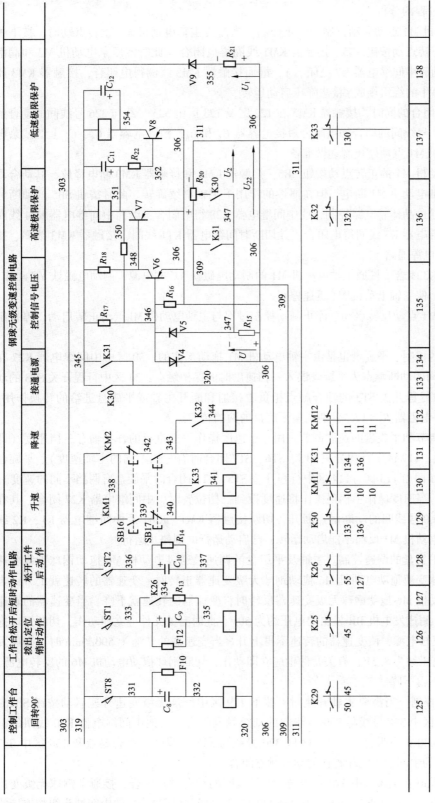

图 4-17 T610 型卧式镗床电气控制线路原理图（六）

主轴电动机 M1 的反向丫-△降压启动过程与正向丫-△降压启动过程完全相同，请读者自行完成其降压启动过程的分析。

2）主轴电动机 M1 点动启动、制动停止控制。当需要主轴电动机 M1 正转点动时，按下主轴电动机 M1 的正转点动按钮 SB5，接触器 KM1 线圈得电闭合（此时液压泵电动机 M2 和润滑泵电动机 M3 启动后中间继电器 K7 已闭合），继而接触器 KM3 线圈得电闭合，接触器 KM3 闭合。主轴电动机 M1 的绕组接成丫接法降压启动运转。

接触器 KM3 闭合的同时，接触器 KM3 在 122 区及 123 区中 325 号线与 326 号线间的动合触点及 326 号与 327 号线间的动合触点闭合短接电容器 C_5 和 C_6，消除电容器 C_5、C_6 上的残余电量，为主轴电动机 M1 点动停止制动做准备。

松开主轴电动机 M1 的正转点动按钮 SB5，接触器 KM1 和接触器 KM3 断电释放，其动合动断触点复位，主轴电动机 M1 断电，但在惯性的作用下主轴继续旋转。此时按钮 SB5 的动断触点也复位闭合，通过晶体管电路控制，使中间继电器 K28 得电闭合，继而中间继电器 K24 线圈得电闭合，中间继电器 K3 线圈得电闭合，并切断时间继电器 KT1 线圈、接触器 KM3 线圈、接触器 KM4 线圈的电源通路。

中间继电器 K3 闭合，接通主轴电动机 M1 的制动电磁铁 YC 的电源，制动电磁铁 YC 动作，对主轴进行制动，使主轴电动机 M1 迅速停车。

主轴电动机 M1 点动反转启动、停止制动控制过程与主轴电动机 M1 点动正转启动、停止制动控制过程相同。

（4）平旋盘的控制。平旋盘也是由主轴电动机 M1 拖动工作的。30 区中中间继电器 K27 在 14 号线与 0 号线间的动断触点为平旋盘误入三挡速度时的保护触点；34 区中行程开关 ST3 的动断触点及 60 区中行程开关 ST3 的动合触点担负着接通和断开主轴或平旋盘进给的转换作用；111 区和 112 区中电阻器 R_4 和 R_5 分别调整平旋盘的两挡转速。

主轴的速度调节和平旋盘的速度调节是用一个速度操作手柄进行的，主轴有三挡速度（即当 113 区、114 区、119 区中行程开关 ST5、ST6、ST7 闭合时有三挡不同的主轴速度）。平旋盘则只有两挡速度（即当 113 区、114 区中行程开关 ST5、ST6 闭合时平旋盘有两挡不同的速度）。在 119 区电路中，当速度操作手柄误操作将速度扳到三挡位置时，中间继电器 K27 闭合，其在 30 区中 14 号线与 0 号线间的动断触点断开，切断接触器 KM1、KM2 及中间继电器 K1、K2 线圈的电源，主轴电动机 M1 反而不能启动运转，已启动运行的则停止运行。

（5）主轴及平旋盘的调速控制。主轴及平旋盘的调速是通过电动机 M6 拖动钢球无级变速器实现的。当钢球变速拖动电动机 M6 拖动钢球无级变速器正转时，变速器的转速就上升；当钢球变速拖动电动机 M6 拖动钢球无级变速器反转时，变速器的转速就下降。当变速器的转速为 3000r/min 时，测速发电机 BR 发出的电压约为 50V，此时有关元件应立即动作，切断钢球拖动电动机 M6 的正转电源，使变速器的转速不再上升。当变速器的转速为 500r/min 时，测速发电机 BR 发出的电压约为 8.3V，有关元件也应立即动作，切断钢球拖动电动机 M6 的反转电源，使变速器的转速不再下降。

1）主轴升速控制。当需要主轴升速时，按下 129 区中钢球无级变速升速启动按钮 SB16，按钮 SB16 在 130 区中 338 号线与 339 号线间的动合触点闭合，接通中间继电器 K30 线圈的电源，中间继电器 K30 得电吸合，其在 133 区 320 号线与 345 号线间的动合触点和 136 区中 347 号线与电阻器 R_{20} 的中间抽头线相连接的动合触点闭合。

中间继电器 K30 在 133 区中 320 号线与 345 号线间的动合触点闭合，接通了钢球无级变速电子控制电路的电源；中间继电器 K30 在 136 区中 347 号线与电阻器 R_{20} 的中间抽头线相连接的

动合触点闭合，接通了从 110 区中交流测速发电机 BR 发出的电压经整流滤波后由 309 号线和 311 号线输出加在电阻器 R_{20} 上经中间抽头分压后的部分电压 U_2。这个电压 U_2 与由 303 号线与 306 号线从 109 区中引来加在 138 区中电阻 R_{21} 上的参考电压 U_1 经过电阻 R_{15} 后反极性串联进行比较，并在电阻 R_{15} 上产生一个控制电压 U，$U = |U_2 - U_1|$。当参考电压 U_1 高于测速发电机 BR 输出电压中的部分电压 U_2 时，在电阻 R_{15} 中有电流流过，亦即在 135 区中 306 号线与 347 号线之间有电流流过，且电流方向是从 306 号线流向 347 号线，此时 306 号线的电位高于 347 号线。由于 306 号线与 135 区中三极管 V6 的发射极相连接，而 347 号线与 135 区中的二极管的阳极相连接，故三极管 V6 处于截止状态，此时控制电压 U 对钢球无级变速电子控制电路不起作用。三极管 V6 在由 306 号线和 320 号线在 120 区中稳压二极管 V2 两端取出的给定电压作用下饱和导通。其通路为：120 区中 306 号线→135 区 306 号线→三极管 V6 发射极→三极管 V6 基极→346 号线→电阻 R_{17}→345 号线→中间继电器 K30 动合触点→133 区 320 号线→120 区 320 号线。由于三极管 V6 饱和导通，故三极管 V7 截止，而三极管 V8 饱和导通，此时中间继电器 K32 串联在三极管 V8 的基极回路中，流过中间继电器 K32 的电流较小，因此中间继电器 K32 不闭合，但中间继电器 K33 得电闭合。中间继电器 K33 在 130 区中 340 号线与 341 号线间的动合触点闭合，接通接触器 KM11 线圈的电源，接触器 KM11 得电吸合，其在 10 区的主触点接通钢球变速拖动电动机 M6 的正转电源，钢球拖动电动机 M6 正向启动运转，拖动钢球无级变速器升速。当升到所需的转速时，松开钢球无级变速升速启动按钮 SB16，中间继电器 K30 失电释放，其 133 区、136 区中的动合触点复位断开，使得中间继电器 K33 和接触器 KM11 相继失电释放，钢球变速拖动电动机 M6 停止正转，完成升速控制过程。

若按下主轴升速启动按钮 SB16 一直不松开，则主轴的转速一直上升，而与主轴同轴相连的测速发电机 BR 的转速也随之上升。当变速器的转速达到 3000r/min，从测速发电机 BR 发出的电压经整流滤波后取出的取样电压 U_2 略高于参考电压 U_1；在 135 区电阻 R_{15} 两端的电压中，347 号线的电位高于 306 号线的电位，故流过电阻 R_{15} 上的电流方向为从 347 号线流入 306 号线。此时控制电压 U 使二极管 V4 和 V5 立即导通，三极管 V6 的发射极加上反偏电压；三极管 V6 立即截止；三极管 V7 基极电压降低，立即进入饱和状态，其集电极电位急剧下降，使三极管 V8 基极电位上升而截止；中间继电器 K33 失电释放，继而接触器 KM11 失电释放，钢球变速拖动电动机 M6 停止正转。而三极管 V7 饱和导通，中间继电器 K32 得电吸合动作，132 区中的动合触点虽然闭合，但此时按钮 SB16 并未松开，按钮 SB16 在 131 区中 338 号线与 342 号线间的触点没有复位闭合，且按钮 SB17 也没有按下去，按钮 SB17 在 131 区中 342 号线与 343 号线间的动合触点也没有闭合，因此中间继电器 K31 和接触器 KM12 不会得电吸合，钢球拖动电动机 M6 不会反转。

2）主轴降速控制。当需要主轴降速时，按下 131 区中钢球无级变速降速启动按钮 SB17，按钮 SB17 在 342 号线与 343 号线间的动合触点闭合，接通中间继电器 K31 线圈的电源，中间继电器 K31 得电吸合，其在 134 区 320 号线与 345 号线间的动合触点和 136 区中 309 号线与 347 号线间的动合触点闭合。中间继电器 K31 在 134 区中 320 号线与 345 号线间的动合触点闭合，接通了钢球无级变速电子控制电路的电源；中间继电器 K31 在 136 区中 309 号线与 347 号线间的动合触点闭合，接通了从 110 区中交流测速发电机 BR 发出的电压经整流滤波后由 309 号线和 311 号线输出加在电阻器 R_{20} 上的电压 U_{22}。电压 U_{22} 与由 303 号线和 306 号线从 109 区中引来加在 138 区中电阻 R_{21} 上的参考电压 U_1 经过电阻 R_{15} 后反极性串联进行比较，并在电阻 R_{15} 上产生一个控制电压 U，$U = U_{22} - U_1$。由于 U_{22} 大于 U_1，因而在电阻 R_{15} 上产生的控制电压为上正下负，即 347 号线端为正，306 号线端为负。此时二极管 V4、V5 导通，三极管 V6 截止，三极管 V7

饱和导通，三极管 V8 截止。三极管 V7 饱和导通，使得中间继电器 K32 得电动作，中间继电器 K32 在 132 区中的动合触点闭合，接通接触器 KM12 线圈的电源，接触器 KM12 得电闭合，其 11 区中的主触点接通钢球变速拖动电动机 M6 的反转电源，钢球变速拖动电动机 M6 反向启动运转，拖动变速器减速。当转速降到所需速度时，松开钢球无级变速降速启动按钮 SB17，中间继电器 K31 失电释放，其 134 区、136 区中的动合触点复位断开，使得中间继电器 K32 和接触器 KM12 相继失电释放，钢球变速拖动电动机 M6 停止反转，完成降速控制过程。

若按下主轴降速启动按钮 SB17 一直不松开，则主轴的转速一直下降，而与主轴同轴相连的测速发电机 BR 的转速也随之下降。当变速器的转速下降至 500r/min，从测速发电机 BR 发出的电压经整流滤波后取出的取样电压 U_{22} 低于参考电压 U_1；在 135 区电阻 R_{15} 两端的电压中，347 号线的电位低于 306 号线的电位，故流过电阻 R_{15} 上的电流方向为从 306 号线流入 347 号线。此时控制电压 U 使二极管 V4 和 V5 立即截止，三极管 V6 在由 306 号线和 320 号线在 12 区中稳压二极管 V2 两端取出的给定电压作用下饱和导通，三极管 V7 立即截止，使得中间继电器 K32 失电释放，继而接触器 KM12 失电释放，钢球变速拖动电动机 M6 停止反转，三极管 V8 饱和导通，中间继电器 K33 得电吸合动作，130 区中的动合触点虽然闭合，但此时按钮 SB17 并未松开，按钮 SB17 在 129 区中 339 号线与 340 号线间的触点没有复位闭合，且按钮 SB16 也没有按下去，按钮 SB16 在 129 区中 338 号线与 339 号线间的动合触点也没有闭合，因此中间继电器 K30 和接触器 KM11 不会得电吸合，钢球拖动电动机 M6 不会正转。

3）平旋盘的调速控制。平旋盘的调速控制原理与主轴的调速控制原理相同，不同之处在于平旋盘调速时，应将平旋盘操作手柄扳至接通位置。

（6）进给控制。机床的进给控制分为主轴进给、平旋盘刀架进给、工作台进给及主轴箱的进给控制等。机床的各种进给运动都是由控制电路控制电磁阀的动作，从而控制液压系统对各种进给运动进行驱动的。

1）主轴向前进给控制。

a. 初始条件：平旋盘通断操作手柄扳至"断开"位置；液压泵电动机 M2 和润滑泵电动机 M3 已启动且运转正常；压力继电器 KP2（52 区）、KP3（79 区）的动合触点已闭合；中间继电器 K7（52 区）、K17（79 区）、K18（80 区）得电闭合。

b. 操作：将十字开关 SA5 扳至左边位置挡，中间继电器 K18 失电释放，而中间继电器 K17 仍然得电吸合。

c. 松开主轴夹紧装置：当机床使用自动进给时，行程开关 ST4 在 61 区中的动合触点闭合，中间继电器 K9 得电闭合，为电磁阀 YV3a 线圈的得电做好了准备。并且 K9 接通了电磁阀 YV8 线圈的电源，YV8 动作，接通主轴松开油路，使主轴夹紧装置松开。

d. 主轴快速进给控制：当需要主轴快速进给时，按下 100 区中的点动快速进给按钮 SB12，中间继电器 K20 线圈和电磁阀 YV1 线圈通电。电磁阀 YV1 动作，关闭低压油泄放阀，使液压系统能推动进给机构快速进给。中间继电器 K20 动作，使电磁阀 YV3a 通电动作，主轴选择前进进给方向，且 K20 接通快速进给电磁阀 YV6a 线圈的电源，电磁阀 YV6a 动作。电磁阀 YV3a 和电磁阀 YV6a 动作的组合使机床压力油按预定的方向进入主轴油缸，驱动主轴快速前进。

松开点动快速进给按钮 SB12，中间继电器 K20 失电释放，电磁阀 YV1、YV3a、YV6a 先后失电释放，完成主轴快速进给控制过程。

e. 主轴工作进给控制：当需要主轴工作进给时，按下 102 区中的工作进给按钮 SB13，中间继电器 K21 线圈通电吸合并自锁，接通工作进给指示信号灯电源，工作进给指示灯亮，显示主轴正在工作进给，同时接通中间继电器 K22 线圈的电源，继而接通了电磁阀 YV3a 和 YV6b 的电源，电磁阀 YV3a 和 YV6b 动作，主轴以工作进给速度移动。

当需要停止主轴工作进给时，按下 30 区中的主轴停止按钮，或将十字开关 SA5 扳至中间位置挡，主轴停止工作进给。

f. 主轴点动工作进给控制：当需要主轴点动工作进给时，按下 104 区中的主轴点动工作进给按钮 SB14，中间继电器 K22 通电闭合，继而接通了电磁阀 YV3a 和 YV6b 的电源，电磁阀 YV3a 和 YV6b 动作，使高压油按选择好的方向进入主轴油箱，主轴以工作进给速度移动。

松开主轴点动工作进给按钮 SB14，中间继电器 K22 失电释放，继而电磁阀 YV3a 和 YV6b 失电，主轴停止进给。

g. 主轴进给量微调控制：当主轴需要对进给量进行微调控制时，按下 99 区中主轴微调点动按钮 SB15，中间继电器 K23 通电闭合，继而接通电磁阀 YV3a 和 YV7 的电源，电磁阀 YV3a 和 YV7 通电动作，使主轴以很微小的移动量进给。

松开主轴微调点动按钮 SB15，主轴停止微调量进给。

2) 平旋盘进给控制。平旋盘的进给控制与主轴的进给控制相同，它也有点动快速进给、工作进给、点动工作进给、点动微调进给控制，同样由按钮 SB12、SB13、SB14、SB15 分别控制。当需要对平旋盘进行控制时，只需将平旋盘通断操作手柄扳至接通位置，其他操作与主轴进给控制相同。

3) 主轴后退运动控制。主轴后退运动控制与主轴进给控制相同，也有点动快速进给、工作进给、点动工作进给、点动微调进给控制，同样由按钮 SB12、SB13、SB14、SB15 分别控制。当需要对主轴进行后退运动控制时，应将平旋盘通断操作手柄扳至断开位置，并将十字开关 SA5 扳至右边位置挡，其他操作与主轴的进给控制相同。

4) 主轴箱的进给控制。主轴箱可上升或下降进给。将十字开关 SA5 扳至上边位置挡，主轴箱上升进给；将十字开关 SA5 扳至下边位置挡，主轴箱下降进给。

a. 主轴箱上升进给控制：将十字开关 SA5 扳至上边位置挡，67 区中的 SA5-3 动合触点闭合，SA5 其他动合触点断开；80 区中的 SA5-3 动断触点断开，SA5 其他动断触点闭合。中间继电器 K17 闭合，同时中间继电器 K11 通电闭合，继而接通电磁阀 YV9、YV10 的电源。电磁阀 YV9 动作，驱动主轴箱夹紧机构松开；电磁阀 YV10 动作，供给润滑油对导轨进行润滑。中间继电器 K11 接通主轴箱向上进给电磁阀 YV5a 的电源，主轴箱被选择为向上进给。分别按下按钮 SB12、SB13、SB14、SB15，可分别进行主轴箱上升的点动快速进给、工作进给、点动工作进给及点动微调进给控制。

b. 主轴箱下降进给控制：将十字开关 SA5 扳至下边位置挡，69 区中的 SA5-4 动合触点闭合，SA5 其他动合触点断开；80 区中的 SA5-4 动断触点断开，SA5 其他动断触点闭合。中间继电器 K17 闭合，同时 69 区中间继电器 K12 通电闭合。中间继电器 K12 接通电磁阀 YV9、YV10 的电源，电磁阀 YV9、YV10 动作，驱动主轴箱夹紧机构松开及对导轨进行润滑。中间继电器 K12 接通主轴箱向下进给电磁阀 YV5b 的电源，主轴箱被选择为下降进给。分别按下按钮 SB12、SB13、SB14、SB15，可分别进行主轴箱下降的点动快速进给、工作进给、点动工作进给及点动微调进给控制。

5) 工作台的进给控制。工作台的进给控制分为纵向后退、纵向前进、横向后退和横向前进方向进给。

a. 工作台纵向后退进给控制：将十字开关 SA6 扳至左边位置挡，71 区中的 SA6-1 动合触点闭合，SA6 其他动合触点断开；79 区中的 SA6-1 动断触点断开，SA6 其他动断触点闭合。这使得中间继电器 K17 断开，中间继电器 K18 闭合。中间继电器 K18 接通中间继电器 K13 的电源，中间继电器K13得电闭合，接通电磁阀YV13、YV18的电源。电磁阀YV13、YV18动作，驱动下滑座夹紧机构松开及供给导轨润滑油。中间继电器K13接通工作台纵向后退进给电磁阀YV2b的电源，工作台被选择为纵向后退进给。分别按下按钮SB12、SB13、SB14、SB15，可分别进行工作台纵向后退运动的点动快速进给、工作进给、点动工作进给及点动微调进给控制。

b. 工作台纵向前进进给控制：工作台纵向前进进给控制的原理与工作台纵向后退进给控制原理相同。在对工作台进行纵向前进进给控制时，须将十字开关SA6扳至右边位置挡。

c. 工作台横向后退进给控制：当需要工作台横向后退进给时，将十字开关SA6扳至上边位置挡，75区中的SA6-3动合触点闭合，SA6其他动合触点断开；79区中的SA6-3动断触点断开，SA6其他动断触点闭合。中间继电器K17断开，中间继电器K18闭合。中间继电器K18接通中间继电器K15的电源，中间继电器K15接通电磁阀YV12、YV17的电源，电磁阀YV12、YV17动作，驱动上滑座夹紧机构松开及供给导轨润滑油。中间继电器K15接通工作台横向后退进给电磁阀YV4b的电源，工作台被选择为横向后退进给。分别按下按钮SB12、SB13、SB14、SB15，可分别进行工作台纵向后退运动的点动快速进给、工作进给、点动工作进给及点动微调进给控制。

d. 工作台横向前进进给控制：工作台横向前进进给控制的原理与工作台横向后退进给控制原理相同。在对工作台进行横向前进进给控制时，须将十字开关SA6扳至下边位置挡。

（7）工作台回转控制。工作台回转运动由回转工作台电动机M4拖动，工作台的夹紧及放松和回转90°的定位由液压系统控制。可以手动控制机床工作台的回转运动，也可以自动进行控制。

1）工作台自动回转控制。将47区中工作台回转自动及手动转换开关SA4扳至"自动"挡，按下44区中工作台正向回转启动按钮SB8，中间继电器K4得电闭合，继而接通电磁阀YV16和YV11的电源，电磁阀YV16和YV11得电动作。同时中间继电器K4切断中间继电器K7线圈的电源，中间继电器K7失电释放，继而切断中间继电器K17、K18线圈的电源通路，使工作台在回转时其他进给不能进行。

电磁阀YV16动作，接通工作台压力导轨油路，给工作台压力导轨充压力油。电磁阀YV11动作，接通工作台夹紧机构的放松油路，使夹紧机构松开。工作台夹紧机构松开后，机械装置压下行程开关ST2，ST2在128区中的动合触点被压下闭合，中间继电器K26在电子装置的控制下短时闭合，接通中间继电器K6线圈的电源，中间继电器K6通电闭合并自锁，并接通电磁阀YV10的电源，YV10通电动作，将定位销拔出并使传动机构的蜗轮与蜗杆啮合。

在拔出定位销的过程中，机械装置压下行程开关ST1，ST1在126区中的动合触点被压下闭合，短时接通中间继电器K25线圈的电源，中间继电器K25短时闭合，接通接触器KM7线圈电源，接触器KM7通电闭合并自锁，使工作台回转拖动电动机M4拖动工作台正向回转。

当工作台回转过90°时，压合行程开关ST8，ST8在125区中的动合触点闭合，短时接通中间继电器K29线圈的电源，中间继电器K29通电闭合，切断接触器KM7线圈电源通路，接触器KM7失电释放，工作台回转电动机M4断电停止正转，完成正向回转。同时，中间继电器K29在50区中的动合触点闭合，接通通电延时时间继电器KT2线圈的电源。时间继电器KT2通电闭合并自锁，为中间继电器K4断电做好了准备。

KT2在55区中的延时断开动断触点经过通电延时一定时间后断开，切断中间继电器K6线圈的电源，使电磁阀YV10断电，传动机构的蜗轮与蜗杆分离，定位销插入销座，压力继电器KP1动作，中间继电器K4断电释放，时间继电器K2，电磁阀YV11及YV16失电，工作台夹紧，完成工作台自动回转的控制。

2）工作台回转电动机 M4 的停车制动控制。工作台回转电动机 M4 的停车制动控制电路结构比较简单，它采用了电容式能耗制动线路。当工作台回转电动机 M4 停车时，接触器 KM7 或 KM8 失电释放，在 7 区中接触器 KM7 或 KM8 的动断触点复位闭合，电容器 C_{13} 通过电阻 R_{23} 对工作台回转电动机 M4 绕组放电产生直流电流，从而产生制动力矩对工作台回转电动机 M4 进行能耗制动，工作台回转电动机 M4 迅速停止转动。

3）工作台手动回转控制。将 48 区中的工作台回转自动及手动转换开关 SA4 扳至"手动"挡，则可对工作台进行手动回转控制。此时电磁阀 YV16、YV11 得电动作，电磁阀 YV11 使工作台松开，电磁阀 YV16 使压力导轨充油。工作台松开后，压下 128 区中的行程开关 ST2，ST2 的动合触点被压下闭合，继而中间继电器 K26、K6 及电磁阀 YV10 先后得电动作并将定位销拔出，此时即可用手轮操作工作台微量回转，实现工作台手动回转控制。

（8）尾架电动机 M5 和冷却泵电动机 M7 的控制。

1）尾架电动机 M5 的控制。尾架电动机 M5 的控制电路为点动控制电路。当按下尾架电动机 M5 的正转点动按钮 SB10 时，尾架电动机 M5 正向启动运转，尾架上升；当按下尾架电动机 M5 的反转点动按钮 SB11 时，尾架电动机 M5 反向启动运转，尾架下降。

2）冷却泵电动机 M7 的控制。冷却泵电动机 M7 由单极开关 SA1 控制接触器 KM13 线圈电源的通断来进行控制。当单极开关 SA1 闭合时，冷却泵电动机 M7 通电运转；当单极开关 SA1 断开时，冷却泵电动机 M7 停转。

3. T610 型卧式镗床 PLC 控制

（1）T610 型卧式镗床 PLC 控制输入/输出点分配表见表 4-5。

表 4-5　　　　　　　　　　　T610 型卧式镗床 PLC 控制输入/输出点分配表

输入信号			输出信号		
名称	代号	输入点编号	名称	代号	输出点编号
电动机 M2、M3 启动按钮	SB1	X0	电动机 M1 正转接触器	KM1	Y0
电动机 M2、M3 停止按钮，热继电器	SB2，FR1~FR4	X1	电动机 M1 反转接触器	KM2	Y1
主轴电动机 M1 制动停止按钮	SB3	X2	电动机 M1 丫启动接触器	KM3	Y2
电动机 M1 正转丫—△减压启动按钮	SB4	X3	电动机 M1 △运行接触器	KM4	Y3
电动机 M1 反转丫—△减压启动按钮	SB3	X4	液压泵电动机 M2 接触器	KM5	Y4
主轴电动机 M1 正转点动按钮	SB6	X5	润滑泵电动机 M3 接触器	KM6	Y5
主轴电动机 M1 反转点动按钮	SB7	X6	工作台电动机 M4 正转接触器	KM7	Y6
工作台电动机 M4 正转点动按钮	SB8	X7	工作台电动机 M4 反转接触器	KM8	Y7
工作台电动机 M4 反转点动按钮	SB9	X10	尾架电动机 M5 正转接触器	KM9	Y10
尾架电动机 M3 正转点动按钮	SB10	X11	尾架电动机 M5 反转接触器	KM10	Y11
尾架电动机 M5 反转点动按钮	SB11	X12	钢球变速电动机 M6 升速接触器	KM11	Y12
机床快速点动进给按钮	SB12	X13	钢球变速电动机 M6 降速接触器	KM12	Y13
机床工作进给按钮	SB13	X14	冷却泵电动机 M7 接触器	KM13	Y14
机床工作点动进给按钮	SB14	X15	平旋盘接通继电器	K8	Y15

续表

输入信号			输出信号		
名称	代号	输入点编号	名称	代号	输出点编号
机床微动进给点动按钮	SB15	X16	电磁阀	YV0	Y16
钢球无级变速电动机 M6 升速按钮	SB16	X17	电磁阀	YV1	Y17
钢球无级变速电动机 M6 降速按钮	SB17	X20	电磁阀	YV2a	Y20
压力继电器	KP1	X21	电磁阀	YV2b	Y21
压力继电器	KP2	X22	电磁阀	YV3a	Y22
压力继电器	KP3	X23	电磁阀	YV3b	Y23
冷却泵电动机 M7 手动控制开关	SA1	X24	电磁阀	YV4a	Y24
工作台回转自动控制开关	SA4.1	X25	电磁阀	YV4b	Y25
工作台回转手动控制开关	SA4.2	X26	电磁阀	YV5a	Y26
主轴、平旋盘"前进"方向进给	SA5.1	X27	电磁阀	YV5b	Y27
主轴、平旋盘"后退"方向进给	SA5.2	X30	电磁阀	YV6a	Y30
主轴箱"上升"	SA5.3	X31	电磁阀	YV6b	Y31
主轴箱"下降"	SA5.4	X32	电磁阀	YV7	Y32
工作台"纵向后退"	SA6.1	X33	电磁阀	YV8	33
工作台"纵向前进"	SA6.2	X34	电磁阀	YV9	Y34
工作台"横向后退"	SA6.3	X35	电磁阀	YV10	Y35
工作台"横向前进"	SA6.4	X36	电磁阀	YV11	Y36
行程开关	ST1	X37	电磁阀	YV12	Y37
行程开关	ST2	X40	电磁阀	YV13	Y40
行程开关	ST3	X41	电磁阀	YV14a	Y41
行程开关	ST4	X42	电磁阀	YV14b	Y42
行程开关	ST5	X43	电磁阀	YV15a	Y43
行程开关	ST6	X44	电磁阀	YV15b	Y44
行程开关	ST7	X45	电磁阀	YV16	Y45
行程开关	ST8	X46	电磁阀	YV17	Y46
行程开关	ST9	X47	电磁阀	YV18	Y47
继电器	K32	X50	电磁阀	YV19	Y50
继电器	K33	X51	电磁阀	YV20	Y51
			停车制动电磁铁	YC	Y52
			停车指示灯	HL9	Y53
			三挡变速控制继电器	K27	Y54
			主轴（平旋盘）一挡	K34	Y55
			主轴（平旋盘）二挡	K35	Y56

（2）T610 型卧式镗床 PLC 控制接线图如图 4-18 所示。

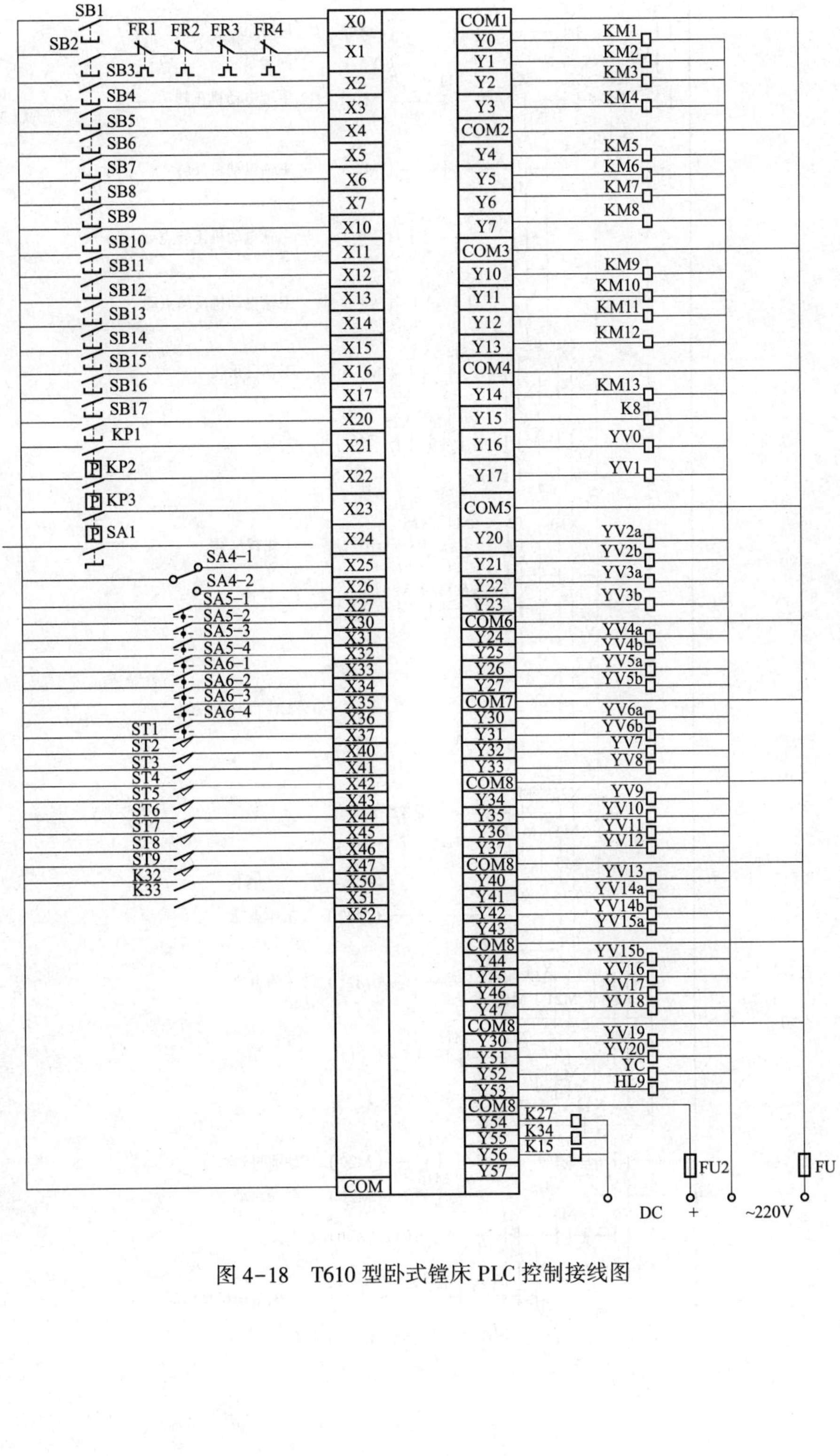

图 4-18　T610 型卧式镗床 PLC 控制接线图

（3）根据实际接线图和T610型卧式镗床的控制要求，设计出T610型卧式镗床PLC控制梯形图如图4-19所示。

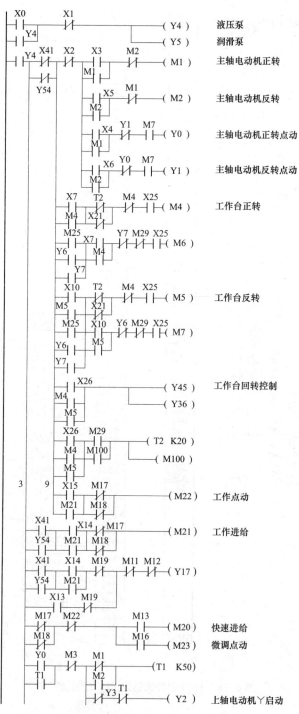

图4-19　T610型卧式镗床PLC控制梯形图（一）

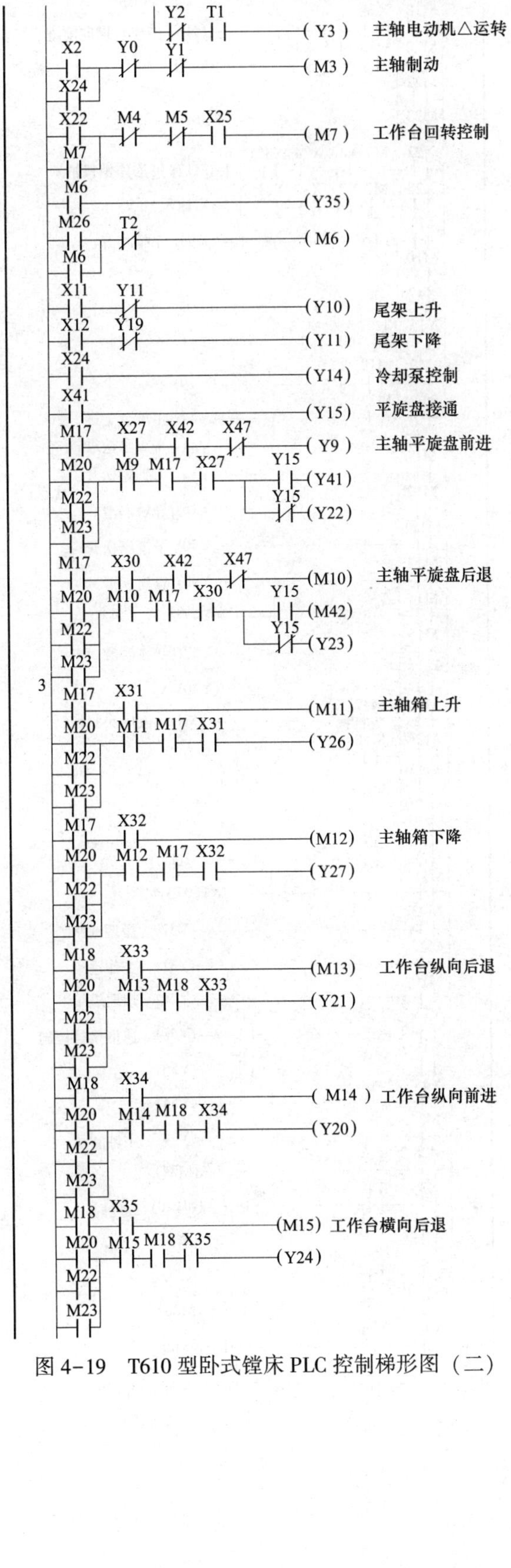

图 4-19　T610 型卧式镗床 PLC 控制梯形图（二）

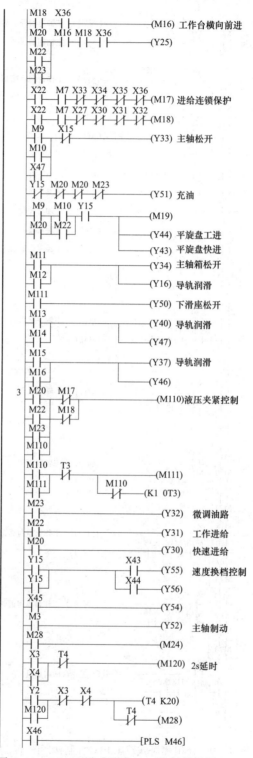

图 4-19 T610 型卧式镗床 PLC 控制梯形图（三）

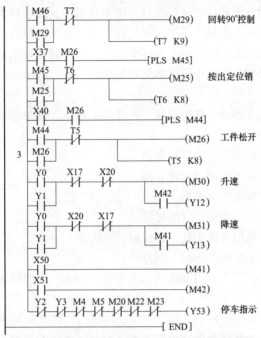

图4-19 T610型卧式镗床PLC控制梯形图（四）

由于T610型卧式镗床PLC控制指令语句表太长，此处不再列出，有兴趣的读者可以自己写出。

4. T610型卧式镗床常见的电控故障分析

T610型卧式镗床控制电路的某一个工作状态要涉及几个电器同时动作。例如，主轴电动机正转，必须在中间继电器K1、KM1、KM3、KM4或KM5等接触器动作后，才能完成。因此，采用强迫闭合法检查电路故障就比较方便。

（1）主轴电动机不能启动。故障的主要原因是：启动按钮SB4、SB5或停止按钮SB3损坏或接触不良；接触器KM1、KM2、KM3或KM5线图断线、接线脱落及主触点接触不良或接线脱落；热继电器FR1动作过；电源开关QF跳闸；这些情况都可能引起主轴电动机不能启动，应逐项采用强迫闭合法检查排除。

（2）主轴电动机不能停止。主要是由于接触器KM1、KM2、KM4或KM5的主触点熔焊在一起造成的，断开电源后更换接触器KM1、KM2、KM4或KM5的主触点即可。

（3）主轴电动机低、高速不能正常切换。主要是由于行程开关ST3、ST9、时间继电器KT故障所致，应逐个检查排除。

（4）主轴电动机不能点动控制。主要检查点动按钮SB5和SB7，检查其动合触点是否损坏或接线是否脱落。

（5）工作台不能控制。故障的主要原因是：启动按钮SB8和SB9损坏、接触不良或接线脱落；接触器KM7或KM8线圈及主触点损坏或接线脱落；M4电动机故障等。

其他部分常见电控故障的检查方法与主轴电动机类同，限于篇幅，本书从略。

例65 PLC控制M7475型立轴圆台平面磨床的编程

所有用砂轮、砂带、油石、研磨剂等为工具对金属表面进行加工的机床，称为磨床。

磨床的加工特点是可以获得高的加工精度和细的表面粗糙度，因此，磨床主要用于零件的精加工工序，特别是淬硬钢件和高硬度特殊材料的零件表面。随着科学技术的不断发展，对仪器、设备零部件的精度和表面粗糙度要求越来越高，各种高硬度材料的应用日益增多，以及由于精密铸造和精密锻造技术的不断发展，有可能将毛坯不经其他切削加工而直接由磨床加工后形成成品。因此，现代机械制造业中磨床的使用越来越广泛，磨床在机床总量中的比重也在不断上升。

由于被加工零件的加工表面、结构形状、尺寸大小和生产批量的不同，磨床也有不同的种类。主要类型有以下几种。

（1）外圆磨床：主要用于磨削外回转表面。

（2）内圆磨床：主要用于磨削内回转表面。

（3）平面磨床：用于磨削各种平面。

（4）导轨磨床：用于磨削各种形状的导轨。

（5）工具磨床：用于磨削各种工具，如样板、卡板等。

（6）刀具刃具磨床：主要用于刃磨各种刀具。

（7）各种专门化磨床：用于专门磨削某一类零件的磨床。如曲轴磨床、花键轴磨床、球轴承套圈沟磨床等。

（8）精磨机床：用于对工件进行光整加工，获得很高的精度和细的表面粗糙度。

本节仅以立轴圆台平面磨床为例介绍平面磨床的电气和PLC控制。

1. 立轴圆台平面磨床的结构和主要运动

M7475型立轴圆台平面磨床主要使用立式砂轮头及砂轮端面对工件进行削磨加工。

M7475型立轴圆台平面磨床机床的结构外形图如图4-20所示，它采用立柱布局工作台拖板移动形式。磨头垂直进给、工作台拖板纵向移动和工作台旋转运动均为滑动导轨结构机械传动，磨头垂直升降由滚珠丝杠交流电动机驱动并有机动进给和零位停止装置，其特点是磨头功率大，生产效率高。

平面磨床作为机床加工的重要磨削工具，其主要的运动形式可归纳为以下几个方面。

（1）主运动。如砂轮的旋转运动。

（2）进给运动。进给运动包括：砂轮的升降运动；工作台的转动；工作台的移动。

图4-20　M7475型立轴圆台平面磨床结构外形图

（3）辅助运动。如工作台的自动工进等。

2. M7475型立轴圆台平面磨床的电气与PLC控制系统设计

M7475型立轴圆台平面磨床各电动机的电气控制原理图如图4-21所示。从图4-21电路中可以看出，M7475型立轴圆台平面磨床由6台电动机拖动：砂轮电动机M1、工作台转动电动机M2、工作台移动电动机M3、砂轮升降电动机M4、冷却泵电动机M5、自动进给电动机M6。

SB1为机床的总启动按钮；SB9为总停止按钮；SB2为砂轮电动机M1的启动按钮；SB3为砂轮电动机的停止按钮；SB4、SB5为工作台移动电动机M3的退出和进入的点动按钮；SB6、SB7为砂轮升降电动机M4的上升、下降点动按钮；SB8、SB10为自动进给启动和停止按钮；手动开关SA1为工作台转动电动机M2的高、低速转换开关；SA5为砂轮升降电动机M4自动和手动转换开关；SA3为冷却泵电动机M5的控制开关；SA2为充、去磁转换开关。

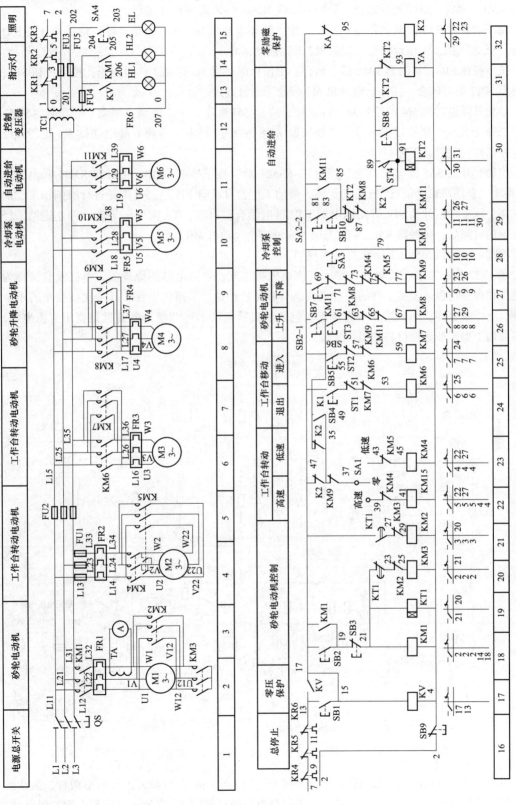

图 4-21　M7475 型立轴圆台平面磨床电气控制原理图

按下按钮 SB1，电压继电器 KV 得电闭合并自锁，按下砂轮电动机 M1 的启动按钮 SB2，接触器 KM1、KM2、KM3 先后闭合，砂轮电动机 M1 做 Y-△降压启动运行。

将手动开关 SA1 扳至"高速"挡，工作台转动电动机 M2 高速启动运转；将手动开关 SA1 扳至"低速"挡，工作台转动电动机 M2 低速启动运转。

按下按钮 SB4，接触器 KM6 得电闭合，工作台电动机 M3 带动工作台退出；按下按钮 SB5，接触器 KM7 得电闭合，工作台电动机 M3 带动工作台进入。

砂轮升降电动机 M4 的控制分为自动和手动。将转换开关 SA5 扳至"手动"挡位置（SA5-1），按下上升或下降按钮 SB6 或 SB7 接触器 KM8 或 KM9 得电，砂轮升降电动机 M4 正转或反转，带动砂轮上升或下降。

将转换开关 SA5 扳至"自动"挡位置（SA5-2），按下按钮 SB10，接触器 KM11 和电磁铁 YA 得电，自动进给电动机 M6 启动运转，带动工作台自动向下工进，对工件进行磨削加工。加工完毕，压合行程开关 ST4 时间继电器 KT2 得电闭合并自锁，YA 失电，工作台停止进给，经过一定的时间后，接触器 KM、KT2 失电，自动进给电动机 M6 停转。

冷却泵电动机 M5 由手动开关 SA3 控制。

图 4-22 为 M7475 型立轴圆台平面磨床电磁吸盘充、去磁电路的原理图。电磁吸盘又称为电磁工作台，它也是安装工件的一种夹具。具有夹紧迅速、不损伤工件、且一次能吸牢若干个工件，工作效率高，加工精度高等优点。但它的夹紧程度不可调整，电磁吸盘要用直流电源，且不能用于加工非磁性材料的工件。

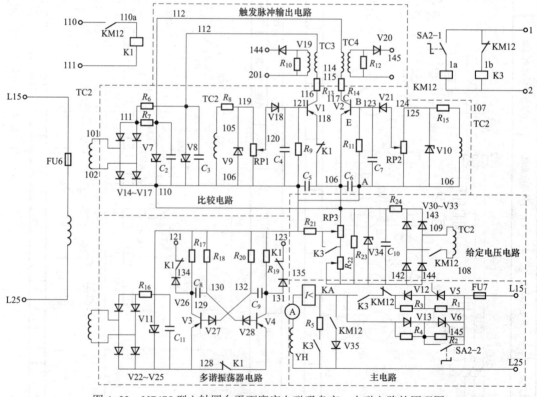

图 4-22 M7475 型立轴圆台平面磨床电磁吸盘充、去磁电路的原理图

（1）电磁吸盘构造与工作原理。平面磨床上使用的电磁吸盘有长方形与圆形两种，虽然形状不同，但其工作原理是一样的。长方形工作台电磁吸盘如图 4-23 所示，主要由钢制吸盘体，

在它的中部凸起的心体上绕有线圈，钢制盖板被绝缘层材料隔成许多小块，而绝磁层材料由铅、铜及巴氏合金等非磁性材料制成。它的作用使绝大多数磁力线都通过工件再回到吸盘体，而不致通过盖板直接回去，以便吸牢工件。在线圈中通入直流电时，心体磁化，磁力线由心体经过盖板→工件→盖板→吸盘体→心体构成的闭合磁路。工件被吸住达到夹持工件的目的。

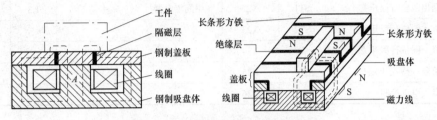

图4-23　电磁吸盘构造与工作原理图

（2）电磁吸盘控制电路。由图4-22可知，M7475型立轴圆台平面磨床电磁吸盘控制电路由触发脉冲输出电路、比较电路、给定电压电路、多谐振荡器电路组成。SA2为电磁吸盘充、去磁转换开关，通过扳动SA2至不同的位置，可获得可调（于SA2-1位置）与不可调（于SA2-2位置）的充磁控制。

3. M7475型立轴圆台平面磨床PLC控制系统设计

（1）M7475型立轴圆台平面磨床PLC控制输入/输出点分配表见表4-6。

表4-6 　　　　　M7475型立轴圆台平面磨床PLC控制输入/输出点分配表

输入信号			输出信号		
名称	代号	输入点编号	名称	代号	输出点编号
热继电器	FR1~FR6	X0	电源指示灯	HL1	Y0
总启动按钮	SB1	X1	砂轮指示灯	HL2	Y1
砂轮电动机M1启动按钮	SB2	X2	电压继电器	KV	Y2
砂轮电动机M1停止按钮	SB3	X3	砂轮电动机M1接触器	KM1	Y3
电动机M3退出点动按钮	SB4	X4	砂轮电动机M1接触器	KM2	Y4
电动机M3进入点动按钮	SB5	X5	砂轮电动机M1接触器	KM3	Y5
电动机M4（正转）上升点动按钮	SB6	X6	工作台转动电动机低速接触器	KM4	Y6
电动机M4（反转）下降点动按钮	SB7	X7	工作台转动电动机高速接触器	KM5	Y7
自动进给停止按钮	SB8	X10	工作台转动电动机正转接触器	KM6	Y10
总停止按钮	SB9	X11	工作台转动电动机反转接触器	KM7	Y11
自动进给启动按钮	SB10	X12	砂轮升降电动机上升接触器	KM8	Y12
电动机M2高速转换开关	SA1-1	X13	砂轮升降电动机下降接触器	KM9	Y13
电动机M2低速转换开关	SA1-2	X14	冷却泵电动机接触器	KM10	Y14
电磁吸盘充磁可调控制	SA2-1	X15	自动进给电动机接触器	KM11	Y15
电磁吸盘充磁不可调控制	SA2-2	X16	电磁吸盘控制接触器	KM12	Y16
冷却泵电动机控制	SA3	X17	自动进给控制电磁铁	YA	Y17
砂轮升降电动机手动控制开关	SA5-1	X20	中间继电器	K1	Y20

输入信号			输出信号		
名称	代号	输入点编号	名称	代号	输出点编号
自动进给控制	SA5-2	X21	中间继电器	K2	Y21
工作台退出限位行程开关	ST1	X22	中间继电器	K3	Y22
工作台进入限位行程开关	ST2	X23			
砂轮升降上限位行程开关	ST3	X24			
自动进给限位行程开关	ST4	X25			
电磁吸盘欠电流控制	KA	X26			

（2）根据 PLC 的 I/O 分配表，画出 M7475 型立轴圆台平面磨床 PLC 控制的实际接线图如图 4-24 所示。

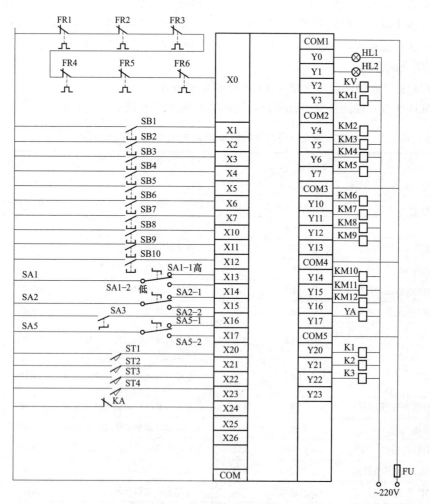

图 4-24　M7475 型立轴圆台平面磨床 PLC 控制接线图（COM 线）

（3）根据接线图和 M7475 型立轴圆台平面磨床控制要求，设计出 M7475 型立轴圆台平面磨床 PLC 控制梯形图如图 4-25 所示。

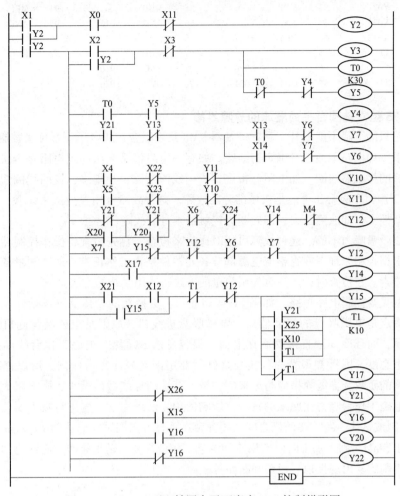

图 4-25　M7475 型立轴圆台平面磨床 PLC 控制梯形图

（4）对照梯形图，编写出 M7475 型立轴圆台平面磨床 PLC 控制指令语句表。

0	LD	X001	20	ANI	Y005	38	MRD		56	AND	X007
1	OR	Y002	21	OUT	Y004	39	AND	X005	57	ANI	Y015
2	AND	X000	22	MRD		40	ANI	X023	58	ANI	Y012
3	ANI	X011	23	ANI	Y021	41	ANI	Y010	59	ANI	Y006
4	OUT	Y002	24	ANI	Y013	42	OUT	Y011	60	ANI	Y007
5	LD	Y002	25	MPS		43	MRD		61	OUT	Y012
6	MPS		26	AND	X013	44	LDI	Y021	62	MRD	
7	LD	X002	27	ANI	Y006	45	OR	X020	63	AND	X017
8	OR	Y003	28	OUT	Y007	46	ANB		64	OUT	Y014
9	ANB		29	MPP		47	LDI	Y021	65	MRD	
10	ANI	X003	30	AND	X014	48	OR	Y020	66	LD	X021
11	OUT	Y003	31	ANI	Y007	49	ANB		67	AND	X012
12	OUT	T0　K30	32	OUT	Y006	50	ANI	X006	68	OR	Y015
15	ANI	T0	33	MRD		51	ANI	X024	69	ANB	
16	ANI	Y004	34	AND	X004	52	ANI	Y014	70	ANI	T1
17	OUT	Y005	35	ANI	X022	53	ANI	M4	71	ANI	Y012
18	MRD		36	ANI	Y011	54	OUT	Y012	72	OUT	Y015
19	AND	T0	37	OUT	Y010	55	MRD		73	MPS	

74	LD	Y021	82	MPP		88	MRD		
75	OR	X025	83	ANI	T1	89	AND	X015	
76	OR	X010	84	OUT	Y017	90	OUT	Y016	
77	OR	T1	85	MRD		91	MRD		
78	ANB		86	ANI	X026	92	AND	Y016	
79	OUT	T1 K10	87	OUT	Y021	93	OUT	Y020	

94	MPP		
95	ANI	Y016	
96	OUT	Y022	
97	END		

4. M7475 型立轴圆台平面磨床的故障维修

（1）砂轮只能下降不能上升。观察接触器 KM8 是否吸合，如电压正常且接触器无声音，可测量线圈电阻。如电路不通，可确定为断路。如有一定阻值又无法确定电阻是否正常，可对比同型号的完好的接触器线圈。如电阻高得多，说明线圈断路；小得多，说明线圈短路。如接触器有"嗡嗡"声但不吸合，可能是机械部分的故障。这种故障可用置换法来试验，用一同型号的接触器重新换上，如故障消失，即判断为接触器本身的故障。

（2）电磁吸盘吸力不够。这种故障可用对比法来检查，首先检查各操作控制器件是否工作正常；然后根据控制原理图检查整流电源部分各元器件是否工作正常；逐步测量各部分的电压来进行逐点排查。在检查时，要注意先用简单的方法，后用复杂的方法。

（3）电磁吸盘控制电路短路。如果 FU64 熔断后，更换新的熔体后继续熔断，可判断为短路。检查的重点是电磁吸盘的接插器口，电磁吸盘进线口，原因是电磁吸盘随机床工作台活动，运动频繁，而且冷却液直接喷洒在上面，很容易造成短路。电磁工作台线圈损坏需重绕时，应持慎重态度，因拆卸很费力，线圈绕好后要用沥青灌注在台座内，所以修理应一次成功。绕制线圈的匝数及导线规格应与原来的一致。若选的导线截面偏小，则电阻大，线圈通过的电流小，电磁工作台吸力比原来的减小，影响使用。修理完毕，应进行吸力实验，用电工纯铁或 10 号钢制成试块，跨放在两极之间，用弹簧在垂直方向测试，应达到 $70N/cm^2$。线圈对地绝缘应不小于 5MΩ。因为加工时经常用冷却液且工作台往复运动很频繁，应注意两出线端的密封和加牢，否则容易出现接地、短路和断路等故障。

例66　PLC 控制 B2012A 型龙门刨床的编程

龙门刨床是机械加工工业中重要的工作母机。龙门刨床主要用于加工各种平面、槽及斜面，特别是大型及狭长的机械零件和各种机床床身、工作导轨等。龙门刨床的电气控制电路比较复杂，它的主拖动动作完全依靠电气自动控制来执行。本节以 B2012A 型龙门刨床为例进行解析介绍龙门刨床的电气与 PLC 控制。

1. 龙门刨床的组成结构和主要运动

（1）龙门刨床的组成结构。龙门刨床主要用于加工大型零件上长而窄的平面或同时加工几个中、小型零件的平面。

龙门刨床主要由床身、工作台、横梁、顶梁、主柱、立刀架、侧刀架、进给箱等部分组成，如图 4-26 所示。它因有一个龙门式的框架而得名。

（2）龙门刨床的运动。龙门刨床在加工时，床身水平导轨上的工作台带动工件做直线运动，实现主运动。

装在横梁上的立刀架 5、6 可沿横梁导轨做间歇的横向进给运动，以刨削工作的水平平面。刀架上的滑板（溜板）可使刨刀上、下移动，做切入运动或刨削竖直平面。滑板还能绕水平轴调整至一定的角度位置，以加工倾斜平面。装在立柱上的侧刀架 1 和 8 可沿立柱导轨在上下方向间歇进给，以刨削工件的竖直平面。横梁还可沿立柱导轨升降至一定位置，以根据工件高度

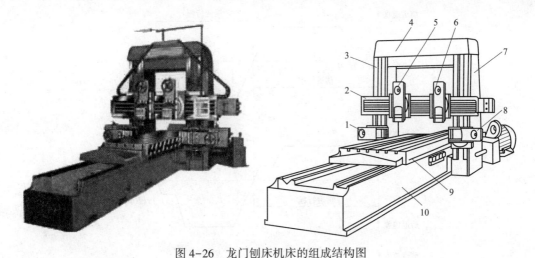

图 4-26　龙门刨床机床的组成结构图

1、8—侧刀架；2—横梁；3、7—主柱；4—顶梁；5、6—立刀架；9—工作台；10—床身

调整刀具的位置。

2. 龙门刨床生产工艺对电控的要求

龙门刨床加工的工件质量不同，用的刀具不同，所需要的速度就不同，加之 B2012A 型龙门刨床是刨磨联合机床，所以要求调速范围一定要宽。该机床采用以电动机扩大机作励磁调节器的直流发电机——电动机系统，并加两级机械变速（变速比 2∶1），从而保证了工作台调速范围达到 20∶1（最高速 90r/min，最低速 4.5r/min）。在低速挡和高速挡的范围内，能实现工作台的无级调速。B2012A 型龙门刨床能完成如图 4-27 所示三种速度图中的要求。

在高速加工时，为了减少刀具承受的冲击和防止工件边缘的剥型。切削工作的开始，要求刀具慢速切入；切削工作的末尾，工作台应自动减速，以保证刀具慢速离开工件。为了提高生产效率，要求工作台返回速度要高于切削速度，如图 4-27（a）所示。图中，$0 \sim t_1$ 为工作台前进启动阶段；$t_1 \sim t_2$ 为刀具慢速切入工件阶段；$t_2 \sim t_3$ 为加速至稳定工作速度阶段；$t_3 \sim t_4$ 为切削工件阶段；$t_4 \sim t_5$ 为刀具减速退出工件阶段；$t_5 \sim t_6$ 为反向制动到后退启动阶段；$t_6 \sim t_7$ 为高速返回阶段；$t_7 \sim t_8$ 为后退减速阶段；$t_8 \sim t_9$ 为后退反向制动阶段。

若切削速度与冲击为刀具所能承受，利用转换开关，可取消慢速切入环节，如图 4-27（b）所示。

当机床做磨削加工时，利用转换开关，可把慢速切入和后退减速都取消，如图 4-27（c）所示。

为了提高加工精度，要求工作台的速度不因切削负荷的变化而波动过大，即系统的机械特性应具有一定硬度（静差度为 10%）。同时，系统的机械特性应具有陡峭的挖土机特性（下垂特性），即当电动机短路或超过额定转矩时，工作台拖动电动机的转速应快速下降，以致停止，使发电机、电动机、机械部分免于损坏。

机床应能单独调整工作行程与返回行程的速度；能做无级变速，且调速时不必停车。要求工作台运动方向能迅速平滑地改变，冲击小。刀架进给和抬刀能自动进行，并有快速回程。有必要的连锁保护，通用化程度高，成本低，系统简单，易于维修等。

3. 龙门刨床的电气控制和 PLC 控制编程

（1）B2012A 型龙门刨床电气控制系统设计。B2012A 型龙门刨床电气控制电路原理图如

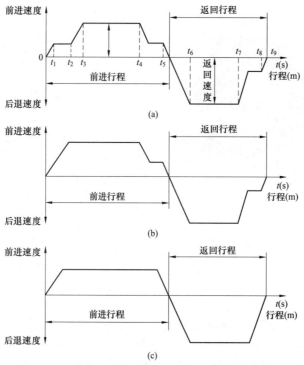

图 4-27　B2012A 龙门刨床工作台的三种速度图特性

（a）高速加工时，加入慢速切入和后退减速环节；（b）取消慢速切入环节；（c）取消慢速切入和后退减速环节

图 4-28～图 4-31 所示。其中，图 4-28 为 B2012A 型龙门刨床—直流发电拖动系统电路原理图；图 4-29 为 B2012A 型龙门刨床主拖动系统及抬刀电路原理图；图 4-30 为主拖动机组Y/△启动及刀架控制电路原理图；图 4-31 为 B2012A 型龙门刨床横梁及工作台控制电路原理图。

1）直流发电—拖动系统组成。直流发电—拖动系统主电路如图 4-28 所示，它包括电机放大机 AG，直流发电机 G，直流电动机 M 和励磁发电机 GE。

电机放大机 AG 由交流电动机 M2 拖动。电机放大机 AG 的主要作用是根据机床刨床各种运动的需要，通过控制绕组 WC 的各个控制量调节其向直流发电机 G 励磁绕组供电的输出电压，从而调节直流发电机发出的电压。

直流发电机 G 和励磁发电机 GE 由交流电动机 M1 拖动。直流发电机 G 的主要作用是发出直流电动机 M 所需要的直流电压，满足直流电动机 M 拖动刨床运动的需要。

励磁发电机的主要作用是由交流电动机 M1 拖动，发出直流电压，向直流电动机 M 的励磁绕组供给励磁电源。直流电动机 M 的主要作用是拖动刨床往返交替做直线运动，对工件进行切削加工。

2）交流机组拖动系统组成。B2012A 型龙门刨床交流机组拖动系统主电路原理图如图 4-29 所示。交流机组共由 9 台电动机拖动：拖动直流发电机 G、励磁发电机 GE 用交流电动机 M1，拖动电机放大机用电动机 M2，拖动通风用电动机 M3，润滑泵电动机 M4，垂直刀架电动机 M5，右侧刀架电动机 M6，左侧刀架电动机 M7，横梁升降电动机 M8 和横梁放松、夹紧电动机 M9。

3）各控制电路分析。

a. 主拖动机组电动机 M1 控制电路。由交流电动机 M1 拖动直流发电机 G 和励磁发电机 GE 组成主拖动机组，其控制电路如图 4-30 所示。其中，33 区中的按钮 SB2 为交流电动机 M1 的启动按钮，按钮 SB1 为交流电动机 M1 的停止按钮。

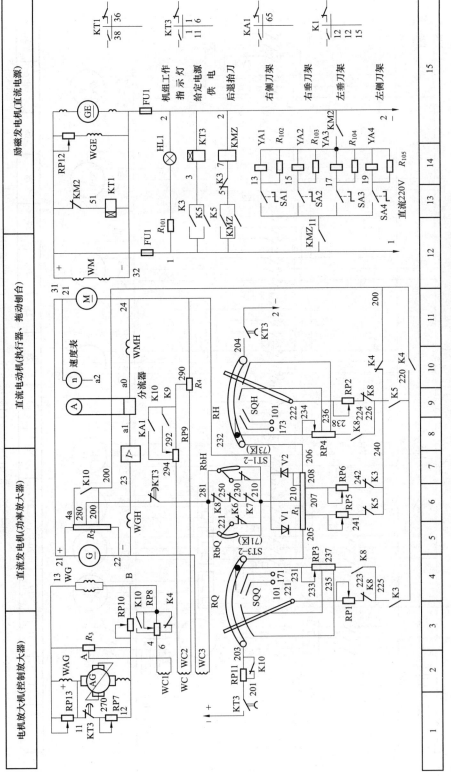

图4-28 B2012A型龙门刨床直流发电-拖动系统电路原理图

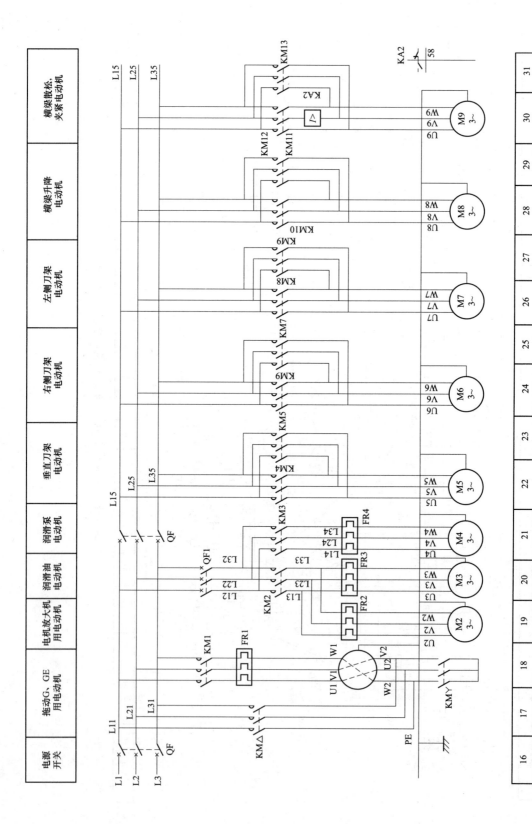

图4-29　B2012A型龙门刨床主拖动系统及抬刀电路原理图

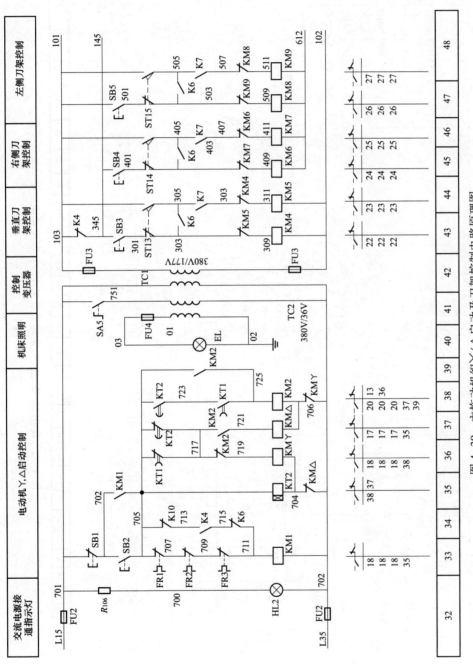

图4-30 主拖动机组丫/△启动及刀架控制电路原理图

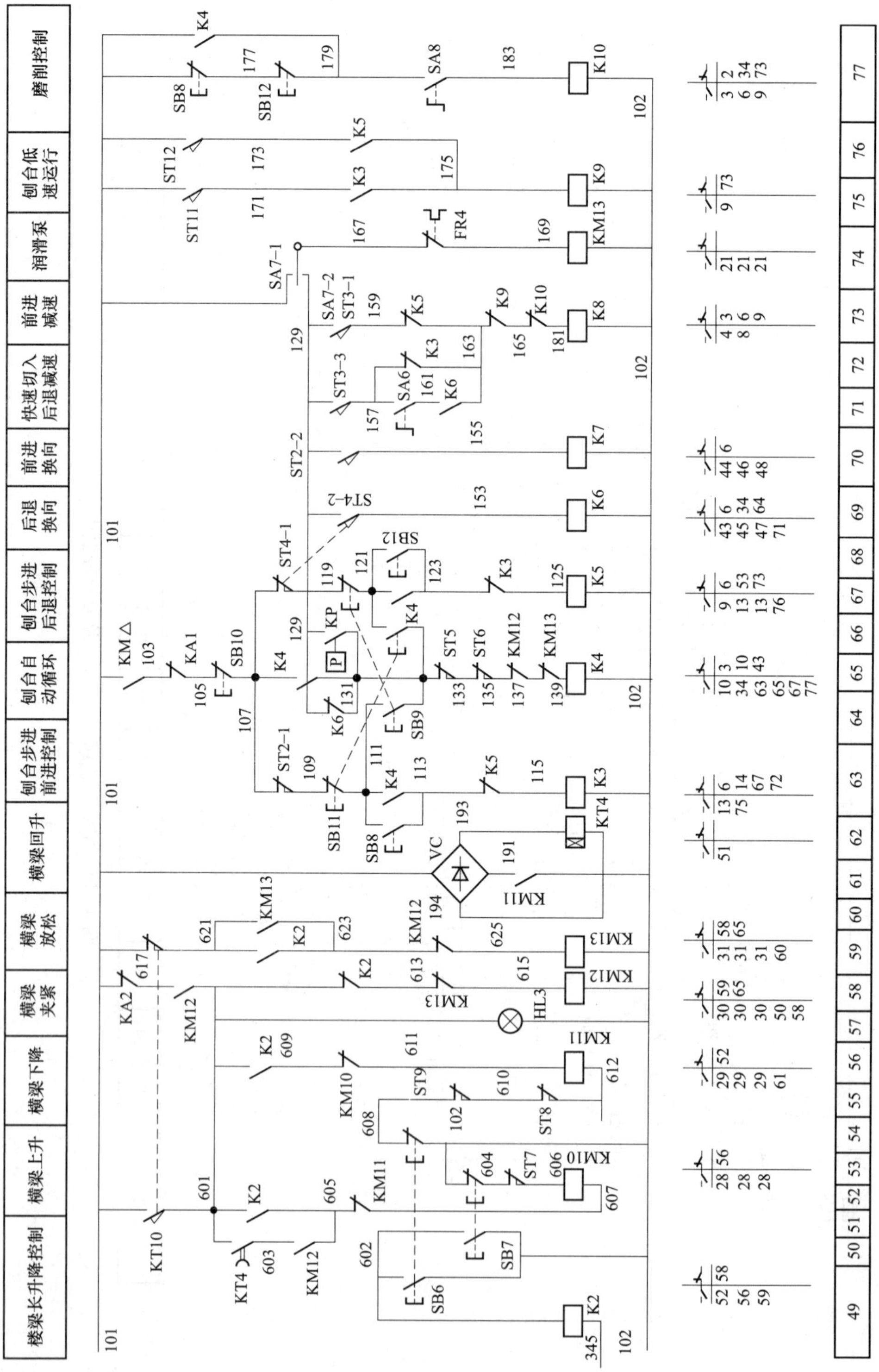

图 4-31 B2012A 型龙门刨床横梁及工作台控制电路原理图

当需要主拖动电动机 M1 拖动直流发电机 G 和励磁发电机 GE 工作时，按下 33 区中主拖动交流电动机 M1 的启动按钮 SB2，33 区中的接触器 KM1 线圈、35 区中的时间继电器 KT2 线圈、36 区中的接触器 KMY线圈得电吸合，主拖动交流电动机 M1 的定子绕组接成Y接法降压启动，被拖动的直流励磁发电机 GE 利用剩磁开始发电。

接触器 KM2 得电闭合自锁，其在 20 区中的主触点闭合，接通交流电动机 M2、M3 的电源，交流电动机 M2、M3 分别拖动电机放大机 AG 和通风机工作。同时，接触器 KM△得电闭合。此时接触器 KM1 和接触器 KM△的主触点将交流电动机 M1 的定子绕组接成△接法全压运行，交流电动机 M1 拖动直流发电机 G 和励磁发电机 GE 全速运行，完成主拖动机组的启动控制过程。

b. 横梁控制电路。在图 4-31 所示的电路中，50 区中的按钮 SB6 为横梁上升启动按钮，51 区中的按钮 SB7 为横梁下降启动按钮，53 区中的行程开关 ST7 为横梁上升的上限位行程保护行程开关，55 区中的行程开关 ST8 和 ST9 为横梁下降的下限位保护行程开关，52 区和 59 区中的行程开关 ST10 为横梁放松及上升和下降动作行程开关。

① 横梁的上升控制。当需要横梁上升时，按下 50 区中的横梁上升启动按钮 SB6，中间继电器 K2 线圈得电闭合，接触器 KM13 得电闭合并自锁。横梁放松、夹紧电动机 M9 得电反转，使横梁放松。

此时，行程开关 ST10 在 59 区中的动断触点断开，接触器 KM13 失电释放，横梁放松夹紧电动机 M9 停止反转。行程开关 ST10 在 52 区的动合触点闭合，接触器 KM10 得电闭合，交流电动机 M8 正向运转，带动横梁上升。当横梁上升到要求高度时，松开横梁上升启动按钮 SB6，接触器 KM10 线圈失电释放，横梁停止上升。继而接触器 KM12 闭合，交流电动机 M9 正向启动运转，使横梁夹紧。然后行程开关 ST10 动合触点复位断开，59 区中行程开关 ST10 的动断触点复位闭合，为下一次横梁升降控制做准备。

但由于 58 区接触器 KM12 继续得电闭合，因而电动机 M9 继续正转。随着横梁的进一步夹紧，电动机 M9 的电流增大。电流继电器 KA2 吸合动作，接触器 KM12 失电释放，横梁放松夹紧电动机 M9 停止正转，完成横梁上升控制过程。

② 横梁下降控制。当需要横梁下降时，按下 51 区中的横梁下降启动按钮 SB7，中间继电器 K2 线圈得电闭合，接触器 KM13 得电闭合并自锁。横梁放松、夹紧电动机 M9 得电反转，使横梁放松。横梁放松后，行程开关 ST10 在 59 区中的动断触点断开，接触器 KM13 失电释放，横梁放松夹紧电动机 M9 停止反转。行程开关 ST10 在 52 区中的动合触点闭合，接触器 KM11 得电闭合，横梁升降电动机 M8 反向运转，带动横梁下降。当横梁下降到要求高度时，松开横梁下降启动按钮 SB7，横梁停止下降。接触器 KM12 接通横梁放松、夹紧电动机 M9 的正转电源，交流电动机 M9 正向启动运转，使横梁夹紧。继而接触器 KM10 得电闭合，电动机 M8 启动正向旋转，带动横梁做短暂的回升后停止上升，然后横梁进一步夹紧。

c. 工作台自动循环控制电路。工作台自动循环控制电路分为慢速切入控制、工作台工进速度前进控制、工作台前进减速运动控制、工作台后退返回控制、工作台返回减速控制、工作台返回结束并转入慢速控制等。

工作台自动循环控制主要通过安装在龙门刨床工作台侧面上的 4 个撞块 A、B、C、D 按一定的规律撞击安装在机床床身上的 4 个行程开关 ST1、ST2、ST3、ST4，使行程开关 ST1、ST2、ST3、ST4 的触点按照一定的规律闭合或断开，从而控制工作台按预定的要求进行运动。

d. 工作台步进、步退控制。工作台的步进、步退控制主要用于在加工工件时调整机床工作台的位置。

当需要工作台步进时，按下 62 区中的工作台步进启动按钮 SB8，工作台步进；松开按钮

SB8，工作台可迅速制动停止。

当需要工作台步退时，按下 68 区中的工作台步退启动按钮 SB12，工作台步退；松开按钮 SB12，工作台也可迅速制动停止。

e. 刀架控制电路。在龙门刨床上装有左侧刀架、右侧刀架和垂直刀架，分别由交流电动机 M7、M6、M5 拖动。各刀架可实现自动进给运动和快速移动运动，由装在刀架进刀箱上的机械手柄来进行控制。刀架的自动进给采用拨叉盘装置来实现，拨叉盘由交流电动机拖动，依靠改变旋转拨叉盘角度的大小来控制每次的进刀量。在每次进刀完成后，让拖动刀架的电动机反向旋转，使拨叉盘复位，以便为第二次自动进刀做准备。

刀架控制电路由自动进刀控制、刀架快速移动控制电路组成。

（2）PLC 控制 B2012A 型龙门刨床的编程。

1）B2012A 型龙门刨床 PLC 控制输入输出点分配表见表 4-7。

表 4-7　　　　　　　B2012A 型龙门刨床 PLC 控制输入输出点分配表

输入信号			输出信号		
名称	代号	输入点编号	名称	代号	输出点编号
热继电器	FR1~FR4	X0	交流电动机 M1 启动接触器	KM1	Y0
电动机 M1 停止按钮	SB1	X1	交流电动机 M2、M3 接触器	KM2	Y1
电动机 M1 启动按钮	SB2	X2	交流电动机 M1丫启动接触器	KM丫	Y2
垂直刀架控制按钮	SB3	X3	交流电动机 M1△运行接触器	KM△	Y3
右侧刀架控制按钮	SB4	X4	交流电动机 M4 接触器	KM3	Y4
左侧刀架控制按钮	SB5	X5	交流电动机 M5 正转接触器	KM4	Y5
横梁上升启动按钮	SB6	X6	交流电动机 M5 反转接触器	KM5	Y6
横梁下降启动按钮	SB7	X7	交流电动机 M5 正转接触器	KM6	Y7
工作台步进启动按钮	SB8	X10	交流电动机 M6 反转接触器	KM7	Y10
工作台自动循环启动按钮	SB9	X11	交流电动机 M7 正转接触器	KM8	Y11
工作台自动循环停止按钮	SB10	X12	交流电动机 M7 反转接触器	KM9	Y12
工作台自动循环后退钮	SB11	X13	交流电动机 M8 正转接触器	KM10	Y13
工作台步进启动按钮	SB12	X14	交流电动机 M8 反转接触器	KM11	Y14
工作台循环前进减速行程开关	ST1	X15	交流电动机 M9 正转接触器	KM12	Y15
工作台循环前进换向行程开关	ST2	X16	交流电动机 M9 反转接触器	KM13	Y16
工作台循环后退减速行程开关	ST3	X17	工作台步进控制继电器	K3	Y17
工作台循环后退换向行程开关	ST4	X20	工作台自动循环控制继电器	K4	Y20
工作台前进终端限位行程开关	ST5	X21	工作台步进控制继电器	K5	Y21
工作台后退终端限位行程开关	ST6	X22	工作台后退换向继电器	K6	Y22
横梁上升限位行程开关	ST7	X23	工作台前进换向继电器	K7	Y23
横梁下降限位行程开关	ST8	X24	工作台前进减速继电器	K8	Y24
横梁下降限位行程开关	ST9	X25	工作台低速运行继电器	K9	Y25
横梁放松动作行程开关	ST10	X26	磨削控制继电器	K10	Y26
工作台低速运行行程开关	ST11	X27			
工作台低速运行行程开关	ST12	X30			
自动进刀控制行程开关	ST13	X31			
自动进刀控制行程开关	ST14	X32			
自动进刀控制行程开关	ST15	X33			

续表

输入信号			输出信号		
名称	代号	输入点编号	名称	代号	输出点编号
润滑泵电动机 M4 手动控制	SA7-1	X34			
润滑泵电动机 M4 自动控制	SA7-2	X35			
磨削控制开关	SA8	X36			
压力继电器	KP	X37			
过电流继电器	KA1	X40			
过电流继电器	KA2	X41			
时间继电器	KT1	X42			
手动控制开关	SA6	X43			

2）B2012A 型龙门刨床 PLC 控制接线图如图 4-32 所示。

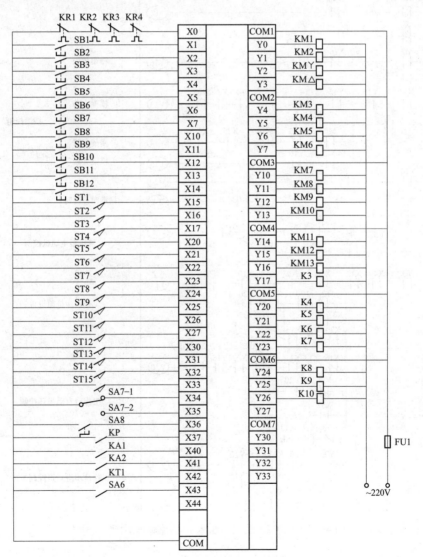

图 4-32　B2012A 型龙门刨床 PLC 控制接线图

3）根据 B2012 型龙门刨床的控制要求，设计出 B2012A 型龙门刨床 PLC 控制梯形图如图 4-33所示。

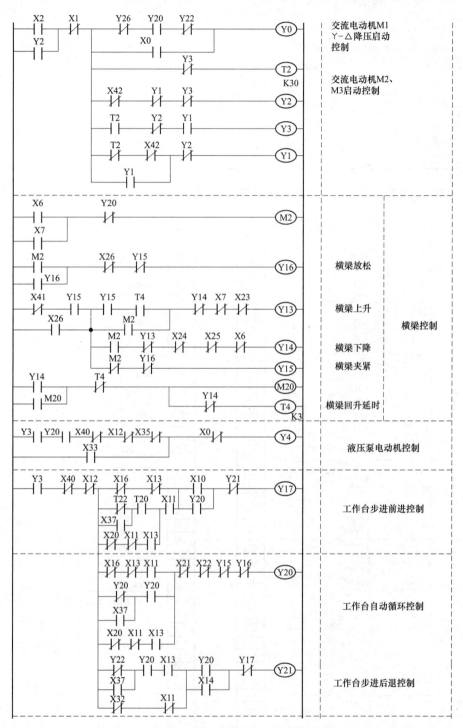

图 4-33　B2012A 型龙门刨床 PLC 控制梯形图（一）

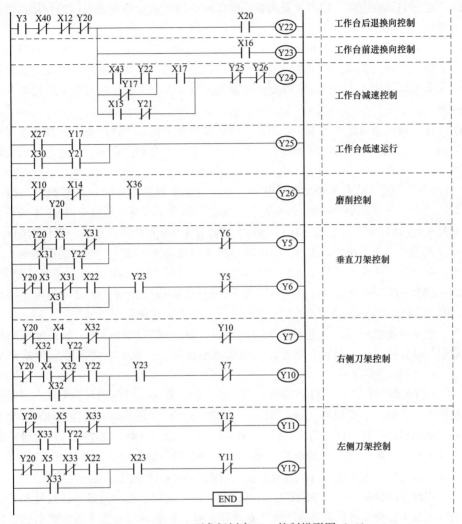

图4-33 B2012A型龙门刨床PLC控制梯形图（二）

B2012A型龙门刨床PLC控制指令语句表请读者自己写出。

4. 龙门刨床的常见故障分析

B2012A型龙门刨床控制电路由交流电路和直流电路互相配合，得以完成各种切削控制。出现故障时，首先应确定故障在交流电路还是在直流电路。如估计故障可能涉及两种电路时，因交流电路中多为有触点电器，故障较多，且较易分析检查，所以一般应先检查交流电路，后检查直流电路。B201A常见故障及检修内容很多，这里仅抛砖引玉介绍其主要的几条：

（1）夹紧电动机烧毁。在龙门刨床诸电动机中，横梁夹紧电动机 M8 损坏率最高，其原因可能是：电流继电器 KA2 失灵，按规定，电动机 M8 的电流达到 2.2~2.5A 时，串联在其主电路中的电流继电器 KA2 应动作，自动切断接触器 KM12 线圈电路。由于电流电器 KA2 调整不当或修理时不用仪表测量而凭经验随便调整，使电流继电器动作电流太大，电动机 M8 长时间过电流而烧毁。检修时应严格调整好电流继电器动作电流。

（2）放松时电动机烧毁。由于电流继电器整定得过大，使横梁夹得过紧，机械部分卡住。到放松时，接触器 KM13 吸合，电动机不转，长时间通过堵转电流而烧毁。

（3）启动电机组工作台自行"飞车"。发电机的励磁绕组接反，励磁绕组接反后，发电机的剩磁电压通过自消磁电路，把产生抵消剩磁电压的作用变成加强剩磁电压的作用，使发电机自励，发电机与电机扩大机过电压，工作台产生高速而失控。

（4）工作台低速时蠕动。工作台在低速切削时（特别是磨削时），产生停止与滑动相交替的运动，在电气上称为蠕动。产生蠕动的原因一般是油的黏度太低，提高润滑油的黏度可使蠕动消失。如果蠕动速度在 $2\sim3\text{m/min}$ 以上，可通过适当加强电压负反馈和电流正反馈及其他稳定措施来解决。

（5）工作台换向越位过大或工作台跑出。刨床说明书上规定，换向越位，最高速时不超过 $250\sim280\text{mm}$。如过大，工作台将脱出蜗杆，严重时会造成人身和设备事故，越位过大故障现象有以下两种。

1）双向越位均过大。有4种原因：其一，加速度调节器放在了"反向平稳"一边（工作台高速时应放在"越位减小"一边）。其二，反向前工作台不减速。看继电器 K8 是否吸合，不吸合可短接 K9（163~165）、K10（165~181），或检查 K8 本身故障。其三，工作台侧面上的4个撞块位置调整不当。工作台高速时，应把减速与换向撞块 A 与 B、C 与 D 的距离调大。在最长行程时，应降低工作台的速度。其四，电阻器 RP3、RP4 调整不当或接触不良。测量 RP3、RP4（235~237 或者 238~236）阻值，不应大于 55Ω；233-237 或者 238-234 的阻值不应大于 100Ω。当测量的数值与标准差别不大时，可检查导线触点的接触情况。

另外，电压负反馈较弱，减速制动不强或失灵，稳定环节调得过强，截止电压调整不当等，均能引起越位过大。调整时，不要片面追求减小越位，一般在不碰到限位开关 ST5、ST6 的情况下，可适当放宽越位距离。

2）某一方向越位过大（以前进为例）：有三种原因，其一，减速器开关失灵，可能是开关损坏或位置太低，触点不能切换，触点 ST1-1（129-159）接触不良，继电器 K8 不吸台。其二，继电器触点接触不良。继电器 K3（157-163 和 220-225）、K8（237-225）接触不良会造成减速失灵。其三，换向开关或继电器失灵。把电压表接于触点 107-109，当 ST2-1 闭合时，看有无电压，有电压，说明换向开关触点不良；否则继电器 K3 本身或电路有故障。

（6）工作台换向越位过小：电动机制动越快，工作台反向时越位就越小，这样势必引起主电路制动电流过大，会使电动机电刷下的火花严重，并会给机械部分带来过大的打击，影响电动机和机床的寿命。另外，在进刀量较大时，还会产生进刀不能走完就反向的缺点。因为进刀的时间主要取决于换向时越位的时间，即后退未了从碰撞行程开关 ST4 开始，经过一段越位，到变为前进时使转向开关复位为止的一段时间。换向越位的最小距离规定为在最高速时不小于 $30\sim50\text{mm}$。造成换向越位过小的原因和处理方法正好与越位过大相反，首先应把加速度调节器放在"反向平衡"一边。一般在电压负反馈调好的情况下，可适当加强稳定环节或减弱减速制动强度，使换向越位不致过小。还可以将电机扩大机补偿绕组的并联电阻减小一些，以减小电机扩大机的补偿强度，增大换向越位。

（7）工作台反向冲击。由传动机构间隙过大，缺乏润滑及电气参数调整不当等原因造成，如电压负反馈、电流正反馈过强等。以上各环节可参照机床说明书进行调整。

（8）工作台停车爬行。爬行是指发电机—电动机系统无输入条件下，工作台仍在以较低的速度运动。爬行发生的时间，或在开车前，或在停车后。造成爬行的原因是剩磁电压的影响。停车爬行有两种情况：一是消磁作用太弱，电压负反馈、自消磁环节及欠补偿能耗制动环节调整不当，电路接触不良或断路。另一种情况是消磁作用太强，造成反向磁化，形成停车后反向爬行。

对于上述第一种情况，主要应检查有关触点、接头、电路是否断路接触不良等，而系统在出厂时已经调整好，不宜随便调整。对于第二种情况，主要是因某些环节调整不当而造成，必须对自消磁和欠能耗制动环节进行适当调整。

（9）工作台停车振荡。在停车时，工作台来回摆动若干次，叫做停车振荡。其振荡幅度一般逐渐减小，但有时振荡幅度不变，更甚者振荡幅度会越来越大。发生振荡的原因在于稳定环节不起作用，如WC1绕组断线或电路断路。如WC1绕组接反，不但不能抑制电机扩大机输出电压的突变，反而起到增强的作用，致使振荡幅度越来越大。电机扩大机电刷位置调整不当，也会造成停车振荡。

（10）工作台反向不正常。前进调速手柄放在低速位置时，工作台碰减速开关即反向运动，减速开关复位后又恢复原来方向，这样来回不断运动。其原因是前进调速电位器上101与231短路，或后退调速电位器上101与234、236间短路。另外，RP3上的231、233、235、237触点与RP4上232、234、236、238触点中任一对触点互换后，也会发生碰减速开关反向的现象。

（11）加速调节器不起作用。加速调节器是两个阻值为300Ω的电位器，放在"反向平稳"一边（即加大电阻值），减速时有减弱制动强度的作用；换向时起减小强励磁倍数的作用。所以，过渡过程平稳，但电位器的调节必须在行程开关ST3-2和ST1-2闭合后才能起作用，如某触点接触不良，某方向的加速调节器就不起作用。另外，若把211与212互换了位置，加速调节器也不起作用。

（12）油泵压力继电器的故障：① 如油压符合要求，但微动开关触点KP不闭合；如油压开关调整不当，位置太高，则压力油不能使顶杆推动开关KP（131-129）闭合，工作台开不动。② 油压太小（或无压力），但是触点KP不跳开；如把压力开关调得太低，会造成油压不足或油泵尚未工作时触点KP不断开的故障，工作台若继续运行，会造成严重事故。

（13）直流系统接地。这种故障会引起机床无规则运动，甚至是异常运动，而且在运行时还会造成一定的危险。

（14）接触器、继电器铁芯粘住造成的故障。其故障现象多数表现为机床无规则的异常运动，有时也能造成危险。例如，继电器K3的铁芯粘住，就会使工作台控制电路失灵而造成工作台在前进方向跑出。横梁上下接触（KM10、KM11）铁芯粘住，就会使限位开关不起作用而发生碰撞事故。

例67　PLC控制龙门钻床的编程

1. 龙门钻床简化结构示意图和工艺说明

某龙门钻床的简化结构示意图如图4-34所示。图中，在取工件位，工件是由图中对面的取工件推进油缸，将图中对面传送装置上的工件取到图中所示取工件位。另外在取工件的同时，由卸工件位的卸工件油缸将工件卸走，送到另一传送装置上。上述两部分在图中均未画出。取工件和卸工件油缸共用一个换向阀控制，同时动作。

工件步进推进油缸勾贝杆和工件步进推杆连在一起。当油缸勾贝推进时，带动推杆，再由推杆上的棘爪将在工件滑道上取工件位的工件和钻孔工作位的工件同时向右推动一个工作位置。

所有油缸都采用双电磁铁换向阀控制。油缸的推进和回位、工件的夹紧和松开、钻头的上升和下降都采用限位开关限位控制。

各限位开关的作用是：ST1为工件步进推进油缸推进到位限位开关；ST2为步进油缸回位限位开关；ST3为夹紧工件油缸推进夹紧工件到位限位开关；ST4为取工件油缸取工件推进到位限位开关；ST5为卸工件油缸卸工件推进到位限位开关；ST6为钻头下行钻孔到位限位开关；

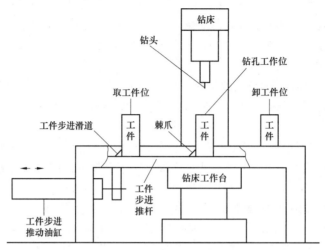

图 4-34　龙门钻床简化结构示意图

ST7 为钻头上行回位限位开关；ST8 为夹持工件油缸回位限位开关（也称松件限位开关）；ST9 为取工件油缸回位限位开关；ST10 为卸工件油缸回位限位开关；ST11 为取工件位有无工件检测开关（当取工件位有工件时，ST11 限位开关动合触点被工件压下而闭合）。另外，SB1 为系统工作的启动开关。

上述各开关配线全接在动合触点上，并且定义各动合触点闭合的情况为"1"状态，断开时为"0"状态。下面说明钻床的工作过程。

（1）当钻床处于原位状态，所有油缸在回位状态（限位开关 ST2＝1、ST7＝1、ST8＝1、ST9＝1、ST10＝1），取工件位有工件（ST11＝1）时为原位状态，即初始状态。

（2）当按动启动开关 SB1 时（钻床启动），系统开始工作。

（3）由工件步进推动油缸推动工件向右移动一个工作位置，此时在取工件位的工件被推到钻孔工作位的工作台上（简称上工件）。

（4）当工件步进到位（简称步进到位）ST1＝1 时，转下步。

（5）步进油缸回位（简称步进回位）。

（6）当步进油缸已回到位（简称步进回位）ST2＝1 时，转下步。

（7）由专用的定位装置和夹紧装置（图中未画出）将工件在定位的同时夹紧工件（简称夹持工件）。在定位夹紧工件的同时，在取工件位和在卸工件位同时进行取、卸工件的工作（简称取卸工件）。

（8）当夹紧工件油缸已夹紧工件 ST3＝1、取工件油缸已到位 ST4＝1、卸工件已到位限位开关 ST5＝1 时，转下步。

（9）钻头下行钻孔（简称钻头下行）。

（10）当钻头下行到位，ST6＝1 时，转下步。

（11）钻头上行。

（12）当钻头上行到位，ST7＝1 时，转下步。

（13）夹紧工件的油缸回位松开工件（简称松工件）同时取、卸工件的油缸也回位。

（14）当夹紧工件油缸已回位，限位开关 ST8＝1 时；取工件油缸已回位，限位开关 ST9＝1 和卸工件油缸已回位，限位开关 ST10＝1 时，转至重复执行上述过程。

2. 龙门钻床工艺过程功能表图

将龙门钻床一个循环的控制过程分解成若干个清晰的连续的阶段，每个阶段称为"步"，类似于人们平时所说的工作步骤。一个步可以是动作的开始、持续或结束。一个过程分解的步越多，描述就越精确。如在上述龙门钻床的工作过程中，其工作过程就可以分为：初始阶段；上工件；步进回位；夹持工件和与之同时动作的取卸工件；钻头下行钻孔；钻头上行回位；松开工件同时取卸工件油缸回位共7个阶段，即七步，步与步之间为连续的。

每一步所要完成的工作称为动作（或命令），如上述钻床的工作过程中的"上工件""钻头下行钻孔"等即称为动作（或命令）。

步与动作（或命令）的主要区别是：步是指某一过程循环所分解的若干连续的工作阶段；动作（或命令）是指某一阶段所要进行的工作。

一个步中可以有一个或多个动作（或命令）。如一步中有多个动作（或命令）时，这多个动作（或命令）之间硬不隐含着有顺序关系，否则还可分解成多个步。在上述钻床工作过程的第三步中定位夹紧工件和取卸工件是同一步的工作，两者是同时进行的。

当控制系统正在运行时，每一步又可根据该步当前是否处于工作状态，分为动步（又称为活动步）或静步。动步是指当前正在进行的步，当一个步处于动步时，该步相应的动作（或命令）被执行。静步是指当前没有进行的步。动步和静步的概念常用于分析系统动态的工作状态。

一般控制系统的控制过程开始的步与初始状态相对应，称为"初始步"。每个功能表图中至少含有一个初始步。

在功能表图中，会发生一个步向另一个步的活动进展，即一个步工作完后，转为下一步工作。这种进展是按有向连线的路线进行的，即有向连线的作用是：规定了步与步之间的活动进展方向。这种进展是由后面所要介绍的转换来实现的，有向连线将前步连到转换，再从转换连到后步。

在功能表图中，转换是指某一步的操作完成后，在向下一步进展时要通过转换来实现。转换条件是与转换相关的逻辑命题。当前一步的操作完成后，如果转换的转换条件满足，则转换得以实现，从而进展到后续步，使后续步变为动步，执行后续步的工作，此时前步被封锁变为静步。

可以将转换看作是硬件，而转换条件可以看作是软件。例如，在上述钻床的控制过程中，第一步（上工件）工作完后向第二步（步进油缸回位）进展时，是通过ST1限位开关控制的。当限位开关ST1动合触点闭合后，则向第二步进展。此处的ST1限位开关为转换（属于硬件），而转换条件是ST1限位开关动合触点的闭合。

通过以上解析，就可以画出龙门钻床工作过程的功能表图，如图4-35所示。

从图4-35中可以看出，用功能表图来描述上述龙门钻床的工作过程要比前面用文字说明来得更简单、更明确、更清晰、更容易看懂。这里应该特别注意：

（1）步与步之间不能直接相连，必须用转换分开；

（2）一个功能表图中至少应有一个初始步；

（3）每一个转换必须与一个转换条件相对应；

（4）每一步可与一个或一个以上的动作（或命令）相对应，但不隐含有顺序关系。

3. 选择PLC，画出龙门钻床PLC控制的I/O端子实际接线图

根据哪些输入信号是由被控系统发送到PLC的？哪些负载是由PLC驱动控制的？由此确定所需的PLC输入/输出点数。同时还要确定输入/输出量的性质，如输入/输出是否是开关量？

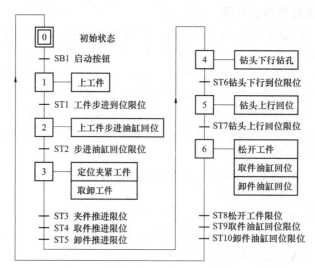

图 4-35　龙门钻床工作过程的功能表图

是直流量、还是交流量？以及电压大小等级等。

在这一步中还要确定输入/输出硬件配置等，如输入采用哪类元件（如触点类开关，还是无触点类开关或既有触点类还有无触点类的混合型式）。输出控制采用哪类负载（如感性负载还是阻性负载，是直接控制还是间接控制等）。

根据上述所确定的项目就可以选择 PLC 了。在本钻床控制中，向 PLC 输入的信号有 23 点，全部采用触点类开关元件作输入。由 PLC 输出驱动控制的负载有 9 点。其中 8 点负载为液压缸的换向阀电磁铁线圈，电磁铁线圈全部采用交流 220V 电源；1 点为交流 220V 的电铃，这 9 点均为感性负载。

根据上述分析情况，可选用 F1-40MR 或 FX_{2N}-48MR 型 PLC 作为钻床控制主机。其输入点数均为 24 点，输出点数为 16 或 24 点，输出点数比所需多，可作备用或将来的功能扩展。一般情况下，PLC 输入/输出点数应多于控制系统所需点数，这样可为设计、检修和扩展应用带来方便。

如若选定 F_1-40MR 型 PLC，进行钻床控制系统 I/O 设备的地址分配，并画 PLC 的 I/O 端子实际接线图如图 4-36 所示。

4. PLC 控制的梯形图程序

对于手动部分梯形图程序，因其比较简单，可根据被控对象对控制系统的具体要求，通过与控制输出有关的所有输入变量的逻辑关系，直接画出梯形图，再通过不断的分析、调试、修改来完善、简化程序。

对于 PLC 控制系统的顺序控制部分，一般采用顺序控制设计法来设计梯形图程序。首先应画出 PLC 顺序控制系统的功能表图，再根据功能表图和 PLC 所具有的编程功能，选择一种尽可能简单的编程方式，来编制顺序控制部分的梯形图程序。本例主要以步进梯形指令编程方式为主编制 PLC 控制系统梯形图程序？

（1）PLC 控制系统梯形图程序总体结构。一般 PLC 控制系统梯形图程序总体结构由通用程序、返回原位程序、手动操作程序和自动控制程序组成。由于返回原位程序可以用手动操作方式来完成，所以，一般情况下可不设置返回原位操作方式（控制系统也可以只有自动部分的程序）。对于这样具有手动操作方式和自动操作方式的 PLC 控制系统梯形图总体结构可设计为如

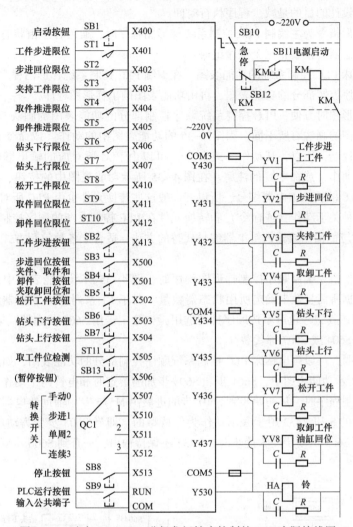

图 4-36 选定 F_1-40MR 进行龙门钻床控制的 PLC 实际接线图

图 4-37 所示的工作方式区分选择电路。设计这种总体结构的关键是利用跳转换指令和转换开关来控制 PLC 是执行手动程序还是执行自动程序。

当选择工作方式转换开关 SC1（见图 4-36）处于自动工作方式位置时（指步进或单周期或连续工作方式），此时，选择开关在手动工作位的动合触点 SC1.0 必然是断开的，可使与之对应的输入继电器 X507 手动（转）的动断触点接通使 CJP700 也接通，执行 CP700 跳转指令，跳过手动程序执行自动程序。

当转换开关 SC1 处于手动工作位时，手动工作位的 SC1.0 动合触点闭合，与之对应的 PLC 输入继电器 X507 手动（转）动合触点闭合，而动断触点断开，此时不执行 CJP700 跳转指令，而将执行手动操作程序。在执行完手动操作程序后，因为此时 X507 动合触点闭合，执行 CJP701 跳转指令，则跳过自动程序不执行，一直到执行 END 结束指令之后又返回重新从头

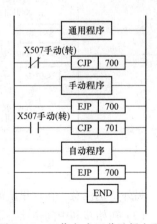

图 4-37 工作方式区分选择电路

执行程序。这样设计的目的是减少程序执行时间。

当以步进梯形指令为主编制 PLC 控制系统梯形图程序时，通用程序由状态器初始化、状态器转换启动和状态器转换禁止三个程序组成。

（2）自动钻床 PLC 控制系统的功能表图。在编制 PLC 控制系统梯形图程序之前，应先画出 PLC 控制系统顺序控制部分的功能表图，再由功能表图画出梯形图程序。

为了编制梯形图时方便，PLC 控制系统顺序控制部分的功能表图的画法与图 4-35 钻床工作过程的功能表图的画法有所不同。因图 4-35 的功能表图中的动作（或命令）是由 PLC 所对应的输出继电器控制，所以，其动作（或命令）可以由 PLC 所对应的输出继电器的编号来代替，其旁边可加动作（或命令）的注解。在图 4-35 所示功能表图中的按钮、限位开关等转换元件也对应着 PLC 的输入继电器编号，所以，一般这些转换元件也由 PLC 所对应的输入继电器编号来代替。这种关于动作（或命令）和转换元件在 PLC 控制系统的顺序控制部分的功能表图中，由 PLC 相对应的输出或输入继电器编号代替的方法，适合于各种编程方式所需要绘制的功能表图。

当以步进梯形指令编制顺序控制梯形图程序时，图 4-35 所示功能表图中的步序号需用状态器来代替。根据所需步数来确定所用状态器数量。对于 F1 系列 PLC 状态器编号可在 S600～S647 范围内选用。其编号也可不按顺序排列选用，如第三步用 S602 状态器，第四步用 S603 状态器，但也可用 S604 或 S607 等代替。

根据上述说明，可以画出钻床 PLC 控制系统顺序控制部分的功能表图，如图 4-38 所示。

在图 4-38 所示功能表图中，S601 步和 S604 步加响铃定时和电铃两个动作。当用步进梯形指令编制顺序控制程序时，从初始步到 S601 步的进展由 M575 专用辅助继电器控制其转换。在 S603 步动作框内的 S 和 Y432 用于表示动作为保持型的，即当 S603 步变为动步时，Y432 输出（夹持工件），当 S603 由动步变为静步时，Y432 还保持输出，一直到 S606 步变为动步时，才将 Y432 复位断开。

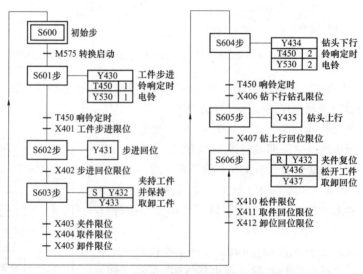

图 4-38　龙门钻床 PLC 控制系统顺序控制部分的功能表图

另外特别注意，在这里所说的顺序控制程序就是自控程序部分。

（3）初始步和中间步状态器的初始化梯形图程序（通用程序部分）。以步进梯形指令编程方式为主编制梯形图程序时，在通用程序部分要对 PLC 控制系统的功能表图中所用的初始步和中间工作步的状态器进行初始化处理（将状态器处理成工作开始所需要的初始状态）。

　　初始化程序一般包括两部分：一是对初始步状态器的置位或复位处理。在 F1 系列 PLC 中，一般将 S600 状态器作为初始步的状态器，当然也可以用其他状态器作为初始步的状态器。二是将表示中间步的状态器复位。本案例中中间工作步为 S601~S606（见图 4-38）。

　　本案例中初始步状态器 S600 是在原位条件被满足和中间步状态器复位的情况下才被置位。当 S600 置位后，如果系统工作在自动方式时，按功能表图所示，可以通过转换条件的建立，使 S600 进展到下一步（本例中为 S601），使下一步（S601）变为动步，同时 S600 被自动复位。此后随着工作过程的不断进展（按功能表图进展）依次进入下一步的转换，一直到一个循环过程结束，之后初始步状态又被置位，可进行下一个循环的工作。

　　但在手动工作方式时，必须对初始步的状态器 S600 复位，防止由于初始步状态器 S600 被置位后一直保持。此时，如果手动操作使系统不在原位状态，而又将手动工作方式转换为自动工作方式时，则 S600 初始步会向下一步 S601 步进展而进入自动控制状态。但因此时系统不是在原位状态下开始工作，则会使工作过程错乱，这种情况下也可能出现事故。所以，在手动工作方式时必须将初始步状态器复位。

　　对于中间工作步的状态器（本案例中为 S601~S606），在手动操作方式时，也必须将其复位。因为中间步的某一状态器被置位后又转到手动操作方式时，其置位状态仍被保持，此时如手动操作使机器处于原位状态，而又使初始步 S600 置位后，当工作方式又转到自动位时，可能会形成 S600 步向下一步和中间某一被置位保持的步也向下一步转换的情况。这样会使程序运行错乱。所以，对于中间步的状态器在手动工作方式下也必须做复位处理。同时，对 S600 的置位，也要加上中间步处于不工作的复位状态这一条件。

　　通过上述解析，可以画出初始步和中间步状态器初始化梯形图程序，如图 4-39 所示。

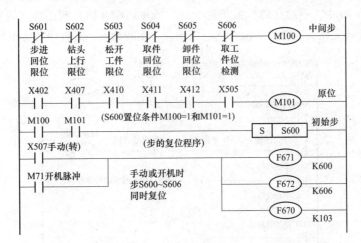

图 4-39　初始步和中间步状态器初始化梯形图程序

　　在图 4-39 中，利用所有中间状态器处于复位状态（其线圈未接通，动断触点闭合）作为初始步 S600 置位条件之一。这样做的目的是：当执行自动程序时，此时中间步状态器必然有一个以上处于动步工作状态，其动断触点此时必然是断开的，不能使 M100 接通，也就不能使初始步 S600 置位，这时即使误按启动按钮，也不可能做另外一次不正常的启动。

　　原位条件也是初始步置位条件之一。在钻床控制中，原位条件是所有油缸回位、油缸回位限位开关动合触点闭合，同时取工件位准备好工件。

在图 4-39 中，当系统工作在手动工作方式时，要利用工作方式选择开关 QC1 在手动位时（X507 动合触点闭合），使初始步状态器 S600 复位（复位优先执行）。

中间步状态器的复位也是利用工作方式选择开关 QC1（转换开关）在手动位（X507 动合触点闭合）使之复位。因状态器有断电保持功能，所以，表示步的状态器的复位应利用专用辅助继电器 M71 在 PLC 上电时所产生一个扫描周期的脉冲功能来给表示步的状态器复位。如果中间步状态器要在恢复供电时，从掉电前条件开始继续工作则不需要 M71。

在图 4-39 中，F670 Kl03 是对指定范围内的 Y、S、M 编程元件同时复位的功能指令。由设定线圈 F671 和在其后面的 K 后常数设定复位起始的编程元件编号，由设定线圈 F672 和在其后面的 K 后常数设定复位结束的编程元件编号。K 后常数为编程元件编号的号码，表示继电器类型的字母一律用 K 符号代替。本例中同时复位的范围是状态器 S600~S606。

（4）表示步的状态器转换启动和转换禁止梯形图程序（通用程序部分）。F1 系列 PLC 有两个专供用步进梯形指令和状态器编制顺序控制程序的专用辅助继电器 M575 和 M574。利用这两个专用辅助继电器可编制顺序控制功能表图中表示步的状态器的转换启动和转换的禁止。还可通过对 M575、M574 编程实现手动和自动工作方式中步进、单周期、连续工作方式的选择。

M575 用于对表示步的状态器的转换启动。M575 线圈接通一次，则对 PLC 状态器的自动转换系统启动一次。M575 相当于是 PLC 状态器自动转换系统的启动按钮。初始步 S600 向下步（如 S601）的转换要通过 M575 的动合触点的闭合来实现。

M574 用于对表示步的状态器的自动转换禁止。当用步进梯形指令控制表示步的状态器向下一步状态器转换时，如果 M574 线圈被接通，则这种表示步的所有状态器的自动转换就被禁止。只要 M574 接通，即使转换启动 M575 接通，转换也被禁止。

表示步的状态器的转换启动和转换禁止的梯形图程序如图 4-40 所示，该图也属于通用部分程序。在图 4-40 中，手动（转）或步进（转）或单周期（转）或连续（转）是指 PLC 选择工作方式的转换开关在其对应位的输入继电器动合、动断触点。其程序功能解析如下。

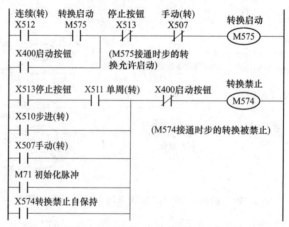

图 4-40 表示步的状态器的转换启动和转换禁止的梯形图程序

1）在手动工作方式下，从转换启动的梯级图中可以看出，当转换开关在手动位时，X507 手动（转）动断触点此时是断开的，转换启动专用辅助继电器 M575 不可能接通。同时，在转换禁止梯形图中，此时 X507 手动（转）动合触点应是闭合的，从而接通了转换禁止内部辅助继电器 M574。所以在手动方式下，禁止状态器转换。

2）在步进工作方式下，从转换禁止梯级图中可以看出，当转换开关在步进位时，此时

X510 步进（转）的动合触点应处于闭合状态，通过 X510 动合触点的接通和 X400（启动按钮）的动断触点而接通转换禁止继电器 M574，并使 M574 自保持。此时状态器向下一步转换一般是禁止的。但当按下启动按钮 X400 时，X400 动合触点闭合，可接通转换启动继电器 M575（无自保持功能，见转换启动梯形图），与此同时，在按下启动按钮 X400 的同时，X400 动断触点断开，同时断开了转换禁止辅助继电器 M574，所以，可以启动状态器转换系统，表示步的状态器可从当前步转换到下步（见转换禁止梯形图）。但在下步动作（或命令）完成后，此时虽然转换条件可能已经满足，但由于此时启动按钮已松开，X400 启动按钮动断触点又闭合，则通过 X510 步进（转）和 X400 动断触点接通转换禁止继电器 M574 并且自保持，使表示步的状态器不能向下一步转换。此时，除非再按一次启动按钮重新接通 M575 断开 M574 一次，则可进展一步。重复上述过程，就形成了按一次启动按钮进展一步的步进工作方式。

3）在单周期工作方式下，此时在转换禁止梯级图中，当转换开关在单周期位时，X511 单周期（转）的动合触点虽然闭合，但因为 X513 停止按钮的动合触点此时是断开的，所以，不能接通禁止转换继电器 M574，解除了对表示步的状态器的转换禁止。此时，当按下启动按钮使 X400 动合触点闭合，则接通转换启动继电器 M575（无自保持，启动按钮松开后 M575 线圈即断开），即可启动 PLC 状态器转换系统，实现表示步的状态器从当前步向下一步的转换。只要 PLC 状态器转换系统已被启动除非 M574 禁止转换继电器被接通一次，否则，只要转换条件满足，从当前步向下一步的转换能一直进行下去（注意，因 F1 系列 PLC 状态器只有 40 个且在同一用 STL 编程方式所编的顺序控制程序中不能重复使用，所以，最多能转换 40 步），直到返回到初始步。由于初始步状态器向下一步如 S601 的转换是通过转换启动继电器 M575 动合触点闭合来实现的（见图 4-40），在单周期工作方式中，按下启动按钮后，M575 只是暂时接通，无自保持功能，当系统按功能表图工作一个周期返回初始步时，因 M575 是断开的，所以，系统停留在初始步；就形成了按一次启动按钮进展一周期的单周期工作方式。

如果在单周期运行期间（此时 X511 动合触点闭合），当按下停止按钮 X513 动合触点也闭合时，则使禁止转换继电器 M574 接通并自锁，禁止状态器转换，系统完成当前步的动作（或命令）后停留在当前步，直到重新按下启动按钮 X400，断开 M574，接通 M575（无自保持）时，才能完成该周期当前步之后的工作。

4）在连续工作方式下，连续工作方式同单周期工作方式类似，所不同点：一是在转换禁止梯形图中未设置 M574 接通电路，所以在连续工作方式下，完全解除了转换禁止；二是在转换启动梯形图中设置了 M575 继电器的转换启动后的自保持电路。在连续工作方式下，转换开关在连续工作位的 X512 连续（转）动合触点闭合，当按下启动按钮时，M575 线圈接通，M575 的动合触点也接通，使 M575 形成转换启动后的自保持状态。此时，当系统工作一个周期返回初始步 S600 时，因 M575 动合触点此时是闭合的，转换条件满足，则可从初始步 S600 向下一步（S601 步）继续转换，开始下一周期工作。系统将这样一直工作下去直到按下停止按钮（X513 动断触点断开），断开 M575 线圈及其自保持电路，使之在完成当前周期工作后，不能进入下一个周期工作，而停留在初始步。

（5）自动控制部分梯形图程序的编制。图 4-41 是根据图 4-38，用步进梯形指令编程方式编制的龙门钻床 PLC 控制系统自动控制部分的梯形图程序，这也是单序列顺序控制的例子。

当用 F1 系列 PLC 并用步进梯形指令编制自动控制梯形图程序时，要注意下面几点。

1）初始步状态器 S600 向下一步（本例中为 S601）转换时，一般以 M575 的触点为转换

图 4-41　钻床 PLC 控制系统自动控制部分的梯形图程序

条件。

2）步进梯形指令有使转换的原状态器自动复位断开的功能。例如，当 S602 状态器接通为动步时，接通 Y431。此时，当转换条件 X402 动合触点闭合时，可将 S603 状态器置位，即转换到下一步（S603 步），使 S603 变为动步。而原状态器 S602 的复位是由 PLC 内部转换系统自动地将其变为静步，即断开 S602，同时也就断开了 Y431。

3）在系列 STL 电路结束时，要写入 RET 指令，使 LD（或 LDI）点回到原母线上。

4）在表示步的状态器禁止转换期间，当前步的状态器是处于保持接通状态。例如，当在步 S604 状态器处于动步而转换禁止继电器 M574 接通，使系统不能向下一步转换时，则会使步 S604 处于始终保持接通状态；此时，即使转换条件满足，也不能向下一步转换，该步的动作 Y434 也仍然保持接通输出。如果系统有特殊要求，不允许在禁止转换期间且转换条件又成立时动作仍被保持接通输出，则可在该步状态器和动作（或命令）输出继电器之间加入相反的转换条件来切断输出。本例中可在步 S604 和 Y434 间加入转换条件 X406 的动断触点。这样既可以在步 S604 接通时，不影响 Y434 输出，又可在转换条件 X406 接通时，用其动断触点来切断 Y434 的输出（见图 4-41）。

5）对于某步当中的命令（或动作）的输出需要保持的，可用置位指令使其保持输出。此时即使该步变为静步，用置位指令的输出也可使其保持，直至后面程序中用复位指令将其复位时为止。例如，步S603中的Y432（夹件并保持）的输出就是这样编程的。

6）用步进梯形指令编程允许同一继电器双线圈输出。例如，步S601和步S604中Y530就属于双线圈输出。

7）当进入执行由步进梯形指令编制的自动部分程序后，会一直执行自动部分程序，直到遇到RET返回指令后，才能执行其他部分程序。所以，自动程序末尾要用RET指令。当自动部分程序中间编有非步进梯形指令控制的程序时，非步进梯形指令控制程序前的自动程序末尾也要用RET指令，这样才能紧接着执行非步进梯形指令控制的程序。

（6）手动部分梯形图程序。手动部分梯形图程序因其简单，所以，可以根据经验来设计。本案例龙门钻床手动操作部分的程序比较简单，只需设置一些必要的联锁即可，如图4-42所示。

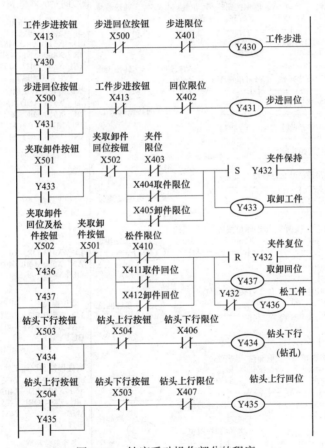

图4-42　钻床手动操作部分的程序

（7）以步进梯形指令编程方式为主编制的钻床PLC控制系统总梯形图程序。对于用步进梯形指令编程方式为主编制PLC控制系统梯形图总的程序，可将前面所介绍的通用程序（包括初始化、转换启动、转换禁止程序）、手动程序、自动程序按图4-37总体框图组合，即可得到图4-43所示的总程序。

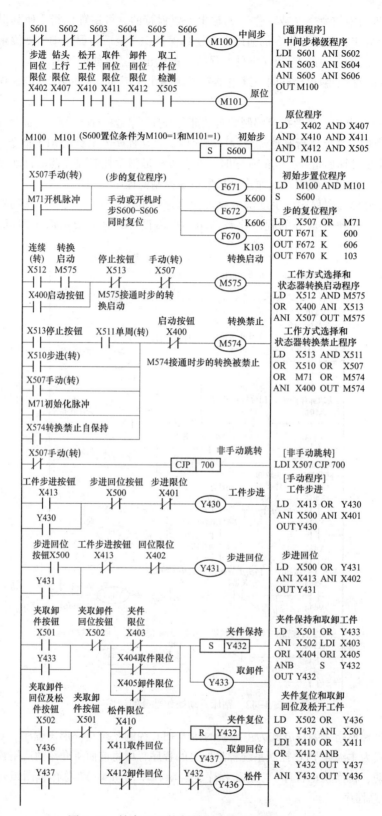

图 4-43　钻床 PLC 控制系统总梯形图程序（一）

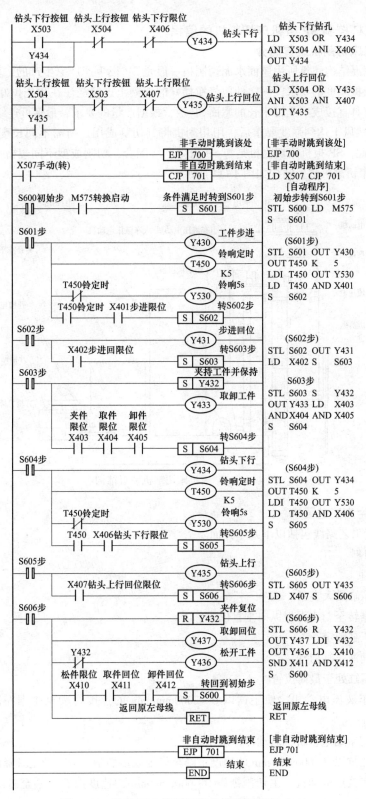

图 4-43　钻床 PLC 控制系统总梯形图程序（二）

例68 PLC控制SP板机床切割机的编程

1. SP板机床切割机装置简介

建筑行业钢混结构建筑所用屋面水泥预制板一般是SP板生产厂家生产的，其生产过程是：根据用户对屋面板厚度的要求，一次性地将搅拌好的混凝土连续浇注在预先拉好的几百米长的钢丝上，通过模具直接成型几百米长的屋面SP板，根据产量的要求，最多可连续浇注5层；当所有层SP板自然风干达到强度要求后，用切割机将其切割成用户所需不同长度以及形状等的屋面SP板。因此，SP板机床切割机是与SP板生产线配套，切割成型不同规格形SP板的关键设备。SP板机床切割机装置结构如图4-44所示，

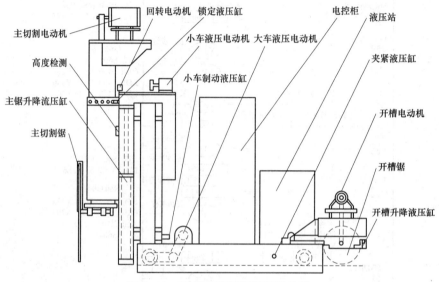

图4-44 SP板机床切割机装置结构

2. 切割机生产工艺要求

切割机生产工艺路线包括以下几个方面。

（1）横向切割。

1）初始条件。

a. 夹紧液压缸最大夹紧。

b. 主切割锯转至与水泥板纵向垂直位置。

c. 锁定液压缸锁定。

d. 小车制动液压缸启动。

e. 升降液压缸处于最高位置。

2）启动小车液压电动机，使主锯以0~2000mm/min的速度行驶至主锯左起始切割位置（限位开关位置）。

3）启动主切割锯电动机，启动冷却水系统。

4）升降液压缸以0~600mm/min的速度下降至设定规格切割位置，锁定升降液压缸。

5）启动小车液压电动机，主切割锯以0~600mm/min的速度向右切割至右限位开关位置，小车液压电动机停止。

6）升降液压缸以0~2000mm/min的速度将主锯升至最高位置，然后锁定升降液压缸，完成

一个横向切割工艺。

（2）大车快速纵向行走。

1）初始条件。

a. 夹紧液压缸最小夹紧。

b. 升降液压缸处于最高位置。

2）启动大车液压电动机，使大车以0~5000mm/min的速度行驶至新切割位置前约200mm。

3）切换大车液压电动机速度，使大车以0~1000mm/min的速度行驶至新的切割位置。

4）夹紧液压缸最大夹紧，准备进入新的横向切割工艺。

（3）纵向切割。

1）初始条件。

a. 夹紧液压缸最小夹紧。

b. 升降液压缸处于最高位置。

c. 锁定液压缸开起。

2）启动回转电动机，使主锯旋转至与水泥板纵向平行的位置。

3）停止回转电动机，锁定液压缸锁定，小车制动液压缸开起。

4）启动小车液压电动机，使小车以0~2000mm/min的速度行驶至纵向切割位置，小车制动液压缸制动。

5）启动主切割锯电动机，启动冷却水系统。

6）升降液压缸以0~600mm/min的速度下降至设定规格切割位置，锁定升降液压缸。

7）启动大车液压电动机，主切割锯以0~600mm/min的速度纵向切割至终点位置，大车液压电动机停止。

8）升降液压缸以0~2000mm/min的速度将主锯升至最高位置，然后锁定升降液压缸，完成一个纵向切割工艺。

（4）斜向切割。

1）初始条件。

a. 夹紧液压缸最小夹紧。

b. 升降液压缸处于最高位置。

c. 锁定液压缸开起。

2）启动回转电动机，使主锯旋转至斜切的角度上。

3）停止回转电动机，锁定液压缸锁定，小车制动液压缸开起。

4）启动小车液压电动机，使小车以0~2000mm/min的速度行驶至斜向切割位置，小车制动液压缸制动，夹紧液压缸最大夹紧。

5）启动主切割锯电动机，启动冷却水系统。

6）升降液压缸以0~600mm/min的速度下降至设定规格切割位置。

7）升降液压缸以0~2000mm/min的速度将主锯升至最高位置，然后锁定升降液压缸。

8）小车制动液压缸开起，夹紧液压缸最小夹紧。

9）启动大车和小车液压电动机，使大车和小车以0~2000mm/min的速度移动，并保证主锯在上次切口的延长线上并与上次切口衔接。

10）小车制动液压缸制动，夹紧液压缸最大夹紧。

11）重复6）~10）的工艺，直至完成一次斜向切割。

（5）开槽切割。

1）初始条件。

a. 夹紧液压缸最小夹紧。

b. 升降液压缸处于最高位置。

2）启动开槽电动机，启动冷却水系统。

3）开槽升降液压缸以 0~600mm/min 的切割速度下降至最低点。

4）启动大车液压电动机，开槽锯以 0~600mm/min 的速度纵向切割至终点位置，大车液压电动机停止。

5）开槽升降液压缸升至最高位置，关闭开槽电动机和冷却水系统，完成开槽切割。

（6）自动横向切割。切割机最常完成的生产工艺是横向切割，为了提高切割效率，要求切割机具有自动横向切割功能。在满足横向切割初始条件，将小车移至横向切割起点位置，启动主切割锯和冷却水系统后，小车按横向切割工艺，自动地顺序完成一次横向切割功能。

3. 切割机装置电控设备及要求

（1）主切割电动机 M1。正反转运行，实现 SP 板横向、纵向及斜向切割功能。

（2）开槽电动机 M2。单向运行，实现 SP 板表面开槽功能。

（3）液压泵电动机 M3。单向运行，给液压系统提供动力。

（4）回转电动机 M4。正反转运行，调整切割头角度。

（5）液压电动机及电磁铁 DT。实现切割机装置的各种动作及速度调节，其动作见表 4-8。

（6）旋转编码器。实现切割机切割深度的实时检测。

（7）数码管（带译码器）。实现切割机切割深度的实时显示。

（8）直流开关电源。为 PLC 输入信号提供电源，同时为 PLC 输出驱动提供电源。

表 4-8　　　　　　　　　　　电磁铁标准动作表

标准动作	电磁铁																			
	1YA	2YA	3YA	4YA	5YA	6YA	7YA	8YA	9YA	10YA	11YA	12YA	13YA	14YA	15YA	16YA	17YA	18YA	19YA	20YA
开槽液压缸上升	*																			*
开槽液压缸下降		*																		*
小车制动液压缸制动			*																	*
小车制动液压缸开起				*																*
锁定液压缸锁定					*															*
锁定液压缸开起						*														*
小车快速左移							*		*											*
小车慢速右移								*												*
升降液压缸上升											*									*
升降液压缸下降												*								*
大车高速前进													*		*	*				*
大车中速前进													*			*				*
大车慢速前进													*							*
大车慢速后退														*						*
大车快速后退										*				*						*
大车最大夹紧																	*		*	*

续表

标准动作	电磁铁																			
	1YA	2YA	3YA	4YA	5YA	6YA	7YA	8YA	9YA	10YA	11YA	12YA	13YA	14YA	15YA	16YA	17YA	18YA	19YA	20YA
大车最小夹紧																	*			*
大车夹紧松开																		*		*
泵站卸荷																				

注　"＊"号表示电磁铁得电。

4. 机床切割机 PLC 控制系统的硬件组成

（1）电控系统的原理图。根据机床切割机装置设备及其对电控的要求，设计电控系统原理图。图 4-45 为切割机机床切割机装置电气控制主电路原理图，图 4-46 为相应要求的交流控制电路原理图。

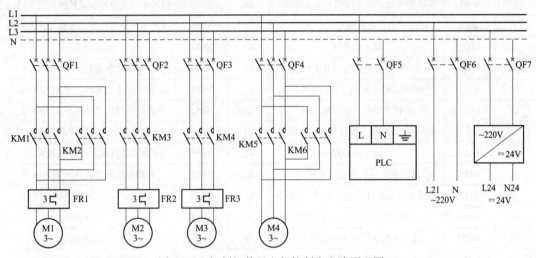

图 4-45　切割机装置电气控制主电路原理图

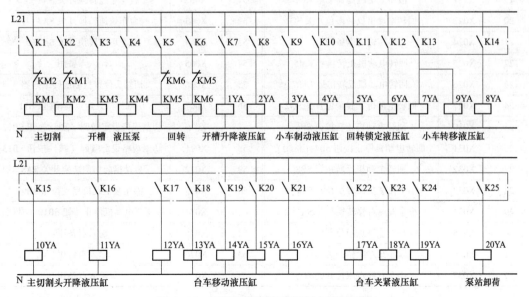

图 4-46　切割机装置交流控制电路原理图

（2）PLC 控制电路原理图

根据切割机装置操作控制要求，设计 PLC 控制电路原理图。切割机装置动作复杂，功能较多，采用 PLC 控制需要的输入输出点数较多，因此选用三菱 FX_{2N}-128MR 型，由此得到的 PLC 输入/输出接口功能表见表 4-9 及表 4-10。

表 4-9　PLC 输入接口功能表

序号	输入口	说明	序号	输入口	说明
1	X000	输入点备用	33	X040	小车右限位开关 SQ6
2	X001	主切割电动机正转信号 KM1	34	X041	切割头慢降转换开关 SA2-1
3	X002	主切割电动机反转信号 KM2	35	X042	切割头快升转换开关 SA2-2
4	X003	主切割电动机过载信号 FR1（常闭）	36	X043	切割头下限位开关 SQ7
5	X004	主切割电动机正转按钮 SB1	37	X044	切割头上限位开关 SQ8
6	X005	主切割电动机停止按钮 SB2（常闭）	38	X045	回转制动液压缸开起转换开关 SA3-1
7	X006	主切割电动机反转按钮 SB3	39	X046	回转制动液压缸制动转换开关 SA3-2
8	X007	输入点备用	40	X047	输入点备用
9	X010	开槽电动机运行信号 KM3	41	X050	台车最大夹紧转换开关 SA4-1
10	X011	开槽电动机过载信号 FR2（常闭）	42	X051	台车最小夹紧转换开关 SA4-2
11	X012	开槽电动机启动按钮 SB4	43	X052	台车夹紧松开转换开关 SA4-3
12	X013	开槽电动机停止按钮 SB5（常闭）	44	X053	小车制动液压缸开起转换开关 SA5-1
13	X014	输入点备用	45	X054	小车制动液压缸制动转换开关 SA5-2
14	X015	液压泵电动机运行信号 KM4	46	X055	开槽机构下降转换开关 SA6-1
15	X016	液压泵电动机过载信号 FR3（常闭）	47	X056	开槽机构上升转换开关 SA6-2
16	X017	液压系统过滤器 1 堵 KP1	48	X057	输入点备用
17	X020	液压系统液位低 KL1（常闭）	49	X060	台车前进转换开关 SA7-1
18	X021	液压系统液位高 KL2（常闭）	50	X061	台车慢速转换开关 SA7-2
19	X021	液压系统过滤器 2 堵 KP2	51	X062	台车中速转换开关 SA7-3
20	X023	回转电动机反转限位开关 SQ1	52	X063	台车快速转换开关 SA7-4
21	X024	输入点备用	53	X064	台车后退转换开关 SA7-5
22	X025	回转电动机正转信号 KM5	54	X065	输入点备用
23	X026	回转电动机反转信号 KM6	55	X066	切割头位置检测旋转编码器
24	X027	回转电动机正转限位开关 SQ2	56	X067	切割规格设定点动按钮 SB11
25	X030	回转电动机正转按钮 SB6	57	X070	切割规格设定微调（加）按钮 SB12
26	X031	回转电动机停止按钮 SB7（常闭）	58	X071	切割规格设定微调（减）按钮 SB13
27	X032	回转电动机反转按钮 SB8	59	X072	自动横向切割转换开关 SA8
28	X033	小车快速左移转换开关 SA1-1	60	X073	液压泵电动机启动按钮 SB9
29	X034	小车慢速右移转换开关 SA1-2	61	X074	液压泵电动机停止按钮 SB10（常闭）
30	X035	小车左终点限位开关 SQ3	62	X075	输入点备用
31	X036	小车左限位开关 SQ4	63	X076	输入点备用
32	X037	小车右终点限位开关 SQ5	64	X077	输入点备用

表 4-10 PLC 输出接口功能表

序号	输出口	说明	序号	输出口	说明
1	Y000	主切割电动机正转中间继电器 K1	25	Y030	主切割电动机运行指示 H16
2	Y001	主切割电动机反转中间继电器 K2	26	Y031	开槽电动机运行指示 H17
3	Y002	开槽电动机运行中间继电器 K3	27	Y032	液压泵电动机运行指示 H18
4	Y003	液压泵电动机运行中间继电器 K4	28	Y033	液压系统液位报警 H19
5	Y004	回转电动机正转中间继电器 K5	29	Y034	台车高速后退控制 K17
6	Y005	回转电动机反转中间继电器 K6	30	Y035	液压系统过滤器指示 H20
7	Y006	开槽液压缸上升控制及指示 K7、H1	31	Y036	回转电动机运行指示 H21
8	Y007	开槽液压缸下降控制及指示 K8、H2	32	Y037	自动横向切割指示 H22
9	Y010	小车制动控制及指示 K9、H3	33	Y040	
10	Y011	小车制动开起控制及指示 K10、H4	34	Y041	切割规格及切割深度指示 H 百位
11	Y012	回转锁定控制及指示 K11、H5	35	Y042	
12	Y013	回转锁定开起控制及指示 K12、H6	36	Y043	
13	Y014	小车左移控制及指示 K13、H7	37	Y044	
14	Y015	小车右移控制及指示 K14、H8	38	Y045	切割规格及切割深度指示 H 十位
15	Y016	切割头上升控制及指示 K15、H9	39	Y046	
16	Y017	切割头下降控制及指示 K16、H10	40	Y047	
17	Y020	台车后退控制及指示 K19、H11	41	Y050	
18	Y021	台车高速前进控制 K20	42	Y051	切割规格及切割深度指示 H 个位
19	Y022	台车中速前进 K21	43	Y052	
20	Y023	台车最大夹紧控制 K22	44	Y053	
21	Y024	台车夹紧松开控制及指示 K23、H12	45	Y054~	
22	Y025	台车夹紧控制及指示 K24、H13	46	Y057	输出点备用 20 点
23	Y026	泵站卸荷控制及指示 K25、H14	47	Y060~	
24	Y027	台车前进控制及指示 K18、H15	48	Y077	

（3）PLC 控制机床切割机的编程

根据切割机装置操作控制要求，结合 PLC 控制电路编制 PLC 控制程序，如图 4-47 所示。

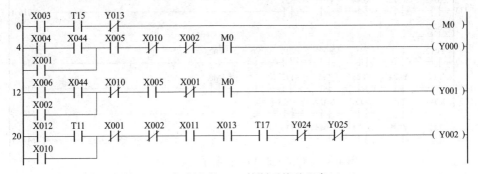

图 4-47　切割机的 PLC 控制系统总程序（一）

```
31  X073  X074  X016                                                          ( Y003 )
    ├┤├──┬─┤├───┤├─────────────────────────────────────────────────────────────
    X015 │
    ├┤├──┘

36  Y012  T14   X044                                                          ( M1 )
    ├┤/├──┤/├───┤├──────────────────────────────────────────────────────────────

40  X030  X027  X031       X026  M1                                           ( Y004 )
    ├┤├──┬─┤/├───┤/├───────┤/├───┤/├───────────────────────────────────────────
    Y004 │
    ├┤├──┘

47  X032  X023  X031       X025  M1                                           ( Y005 )
    ├┤├──┬─┤/├───┤/├───────┤/├───┤/├───────────────────────────────────────────
    Y005 │
    ├┤├──┘

54  X055  Y006                                                         (T10   K50 )
    ├┤├───┤/├──┬──────────────────────────────────────────────────────────────
              │ T10
              └─┤/├─────────────────────────────────────────────────────( Y007 )

61  X056  Y007                                                         (T11   K50 )
    ├┤├───┤/├──┬──────────────────────────────────────────────────────────────
              │ T11
              └─┤/├─────────────────────────────────────────────────────( Y006 )

68  X053  Y010                                                         (T12   K50 )
    ├┤├───┤/├──┬──────────────────────────────────────────────────────────────
              │ T12
              └─┤/├─────────────────────────────────────────────────────( Y011 )

75  X054  Y011                                                         (T13   K50 )
    ├┤├───┤/├──┬──────────────────────────────────────────────────────────────
              │ T13
              └─┤/├─────────────────────────────────────────────────────( Y010 )

82  X045  Y012                                                         (T14   K50 )
    ├┤├───┤/├──┬──────────────────────────────────────────────────────────────
              │ T14
              └─┤/├─────────────────────────────────────────────────────( Y013 )

89  X046  Y013                                                         (T15   K50 )
    ├┤├───┤/├──┬──────────────────────────────────────────────────────────────
              │ T15
              └─┤/├─────────────────────────────────────────────────────( Y012 )

96  X033  X072  Y010  T12  X035  X036  Y015  S24  Y020  Y021  Y022
    ├┤├──┬─┤/├──┤/├──┤├──┤/├──┤/├──┤/├──┤/├──┤/├──┤/├──┤/├────── 0 ─►
    S20  │
    ├┤├──┘
         Y027  Y034
    0 ►──┤/├──┤/├──────────────────────────────────────────────────────( Y014 )

111 X034  X072  Y010  T12  X037  X040  Y014  S20  Y020  Y021  Y022
    ├┤├──┬─┤/├──┤/├──┤├──┤/├──┤/├──┤/├──┤/├──┤/├──┤/├──┤/├────── 0 ─►
    S24  │
    ├┤├──┘
         Y027  Y034
    0 ►──┤/├──┤/├──────────────────────────────────────────────────────( Y015 )

126 X041  X072  M3   S25  Y016                                                ( Y017 )
    ├┤├──┬─┤/├──┤/├──┤├──┤/├───────────────────────────────────────────────
    S22  │
    ├┤├──┘

133 X042  X072  X044  Y017  S22                                              ( Y016 )
    ├┤├──┬─┤/├──┤├──┤/├──┤├──────────────────────────────────────────────
    S25  │
    ├┤├──┘

140 Y012  T13   T11   Y007  T17   Y024  Y025                                  ( M4 )
    ├┤├──┤├──┤├──┤/├──┤/├──┤/├──┤/├───────────────────────────────────────

148 T17   Y024  Y025  T15   T12   T11   M3                                    ( M5 )
    ├┤├──┤/├──┤/├──┤├──┤├──┤├──┤/├────────────────────────────────────────

156 X044  T10   T17   Y024  Y025                                              ( M6 )
    ├┤├──┤├──┤/├──┤/├──┤/├──────────────────────────────────────────────────

162 T17   Y025  Y024  X044  T11                                              ( M7 )
    ├┤├──┤/├──┤/├──┤├──┤├─────────────────────────────────────────────────
```

图 4-47　切割机的 PLC 控制系统总程序（二）

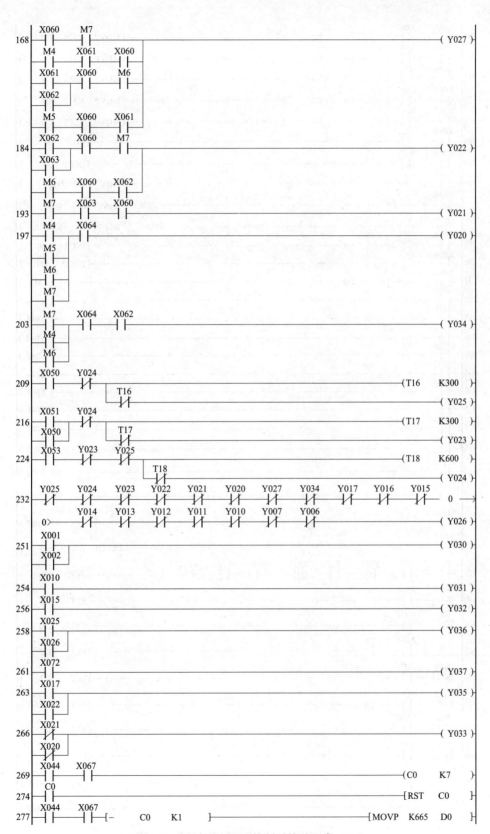

图4-47　切割机的PLC控制系统总程序（三）

```
289 ─┤X044├─┤X067├─┤≠─  C0    K2 ├──────────────────[MOVP  K525  D0 ]─
         X044   X067
301 ─┤ ├──┤/├──┤≠─  C0    K3 ├──────────────────[MOVP  K438  D0 ]─
         X044   X067
313 ─┤ ├──┤/├──┤≠─  C0    K4 ├──────────────────[MOVP  K350  D0 ]─
         X044   X067
325 ─┤ ├──┤/├──┤≠─  C0    K5 ├──────────────────[MOVP  K315  D0 ]─
         X044   X067
337 ─┤ ├──┤/├──┤≠─  C0    K6 ├──────────────────[MOVP  K263  D0 ]─
         X044   X070
349 ─┤ ├──┤ ├────────────────────────────[INCP  D4 ]─
         X044   X071
354 ─┤ ├──┤ ├────────────────────────────[DECP  D0 ]─
         X044
359 ─┤/├──┬──────────────────────────[MOV   D0   D16 ]─
         X044  │
    ─┤/├──●──────────────────────[MUL   D16  K4   D14 ]─
          │
          └──────────────────[DIV   D14  K7   K4M100 ]─
         X066   X016  X044
380 ─┤ ├──┤ ├──┤/├────────────────────────[INCP  D0 ]─
         X066   X017  M3
386 ─┤ ├──┤ ├──┤/├────────────────────────[DECP  D0 ]─
         X044
392 ─┤/├────┤≠─  D0    K0 ├─────────────────────────( M3 )─
    M111
399 ─┤ ├─────────────────────────────────────────( Y040 )─
    M110
401 ─┤ ├─────────────────────────────────────────( Y041 )─
    M109
403 ─┤ ├─────────────────────────────────────────( Y042 )─
    M108
405 ─┤ ├─────────────────────────────────────────( Y043 )─
    M107
407 ─┤ ├─────────────────────────────────────────( Y044 )─
    M106
409 ─┤ ├─────────────────────────────────────────( Y045 )─
    M105
411 ─┤ ├─────────────────────────────────────────( Y046 )─
    M104
413 ─┤ ├─────────────────────────────────────────( Y047 )─
    M103
415 ─┤ ├─────────────────────────────────────────( Y050 )─
    M102
417 ─┤ ├─────────────────────────────────────────( Y051 )─
    M101
419 ─┤ ├─────────────────────────────────────────( Y052 )─
    M100
421 ─┤ ├─────────────────────────────────────────( Y053 )─
    X072
423 ─┤/├────────────────────────────────[ZRSTP  S20   S26 ]─
    T17   T16   Y024  T15   X072  Y010  T12   X044
429 ─┤ ├──┤ ├──┤/├──┤ ├──┤↑├──┤/├──┤/├──┤ ├───────[SET   S20 ]─
    S20   X036
440 ─┤STL├─┤ ├──────────────────────────────[SET   S21 ]─
    S21   X001
444 ─┤STL├─┬┤ ├─────────────────────────────( T0    K20 )─
          │ X001   T0
449     └┤ ├──┤ ├───────────────────────[SET   S22 ]─
    S22   M3
453 ─┤STL├─┤ ├──────────────────────────────[SET   S23 ]─
    S23   Y016  Y017
457 ─┤STL├─┤/├──┤/├───────────────────────────[SET   S24 ]─
    S24   X040
462 ─┤STL├─┤ ├──────────────────────────────[SET   S25 ]─
    S25   X044
466 ─┤STL├─┬┤ ├─────────────────────────────[SET   S26 ]─
          │
470       └────────────────────────────────[ RET ]─
471 ──────────────────────────────────────────[ END ]─
```

图 4-47　切割机的 PLC 控制系统总程序（四）

5. PLC控制机床切割机的编程说明

根据机床切割机装置的设备和电控情况以及所设计的PLC控制程序，切割机PLC控制的说明如下：

本系统采用PLC实现对多功能机床切割机进行控制，控制对象包括主切割电动机、开槽切割电动机、液压泵、回转电动机以及各个电磁铁等。控制功能包括设定切割规格、手动/自动横向切割、手动台车快速纵向行走、手动纵向切割、手动斜向切割、手动开槽切割等。

（1）切割规格设定。

1）当切割头处于上极限位置时，按下规格设定点动按钮，第一次点动规格设为380；第二次点动为300；第三次点动为250；第四次点动为200；第五次点动为180；第六次点动为150；第七次点动保持150，并对设定复位，进入下一次与前述相同的规格设定循环；设定结果在数码管上显示。

2）规格设定完成，还可对所设定的规格进行微调，按下规格设定微调（+）点动按钮，在设定规格基础上可累加上主锯底部距水泥面的距离；按下规格设定微调（-）点动按钮在设定超过时使设定值减小；设定结果也在数码管上指示。这一功能可保证在锯片磨损时，对切割深度进行补偿设定。

3）切割机各种切割功能均是在设定工作完成后进行。

（2）手动横向切割。

1）台车夹紧/松开转换开关指向左90°（最大夹紧力）位置，电磁铁17YA、19YA得电，18YA失电，台车夹紧指示灯亮30s后熄灭，保持该转换开关在此位置。

2）切割头下降/上升转换开关指向右45°（切割头上升）位置，电磁铁10YA得电，11YA失电，升降液压缸上升指示灯亮，切割头上升，至最高位置，10YA、11YA失电，升降液压缸锁定。

3）回转制动液压缸开起/制动转换开关指向左45°（锁定液压缸开起）位置，电磁铁5YA失电，6YA得电，锁定液压缸开起指示灯亮5s后熄灭，保持该转换开关在此位置。

4）按下回转电动机启动按钮（正转或反转），回转电动机带动主锯旋转，回转电动机运转指示灯亮，将主锯转至与水泥板纵向垂直位置，按下回转电动机停止按钮，主锯停止转动。

5）回转制动液压缸开起/制动转换开关指向右45°（锁定液压缸锁定）位置，电磁铁5YA得电，6YA失电，锁定液压缸锁定指示灯亮5s后熄灭，保持该转换开关在此位置。

6）小车制动液压缸开起/制动转换开关指向左45°（小车制动开起）位置，电磁铁3YA失电，4YA得电，小车制动开起指示灯亮5s后熄灭，保持该转换开关在此位置。

7）横移小车左移/右移转换开关逆指向左45°（横移小车左移）位置，电磁铁7YA、9YA得电，8YA失电，小车左移指示灯亮，主锯向左行驶至左端起始切割位置。

8）按下主切割电动机正转启动按钮，主切割电动机运转指示灯亮，检查锯口方向是否满足要求，检查冷却水是否打开。

9）切割头下降/上升转换开关指向左45°（切割头下降）位置，电磁铁10YA失电，11YA得电，升降液压缸下降指示灯亮，切割头下降，至切割位置，10YA、11YA失电，升降液压缸锁定，该转换开关转回中间位置。

10）横移小车左移/右移转换开关指向右45°（横移小车右移）位置，电磁铁7YA、9YA失电，8YA得电，小车左移指示灯亮，主锯向右行驶切割水泥板，至右端切割极限位置7YA、8YA、9YA失电。

11）切割头下降/上升转换开关指向右45°（切割头上升）位置，电磁铁10YA得电，11YA

失电，升降液压缸上升指示灯亮，切割头上升，至最高位置，10YA、11YA失电，升降液压缸锁定，完成一次手动横向切割工艺。

（3）台车快速纵向行走。

1）台车夹紧/松开转换开关指向左45°（最小夹紧力）位置，电磁铁17YA得电，18YA、19YA失电，台车夹紧指示灯亮30s后熄灭，保持该转换开关在此位置。

2）切割头下降/上升转换开关指向右45°（切割头上升）位置，电磁铁10YA得电，11YA失电，升降液压缸上升指示灯亮，切割头上升，至最高位置，10YA、11YA失电，升降液压缸锁定。

3）开槽升降液压缸下降/上升转换开关转至开槽机构上升位置，开槽升降液压缸上升指示灯亮5s，开槽机构上升，然后指示灯熄灭，开槽升降液压缸锁定，保持该转换开关在此位置。

4）台车前进/后退转换开关逆时针转动（可选择低、中、高三速，分别对应45°、90°、135°位置），台车前进指示灯亮，台车前进至新切割位置，转换开关转回中间位置，准备进入新的切割工艺。

（4）手动纵向切割。

1）车夹紧/松开转换开关指向左45°（最小夹紧力）位置，电磁铁17YA得电，18YA、19YA失电，台车夹紧指示灯亮30s后熄灭，保持该转换开关在此位置。

2）切割头下降/上升转换开关指向右45°（切割头上升）位置，电磁铁10YA得电，11YA失电，升降液压缸上升指示灯亮，切割头上升，至最高位置，10YA、11YA失电，升降液压缸锁定。

3）回转制动液压缸开起/制动转换开关指向左45°（锁定液压缸开起）位置，电磁铁5YA失电，6YA得电，锁定液压缸开起指示灯亮5s后熄灭，保持该转换开关在此位置。

4）按下回转电动机启动按钮（正转或反转），回转电动机带动主锯旋转，回转电动机运转指示灯亮，将主锯转至与水泥板纵向平行位置，按下回转电动机停止按钮，主锯停止转动。

5）回转制动液压缸开起/制动转换开关指向右45°（锁定液压缸锁定）位置，电磁铁5YA得电，6YA失电，锁定液压缸锁定指示灯亮5s后熄灭，保持该转换开关在此位置。

6）开槽升降液压缸下降/上升转换开关转至开槽机构上升位置，开槽升降液压缸上升指示灯亮，开槽机构上升，5s后指示灯熄灭，开槽升降液压缸锁定，保持该转换开关在此位置。

7）操作小车左移/右移转换开关，小车左移或右移，相应的指示灯亮，主锯向左行驶或向右行驶至纵向起始切割位置。

8）按下主切割电动机启动按钮（正转或反转），主切割电动机运转指示灯亮，检查锯口方向是否满足要求，检查冷却水是否打开。

9）切割头下降/上升转换开关指向左45°（切割头下降）位置，电磁铁10YA失电，11YA得电，升降液压缸下降指示灯亮，切割头下降，至切割位置，10YA、11YA失电，升降液压缸锁定，转换开关转回中间位置。

10）台车前进/后退转换开关顺时针（或逆时针）转至45°（台车低速）位置，台车后退（或前进）指示灯亮，台车后退（或前进）开始纵向切割，至纵向切割终点位置，转换开关转回中间零位，台车停止移动。

11）切割头下降/上升转换开关指向右（切割头上升）位置，电磁铁10YA得电，11YA失电，升降液压缸上升指示灯亮，切割头上升，至最高位置，10YA、11YA失电，升降液压缸锁定，完成一次手动纵向切割工作。

(5) 手动斜向切割。

1) 台车夹紧/松开转换开关指向左 45°（最小夹紧力）位置，电磁铁 17YA 得电，18YA、19YA 失电，台车夹紧指示灯亮 30s 后熄灭，保持该转换开关在此位置。

2) 切割头下降/上升转换开关指向右 45°（切割头上升）位置，电磁铁 10YA 得电，11YA 失电，升降液压缸上升指示灯亮，切割头上升，至最高位置，10YA、11YA 失电，升降液压缸锁定。

3) 回转制动液压缸开起/制动转换开关指向左 45°（锁定液压缸开起）位置，电磁铁 5YA 失电，6YA 得电，锁定液压缸开起指示灯亮 5s 后熄灭，保持该转换开关在此位置。

4) 按下回转电动机启动按钮（正转或反转），回转电动机带动主锯旋转，回转电动机正转（或反转）指示灯亮，将主锯转至斜切水泥板的某一角度，按下回转电动机停止按钮，主锯停止。

5) 回转制动液压缸开起/制动转换开关指向右 45°（锁定液压缸锁定）位置，电磁铁 5YA 得电，6YA 失电，锁定液压缸锁定指示灯亮 5s 后熄灭，保持该转换开关在此位置。

6) 小车制动液压缸开起/制动转换开关指向左 45°（小车制动开起）位置，电磁铁 3YA 失电，4YA 得电，小车制动开起指示灯亮 5s 后熄灭，保持该转换开关在此位置。

7) 横移小车左移/右移转换开关指向左 45°（横移小车左移）位置，电磁铁 7YA、9YA 得电，8YA 失电，小车左移指示灯亮，主锯向左行驶至左端起始切割位置。

8) 小车制动液压缸开起/制动转换开关指向右 45°（小车制动）位置，电磁铁 3YA 得电，4YA 失电，小车制动指示灯亮 5s 后熄灭，保持该转换开关在此位置。

9) 开槽升降液压缸下降/上升转换开关转至开槽机构上升位置，开槽升降液压缸上升指示灯亮，开槽机构上升，5s 后指示灯熄灭，开槽升降液压缸锁定，保持该转换开关在此位置。

10) 台车夹紧/松开转换开关指向左 90°（最大夹紧力）位置，电磁铁 17YA、19YA 得电，18YA 失电，台车夹紧指示灯亮 30s 后熄灭，保持该转换开关在此位置。

11) 按下主切割电动机启动按钮（正转或反转），主切割电动机运转指示灯亮，检查锯口方向是否满足要求，检查冷却水是否打开。

12) 切割头下降/上升转换开关指向左 45°（切割头下降）位置，电磁铁 10YA 失电，11YA 得电，升降液压缸下降指示灯亮，切割头下降，至切割位置，10YA、11YA 失电，升降液压缸锁定，转换开关转回中间位置。

13) 切割头下降/上升转换开关指向右 45°（切割头上升）位置，电磁铁 10YA 得电，11YA 失电，升降液压缸上升指示灯亮，切割头上升，至最高位置，转换开关转回中间位置，10YA、11YA 失电，升降液压缸锁定。

14) 小车制动液压缸开起/制动转换开关指向左 45°（小车制动开起）位置，电磁铁 3YA 失电，4YA 得电，小车制动开起指示灯亮 5s 后熄灭，保持该转换开关在此位置。

15) 台车夹紧/松开转换开关指向左 45°（最小夹紧力）位置，电磁铁 17YA 得电，18YA、19YA 失电，台车夹紧指示灯亮 30s 后熄灭，保持该转换开关在此位置。

16) 操作小车左移/右移转换开关，小车左移或右移，相应的指示灯亮，主锯向左行驶或向右行驶，同时操作台车前进/后退转换开关，台车前进或后退，相应的指示灯亮，主锯前进或后退，调整主锯位置，使其在上次切口的延长线上且与上次切口衔接。

17) 重复 8) ~16) 的切割动作，直至完成全部的斜切任务。

(6) 手动开槽切割。

1) 台车夹紧/松开转换开关指向左 45°（最小夹紧力）位置，电磁铁 17YA 得电，18YA、

19YA 失电，台车夹紧指示灯亮 30s 后熄灭，保持该转换开关在此位置。

2）切割头下降/上升转换开关指向右 45°（切割头上升）位置，电磁铁 10YA 得电，11YA 失电，升降液压缸上升指示灯亮，切割头上升，至最高位置，10YA、11YA 失电，升降液压缸锁定。

3）开槽升降液压缸下降/上升转换开关转至开槽机构上升位置，开槽升降液压缸上升指示灯亮，开槽机构上升，5s 后指示灯熄灭，开槽升降液压缸锁定，保持该转换开关在此位置。

4）按下开槽切割电动机启动按钮，开槽切割电动机运转指示灯亮，检查冷却水是否打开。

5）开槽升降液压缸下降/上升转换开关转至开槽机构下降位置，开槽升降液压缸下降指示灯亮，开槽机构下降，5s 后指示灯熄灭，开槽升降液压缸锁定，保持该转换开关在此位置。

6）台车前进/后退转换开关指向右（台车低速后退）位置，台车后退指示灯亮，台车后退开始开槽纵向切割，至开槽纵向切割终点位置，转换开关转回中间零位，台车停止移动。

7）开槽升降液压缸下降/上升转换开关转至开槽机构上升位置，开槽升降液压缸上升指示灯亮，开槽机构上升，5s 后指示灯熄灭，开槽升降液压缸锁定，保持该转换开关在此位置。

8）按下开槽切割电动机停止按钮，开槽切割电动机停止运转。

(7) 自动横向切割。

1）台车夹紧/松开转换开关指向左 90°（最大夹紧力）位置，电磁铁 17YA、19YA 得电，18YA 失电，台车夹紧指示灯亮 30s 后熄灭，保持该转换开关在此位置。

2）切割头下降/上升转换开关指向右 45°（切割头上升）位置，电磁铁 10YA 得电，11YA 失电，升降液压缸上升指示灯亮，切割头上升，至最高位置，10YA、11YA 失电，升降液压缸锁定，转换开关转回中间零位。

3）回转制动液压缸开起/制动转换开关指向左 45°（锁定液压缸开起）位置，电磁铁 5YA 失电，6YA 得电，锁定液压缸开起指示灯亮 5s 后熄灭，保持该转换开关在此位置。

4）按下回转电动机启动按钮（正转或反转），回转电动机带动主锯旋转，回转电动机正转（或反转）指示灯亮，将主锯转至与水泥板纵向垂直位置，按下回转电动机停止按钮，主锯停止转动。

5）回转制动液压缸开起/制动转换开关指向右 45°（锁定液压缸锁定）位置，电磁铁 5YA 得电，6YA 失电，锁定液压缸锁定指示灯亮 5s 后熄灭，保持该转换开关在此位置。

6）小车制动液压缸开起/制动转换开关指向左 45°（小车制动开起）位置，电磁铁 3YA 失电，4YA 得电，小车制动开起指示灯亮 5s 后熄灭，保持该转换开关在此位置。

7）自动横向切割转换开关指向右 45°（自动横向切割）位置，自动横切指示灯亮，系统以步进方式进入自动横切工艺。

第①步：电磁铁 7YA、9YA 得电，8YA 失电，小车左移指示灯亮，主锯向左行驶至左端起始切割位置。

第②步：检查冷却水是否打开，检查锯口方向是否满足要求，按下主切割电动机正转启动按钮，主切割电动机运转指示灯亮。

第③步：电磁铁 10YA 失电，11YA 得电，升降液压缸下降指示灯亮，切割头下降，至切割位置，10YA、11YA 失电，升降液压缸锁定。

第④步：电磁铁 7YA、9YA 失电，8YA 得电，小车右移指示灯亮，主锯向右行驶，开始横向切割，至右极限开关位置。

第⑤步：电磁铁 10YA 得电，11YA 失电，升降液压缸上升指示灯亮，切割头上升，至最高位置，10YA、11YA 失电，升降液压缸锁定，自动完成一个横切工艺流程。

8) 需要注意的是：在自动横切工艺进行时，如果出现故障或误操作，将自动横向切割转换开关恢复原位，清除自动横切工艺及指示灯，需要再自动横切时，从第一步开始操作。

闪烁脉冲，实际使用中也可以根据具体需要进行适当的调整。

例69　PLC 控制双面单工液压传动组合机床的编程

前面主要介绍了通用机床的控制，在机床加工中工序只能一道一道地进行，不能实现多道、多面同时加工。其生产效率低，加工质量不稳定，操作频繁。为了改善生产条件，满足生产发展的专业化、自动化要求，人们经过长期生产实践的不断探索、不断改进、不断创造，逐步形成了各类专用机床，专用机床是为完成工件某一道工序的加工而设计制造的，可采用多刀加工，具有自动化程度高、生产效率高、加工精度稳定、机床结构简单、操作方便等优点。但当零件结构与尺寸改变时，须重新调整机床或重新设计、制造，因而专用机床又不利于产品的更新换代。

为了克服专用机床的不足，在生产中又发展了一种新型的加工机床。它以通用部件为基础，配合少量的专用部件组合而成，具有结构简单、生产效率和自动化程度高等特点。一旦被加工零件的结构与尺寸改变时，能较快地进行重新调整，组合成新的机床。这一特点有利于产品的不断更新换代，目前在许多行业得到广泛的应用。这就是本节要介绍的组合机床。

1. 组合机床的组成结构

组合机床是由一些通用部件及少量专用部件组成的高效自动化或半自动化专用机床。可以完成钻孔、扩孔、铰孔、镗孔、攻丝、车削、铣削及精加工等多道工序，一般采用多轴、多刀、多工序、多面、多工位同时加工，适用于大批量生产，能稳定地保证产品的质量。图4-48为单工位三面复合式组合机床结构示意图。它由底座、立柱、滑台、切削头、动力箱等通用部件，多轴箱、夹具等专用部件以及控制、冷却、排屑、润滑等辅助部件组成。

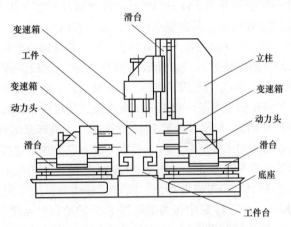

图 4-48　单工位三面复合式组合机床结构示意图

通用部件是经过系列设计、试验和长期生产实践考验的，其结构稳定、工作可靠，由专业生产厂成批制造，经济效果好、使用维修方便。一旦被加工零件的结构与尺寸改变时，这些通用部件可根据需要组合成新的机床。在组合机床中，通用部件一般占机床零部件总量的70%~80%；其他20%~30%的专用部件由被加工件的形状、轮廓尺寸、工艺和工序决定。

组合机床的通用部件主要包括以下几种。

（1）动力部件。动力部件用来实现主运动或进给运动，有动力头、动力箱、各种切削头。

（2）支承部件。支承部件主要为各种底座，用于支承、安装组合机床的其他零部件，它是组合机床的基础部件。

（3）输送部件。输送部件用于多工位组合机床，用来完成工件的工位转换，有直线移动工作台、回转工作台、回转鼓轮工作台等。

（4）控制部件。用于组合机床完成预定的工作循环程序。它包括液压元件、控制挡铁、操纵板、按钮盒及电气控制部分。

（5）辅助部件。辅助部件包括冷却、排屑、润滑等装置，以及机械手、定位、夹紧、导向等部件。

2. 组合机床的工作特点

组合机床主要由通用部件装配组成，各种通用部件的结构虽有差异，但它们在组合机床中的工作却是协调的，能发挥较好的效果。

组合机床通常是从几个方向对工件进行加工，它的加工工序集中，要求各个部件的动作顺序、速度、启动、停止、正向、反向、前进、后退等均应协调配合，并按一定的程序自动或半自动地进行。加工时应注意各部件之间的相互位置，精心调整每个环节，避免大批量加工生产中造成严重的经济损失。

3. 双面单工液压传动组合机床的电气控制与PLC控制

（1）双面单工液压传动组合机床的电气控制。双面单工液压传动组合机床电气控制电路原理图如图4-49所示。双面单工液压传动组合机床由左、右动力头电动机M1、M2及冷却泵电动机M3三台电动机拖动。在双面单工液压传动组合机床控制电路中，手动开关SA1为左动力头单独调整开关，SA2为右动力头单独调整开关，SA3为冷却泵电动机的工作选择开关。

各电磁阀及液压继电器的工作动作表见表4-11；左、右动力头的工作循环图如图4-50所示。当左、右动力头在原位时，行程开关ST1、ST2、ST3、ST4、ST5、ST6被压下。

当需要机床工作时，将手动开关SA1、SA2扳至自动循环位置，按下机床启动按钮SB2，接触器KM1、KM2得电闭合并自锁，其主触点闭合，左、右动力头电动机M1、M2启动运转。然后按下"前进"按钮SB3，中间继电器K1、K2得电闭合并自锁，电磁阀YV1、YV3线圈通电动作，左、右动力头离开原位快速前进。此时行程开关ST1、ST2、ST5、ST6首先复位，接着行程开关ST3、ST4也复位。由于行程开关ST3、ST4复位，因而中间继电器K得电闭合并自锁，为左、右动力头自动停止做好准备。动力头在快速前进的过程中，由各自的行程阀自动转换为工进，并压下行程开关ST1，使得接触器KM3得电闭合，冷却泵电动机M3启动运转，供给机床切削冷却液。左动力头加工完毕后，压下行程开关ST7，并通过挡铁机械装置动作使油压系统油压升高，压力继电器KP1动作，使图4-49电路中14区压力继电器KP1的动合触点闭合，中间继电器K3闭合并自锁，K1失电释放。同理，右动力头加工完毕后，压下行程开关ST8，使得压力继电器KP2动作，19区中压力继电器KP2的动合触点闭合，中间继电器K4闭合并自锁，K2失电释放。由于中间继电器K1、K2失电释放，YV1、YV3失电且YV2、YV4得电，根据表4-11可知，此时左、右动力头快速后退。当左、右动力头退回至行程开关ST处时，ST复位，接触器KM3失电释放，冷却泵电动机M3停转。而当左、右动力头退回至原位时，首先压下行程开关ST3、ST4，然后压下行程开关ST1、ST2、ST5、ST6，接触器KM1、KM2失电释放，左、右动力头电动机M1、M2停转，完成一次循环加工过程。

图中按钮SB4为左、右快退手动操作按钮，按下SB4，能使左、右动力头退至原位停止。

（2）双面单工液压传动组合机床PLC控制。

1）双面单工液压传动组合机床PLC控制输入输出点分配表见表4-12。

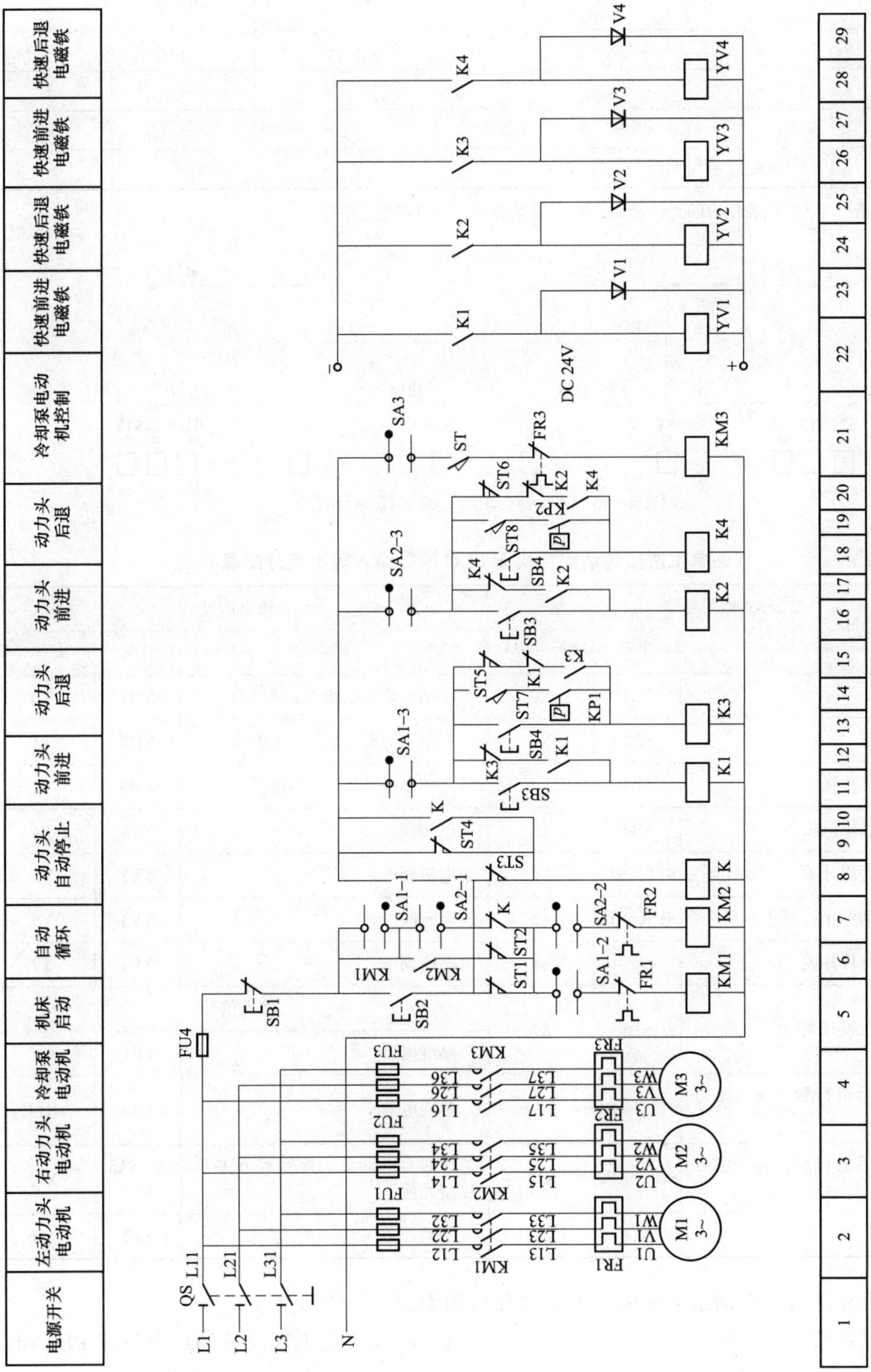

图 4-49　双面单工液压传动组合机床电气控制电路原理图

表 4-11 　　　　　　　　　　各电磁阀及液压继电器动作表

工步	YV1	YV2	YV3	YV4	KP1	KP2
快进	+	−	+	−	−	−
工进	+	−	+	−	−	−
挡铁停留	+	−	+	−	+	+
快退	−	+	−	+	−	−
原位停止	−	−	−	−	−	−

说明：表格中"+"代表相应的元件接通，"−"代表相应的元件断电。

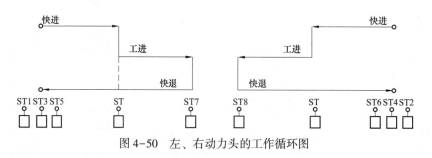

图 4-50　左、右动力头的工作循环图

表 4-12 　　　　　双面单工液压传动组合机床 PLC 控制输入输出点分配表

输入信号			输出信号		
名称	代号	输入点编号	名称	代号	输出点编号
总停按钮	SB1	X0	左动力头电动机 M1 接触器	KM1	Y0
总启动按钮	SB2	X1	右动力头电动机 M2 接触器	KM2	Y1
动力头前进按钮	SB3	X2	冷却泵电动机 M3 接触器	KM3	Y2
动力头退回原位按钮	SB4	X3	电磁阀	YV1	Y4
自动循环行程开关	ST1、ST2	X4	电磁阀	YV2	Y5
动力头自动停止行程开关	ST3、ST4	X5	电磁阀	YV3	Y5
自动循环行程开关	ST5	X6	电磁阀	YV4	Y7
自动循环行程开关	ST6	X7	输入信号		
			热继电器	FR1	X13
左动力头后退行程开关、压力继电器	ST7、KP1	X10	热继电器	FR2	X14
右动力头后退行程开关、压力继电器	ST8、KP2	X11	冷却泵电动机启停行程开关及控制元件	ST、SA3、FR3	X12
手动开关	SA1	X15	手动开关	SA2	X16

2）双面单工液压传动组合机床 PLC 控制接线图如图 4-51 所示。

3）根据接线图，对照梯形图（见图 4-52），编写出双面单工液压传动组合机床 PLC 控制指令语句表如下：

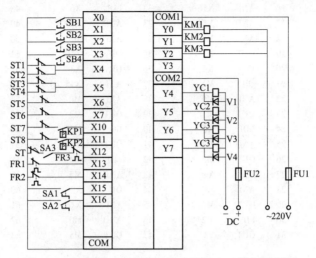

图 4-51　双面单工液压传动组合机床 PLC 控制接线图

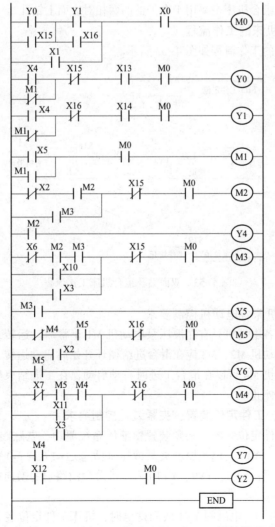

图 4-52　双面单工液压传动组合机床 PLC 控制梯形图

0	LD	Y0	16	ANI	X16	32	LDI	X6	48	LD	M5
1	OR	X15	17	AND	X14	33	AND	M2	49	OUT	Y6
2	LD	Y1	18	AND	M0	34	AND	M3	50	LDI	X7
3	OR	X16	19	OUT	Y1	35	OR	X10	51	AND	M5
4	ANB		20	LD	X5	36	OR	X3	52	AND	M4
5	OR	X1	21	OR	M1	37	ANI	X15	53	OR	X11
6	AND	X0	22	AND	M0	38	AND	M0	54	OR	X3
7	OUT	M0	23	OUT	M1	39	OUT	M3	55	ANI	X16
8	LD	X4	24	LDI	X2	40	LD	M3	56	AND	M0
9	ORI	M1	25	AND	M2	41	OUT	Y5	57	OUT	M4
10	ANI	X15	26	OR	M3	42	LDI	M4	58	LD	M4
11	AND	X13	27	ANI	X15	43	AND	M5	59	OUT	Y7
12	AND	M0	28	AND	M0	44	OR	X2	60	LD	X12
13	OUT	Y0	29	OUT	M2	45	ANI	X16	61	AND	M0
14	LD	X4	30	LD	M2	46	AND	M0	62	OUT	Y2
15	ORI	M1	31	OUT	Y4	47	OUT	M5	63	END	

例70　PLC控制双面钻孔组合机床的编程

PLC控制双面钻孔组合机床主要用于在工件的两相对表面上钻孔。

1. 双面钻孔组合机床的工作流程

双面钻孔组合机床的工作流程如图4-53所示。

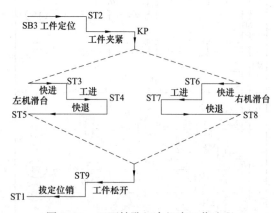

图4-53　双面钻孔组合机床工作流程

2. 双面钻孔组合机床各电动机控制要求

双面钻孔组合机床各电动机只有在液压泵电动机 M1 正常启动运转、机床供油系统正常供油后才能启动。刀具电动机 M2、M3 应在滑台进给循环开始时启动运转，滑台退回原位后停止运转。切削液压泵电动机 M4 可以在滑台工进时自动启动，在工进结束后自动停止，也可以用手动方式控制其启动和停止。

3. 机床动力滑台、工件定位装置、夹紧装置控制要求

机床动力滑台、工件定位装置、夹紧装置由液压系统驱动。电磁阀 YV1 和 YV2 控制定位销液压缸活塞运动方向；YV3、YV4 控制夹紧液压缸活塞运动方向；YV5、YV6、YV7 为左机滑台油路中的换向电磁阀；YV8、YV9、YV10 为右机滑台油路中的换向电磁阀。各电磁阀动作状态见表4-13。

从表4-13中可以看到，电磁阀 YV1 线圈得电时，机床工件定位装置将工件定位；当电磁阀 YV3 得电时，机床工件夹紧装置将工件夹紧；当电磁阀 YV3、YV5、YV7 得电时，左机滑台

表 4-13 各电磁阀动作状态表

	定位		夹紧		左机滑台			右机滑台			转换指令
	YV1	YV2	YV3	YV4	YV5	YV6	YV7	YV8	YV9	YV10	
工件定位	+										SB4
工件夹紧			+								ST2
滑台快进			+		+		+	+		+	KP
滑台工进			+		+			+			ST3、ST6
滑台快退			+			+			+		ST4、ST7
松开工件				+							ST5、ST8
拔定位销		+									ST9
停止											ST1

说明： 表中"+"表示电磁阀线圈接通。

快速移动；当电磁阀 YV3、YV8、YV10 得电时，右机滑台快速移动；当电磁阀 YV3、YV5 或 YV3、YV8 得电时，左机滑台或右机滑台工进；当电磁阀 YV3、YV6 或 YV3、YV9 得电时，左机滑台或右机滑台快速后退；当电磁阀 YV4 得电时，松开定位销；当电磁阀 YV2 得电时，机床拔开定位销；定位销松开后，撞击行程开关 ST1，机床停止运行。

当需要机床工作时，将工件装入定位夹紧装置，按下液压系统启动按钮 SB4，机床按以下步骤工作：按下液压系统启动按钮 SB4→工件定位和夹紧→左、右两面动力滑台同时快速进给→左、右两面动力滑台同时工进→左、右两面动力滑台快退至原位→夹紧装置松开→拔出定位销。在左、右动力滑台快速进给的同时，左机刀具电动机 M2、右机刀具电动机 M3 启动运转，提供切削动力。当左、右两面动力滑台工进时，切削液压泵电动机 M4 自动启动。在工进结束后，切削液压泵电动机 M4 自动停止。在滑台退回原位后，左、右机刀具电动机 M2、M3 停止运转。

4. 双面钻孔组合机床电气主电路设计

如图 4-54 所示，双面钻孔组合机床电气主电路由液压泵电动机 M1、左机刀具电动机 M2、右机刀具电动机 M3 和切削液压泵电动机 M4 拖动。

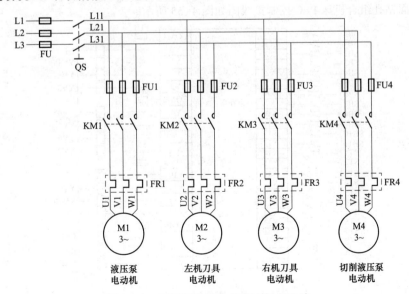

图 4-54　双面钻孔组合机床电气主电路

5. 双面钻孔组合机床 PLC 控制的编程

（1）双面钻孔组合机床 PLC 控制输入/输出点分配表见表 4-14。

表 4-14　　　　双面钻孔组合机床 PLC 控制输入/输出点分配表

输入信号			输出信号		
名称	代号	输入点编号	名称	代号	输出点编号
工件手动夹紧按钮	SB0	X0	工件夹紧指示灯	HL	Y0
总停止按钮	SB1	X1	电磁阀	YV1	Y1
液压泵电动机 M1 启动按钮	SB2	X2	电磁阀	YV2	Y2
液压系统停止按钮	SB3	X3	电磁阀	YV3	Y3
液压系统启动按钮	SB4	X4	电磁阀	YV4	Y4
左刀具电动机 M2 点动按钮	SB5	X5	电磁阀	YV5	Y5
右刀具电动机 M3 点动按钮	SB6	X6	电磁阀	YV6	Y6
夹紧松开手动按钮	SB7	X7	电磁阀	YV7	Y7
左机快进点动按钮	SB8	X10	电磁阀	YV8	Y10
左机快退点动按钮	SB9	X11	电磁阀	YV9	Y11
右机快进点动按钮	SB10	X12	电磁阀	YV10	Y12
右机快退点动按钮	SB11	X13	液压泵电动机 M1 接触器	KM1	Y13
松开工件定位行程开关	ST1	X14	左机刀具电动机 M2 接触器	KM2	Y14
工件定位行程开关	ST2	X15	右机刀具电动机 M3 接触器	KM3	Y15
左机滑台快进结束行程开关	ST3	X16	切削液泵电动机 M4 接触器	KM4	Y16
左机滑台工进结束行程开关	ST4	X17			
左机滑台快退结束行程开关	ST5	X20			
右机滑台快进结束行程开关	ST6	X21			
右机滑台工进结束行程开关	ST7	X22			
右机滑台快退结束行程开关	ST8	X23			
工件压紧原位行程开关	ST9	X24			
工件夹紧压力继电器	KP	X25			
手动和自动选择开关	SA	X26			

（2）双面钻孔组合机床 PLC 控制接线图如图 4-55 所示。

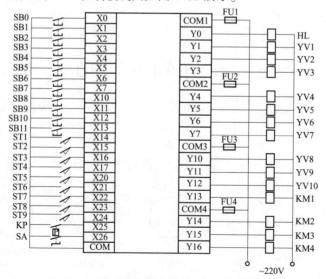

图 4-55　双面钻孔组合机床 PLC 控制接线图

（3）根据双面钻孔组合机床的控制要求，设计双面钻孔组合机床 PLC 控制梯形图如图 4-56 所示。其中，图 4-56（a）为双面钻孔组合机床 PLC 控制程序总框图；图 4-56（b）为双面钻孔组合机床 PLC 手动控制程序梯形图；图 4-56（c）为双面钻孔组合机床 PLC 自动控制状态流程图。

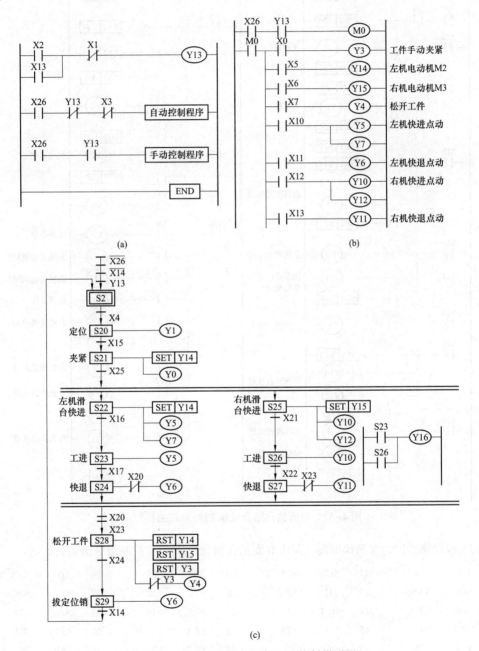

图 4-56　双面钻孔组合机床 PLC 控制梯形图

（a）控制程序总框图；（b）手动控制程序梯形图；（c）自动控制状态流程图

（4）双面钻孔组合机床 PLC 总控制梯形图如图 4-57 所示，图中标出了各逻辑行所控制机床的各状态。

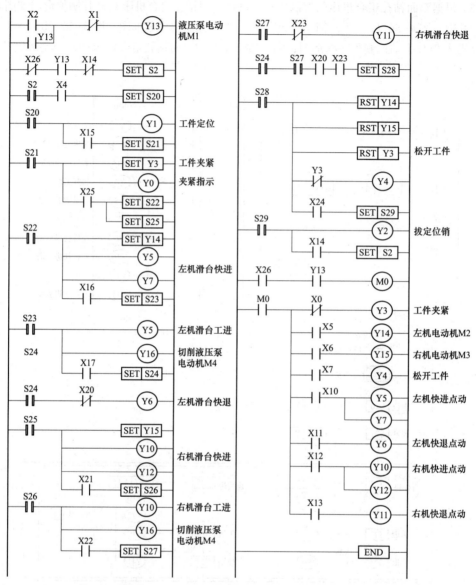

图 4-57　双面钻孔组合机床 PLC 总控制梯形图

（5）根据接线图，参照梯形图，写出双面钻孔组合机床 PLC 控制指令语句表如下：

0	LD	X2	11	SET	S20	24	SET	S25	36	LD	X17
1	OR	Y13	13	STL	S2	26	STL	S22	37	SET	S24
2	ANI	X1	14	OUT	Y1	27	SET	Y14	39	STL	S24
3	OUT	Y13	15	LD	X15	28	OUT	Y5	40	LDI	X20
4	LDI	X26	16	SET	S21	29	OUT	Y7	41	OUT	Y6
5	AND	Y13	18	STL	S21	30	LD	X16	42	STL	S25
6	ANI	Y14	19	SET	Y3	31	SET	S23	43	SET	Y15
7	SET	S2	20	OUT	Y0	33	STL	S23	44	OUT	Y10
9	STL	S2	21	LD	X25	34	OUT	Y5	45	OUT	Y12
10	LD	X4	22	SET	S22	35	OUT	Y16	46	LD	X21

47	SET	S26	65	RST	Y14	81	MPS	96	OUT	Y7
49	STL	S26	66	RST	Y15	82	AND	X0	97	MRD
50	OUT	Y10	67	RST	Y3	83	OUT	Y3	98	AND	X11
51	OUT	Y16	68	LDI	Y3	84	MRD		99	OUT	Y6
52	LD	X22	69	OUT	Y4	85	AND	X5	100	MRD
53	SET	S27	70	LD	X24	86	OUT	Y14	101	AND	X12
55	STL	S27	71	SET	S29	87	MRD		102	OUT	Y10
56	LDI	X23	73	STL	S29	88	AND	X6	103	OUT	Y12
57	OUT	Y11	74	OUT	Y2	89	OUT	Y15	104	MPP
58	STL	S24	75	LD	X14	90	MRD		105	AND	X13
59	STL	S27	76	SET	S2	91	AND	X7	106	OUT	Y11
60	LD	X20	77	LD	X26	92	OUT	Y4	107	END
61	AND	X23	78	AND	Y13	93	MRD			
62	SET	S28	79	OUT	M0	94	AND	X10		
64	STL	S28	80	LD	M0	95	OUT	Y5		

例71　PLC控制四工位组合机床的编程

1. 四工位组合机床的结构组成

组合机床的控制最适宜采用PLC进行控制。图4-58为某四工位组合机床的结构组成示意图。它由4个加工工位组成，每个工位有一个工作滑台，并有一个加工动力头。除了4个加工工位外，还有夹具、上下料机械手和进料器4个辅助装置以及冷却和液压系统等4部分。

2. 加工工艺及控制要求

（1）加工工艺。该组合机床的加工工艺要求为：加工零件由上料机械手自动上料，上料后，机床的4个加工动力头同时对该零件进行加工，一次加工完成一个零件，零件加工完毕后，通过下料机械手自动取走加工完的零件。此外，还要求有手动、半自动、全自动三种工作方式。

（2）控制要求。具体控制要求如下。

1）上料：按下启动按钮，上料机械手前进，将加工零件送到夹具上，到位后，夹具夹紧零件，同时进料装置进料，之后上料机械手退回原位，放料装置退回原位。

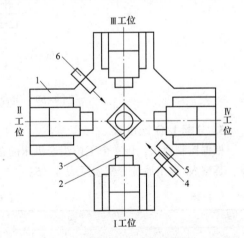

图4-58　某四工位组合机床的结构组成示意图
1—工作滑台；2—主轴；3—夹具；
4—上料机械手；5—进料装置；6—下料机械手

2）加工：4个工作滑台前进，其中工位Ⅰ、Ⅲ动力头先加工；Ⅱ、Ⅳ延时一点时间再加工，包括铣端面、打中心孔等。加工完成后，各工作滑台均退回原位。

3）下料：下料机械手向前抓住零件，夹具松开，下料机械手退回原位并取走加工完的零件。

1）～3）完成了一个工作循环。若在自动状态下，则机床自动开始下一个循环，实现全自动工作方式。若在预停状态，即在半自动状态下，则机床循环完成后，机床自动停在原位。

组合机床的自动工作过程如图 4-59 所示。

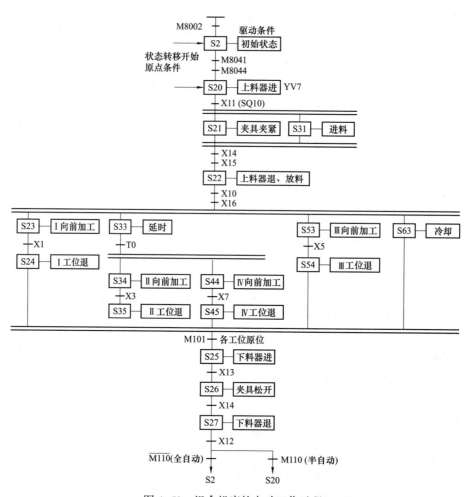

图 4-59　组合机床的自动工作过程

3. 分配 I/O 地址表

根据控制要求，该 4 个工位组合机床的输入信号共需求 42 个，输出需求 27 个，均为开关量，其输入/输出地址分配表见表 4-15。

表 4-15　　　　　　　　　　　　　　I/O 分配表

输入						输出		
器件号	地址号	功能说明	器件号	地址号	功能说明	器件号	地址号	功能说明
SQ1	X0	滑台Ⅰ原位	SQ9	X10	上料器原位	YV1	Y0	夹紧
SQ2	X1	滑台Ⅰ终点	SQ10	X11	上料器终点	YV2	Y1	松开
SQ3	X2	滑台Ⅱ原位	SQ11	X12	下料器原位	YV3	Y2	滑台Ⅰ进
SQ4	X3	滑台Ⅱ终点	SQ12	X13	下料器终点	YV4	Y3	滑台Ⅰ退
SQ5	X4	滑台Ⅲ原位	YJ1	X14	夹紧压力传感器	YV5	Y4	滑台Ⅲ进
SQ6	X5	滑台Ⅲ终点	YJ2	X15	进料压力传感器	YV6	Y5	滑台Ⅲ退
SQ7	X6	滑台Ⅳ原位	YJ3	X16	放料压力传感器	YV7	Y6	上料进
SQ8	X7	滑台Ⅳ终点	SB1	X21	总停	YV8	Y7	上料退

输入						输出		
器件号	地址号	功能说明	器件号	地址号	功能说明	器件号	地址号	功能说明
SB2	X22	启动	SB15	X40	滑台Ⅳ退	YV9	Y10	下料进
SB3	X23	预停	SB16	X41	主轴Ⅳ点动	YV10	Y12	下料退
SA1	X25	选择开关	SB17	X42	夹紧	YV11	Y13	滑台Ⅱ进
SB5	X26	滑台Ⅰ进	SB18	X43	松开	YV12	Y14	滑台Ⅱ退
SB6	X27	滑台Ⅰ退	SB19	X44	上料器进	YV13	Y15	滑台Ⅳ进
SB7	X30	主轴Ⅰ点动	SB20	X45	上料器退	YV14	Y16	滑台Ⅳ退
SB8	X31	滑台Ⅱ进	SB21	X46	进料	YV15	Y17	放料
SB9	X32	滑台Ⅱ退	SB22	X47	放料	YV16	Y20	进料
SB10	X33	主轴Ⅱ点动	SB23	X50	冷却开	KM1	Y21	Ⅰ主轴
SB11	X34	滑台Ⅲ进	SB24	X51	冷却停	KM2	Y22	Ⅱ主轴
SB12	X35	滑台Ⅲ退				KM3	Y23	Ⅲ主轴
SB13	X36	主轴Ⅲ点动				KM4	Y24	Ⅳ主轴
SB14	X37	滑台Ⅳ进				KM5	Y25	冷却电动机

4. I/O电气接线图

根据I/O地址分配表，PLC外部输入有12个行程开关（SQ1~SQ12）；23个按钮开关（SB1~SB3、SB5~SB24），1个选择开关（SA），3个检测开关（YJ1~YJ3）；PLC外部输出有16个电磁阀（YV1~YV16），5个接触器（KM1~KM5）。其I/O接口电路如图4-60所示。

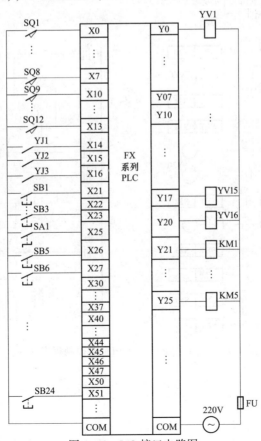

图4-60　I/O接口电路图

5. PLC控制四工位组合机床的编程

根据组合机床的工艺流程、控制要求及程序设计框图，即可设计出该组合机床 PLC 的控制程序，如图 4-61 所示。

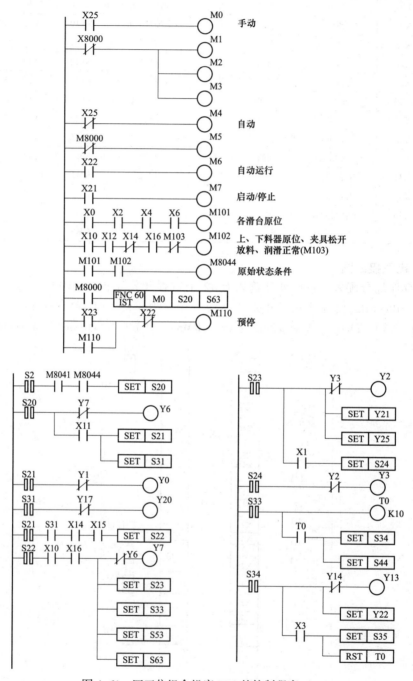

图 4-61　四工位组合机床 PLC 的控制程序（一）

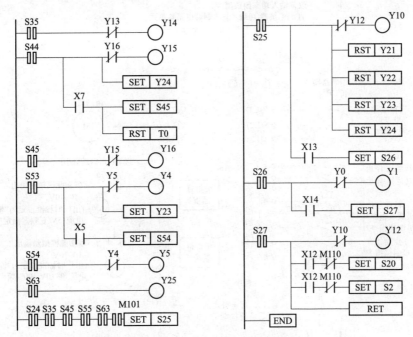

图4-61　四工位组合机床PLC的控制程序（二）

例72　PLC在机床设备现代高新技术中的工程应用编程

变频调速是近代出现的高新技术，日本安川 VS-616G5 变频器属电压型变频器，具有全程磁通矢量电流控制的特点，它包含 4 种控制方式：标准 V/F 控制、带 PG 反馈（速度反馈）的 V/F 控制、无传感器的磁通矢量控制、带 PG 反馈的磁通矢量控制，具有广泛的应用领域，从高精度的伺服机床到多电机系统的驱动设备均能适应。其外部接线图如图 4-62 所示。

在 VS-616G5 变频器的使用中，为了更有效更充分地利用其有限的端子，通常采取可以自由地改变一些端子（多功能输入端）和触点功能的做法，以使变频器具有更多的功能。另外，当用变频器构成自动控制系统时，它需要接收来自自控系统的频率指令信号和其他运行控制信号等，并给系统提供变频器运行状态的监测信号。在许多情况下变频器需要和 PLC 等上位机配合使用。下面就介绍 PLC 在变频器的外部控制端子上应用连接设计。

1. 顺序控制端子功能及应用（有级调速方式）

顺序控制端子功能见表 4-16 和图 4-62。变频器的输入信号包括对运行/停止、正转/反转、点动等运行状态进行操作的运行信号（数字输入信号）。变频器通常利用继电器触点或晶体管集电极开路形式与上位机连接，并得到这些运行信号，如图 6-63 所示。

通过多功能输入端的设定，即设定多级速度频率，可实现多级调速运转，并可通过外部信号选择使用某一级速度，高性能变频器可设定 3~8 级速度频率。实际上，可用 PLC 的开关量输入输出模块控制变频器多功能输入端，以控制电动机的正反转、转速等，实现有级调速。对于大多数系统，这种控制方式不但能满足其工艺要求，而且接线简单，抗干扰能力强，使用方便。同用模拟信号进行速度给定的方法相比，这种方式的设定精度高、成本低，不存在由漂移和噪声带来的各种问题。下面介绍这种控制方法。

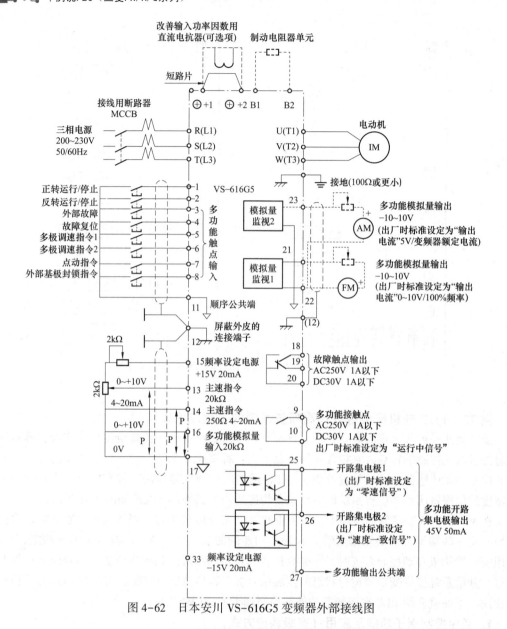

图 4-62　日本安川 VS-616G5 变频器外部接线图

表 4-16　　　　　　　　　　　　　　**顺序控制端子功能表**

端子记号	信号名称	端子功能说明	
1	正转运行停止指令	"闭"正转"开"停止	
2	反转运动停止指令	"闭"反转"开"停止	
3	外部故障输入	"闭"故障"开"正常	
4	异常复位	"闭"时复位	
5	主速/辅助切换（多段速指令1）	"闭"辅助频率指令	3~8 为多功能输入端（根据 H1-01~H1-06 的设定，可选择指令信号）。表中功能为出厂时设定
6	多段速指令2	"闭"多段速设定2有效	
7	点动指令	"闭"时点动运行	
8	外基极封锁	"闭"时变频器停止输出	
9	顺控器控制输入公共端		

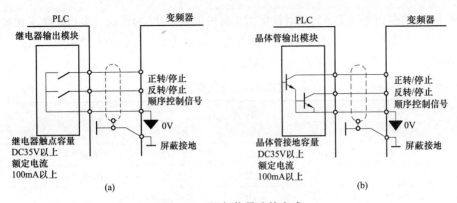

图 4-63　运行信号连接方式

(a) 继电器触点；(b) 晶体管（集电极开路）

用数字操作器可对参数 H1-01~H1-06 进行设定。根据不同的设定，VS-616G5 变频器可有 3 线制程序运行、3 段速运行以及最多 9 段速运行。下面是 9 段速运行的例子。图 4-64 是三菱公司的 $FX_{2(2N)}$-24MR 型 PLC 与安川变频器 VS-616G5 的硬件接线图，其中将端子 20、11 与端子 27 相连。

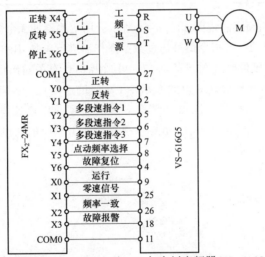

图 4-64　三菱公司的 $FX_{2(2N)}$-24MR 型 PLC 与安川变频器 VS-616G5 的硬件接线图

在变频器运行之前，必须用其数字操作器对有关的功能指令码和参数进行设定，如上升时间、下降时间等。现仅列出多段速指令的设定。

VS-616G5 可使用 8 个频率指令和 1 个点动频率指令，由此，最多可有 9 段速。为了切换这些频率指令，须在多功能输出中设定多段速指令，其设定见表 4-17。

表 4-17　　　　　　　　　　　　　　　　　多段速参数设定

端子	参数 NO	设定值	内容
5	H1~03	3	多段速指令 1
6	H1~04	4	多段速指令 2
7	H1~05	5	多段速指令 3
8	H1~06	6	点动（JOG）频率选择（较多段速指令优先）

图 4-62 中的多功能端子是出厂时设定的，而根据表 4-17 的设定，多功能端子和被选择的频率见表 4-18。其中，点动运转是一种与所设置的加减速时间无关的、单步的、以点动频率运转的驱动功能。点动频率可为固定值，也可任意设定。

表 4-18　　　　　　　　　　　多功能端子与频率指令

端子 5	端子 6	端子 7	端子 8	被选择的频率
多段速指令 1	多段速指令 2	多段速指令 3	点动频率选择	
OFF	OFF	OFF	OFF	频率指令 1 d1-01 主速频率数
ON	OFF	OFF	OFF	频率指令 2 d1-02 辅助频率数
OFF	ON	OFF	OFF	频率指令 3 d1-03
ON	ON	OFF	OFF	频率指令 4 d1-04
OFF	OFF	ON	OFF	频率指令 5 d1-05
ON	OFF	ON	OFF	频率指令 6 d1-06
OFF	ON	ON	OFF	频率指令 7 d1-07
ON	ON	ON	OFF	频率指令 8 d1-08
			ON	点动频率 d1-09

如果某机床电动机的频率曲线图如图 4-65 所示，用变频器的 3 个输入端子 5、6、7 可控制 8 挡频率，每挡频率对应的频率指令值可通过数字操作器进行参数 d1-01~d1-09 设置而定（设定范围 0~400Hz）。根据硬件接线图和表 4-17，可画出 PLC 有关输出信号的波形图。若在 $t=0$ 时按下正转运行按钮，电动机启动并以频率指令 1 对应的速度运行；随后每隔 10s 依次加速至频率指令 8 对应的速度，然后减速至点动频率对应的速度并以该速度运行，历时 80s 后停车 10s；再按反转运行按钮，电动机反向启动并以频率指令 1 对应的速度运行，1min 后停车。对应梯形图的设计如图 4-66 所示。

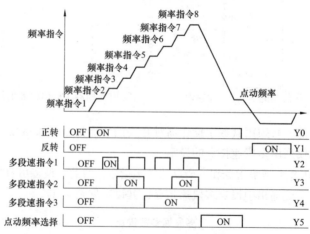

图 4-65　多段速度指令下对应的波形图

2. 变频器的频率指令信号（无级调速方式）

变频器的频率指令信号可以从变频器的模拟输入端子送入，进行变频器的无级调速。通过变频器模拟输入端子送入的信号可以是 0~10V、-10~+10V、4~20mA。在图 4-62 中，给出了利用变频器自身的频率设定电源来进行频率指令给定的方式，但在实际的自动控制系统中，频

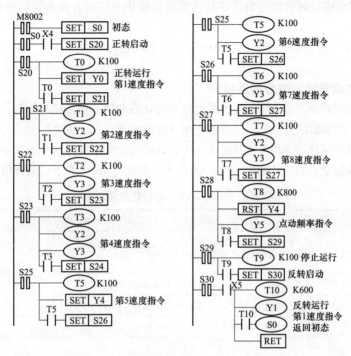

图4-66 PLC与变频器多段速控制的梯形图程序

率指令信号往往来自于调节器或PLC。调节器一般输出标准的4~20mA信号，可直接与变频器的端子14、17连接。对于PLC，须选用模拟量输出模块，将PLC输出的0~10V或4~20mA信号送给变频器相应的模拟电压/电流输入端。如送出的是电压信号，其连接如图4-67所示。这种控制方式的特点是硬件接线简单，可进行无级调速，但是PLC的模拟量输出模块的价格较高，有的用户难以接受。特别要注意的是，当变频器与PLC的模拟输出模块的电压范围不同时，如变频器的输入电压为0~10V，而PLC的输出电压信号范围为0~5V时，虽可以通过调节变频器的内部参数（见图4-68）使系统工作，但进行频率设定时的分辨率会变差。总之，在选择PLC时，一是必须根据变频器的输入阻抗来选择PLC的模拟输出模块；二是选择PLC的模拟输出模块应与变频器的输入信号范围一致为好。

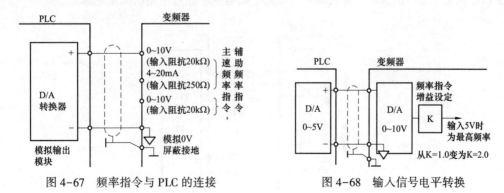

图4-67 频率指令与PLC的连接　　　图4-68 输入信号电平转换

此外，还可以通过串行通信口将频率指令信号送入，PLC的串行通信口为RS-422，变频器一般都备有相应的通信接口卡。如变频器VS-616G5备有SI-K2变换卡，可进行RS-232与RS-485或RS-422变换，可对应通信速度9.6Kb/s。这种控制方式的硬件接线也很简单（只需3

根线），但通信接口模块的价格较贵，并且熟悉通信模块的使用方法和设计通信程序也需要一定的开发时间。

变频器通信接口的主要作用是和 PLC 或计算机或现场总线进行通信，并按照上位机的指令完成所需的动作。

3. PLC 与变频器监测信号的连接

在变频器工作过程中，需要将变频器的内部运行状态和相关信息送与外部，以便系统检测变频器的工作状态。变频器的监测输出信号通常包括故障检测信号、速度检测信号、电流计端子和频率计端子等，这些信号用于和各种其他设备配合以构成控制系统。这类变频器监控信号又有开关量监测信号和模拟量监测信号两种。表 4-19 列出了变频器 VS-616G5 的监控信号及功能。

表 4-19   变频器 VS-616G5 的监控信号及功能

种类	端子记号	信号名	端子功能说明	
顺控器输出信号	9	运行中信号触点	运行"闭"	多功能输出
	10			
	25	零速检出	零速值（b2-01）以下时"闭"	
	26	速度一致检出	设定频率的±2Hz 以下内"闭"	
	27	开路集电极输出公共端	—	
	18	故障输出信号触点	故障时 18~20 间"闭" 故障时 19~20 间"开"	
	19			
	20			
模拟量输出信号	21	频率表输出	0~10V/100%频率	多功能模拟监测 1
	22	公共端	—	
	23	电流监视	5V/变频器额定电流	多功能模拟监测 2

监测端子的外部参考接线如图 4-63 所示，变频器的开关量监测信号与 PLC 的连接如图 4-69所示。由于这些开关量信号是通过继电器接点或晶体管集电极开路的形式输出的，其额定值均在 24V/50mA 之上，符合 FX 系列 PLC 对输入信号的要求，因此可以将它们与 PLC 的输入端直接相连。变频器的模拟量监测信号与 PLC 的连接对应的是 PLC 的模拟量输入模块，必须注意 PLC 侧输入阻抗的大小，保证该输入电路中的电流不超过电路的额定电流。

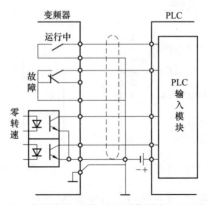

图 4-69 变频器的开关量监测信号与 PLC 的连接

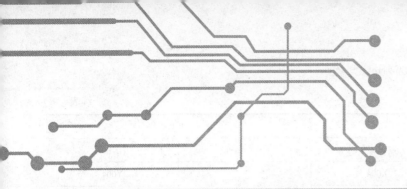

PLC在其他设备中的工程应用编程

例73 PLC控制计件包装系统的编程

1. 计件包装系统的工作过程示意图

某计件包装系统的工作过程示意图，如图5-1所示。

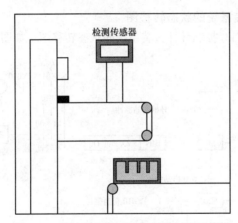

图5-1 某计件包装系统的工作过程示意图

2. 计件包装系统的控制要求

按下启动按钮SB1启动传送带1转动，传送带1上的器件经过检测传感器时，传感器发出一个器件的计数脉冲，并将器件传送到传送带2上的箱子里进行计数包装，根据需要盒内的工件数量由外部拨码盘设定（0~99），且只能在系统停止时才能设定，用两位数码管显示当前计数值，计数到达时，延时3s，停止传送带1，同时启动传送带2，传送带2保持运行5s后，再启动传送带1，重复以上计数过程，当中途按下停止按钮SB2后，本次包装才能停止。

3. PLC控制计件包装系统的I/O输出分配表

PLC控制计件包装系统的I/O输出分配表，见表5-1。

表5-1　　　　　　　　　　PLC控制计件包装系统的I/O输出分配表

输入		输出	
输入设备	输入编号	输出设备	输出编号
拨码盘输入1	X000	数码管显示1	Y000
	X001		Y001
	X002		Y002
	X003		Y003

输入		输出	
输入设备	输入编号	输出设备	输出编号
拨码盘输入2	X004	数码管显示2	Y004
	X005		Y005
	X006		Y006
	X007		Y007
启动按钮SB1	X010	传送带1	Y010
停止按钮SB2	X011	传送带2	Y011
检测传感器	X012	—	—

4. PLC 控制计件包装系统的状态转移图

根据工艺要求画出的 PLC 控制计件包装系统的状态转移图，如图 5-2 所示。

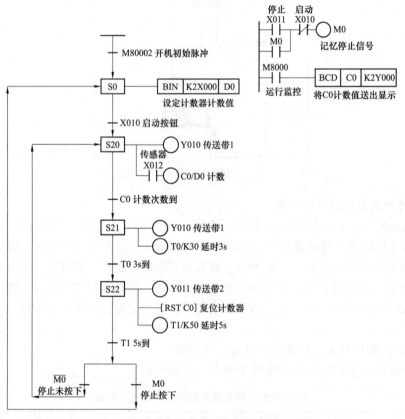

图 5-2　PLC 控制计件包装系统的状态转移图

5. PLC 控制计件包装系统的梯形图及指令语句表程序

根据状态转移图画出 PLC 控制计件包装系统的梯形图及指令语句表程序，如图 5-3 所示。

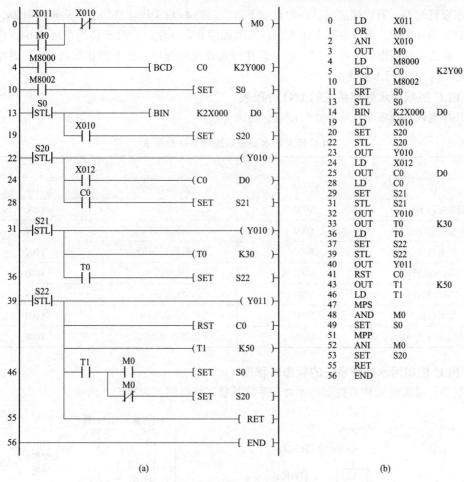

	0	LD	X011	
	1	OR	M0	
	2	ANI	X010	
	3	OUT	M0	
	4	LD	M8000	
	5	BCD	C0	K2Y00
	10	LD	M8002	
	11	SRT	S0	
	13	STL	S0	
	14	BIN	K2X000	D0
	19	LD	X010	
	20	SET	S20	
	22	STL	S20	
	23	OUT	Y010	
	24	LD	X012	
	25	OUT	C0	D0
	28	LD	C0	
	29	SET	S21	
	31	STL	S21	
	32	OUT	Y010	
	33	OUT	T0	K30
	36	LD	T0	
	37	SET	S22	
	39	STL	S22	
	40	OUT	Y011	
	41	RST	C0	
	43	OUT	T1	K50
	46	LD	T1	
	47	MPS		
	48	AND	M0	
	49	SET	S0	
	51	MPP		
	52	ANI	M0	
	53	SET	S20	
	55	RET		
	56	END		

(a)   (b)

图 5-3 PLC控制计件包装系统的梯形图及指令语句表程序

(a) 梯形图；(b) 指令语句表

例 74 PLC控制污水处理系统的编程

1. PLC控制污水处理系统的工作示意图

PLC控制污水处理系统的工作示意图如图5-4所示。

2. PLC控制污水处理系统的控制要求

按 S09 选择开关选择废水的程度（0 为轻度污水，1 为重度污水），按启动按钮 S01 启动污水泵，污水到位后由污水到位传感器发出污水到位信号，关闭污水泵，启动一号除污剂泵，一号除污剂到位后，关闭一号除污剂泵，如果是轻度污水，启动搅拌泵；如果是重度污水，启动二号除污剂泵，二号除污剂到位后，关闭二号除污剂泵，启动搅拌泵。搅拌泵启动后延时 6s，关闭搅拌泵，启动放水泵，放水到位后，

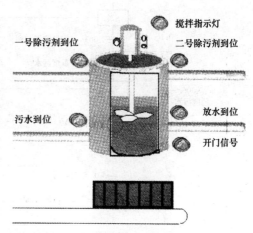

图 5-4 PLC控制污水处理系统的工作示意图

关闭放水泵延时1s，开启罐底门，污物自动下落，延时4s后关闭罐底门，此后再延时2s，当罐底门开启不到3次时，继续进行上述工艺；当罐底门开启3次时，启动传送带运行6s，将污物箱运走，换成空箱后继续进行上述工艺。若在污水处理过程中，按下停止按钮S02，则在罐底门关闭2s后，停止污水处理。

3. PLC 控制污水处理系统的 I/O 分配表

PLC 控制污水处理系统的 I/O 分配表，见表 5-2。

表 5-2　　　　　PLC 控制污水处理系统的 I/O 分配表

输入		输出	
输入设备	输入编号	输出设备	输出编号
启动按钮 S01	X000	污水泵	Y000
停止按钮 S02	X001	一号除污剂泵	Y001
污水到位	X002	二号除污剂泵	Y002
一号除污剂到位	X003	搅拌机	Y003
二号除污剂到位	X004	放水泵	Y004
放水到位	X005	排污门	Y005
轻重污水开关 S09	X006	传送带电动机	Y006

4. PLC 控制污水处理系统的状态转移图

根据工艺要求画出 PLC 控制污水处理系统的状态转移图，如图 5-5 所示。

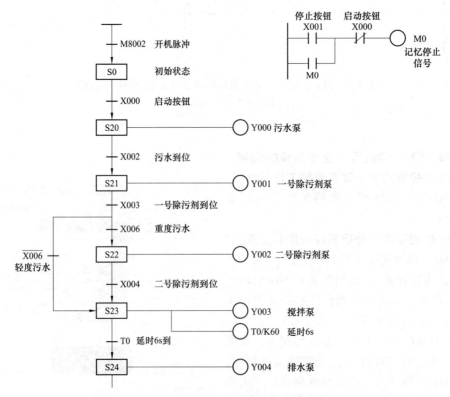

图 5-5　PLC 控制污水处理系统的状态转移图（一）

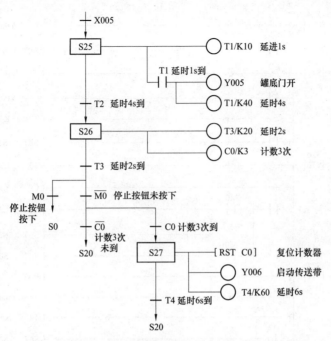

图 5-5　PLC 控制污水处理系统的状态转移图（二）

5. PLC 控制污水处理系统的梯形图与对应的指令语句表程序

根据状态转移图画以 PLC 控制污水处理系统的梯形图，如图 5-6 所示，对应的指令语句表程序如图 5-7 所示。

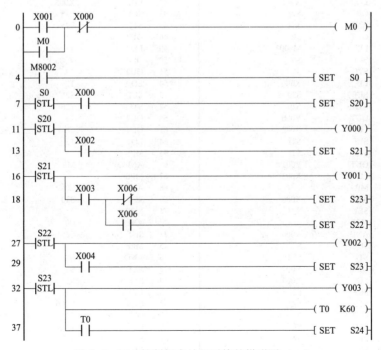

图 5-6　PLC 控制污水处理系统的梯形图（一）

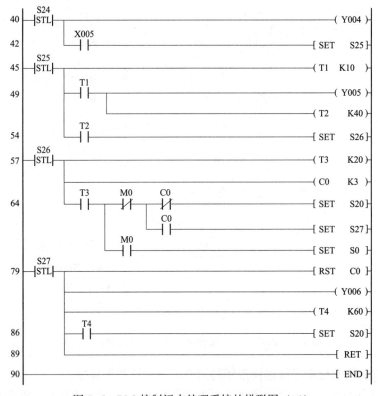

图 5-6 PLC 控制污水处理系统的梯形图（二）

0	LD	X001		42	LD	X005	
1	OR	M0		43	SET	S25	
2	ANI	X000		45	STL	S25	
3	OUT	M0		46	OUT	T1	K10
4	LD	M8002		49	LD	T1	
5	SET	S0		50	OUT	Y005	
7	STL	S0		51	OUT	T2	K40
8	LD	X000		54	LD	T2	
9	SET	S20		55	SET	S26	
11	STL	S20		57	STL	S26	
12	OUT	Y000		58	OUT	T3	K20
13	LD	X002		61	OUT	C0	K3
14	SET	S21		64	LD	T3	
16	STL	S21		65	MPS		
17	OUT	Y001		66	ANI	M0	
18	LD	X003		67	MPS		
19	MPS			68	ANI	C0	
20	ANI	X006		69	SET	S20	
21	SET	S23		71	MPP		
23	MPP			72	AND	C0	
24	AND	X006		73	SET	S27	
25	SET	S22		75	MPP		
27	STL	S22		76	AND	M0	
28	OUT	Y002		77	SET	S0	
29	LD	X004		79	STL	S27	
30	SET	S23		80	RST	C0	
32	STL	S23		82	OUT	Y006	
33	OUT	Y003		83	OUT	T4	K60
34	OUT	T0	K60	86	LD	T4	
37	LD	T0		87	SET	S20	
38	SET	S24		89	RET		
40	STL	S24		90	END		
41	OUT	Y004					

图 5-7 PLC 控制污水处理系统的指令语句表

例75　PLC控制自动生产线系统的编程

1. PLC控制自动生产线系统的结构示意图

自动生产线控制系统结构示意图，如图5-8所示。

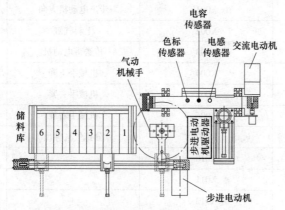

图5-8　自动生产线控制系统结构示意图

2. PLC控制自动生产线系统的工艺要求

（1）传送站的物料斗中有物料时，在物料入口处有一个光敏传感器，检测到信号后，上料气缸动作，将物料推出到传送带上，之后由电动机带动传送带运行。

（2）物料在传送带的带动下，依次经过可检测出铁质物料的电感传感器；可检测出金属物料的电容传感器；可检测出不同的颜色，且色度可调的色标传感器。传送带运行5s，物料到达传送带终点后自动停止，电动机停止运行。

（3）在物料到达终点后，机械手将物料从传送带上夹起放到货运台上，机械手返回等待。机械手由单作用气缸驱动，其工作顺序为：机械手下降→手爪夹紧→机械手上升→机械手右转→机械手下降→手爪放松→机械手上升→机械手左转回到原位。

（4）货运台得到机械手搬运过来的物料后，根据在传送带上3个传感器得到的特性参数，将物料运送到相应的仓位，并由分拣气缸将物料推到仓位内，最后货运台回到等待位置。物料属性对应的仓储位置，见表5-3。

表5-3　　　　　　　　　　　　　物料属性对应的仓储位置

仓储位置	物料属性检测		
	电容传感器	电感传感器	色标传感器
	非铁质金属	铁质金属	黄色
1号仓	0	0	0
2号仓	0	0	1
3号仓	1	1	0
4号仓	1	1	1
5号仓	1	0	0
6号仓	1	0	1

3. PLC控制自动生产线系统的I/O分配表

PLC控制自动生产线系统的I/O分配表，见表5-4。

表 5-4   PLC 控制自动生产线系统的 I/O 分配表

输入		输出	
输入设备	输入编号	输出设备	输出编号
启动按钮 S01	X000	步进电动机脉冲	Y000
停止按钮 S02	X001	步进电动机方向	Y001
上料光敏传感器	X002	上料气缸	Y002
上料气缸伸出到位	X003	传送带电动机	Y003
上料气缸缩回到位	X004	机械手下降	Y004
机械手下降到位	X005	机械手夹紧	Y005
机械手夹紧到位	X006	机械手右旋	Y006
机械手上升到位	X007	分拣气缸伸出	Y007
机械手右旋到位	X010		
机械手左旋到位	X011		
电容传感器	X012		
电感传感器	X013		
色标传感器	X014		
分拣气缸伸出到位	X015		
分拣气缸缩回到位	X016		
分拣货运台原位	X017		

4. PLC 控制自动生产线系统的状态转移图

根据工艺要求画出 PLC 控制自动生产线系统的状态转移图，如图 5-9 所示。

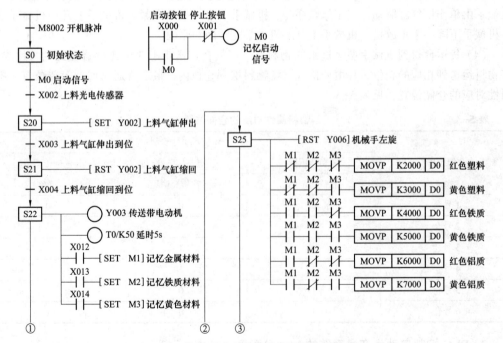

图 5-9   PLC 控制自动生产线系统的状态转移图（一）

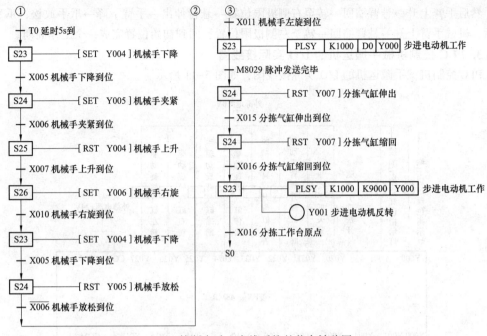

图 5-9 PLC 控制自动生产线系统的状态转移图（二）

根据状态转移图，读者可自行画出梯形图及指令语句表。

例76 PLC 控制机械手搬运机的编程（1）

1. PLC 控制机械手搬运机的结构

PLC 控制机械手搬运机的结构如图 5-10 所示。

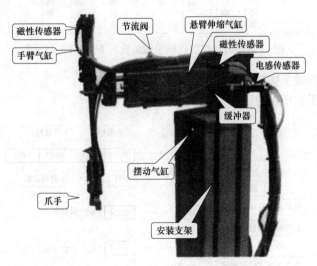

图 5-10 PLC 控制机械手搬运机的结构

2. PLC 控制机械手搬运机的工作要求

（1）初始位置时，机械手在左限位置，机械手悬臂气缸、手臂气缸的活塞杆缩回到位，手指处于松开状态。

（2）按下启动按钮，当检测到有工件后，气动机械手悬臂伸出→手臂下降→爪手将工件夹紧；然后手臂上升→悬臂缩回→转至右侧极限位置→悬臂伸出→手臂下降→爪手放松；爪手放松后，机械手臂上升→悬臂缩回→转至左侧极限位置，回到初始位置完成一个工作周期。

3. PLC 控制机械手搬运机的 I/O 实际接线图

PLC 控制机械手搬运机的 I/O 实际接线图，如图 5-11 所示。

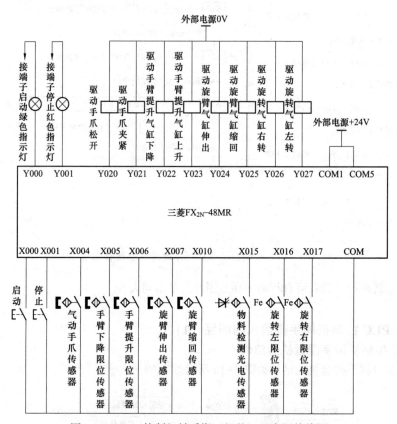

图 5-11　PLC 控制机械手搬运机的 I/O 实际接线图

4. PLC 控制机械手搬运机的顺序功能图

PLC 控制机械手搬运机的顺序功能图，如图 5-12 所示。

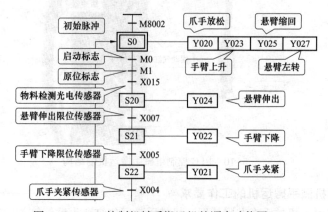

图 5-12　PLC 控制机械手搬运机的顺序功能图（一）

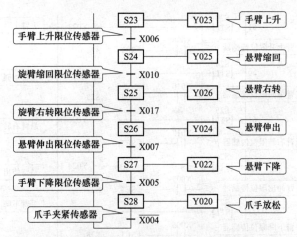

图 5-12　PLC 控制机械手搬运机的顺序功能图（二）

5. PLC 控制机械手搬运机的梯形图

（1）启动参考程序，如图 5-13 所示。

（2）初始化参考程序，如图 5-14 所示。

（3）机械手步进程序，如图 5-15 所示。

（4）联机调试、运行的监控（单步指令 M8040），如图 5-16 所示。

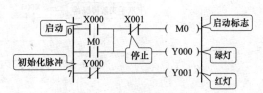

图 5-13　启动梯形图程序

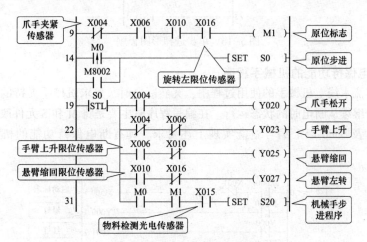

图 5-14　初始化梯形图程序

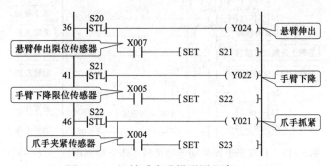

图 5-15　机械手步进梯形图程序（一）

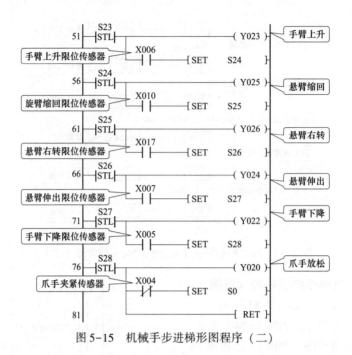

图 5-15　机械手步进梯形图程序（二）

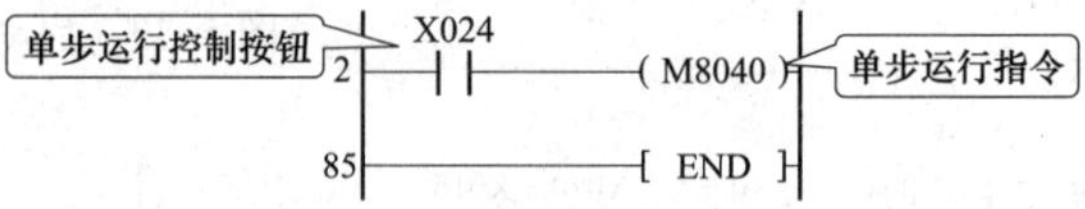

图 5-16　单步进梯形图程序

6. 具有断电保持功能的机械手程序

在生产汽车流水线上机械手的使用过程中，突然断电时，要求机械手夹持的物件不能掉下来，恢复供电后继续从断电时的状态运行。在编写程序时主要是将 M 和 S 元件改为具有停电保持功能的 M500 及 S500 以上编号就能实现上述要求。具有断电保持功能的机械手程序，如图 5-17所示。

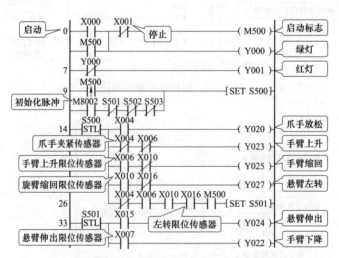

图 5-17　具有断电保持功能的机械手步进梯形图程序（一）

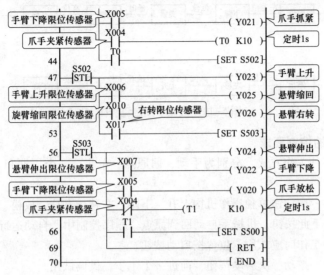

图 5-17 具有断电保持功能的机械手步进梯形图程序（二）

例 77　PLC 控制机械手搬运机的编程（2）

1. 搬运机械手的结构及工作示意图

搬运机械手的结构及工作示意图如图 5-18 所示，其功能是将工件从 A 点向 B 点传送。

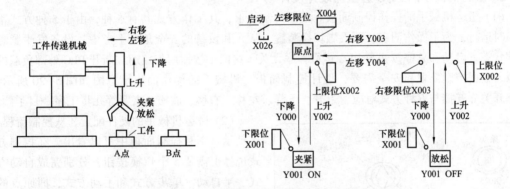

图 5-18　搬运机械手的结构及工作示意图

　　机械手的上升、下降与左移、右移都是由双线圈两位电磁阀驱动气缸来实现的。抓手对工件的松开和夹紧是由一个单线圈两位电磁阀驱动气缸完成，只有在电磁阀得电时抓手才能夹紧。其中，下降与上升对应电磁阀的线圈分别为 YV1 与 YV2，右行、左行对应电磁阀的线圈分别为 YV3 与 YV4。一旦电磁阀线圈得电，就一直保持现有的动作，直到相对的另一线圈得电为止。气动机械手的夹紧、松开的动作由只有一个线圈的两位电磁阀驱动的气缸完成：线圈（YV5）失电，夹住工件；线圈（YV5）得电，松开工件；以防止停电时的工件跌落。机械手的工作臂都设有上、下限位和左、右限位的位置开关 SQ1、SQ2、SQ3、SQ4，夹持装置不带限位开关，它是通过一定的延时来表示其夹持动作的完成。机械手在最上面、最左边且除松开的电磁线圈（YV5）得电外，其他线圈全部断电的状态为机械手的原位。

　　该机械手工作原点在左上方，按下降→夹紧→上升→右移→下降→松开→上升→左移的顺序依次运动。机械手控制流程如图 5-19 所示。

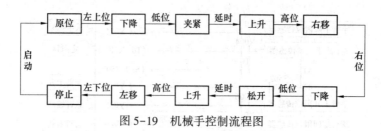

图5-19　机械手控制流程图

2. 搬运机械手的控制要求

搬运机械手有多种工作方式，分别为手动、回原点、单步、一个周期和连续工作（自动）5种操作方式。

（1）手动操作时，用按钮单独操作机构上升、下降、左移、右移、放松、夹紧。供维修用。

（2）回原点，按下此按钮，机械手自动回到原点。顺序控制中，自动运行要有一个起始点，这就是原点。机械手工作时应从原点位置按启动按钮。

（3）单步运行时，按动一次启动按钮，前进一个工步，供调试用。

（4）单周期运行（半自动），在原点位置按动启动按钮，自动运行一遍后回到原点停止。供首次检验用。若在中途按动停止按钮，则停止运行；再按启动按钮，从断点处继续运行，回到原点处自动停止。

（5）自动控制工作时，按下启动按钮，机构从原点位置开始，自动完成一个工作循环过程，并连续反复运行，若在中途按动停止按钮，运行到原点后停止。供正常工作用。

3. 搬运机械手的PLC选型与硬件设计

（1）搬运机械手的操作控制面板。根据控制要求，其工作方式共有5种，由于5种方式不是同时运行，为了操作明确，要设置切换装置。从人和设备的安全角度上考虑，设备发生紧急异常状态。启动和急停按钮与PLC运行程序无关。这两个按钮用来接通和断开PLC外部负载的电源。根据控制要求和安全需要，设计控制面板。机械手的操作面板示意图如图5-20所示，选择开关分五挡与五种方式对应，上升、下降、左移、右移、放松、夹紧等几步工序一目了然。

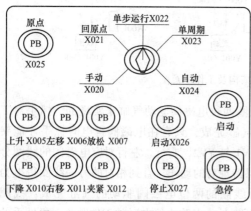

图5-20　机械手的操作面板示意图

（2）搬运机械手的硬件配置。从控制流程、运动示意图和控制面板中可以看出，在控制方式选择上需要5个切换按钮，分别完成自动方式、半自动、单步方式和手动方式，回原点的选择。在自动运行、单步运行中、单周期运动中需要1个启动按钮和1个停止按钮；回原点启动按钮1个；手动输入信号共由6个按钮组成：下降按钮、上升按钮、夹紧按钮、放松按钮、左移按钮和右移按钮；机械手运动的限位开关有4个：高位限位开关、低位限位开关、左位限位开关和右位限位开关。共有18个数字量输入信号。

输出信号有机械手下降驱动信号、上升驱动信号、右移驱动信号、左移驱动信号、机械手夹紧驱动信号，共有5个数字量输出信号。

系统需要数字量输入18点，数字量输出5点，共23个I/O点，不需要模拟量模块。选择FX$_{2N}$系列的FX$_{2N}$-64MR-001，可以满足要求，而且还有一定的裕量。

从安全运行要求，面板上的启动和急停按钮与 PLC 运行程序无关，采用机械式的机电元件以硬接线方式构成。这两个按钮用来接通和断开 PLC 外部负载的电源，用于启动运行按钮和处理在任何情况下设备发生紧急异常状态或失控或需要操作人员紧急干预的停止按钮。

（3）搬运机械手的 I/O 分配表及原理接线图。

1）I/O 分配。将 18 个输入信号、5 个输出信号按各自的功能类型分配好，并与 PLC 的 I/O 端相对应，编排好地址。列出外部 I/O 信号与 PLC 的 I/O 端地址编号对照表，见表 5-5。

表 5-5　机械手控制系统输入和输出点分配表

类别	元件	PLC 元件	作用	类别	元件	PLC 元件	作用
输入（I）	SB1	X026	启动	输入（I）	SB12	X005	单步上升
	SQ1	X001	下限行程		SB13	X010	单步下降
	SQ2	X002	上限行程		SB14	X006	单步左移
	SQ3	X003	右限行程		SB15	X011	单步右移
	SQ4	X004	左限行程		SB8	X007	放松
	SB2	X027	停止		SB9	X012	夹紧
	SB3	X020	手动操作	输出（O）	YV1	Y000	电磁阀下降
	SB4	X021	回原点		YV2	Y002	电磁阀上升
	SB5	X022	单步运行		YV3	Y003	电磁阀右行
	SB6	X023	单周期		YV4	Y004	电磁阀左行
	SB7	X024	自动		YV5	Y001	电磁阀夹紧
	SB8	X025	原点				

2）I/O 接线图与电气图。电源进线和控制变压器接线图如图 5-21（a）所示，机械手控制的 I/O 的接线图如图 5-21（b）所示。

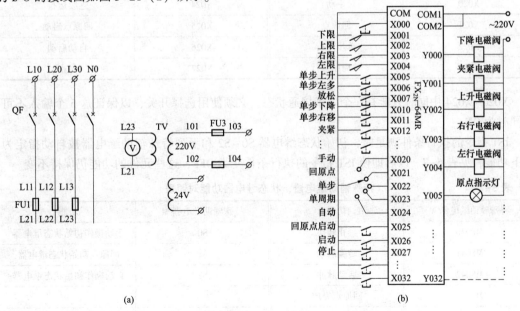

(a)　　　　　　(b)

图 5-21　机械手 PLC 控制的 I/O 接线图与电气图

（a）电源进线和控制变压器接线图；（b）机械手控制的 I/O 的接线图

4. PLC 控制搬运机械手系统的编程

根据控制工艺要求，结合 I/O 定义表，用梯形图或语句表编制程序。当控制工艺比较复杂时，可绘制顺序功能图 SFC 或状态转换图，以帮助程序设计。控制程序的设计也可以采用模块化结构的思想，逐个模块编程、调试，最后构成完整的控制程序，但应注意各模块之间的关联。

（1）初始化程序和原点位置。在顺序控制中自动控制必须有原点，因为顺序控制失电后再恢复供电时，系统要回到初始步。要实现自动运行，要使被控对象回到运行的初始步所对应初始位置和初始状态，这要求设置原点。搬运机械手控制的原点为机械手臂缩回最上、最左位置，处于最安全状态，这就是原点位置条件，初始化时要运行。

FX 系列 PLC 的状态初始化指令 IST 的功能指令编号为 FNC60，它与 STL 指令一起使用，专门用来设置有多种工作方式的控制系统的初始状态和设置有关的特殊辅助继电器的状态，可以大大简化复杂的顺序控制程序的设计。IST 指令只能使用一次，它应放在程序开始的地方，被它控制的 STL 电路应放在它的后面。

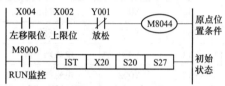

图 5-22 搬运机械手系统的初始化程序

该系统的初始化程序如图 5-22 所示，用来设置初始状态和原点位置条件。

IST 指令中的 S20 和 S26 用来指定在自动操作中用到的最小和最大状态继电器的元件号，IST 中的源操作数可取 X、Y 和 M，图 5-22 中 IST 指令的源操作数 X020 用来指定与工作方式有关的输入继电器的首元件，它实际上指定从 X020 开始的 8 个输入继电器，这 8 个输入继电器的意义见表 5-6。

表 5-6 输入继电器功能对照表

输入继电器 X	功能	输入继电器 X	功能
X020	手动	X024	连续运行
X021	回原点	X025	回原点启动
X022	单步运行	X026	自动启动
X023	单周期运行	X027	停止

X020~X024 中同时只能有一个处于接通状态，必须使用选择开关，以保证这 5 个输入不可能同时为 ON。

IST 指令的执行条件满足时，初始状态继电器 S0~S2 和下列特殊辅助继电器被自动指定为以下功能，见表 5-7。以后即使 IST 指令的执行条件变为 OFF，这些元件的功能仍保持不变。

表 5-7 特殊辅助继电器、状态继电器功能对照表

特殊辅助继电器 M	功能	特殊辅助继电器 M	功能
M8040	禁止转换	S0	手动操作初始状态继电器
M8041	转换启动	S1	回原点初始状态继电器
M8042	启动脉冲	S2	自动操作初始状态继电器
M8043	回原点完成		
M8044	原点条件		
M8046	STL 监控有效		

如果改变了当前选择的工作方式，在"回原点方式"标志 M8043 变为 ON 之前，所有的输出继电器将变为 OFF。

（2）手动方式程序。手动控制程序如图 5-23 所示。

手动方式的夹紧、放松、上升、下降、左移、右移是由相应的按钮来完成的，程序相对简单，可用经验法完成。图中上升/下降，左移/右移都有互锁和限位保护。

（3）回原点方式程序。回原点方式使用顺序控制设计法，其功能图如图 5-24（a）所示，S1 是回原点的初始状态。用 S10~S12 作为回零操作元件。应注意，当用 S10~S12 作回零操作时，在最后状态中的自我复位前应使特殊继电器 M8043 置"1"。回原点方式梯形图程序如图 5-24（b）的所示。

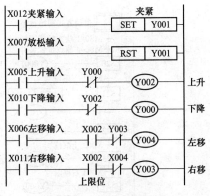

图 5-23 手动控制程序

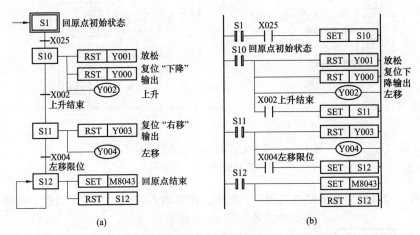

图 5-24 回原点方式的顺序功能图及梯形图

(a) 功能图；(b) 梯形图程序

（4）自动方式程序。自动方式程序的顺序功能图如图 5-25（a）所示。特殊辅助继电器 M8041（转换启动）和 M8044（原点位置条件）是从自动程序的初始步 S2 转换到下一步 S20 的转换条件。M8041 和 M8044 都是在初始化程序设定的，在程序运行中不再改变。自动方式程序的梯形图如图 5-25（b）所示。

（5）机械手 PLC 控制系统梯形图。根据总体结构，已先设计了独立的初始化程序、手动程序、回原点程序、自动方式程序等，最终仍要形成一个整体程序。对于如何连接各个局部程序，形成总体程序，可采用方法有多种。如对于不同时执行的部分程序，可将公共程序放在程序之首，然后使用程序跳转方式去执行相应的程序。这里，将使用 IST 指令的多种工作方式系统程序的编制方法。

使用 IST 指令后，系统的手动、自动、单周期、单步、连续和回原点这几种工作方式的转换是系统程序自动完成的。但必须按照前述规定安排 IST 指令中指定的控制工作方式用的输入继电器 X20~X26 的元件号顺序。

由于手动、回原点、自动是三种独立的工作方式，而单步、单周期是自动方式中的特殊执

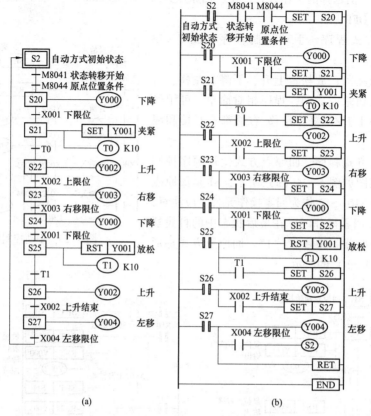

图 5-25　自动方式的顺序功能图及梯形图

(a) 顺序功能图；(b) 梯形图

行方式，单步、单周期、多周期可共用一个程序，在自动方式之间切换。因此，机械手控制系统程序结构如图 5-26 所示。

由 IST 指令自动控制程序的工作方式执行过程如下。

1) 手动工作方式时，X020 = 1，S0 = 1，禁止状态转换标志 M8040 一直为 ON，即禁止在手动方式下步的活动状态转换，只执行手动操作程序，而 M8041 在手动时不起作用。

2) 回原点工作方式时，X021 = 1，S1 = 1，从按下停止按钮到按下启动按钮之间 M8040 起作用。如果在运行过程中按下停止按钮，M8040 变为 ON 并自保持，转换被禁止。在完成当前步的工作后，停止当前步。按下回原点启动按钮 X025 后，M8040 变为 OFF，允许转换，系统才能转换，再连续完成剩下的回原点的工作。

图 5-26　机械手控制系统程序结构

3) 单步工作方式时，X022 = 1，M8042 = 1（一个周期），S2 = 1，M8040 为 ON 并自保持，只是在按了启动按钮时解禁一个周期，允许转换，状态转换启动标志 M8041，在按启动按钮时为 ON，松开时为 OFF。启动按钮按下时前进一步后因 M8040 只解禁一个周期而停止，启动按钮松开时，M8040、M8041 均为 OFF 禁止转换。再按一次时又前进一步。

4) 单周期工作方式时，X022 = 1，M8042 = 1（一个周期），S2 = 1，M8040 为 ON 并自保持，

只是在按了启动按钮时 M8040 为 OFF 并自保持，状态转换启动标志 M8041 按钮按下时为 ON，松开时为 OFF，所以运行一个周期后因 M8041 为 OFF 而停下。

5）连续工作方式时，X024 = 1，M8042 = 1（一个周期），S2 = 1，M8040 为 ON 并自保持，只是在按了启动按钮时 M8040 为 OFF 并自保持，状态转换启动标志 M8041，在按了启动按钮时 M8041 变为 ON 并自保持，按停止按钮后变为 OFF，保证了系统的连续运行。

还要说明的是，回原点完成标志 M8043，在回原点方式系统自动返回原点时，通过用户程序用 SET 指令将它置位。原点条件标志 M8044，在系统满足初始条件（或称原点条件）时为 ON。STL 监控有效标志 M8047，其线圈"得电"时，当前的活动步对应的状态继电器的元件按从大到小的顺序排列，存放在特殊数据寄存器 D8040~D8047 中，由此可以监控 8 点活动步对应的状态继电器的元件号。此外，若有任何一个状态继电器为 ON，特殊辅助继电器 M8046 将为 0N。

根据上述分析，工作方式的切换与运行主要是通过 M8040、M8041 的状态和初始态 S 来控制的。所以 IST 指令后机械手 PLC 控制程序如图 5-27 所示。

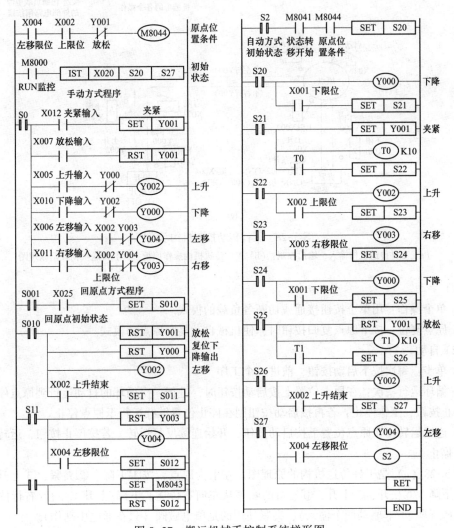

图 5-27　搬运机械手控制系统梯形图

例78 PLC控制机械手搬运机的编程（3）

1. 机械手搬运工件的生产工艺过程

图 5-28（a）所示是工件传送机构，通过机械手可将工件从 A 点传送到 B 点。图 5-28（b）是机械手的操作面板，面板上操作可分为手动和自动两种。

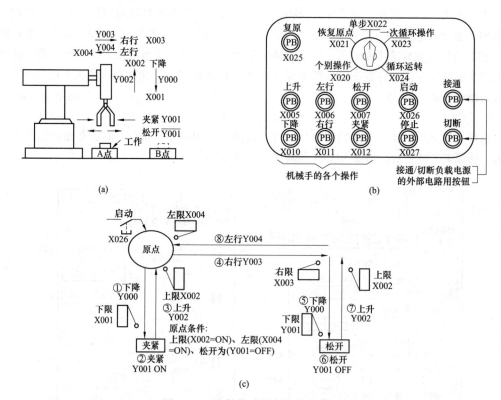

图 5-28 工件传动控制机构示意图

（a）工件传送机构输入、输出控制；（b）工件传送机构操作面板；（c）传送机构控制原理图

（1）手动。

1）单个操作：用单个按钮接通或切断各负载的模式。

2）原点复位：按下原点复归按钮时，使机械自动复归原点的模式。

（2）自动。

1）单步：每次按下启动按钮，前进一个工序。

2）循环运行一次：在原点位置上按启动按钮时，进行一次循环的自动运行到原点停止。途中按停止按钮，工作停止；若再按启动按钮则在停止位置继续运行至原点停止。

3）连续运转：在原点位置上按启动按钮，开始连续反复运转。若按停止按钮，运转至原点位置后停止。

图 5-28（c）是工件传送机构的原理图。左上为原点，按①下降、②夹紧、③上升、④右行、⑤下降、⑥松开、⑦上升、⑧左行的顺序从左向右传送。下降/上升、左行/右行使用的是双电磁阀（驱动/非驱动两个输入），夹紧使用的是单电磁阀（只在通电中动作）。

2. PLC 的 I/O 触点地址

根据操作面板模式和控制原理图，分配 I/O 触点地址见表 5-8、表 5-9。

表 5-8　　　　　　　　　　　　　**I 分配表**

输入		输入		输入		输入	
各个操作	X021	连续运行	Y001	上升	X005	松开	Y007
原点复归	X022	循环一次	Y002	下降	X010	夹紧	Y012
单步操作	X023	自动启动	Y003	左行	006		
循环一次	X024	停止		右行	011		

表 5-9　　　　　　　　　　　　**I/O 分配表**

输入		输出		输入		输出	
下限位 SQ1	X001	下降	Y000	左限位 SQ4	X002	右行	Y003
上限位 SQ2	X002	夹紧/松开	Y001			左行	Y004
右限位 SQ3	X003	上升	Y002				

3. PLC 控制的用户程序设计

根据工件传送机构的原理图，则可以编写出机械手状态转移图如图 5-29 所示；步进状态初始化、单个操作、原点复位、自动运行（包括单步、循环一次、连续运行）4 部分梯形图程序如图 5-30 所示，指令表程序如图 5-31 所示。

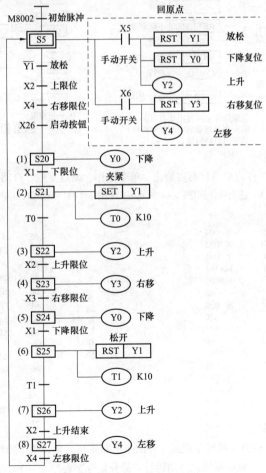

图 5-29　机械手状态转移图

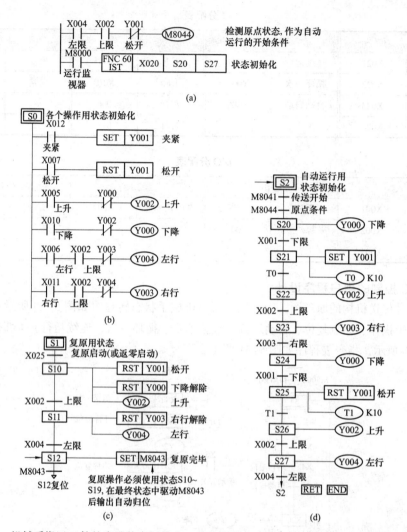

图 5-30 机械手搬运工件的步进状态初始化、单个操作、原点复位、自动运行 4 部分梯形图程序
（a）初始化程序；（b）各个操作程序；（c）原点复归程序；（d）自动运行（单步/循环一次/连续）

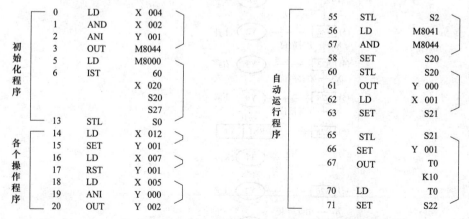

图 5-31 机械手搬运工件的步进状态初始化、单个操作、
原点复位、自动运行 4 部分指令字程序（一）

各个操作程序
```
21   LD    X 010
22   ANI   Y 002
23   OUT   Y 000
24   LD    X 006
25   AND   X 002
26   ANI   Y 003
27   OUT   Y 004
28   LD    X 011
29   AND   X 002
30   ANI   Y 004
31   OUT   Y 003
    (RET) ← 不需要程序
```

原点复归程序
```
32   STL   S1
33   LD    X 025
34   SET   S10
36   STL   S10
37   RST   Y 001
38   RST   Y 000
39   OUT   Y 002
40   LD    X 002
41   SET   S11
43   STL   S11
44   RST   Y 003
45   OUT   Y 004
46   LD    X 004
47   SET   S12
49   STL   S12
50   SET   M8043
52   LD    M8043
53   RST   S12
    (RET)
```

自动运行程序
```
73   STL   S22
74   OUT   Y 002
75   LD    X 002
76   SET   S23
78   STL   S23
79   OUT   Y 003
80   LD    X 003
81   SET   S24
83   STL   S24
85   OUT   Y 000
86   SET   S25
88   STL   S25
89   RST   Y 001
90   OUT   T1
           K10
93   LD    T1
94   SET   S26
96   STL   S26
97   OUT   Y 002
98   LD    X 002
99   SET   S27
101  STL   S27
102  OUT   Y 004
103  LD    X 004
104  OUT   S2
105  RET
107  END
```

图 5-31　机械手搬运工件的步进状态初始化、单个操作、
原点复位、自动运行 4 部分指令字程序（二）

例 79　PLC 控制搬运纸箱机械手的编程

1. PLC 控制搬运纸箱机械手的结构示意图

PLC 控制搬运纸箱机械手的结构示意图如图 5-32 所示，它的气动系统原理图如图 5-33 所示。机械手的主要运动机构是升降气缸和回转气缸。

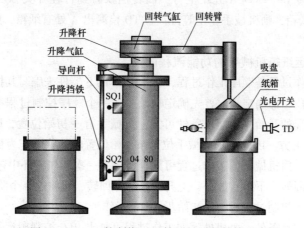

图 5-32　PLC 控制搬运纸箱机械手的结构示意图

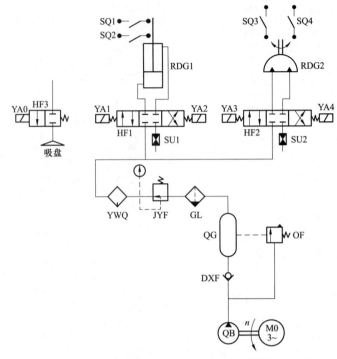

图 5-33　PLC 控制搬运纸箱机械手的气动系统原理图

　　升降挡铁初始时处于行程开关 SQ1 处，吸盘在 A 处正上方。系统启动后，如果光电开关 TD 检测出 A 处有纸箱，则升降气缸使机械手的升降杆下降，当升降挡铁碰到行程开关 SQ2 时，吸盘恰好接触到纸箱上表面，继续让升降杆下降，以挤出吸盘和纸箱表面围成的空腔内的空气，形成负压。持续几秒钟，升降杆停止下降，升降气缸使升降杆上升，吸盘带着纸箱上升，当升降挡铁碰到 SQ1 时，停止上升。回转气缸使回转臂顺时针转 180°，吸盘运动至 B 处正上方，回转挡铁碰到行程开关 SQ4 时停止回转，吸盘下降，当升降挡铁碰到 SQ2 时，停止下降，并且停止几秒钟，这时，电磁阀 HF3 开启，吸盘放松纸箱。之后，吸盘上升，当升降挡铁碰到 SQ1 时，吸盘逆时针转 180°回到 A 处正上方，回转挡铁碰到行程开关 SQ3 时停止回转。如果 TD 未检测出 A 处有纸箱，则机械手停止等待；若 TD 检测出 A 处有纸箱，则机械手重复上述工作过程。

2. PLC 控制搬运纸箱机械手的功能流程图

　　机械手的上述工作过程是顺序工作过程，可用 PLC 的 S 器件来编写其控制程序。

　　（1）划分工作阶段，即确定步。首先确定初始步，一个顺序控制过程都有一个初始步，初始步标志顺序控制过程的开始。由题目条件可知，机械手有一初始位置，即升降挡铁位于 SQ1 时，吸盘位于 A 处正上方。因此，把机械手位于该初始位置时的状态作为初始步。

　　其次确定工作步，由机械手的工作过程可知，机械手一次工作循环中包含 8 个阶段：下降、吸紧、上升、顺时针回转、下降、放松、上升、逆时针回转，可将这 8 个阶段作为 8 个工作步。所以，该机械手的顺序控制过程有 1 个初始步、8 个工作步。

　　（2）确定转移和转移条件。由机械手的工作过程可画出 PLC 控制搬运纸箱机械手的顺序工作过程图如图 5-34 所示。

　　图 5-34 表明了机械手工作时的转移和转移条件。其中，吸紧和放松过程可用定时器来控

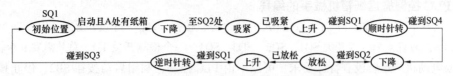

图 5-34　PLC 控制搬运纸箱机械手的顺序工作过程图

制其持续时间，这样，定时器的触点即为转移条件。

（3）确定负载。由气动系统原理图可知，机械手各工作阶段的负载见表 5-10。

表 5-10　　　　　　　　　　　　机械手的工作阶段及负载

序号	顺序工作阶段	选定的状态继电器	负载
1	机械手在初始位置，系统静止	S0	无负载
2	机械手下降	S10	YA2 得电
3	机械手吸紧	S11	YA2 得电
4	机械手上升	S12	YA1 得电
5	机械手顺时针转	S13	YA4 得电
6	机械手下降	S14	YA2 得电
7	机械手放松	S15	YA0 得电
8	机械手上升	S16	YA1 得电
9	机械手逆时针转	S17	YA3 得电

（4）根据步、转移、转移条件和负载可画出该机械手的功能流程图如图 5-35 所示。

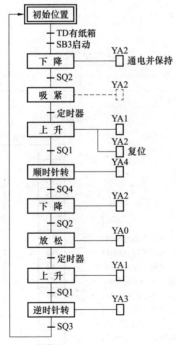

图 5-35　机械手的功能流程图

3. PLC 控制搬运纸箱机械手的编程

（1）选择 PLC。设置一个启动按钮 SB3，一个停机按钮 SB4，一个复位按钮 SB5，一个手动放松按钮 SB6，另有 4 个行程开关 SQ1、SQ2、SQ3、SQ4，一个检测开关 TD，总共需要 9 个输入点。

气泵电动机的运转没有特殊要求，可以不由 PLC 控制，利用启动按钮 SB2、停止按钮 SB1 和接触器 KM0 单独控制即可，因此气泵电动机不占 PLC 的输出点。

PLC 要控制电磁阀的 5 个电磁铁 YA0、YA1、YA2、YA3、YA4，要具备 5 个输出端子供控制对象使用。电磁铁均采用交流供电。

根据上述输入、输出分析，可选用 FX_{2N}-32MR 型 PLC。

（2）分配 PLC 的 I/O 端子。根据工作过程图分配 PLC 控制的 I/O 端子，见表 5-11。

表 5-11   PLC 控制的 I/O 分配表

输入信号	输入端子	控制对象	输出端子
SB3	X0	Y3	YA0
SB4	X1	Y4	YA1
SB5	X2	Y5	YA2
SB6	X3	Y6	YA3
SQ1	X4	Y7	YA4
SQ2	X5		
SQ3	X6		
SQ4	X7		
TD	X10		

PLC 控制的 I/O 连接图如图 5-36 所示。

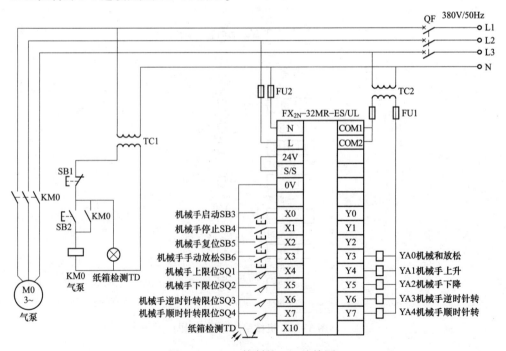

图 5-36   PLC 控制的 I/O 连接图

（3）画状态转移图。初始化状态继电器选用S0，工作步状态继电器选用S10～S17，它们所代表的工作步见表5-11，定时器选用T0和T1。考虑到复位、启动等操作，步中直接驱动辅助继电器，再由辅助继电器驱动输出继电器，其状态转移图如图5-37所示。

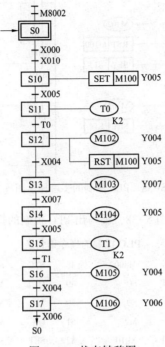

图5-37 状态转移图

（4）画步进梯形图。根据图5-37，并考虑启动、停机、复位等操作，画出PLC控制的步进梯形图，如图5-38所示。

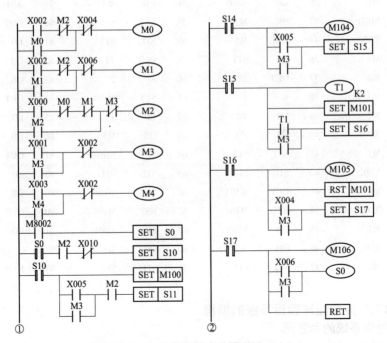

图5-38 PLC控制的步进梯形图（一）

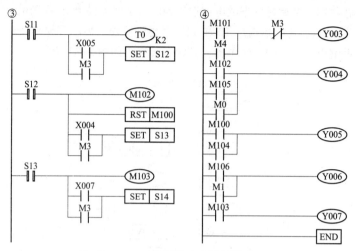

图 5-38　PLC 控制的步进梯形图（二）

（5）编写指令语句表。根据图 5-38，编写出 PLC 控制的指令语句表，见表 5-12。

表 5-12　　　　　　　　　PLC 控制的指令语句表

1	ANI	M2	24	LD	M8002	48	STL	S13			
2	OR	M0	25	SET	S0	49	OUT	M103	72	OUT	M106
3	ANI	X004	26	STL	S0	50	LD	X007	73	LD	X006
4	OUT	M0	27	LD	M2	51	OR	M3	74	OR	M3
5	LD	X002	28	ANI	X010	52	SET	S14	75	OUT	S0
6	ANI	M2	29	SET	S10	53	STL	S14	76	RET	
7	OR	M1	30	STL	S10	54	OUT	N104	77	LD	M101
8	ANI	X006	31	SET	M100	55	LD	X005	78	OR	M4
9	OUT	M1	32	LD	X005	56	OR	M3	79	ANI	M3
10	LD	X000	33	OR	M3	57	SET	S15	80	OUT	Y003
11	LD	X000	34	AND	M2	58	STL	S15	81	LD	M102
12	ANI	M1	36	STL	S11	59	OUT	T1	82	OR	M105
13	OR	M2	37	OUT	T0	60	K	2	83	OR	M0
14	ANI	M3	38	K	2	61	SET	M101	84	OUT	Y004
15	OUT	M2	39	LD	T0	62	LD	T1	85	LD	M100
16	LD	X001	40	OR	M3	63	OR	M3	86	OR	M104
17	OR	M3	41	SET	S12	64	SET	S16	87	OUT	Y005
18	ANI	X002	42	STL	S12	65	STL	STL	88	LD	M106
19	OUT	M3	43	OUT	M102	66	OUT	M105	89	OR	M1
20	LD	X003	44	RST	M100	67	RST	M101	90	OUT	Y006
21	OR	M4	45	LD	X004	68	LD	X004	91	LD	M103
22	ANI	X002	46	OR	M3	69	OR	M3	92	OUT	Y007
23	OUT	M4	47	SET	S13	71	STL	S17	93	END	

例 80　PLC 控制圆球搬运系统的编程

1. 圆球搬运系统的示意图

圆球搬运系统的示意图如图 5-39 所示。圆球搬运装置在行程开关 SQ1 处接受其他装置送来的圆球，然后把大圆球放在行程开关 SQ2 处的大圆球框中，小圆球放到行程开关 SQ3 处的小圆球框中。

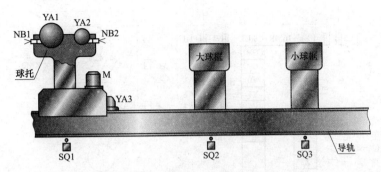

图 5-39　圆球搬运系统的示意图

初始时，圆球搬运装置由制动器固定在 SQ1 处，制动器由电磁铁 YA3 控制，YA3 失电时制动。圆球搬运装置由交流异步电动机驱动运行，运行至 SQ2 处时，电磁铁 YA1 得电，打开大球托的门，大球滚入大球框；运行至 SQ3 处时，电磁铁 YA2 得电，打开小球托的门，小球滚入小球框。球托中有无球由接近开关 NB1 和 NB2 判断。圆球搬运装置在 SQ1 处接收到的可能只是大球，或者只是小球，也可能大球小球都有。如果大球小球都有，立即启动右行，如果只有大球或只有小球，延时 10s 后启动右行。球放进球框后，搬运装置立即返回 SQ1 处，准备下一轮工作。

依题意，该搬运装置有 3 种接球方式，因此就有 3 种搬运方式，可以按选择结构的顺序功能来处理这个问题，其控制过程的功能流程图如图 5-40 所示。

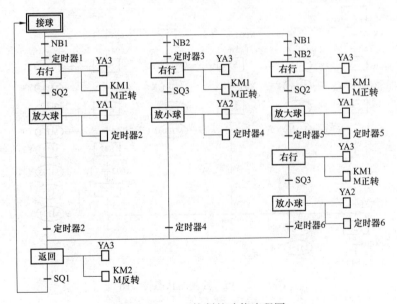

图 5-40　PLC 控制的功能流程图

2. PLC 控制的 I/O 连接图和主电路图

根据功能流程图和题目给定的条件，画出 I/O 连接图和主电路图如图 5-41 所示。

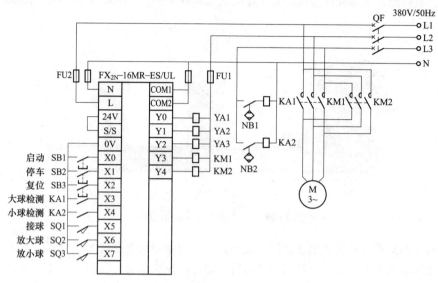

图 5-41　PLC 控制的 I/O 连接图和主电路图

3. PLC 控制的状态转移图

根据功能流程图和 I/O 连接图，考虑启动、停车、复位等要求，画出状态转移图，如图 5-42 所示。

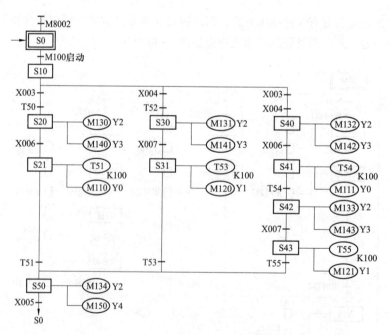

图 5-42　PLC 控制的状态转移图

4. PLC 控制的步进梯形图

根据状态转移图，考虑启动、停车、复位等要求，画出步进梯形图如图 5-43 所示。

5. PLC 控制的指令语句表

PLC 控制的指令语句表见表 5-13。

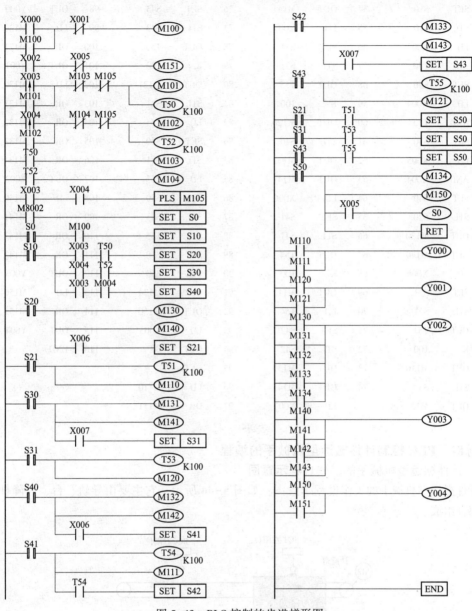

图 5-43 PLC 控制的步进梯形图

表 5-13   PLC 控制的指令语句表

0	LD	X000	8	OR	M101	16	ANI	M104	24	OUT	M104
1	OR	M100	9	ANI	M103	17	ANI	M105	25	LD	X003
2	ANI	X001	10	ANI	M105	18	OUT	M102	26	AND	X004
3	OUT	M100	11	OUT	M101	19	OUT	T52	27	PLS	M105
4	LD	X002	12	OUT	T50	20	K	100	28	LD	M8002
5	ANI	X005	13	K	100	21	LD	T50	29	SET	S0
6	OUT	M151	14	LDP	X004	22	OUT	M103	30	STL	S0
7	LDP	X003	15	OR	M102	23	LD	T52	31	LD	M100

32	SET	S10	54	OUT	M141	76	SET	S43	98	OUT	Y000
33	STL	S10	55	LD	X007	77	STL	S43	99	LD	M120
34	LD	X003	56	SET	S31	78	OUT	T55	100	OR	M121
35	AND	T50	57	STL	S31	79	K	100	101	OUT	Y001
36	SET	S20	58	OUT	T53	80	OUT	M121	102	LD	M130
37	LD	X004	59	K	100	81	STL	S21	103	OR	M131
38	AND	T52	60	OUT	M120	82	LD	T51	104	OR	M132
39	SET	S30	61	STL	S40	83	SET	S50	105	OR	M133
40	LD	X003	62	OUT	M132	84	STL	S31	106	OR	M134
41	AND	X004	63	OUT	M142	85	LD	T53	107	OUT	Y002
42	SET	S40	64	LD	X006	86	SET	S50	108	LD	M140
43	STL	S20	65	SET	S41	87	STL	S43	109	OR	M141
44	OUT	M130	66	STL	S41	88	LD	T55	110	OR	M142
45	OUT	M140	67	OUT	T54	89	SET	S50	111	OR	M143
46	LD	X006	68	K	100	90	STL	S50	112	OUT	Y003
47	SET	S21	69	OUT	M111	91	OUT	M134	113	LD	M150
48	STL	S21	70	LD	T54	92	OUT	M150	114	OR	M151
49	OUT	T51	71	SET	S42	93	LD	X005	115	OUT	Y004
50	K	100	72	STL	S42	94	OUT	S0	116	END	
51	OUT	M110	73	OUT	M133	95	RET				
52	STL	S30	74	OUT	M143	96	LD	M110			
53	OUT	M131	75	LD	X007	97	OR	M111			

例 81　PLC 控制计件搬运型机械手的编程

1. 计件搬运型机械手的工作过程示意图

计件搬运型机械手的工作过程示意图，如图 5-44 所示。它主要由导轨、台、升降杆、吸头等部分组成。

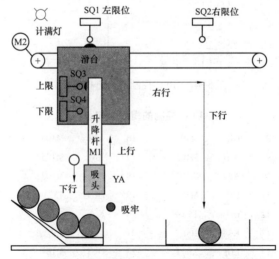

图 5-44　计件搬运型机械手的工作过程示意图

2. 计件搬运型机械手的控制要求

计件搬运型机械手由 PLC 控制，其主要功能是将钢球自动搬运到包装盒，装满两颗之后，停止自动搬运，发出信号，等候响应。

通过本例的编程，可进一步深入学习控制转移类指令在复杂程序中的应用；认识对复杂程序所应采用的"基于工序、大而化小、分而治之"的解决思路；并进行程序重点过程的分析。

3. PLC 控制计件搬运型机械手的硬件电路

（1）硬件选择。驱动升降杆的电动机 M1，驱动滑台的电动机 M2，均为 Y801-4、0.55kW、380V、1.5A 的三相异步电动机。吸持线圈 YA 的额定电压为直流 220V。

（2）机械手的电气原理图及 PLC 外部接线图。PLC 控制计件搬运型机械手的电气原理图及 PLC 外部接线图如图 5-45 所示。其原理分析如下。

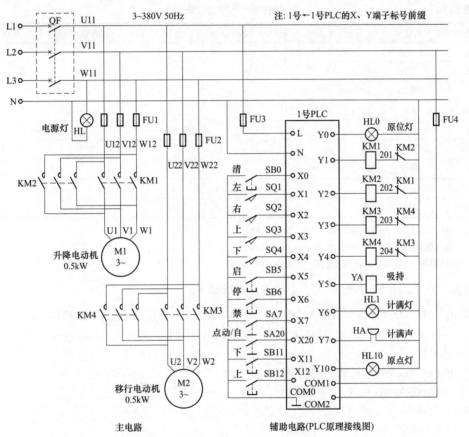

图 5-45　PLC 控制计件搬运型机械手的电气原理图及 PLC 外部接线图

1）整台设备采用自动开关 QF 作为总电源开关，拉闸之后，使设备与电源完全断开，确保设备不带电；对 PLC 未加装分电源开关，以简化操作过程。

2）由于两台电动机均为短时重复工作，并且功率较小，故在电动机回路不需过载热保护，由自动开关 QF 实现过流保护，由熔断器 FU1、FU2 分别实现短路保护。

3）对电动机 M1 的正反转接触器 KM1 与 KM2 的线圈实施"硬互锁"，以防止正反转切换时出现"边相短路故障"；对电动机 M2 的正反转接触器 KM3 与 KM4 的线圈实施"硬互锁"，以防止正反转切换时出现"边相短路故障"。

4）回原点条件 M8044 满足时→原点灯 HL10［点亮］，提醒操作人员：机械手已完全具备了进入自动工作循环的条件。

（3）点动、自动方式的工作流程。自动工作流程大体如图5-46所示，各工作步元件动作状态见表5-14。

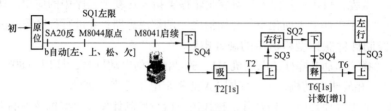

图5-46　机械手-自动工作流程

表5-14　　　　　　　　　　机械手-元件动作表

序号	工作步	下行 KM1	吸持 YA	上行 KM2	右行 KM3	左行 KM4
步0	原位（松开）	−	−	−	−	−
步1	下行	+	−	−	−	−
步2	吸持	−	+	−	−	−
步3	上行	−	+	+	−	−
步4	右行	−	+	−	+	−
步5	下行	+	+	−	−	−
步6	释放	−	−	−	−	−
步7	上行	−	−	+	−	−
步8	回移	−	−	−	−	+

　　注　KM1、KM2——升降电动机M1的正、反转接触器；
　　　　KM3、KM4——移行电动机M2的正、反转接触器；
　　　　吸持线圈YA——得电时吸持钢球、失电后释放钢球。

根据"点动/自动"控制要求，工作流程分析如下：

（步0）原位：计件［满］→装满灯［亮］→SB0［按下］→计数［复位］→装满灯［暗］

↓→→→→→→SA20正→点动控制程序→SA20反→返回（步0）

↓—SA20反

↓—M8044原点条件［左限、上限、释放、计件欠］

↓—SB5启钮/M8041启续

（步1）下降

↓—SQ4下限位

（步2）吸持：T2［计时1sec］

↓—T2

（步3）上升

↓—SQ3上限位

（步4）右移

↓—SQ2右限位

（步5）下降

↓—SQ4下限位

（步6）释放：T6［计时1sec］计数［增1］

↓—T6

（步7）上升

↓—SQ3 上限位

（步8）左行

↓—SQ1 左限位

└→◆重新回到（步0）

说明1：对"点动、自动"等方式的选择操作，只有在"原位"步，才能立即响应；当机械手工作于其他工步时，如果进行"点动、自动"的选择操作，所作出的选择，要等候回到"原位"之后才能作出响应，此即所谓"方式选择，推迟响应"。

说明2：安排20号开关SA20控制"点动/自动"的选择，SA20合上→选择"点动"方式，SA20断开→选择"自动"方式。

说明3：在"点动"方式，要求对机械手的每个基本动作，均能实现点动。

说明4：在"自动"方式，要求机械手周而复始地进行工作；中途收到"停止"信号，不停止工作，要等到本次循环完成，回到"原位"之后，方可停止，这种"推迟实施的停止"称为"预停"，此即所谓"停止要求，推迟实施"。

说明5：计件满→装满灯开启→发出"声光报警"，其中，安排7号开关SA7实现"禁声/声警"声音报警方式选择，SA7合上→声音提醒禁止，SA7断开→声音提醒开启。

4. PLC控制计件搬运型机械手的软件编程

（1）I/O分配图。机械手PLC控制装置的I/O分配情况如图5-47所示，机械手的初始工作点为原位，由SA20进行点动与自动方式的切换控制，该图的绘制依据是任务的基本情况及控制要求。

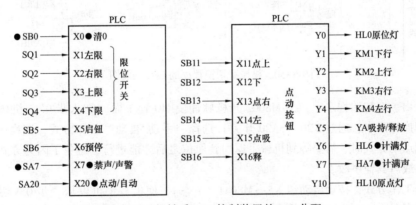

图5-47　机械手PLC控制装置的I/O分配

（2）机械手的PLC控制程序。机械手PLC控制程序的组成情况如图5-48所示。该程序主要由初始程序、主体程序和声警程序等三部分组成，主体程序又包括了切换程序、计数及定时程序、动作程序和信号程序。其中，初始程序、切换程序是关键，计数及定时程序为切换程序提供切换的条件，声警程序是难点。

1）初始程序。初始程序的梯形图如图5-49所示。由M8002开机脉冲使M0置1从而"初入步0"。M8041为"启续"继电器，对启动信号X5进行记忆；并由预停信号X6解除记忆，实现"预停"功能。M8044为"原点条件"继电器，由它判断原点条件是

图5-48　机械手PLC控制程序的组成

否满足；该原点条件继电器，当且仅当机械手同时满足"左（左限位）、上（上限位）、释（释放）、欠（计件欠）"之时，其状态才为1态，表示原点条件成立。

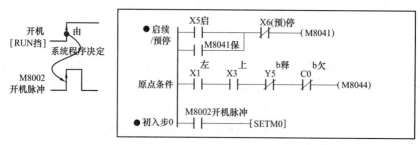

图5-49　初始程序的梯形图

2）切换程序。步0~步8、步10的状态分别存放在M0~M8、M10之中。机械手切换程序的SFC功能图如图5-50所示，其编程依据来源于I/O分配图及控制要求。

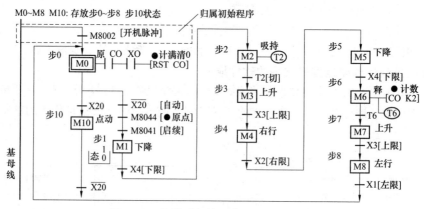

图5-50　机械手切换程序的SFC功能图

不难看出，在初始程序中，由M8002开机脉冲使M0置1而"初入步0"，机械手停于原位；而在切换程序中，通过X20（SA20开关）选择"手动/自动"工作方式，该程序在由自动方式切换到点动方式时，需要等到机械手返回到原位之后才能进行，避免了因为方式切换而造成的误动作或者其他事故。

在自动工作方式，按动启动钮X5→M8041〔1态〕，使机械手可以从"步0"切换到"步1"；当原点条件M8044因为"C0计件满"而变为假时，机械手进入"原位停留"状态，等候"清0信号X0"的到来；一旦C0被清0，机械手立即中止"原位停留"状态，自动开始新一轮的"计件搬运"循环。

如何从"点动步"返回"原位步"？

只需使方式开关SA20断开→从而使X20变为0态→从而使动断触点X20变为1态即可。

机械手切换程序的梯形图如图5-51所示。对SFC图按照"从左到右，从上到下"顺序，逐一进行翻译转换，就会得到梯形图。

3）计数及定时程序。图5-52是计数及定时的程序。当机械手将1颗钢球自动搬到包装盒，并进入"释放工步"（步6）之时，计数器C0计件数增1；待机械手返回到"原位步"（步0），初始程序自动判断包装点是否已装满钢球，即计数器C0是否为1态，若C0为1态→则使原点条件M8044变为0态→使机械手进入"原位停留"状态，等候清0信号X0的到来；当清0按

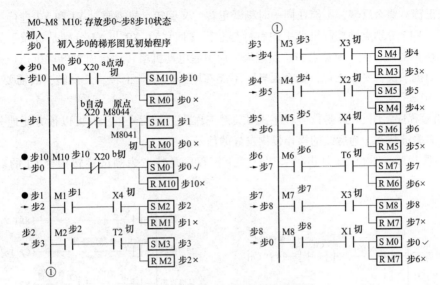

图 5-51　机械手切换程序的梯形图

钮 X0 按下，计数程序立即使 C0 清零；于是，初始程序使原点条件 M8044 变为 1 态→切换程序"从步 0 切换至步 1"（使 M1 置 1、M0 清 0），机械手立即中止"原位停留"状态，自动开始新一轮的"计件搬运"循环。

钢球的吸牢时间为 1s、释放时间也为 1s，分别在吸牢步（M2）、释放步（M6）驱动定时器 T2 和 T6 来实现。

4）动作程序（含自动、点动）。机械手的动作程序（自动、点动）的梯形图如图 5-53 所示，该程序主要以电动机正反转控制为基础。

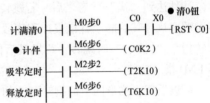

图 5-52　机械手的计数及定时的程序

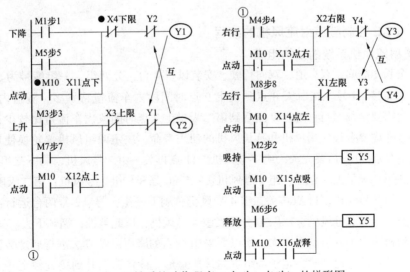

图 5-53　机械手的动作程序（自动、点动）的梯形图

X11 与 X12 分别点动控制机械手的下降与上升；X4 与 X3 分别是机械手的下降与上升的限位点，避免点下、点升失控而引起电动机堵转运行而对电动机造成损伤。对于升降电动机来

说，要么正转，要么反转，不能在同一时刻既正转、又反转，故需要对 Y1 和 Y2 进行互锁。

　　X13 与 X14 分别点动控制机械手的右行与左行（回移）；X2 与 X1 分别是机械手的右行与左行（回移）的限位点，避免点右、点左失控而引起电动机堵转运行而对电动机造成损伤。对于移行电动机来说，要么正转，要么反转，不能在同一时刻既正转、又反转，故需要对 Y3 和 Y4 进行互锁。

　　5）信号程序。图 5-54 是信号程序，对关键工作步进行信号指示，可以很方便地分辨出机械手所处的关键状态，为后续的操作提供友好的信号。

　　6）声警程序。图 5-55 是声警程序。该声警程序是特意为测试跳转指令 CJ 的功能而安排的。

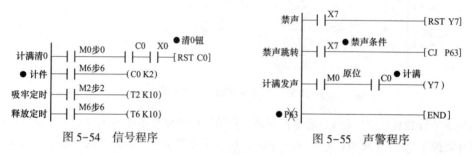

图 5-54　信号程序　　　　　图 5-55　声警程序

　　计件达到"满"状态之后，若跳转条件 X7 为 0 态→程序执行到跳转指令"CJP63"时不跳转，顺序执行其后的"计满发声程序段"；若禁声开关合上→跳转条件 X7 为 1 态→程序执行到跳转指令"CJP63"时跳转，跳过其后的"计满发声程序段"，直接跳到"END 指令"处，执行 END 指令功能。

　　可以发现：梯形图上的指针 P63 的上面打了个"×"，这表示录入时不要输入该指针，原因是 END 指令默认占用 P63，不要重复录入，否则程序传送到 PLC 之后，PLC 的"出错"指示灯会闪亮，程序就无法运行了。

例 82　PLC 控制隧道射流风机的编程

1. 隧道射流风机系统的结构组成

　　某隧道全长 1000m、双车道、双向行驶，安装风机 4 台，分两组，一组编号为 1 号、2 号，另一组编号为 3 号、4 号。在白天 8 点到晚上 9 点时间段内车流量特别多，隧道内空气污浊，风机两组四台需要全部运行；晚上 9 点后到第二天早上 7 点时间段内车流量比较少，风机只开一组；另外，考虑要合理使用风机和延长风机的使用寿命，决定两组风机要轮换使用，具体规定如下：晚上 9 点 30 分后要先关一组 1 号风机，11 点再关一组 2 号风机，剩下二组 3 号、4 号两台运行；到第二天早上 7 点开一组 1 号风机；7 点 30 分开一组 2 号风机；第二天晚上 9 点 30 分后要先关二组 3 号风机；11 点再关二组 4 号风机，剩下一组 1 号、2 号两台运行；再到下一天的早上 7 点开二组 3 号风机、7 点 30 分开二组 4 号风机，依此类推，循环下去。

　　因为电动机功率大，启动电流大，所以要采用丫/△的降压启动方法进行启动转换，以达到限制启动电流的目的；启动时，定子绕组首先接成星形，待转速上升到接近额定转速时，再将定子绕组的接线换接成三角形，电动机便进入全电压正常运行状态。线路中丫方式和△方式的动断触头构成互锁，保证电动风机绕组只能连接成一种形式，即丫或者△，以防止同时连接成星形和三角形而造成电源短路。

2. 隧道射流风机的主电路图

隧道射流风机的主电路图如图 5-56 所示。

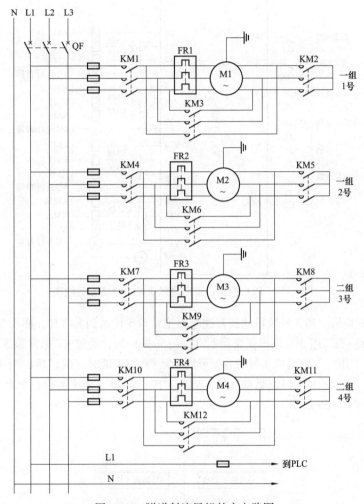

图 5-56 隧道射流风机的主电路图

3. PLC 控制隧道射流风机的 I/O 实际接线图

PLC 控制隧道射流风机的 I/O 实际接线图如图 5-57 所示。

4. PLC 控制隧道射流风机的工作流程图

用启动开关和停止开关对控制线路实行主控，当按下启动开关 X0 后，通过对 PLC 实时时钟的数据读取，将 PLC 内部实时时钟数据读到 D0 开始的 7 个元件中（D0～D6），然后通过时间比较，决定 PLC 的具体工作；在 4 台风机都没有工作的情况下，通过时间继电器 T0 延时 3s，3s 后，由传送指令把常数 3 传送到 K1Y0，驱动 Y0、Y1 工作，一组风机 1 号开始Y形启动，T1延时（6s）后，当 1 号风机达到常速再把常数 5 传送到 K1Y0，驱动 Y0、Y2 工作，实行△全速运行；当一组 1 号风机正常运行 T5（15min）后，T5 动合触点闭合，把常数 3 传送到 K1Y4，驱动 Y4、Y5 工作，一组风机 2 号开始Y形启动；T3 延时（6s）后，当 2 号风机达到常速时再把常数 5 传送到 K1Y4，驱动 Y4、Y6 工作，实行△全速运行工作；当一组 2 号风机正常运行 T6（15min）后，通过 T6 把常数 3 传送到 K1Y10，驱动 Y10、Y11 工作，二组 3 号风机开始Y形启

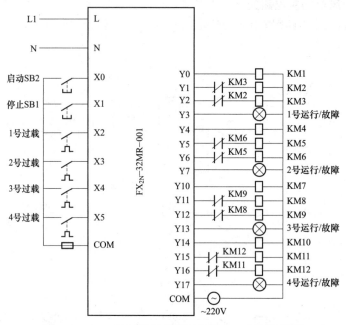

图 5-57　PLC 控制隧道射流风机的 I/O 实际接线图

动，T2 延时（6s）后，当 3 号风机达到常速时再把常数 5 传送到 K1Y10，驱动 Y10、Y12 工作，实行△全速运行；当二组 3 号风机正常运行 T7（15min）后，通过 T7 把常数 3 传送到 K1Y14，驱动 Y14、Y15 工作，二组风机 4 号开始丫形启动运行，T4 延时（6s）后，当 4 号风机达到常速时再把常数 5 传送到 K1Y14，驱动 Y14、Y16 工作，实行△全速运行；至此启动全部完成。其工作流程图如图 5-58 所示。

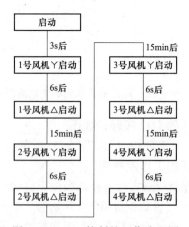

图 5-58　PLC 控制的工作流程图

在本实例中，由于时间有限，采用由输入继电路确定 PLC 实时运行时间的方法。具体是：X10 对应 21：30；X11 对应 23：00；X12 对应 7：00；X13 对应 7：30。只要按下 X10～X13 中的一个，就可以使 PLC 的实时时间变成相应的设定时间。

也可把 PLC 的实时时间改为读者所设定年月日和星期，然后把这几个日期存放到以 D0 为起始的 7 个数据寄存器中，并且通过 FXGP_ WIN-C 软件实时观察 PLC 时间的运行情况。

5. PLC 控制隧道射流风机的梯形图程序

PLC 控制隧道射流风机的梯形图程序如图 5-59 所示。

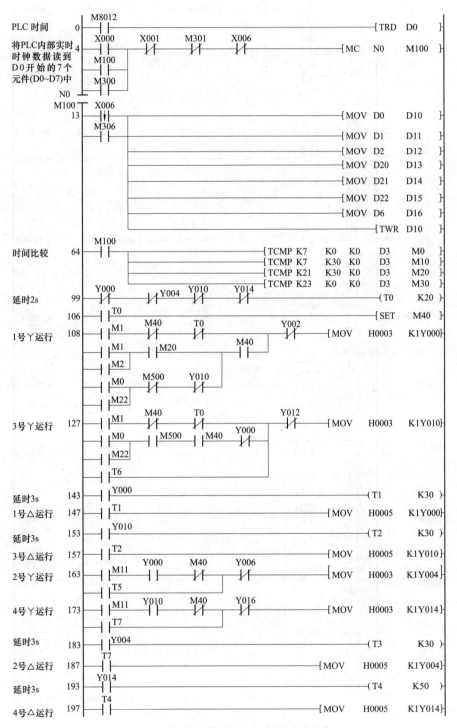

图 5-59　PLC 控制隧道射流风机的梯形图程序（一）

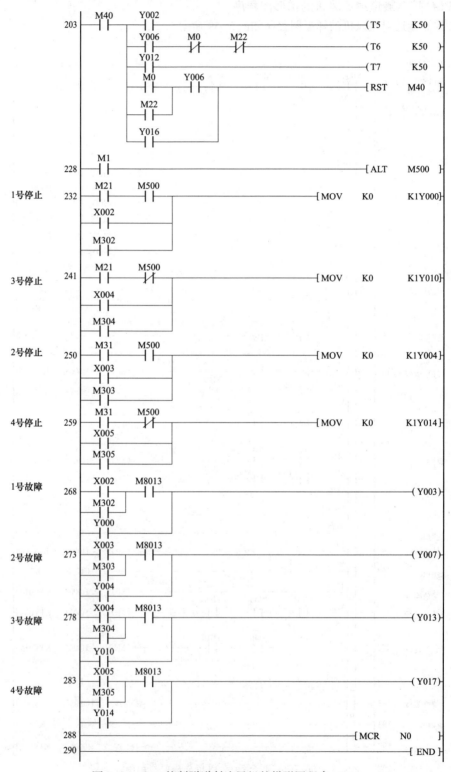

图 5-59 PLC 控制隧道射流风机的梯形图程序（二）

例83　PLC控制交流双速5层5站电梯系统的编程

1. 5层5站电梯的示意图

5层5站电梯的示意图如图5-60所示。

2. 5层5站电梯的主电路

5层5站电梯的主电路如图5-61所示。

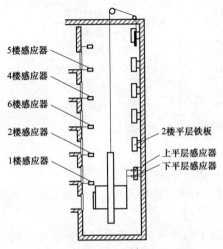

图5-60　5层5站电梯的示意图

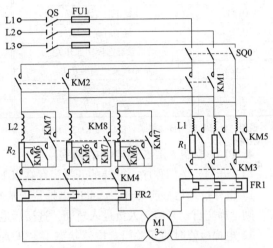

图5-61　5层5站电梯的主电路

3. 5层5站电梯的电气元件表

5层5站电梯的电气元件表见表5-15。

表5-15　　5层5站电梯的电气元件表

元件符号	名称及作用	元件符号	名称及作用
KM1	上行接触器	SB5~SB9	1~5楼轿内选层钮
KM2	下行接触器	1SB1~4SB1	1~4楼上行外呼钮
KM3	调整接触器	2SB2~5SB2	2~5楼下行外呼钮
KM4	低速接触器	1HL~5HL	1~5层楼指示灯
KM5	启动接触器	6HL~7HL	上行、下行指示灯
KM6~KM8	制动接触器	HL6、HL7	操纵箱上下行指示记忆灯
KM9	开门接触器	HL8	1楼上呼记忆灯
KM10	关门接触器	HL9	2楼上呼记忆灯
SQ18	下限位开关	HL10	2楼下呼记忆灯
SQ19	上行强迫停止开关	HL11	3楼上呼记忆灯
SQ20	下行强迫停止开关	HL12	3楼下呼记忆灯
SB1	开门按钮	SQ5	基站开关
SB2	关门按钮	SQ6	开门到位开关
SB3	上行启动按钮	SQ7	关门到位开关
SB4	下行启动按钮	SQ8	开门调速开关

续表

元件符号	名称及作用	元件符号	名称及作用
SQ9、SQ10	关门调速开关	SQ3	限速器开关
SQ11~SQ15	1~5楼厅门锁开关	SQ4	轿内急停开关
SQ16	轿门关闭到位开关	1KR	1楼感应器
SQ17	上限位开关	2KR	2楼感应器
HL13	4楼上呼记忆灯	3KR	3楼感应器
HL14	4楼下呼记忆灯	4KR	4楼感应器
HL15	5楼下呼记忆灯	5KR	5楼感应器
SA1	运行状态选择钥匙开关	6KR	上平层感应器
SA2	基站开关梯钥匙开关	7KR	下平层感应器
SQ1	安全窗开关	SQ	电源开关
SQ2	安全钳开关	SB0	极限开关

说明：根据电梯的特殊要求，KM1与KM2、KM9与KM10需选用带机械互锁的接触器。

4. PLC控制5层5站电梯的编程

（1）开门、关门程序。电梯的开关门存在以下几种情况。

1）电梯投入运行前的开门。此时电梯位于基站，将开关梯钥匙插入SA2内，旋转至开梯位置，则电梯应自动开门，人员进入轿厢，选层后电梯自动运行。

2）电梯检修时的开关门。检修状态下，开关门均为手动状态，由开关门按钮实施开门与关门。

3）电梯自动运行停层时的开门。电梯在停层时，至平层位置，M140接通，电梯应开始开门。

4）电梯关门过程中的重新开门。在电梯关门的过程中，若有人或物夹在两门的中间，需要重新开门，可以通过开门按钮实施重新开门。现在都采用光幕或是机械安全触板进行检测，自动发送重新开门信号，以达到重新开门的目的。

5）呼梯开门。电梯到达某层站后，如果没有人继续使用电梯，电梯将停靠在该层站待命，若有人在该层站呼梯，电梯将首先开门，以满足用梯的要求。若其他层站有人呼梯，电梯将首先定向，并启动运行，到达呼梯层时再开门，此时的开门按停层开门处理。

6）电梯停用后的关门。此时电梯到达基站，人员离开轿厢，电梯自动关门，将开关梯钥匙插入SA2，旋转到关梯位置，电梯的安全回路被切断，PLC停止运行，电梯被关闭。

7）电梯自动运行时的关门。停站时间继电器T450延时结束后，电梯自动关门。停站时间未到，对通过关门按钮实现提前关门。

M102：自动运行时开门禁止；M100：开门辅助继电器；Y10：开门输出；M101：关门辅助继电器；Y11：关门输出。

1）开门程序。开门梯形图如图5-62所示。

2）关门程序。关门梯形图如图5-63所示。

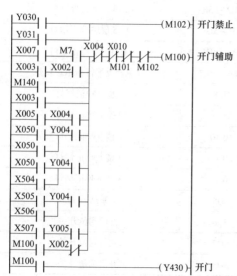

图5-62 开门梯形图

(2) 2层楼信号的产生及指示程序。当电梯位于某一层时，指层感应器（1KR~5KR）产生该层的信号，以控制指层灯的状态，离开该层时，该楼层信号应被新的楼层信号（上一层或是下一层）所取代。程序中当层的层楼辅助继电器是用上层或是下层的层楼信号关断的。

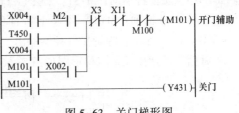

图 5-63　关门梯形图

M110~M114：1 到 5 层记忆灯辅助继电器；Y14~Y20：1~5 层记忆灯控制输出。

层楼信号的产生及指示梯形图如图 5-64 所示。

(3) 内选层信号的产生及指示程序。人员通过对轿厢内操纵盘上 1 层~5 层选层按钮的操作，可以选择欲去的楼层。选层信号被登记后，选层按钮下的指示灯亮。当电梯到达所选的楼层后，停层信号即被消除，指示灯也应熄灭。程序中各内选层辅助继电器支路中串入了层楼辅助继电器的动断触点。

M120~M124：内选 1 层~5 层辅助继电器；Y23~Y27：内选 1 层~5 层记忆灯控制输出。

内选层信号的产生及指示梯形图如图 5-65 所示。

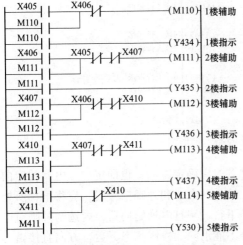

图 5-64　层楼信号的产生及指示梯形图

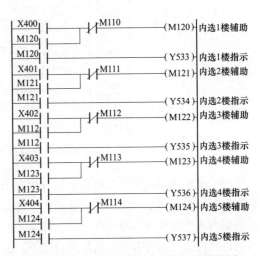

图 5-65　内选层信号的产生及指示梯形图

(4) 外呼信号的产生及指示程序。人员在厅门外呼梯时，呼梯信号应被接收和记忆。当电梯到达该楼层，且定向方向与目的地方向一致时（基层与顶层除外），呼梯要求已满足，呼梯信号应被消除。

按下外呼按钮时，相对应的外呼辅助继电器接通，外呼钮下的指示灯亮，表示呼梯要求已被电梯接收并记忆。而该信号的消除环节是由当层信号的动断触点与运行方向信号的动断并联构成。这样安排是前边提到过的电梯运行中只响应同时呼梯的原则决定的。即电梯运行方向与呼梯目的地方向一致且到达呼梯楼层时，电梯将停止，呼梯要求已满足，呼梯信号被消除。电梯运行方向与呼梯目的地方向相反时，如电梯从 1 楼向上运行（上行）而呼梯要求从 2 楼向下，若有去 3 楼以上的内选层要求及外呼梯要求，电梯到达 2 楼时（无 2 楼上行要求）不停梯，呼梯要求没有满足，呼梯信号不能消除；若 3 楼以上无用梯要求，电梯将停在 2 楼，但呼梯信号（2 下），不能立即消除，待人员进入轿厢，选层（去 1 楼）后，电梯定向下，则 2 下呼梯信号已满足，呼梯信号被消除。

M130：1层上行辅助；M131：2层上行辅助；M132：2层下行辅助；M133：3层上行辅助；M134：3层下行辅助；M135：4层上行辅助；M136：4层下行辅助；M137：5层上行辅助；Y30～Y37：1层～5层外呼记忆灯控制输出。

外呼信号的产生及指示梯形图如图5-66所示。

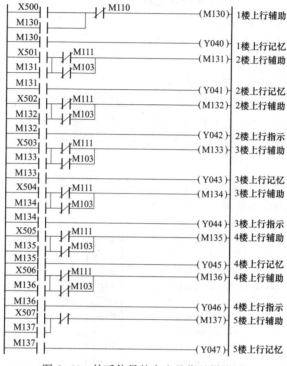

图5-66 外呼信号的产生及指示梯形图

（5）电梯的定向程序。在自动运行状态下，电梯首先应确定方向，也即定向。电梯的定向只有两种情况，即上行和下行。电梯处于待命状态，接收到内选和外呼信号时，应将电梯所处的位置与内选和外呼信号进行比较，确定是上行还是下行。一旦电梯定向后，内选与外呼对电梯进行顺向运行的要求没有满足的情况下，定向信号不能消除。检修状态下运行方向直接由上行和下行启动按钮确定，不需定向。梯形图中Ml03及M104分别为定上行及定下行辅助继电器，它们线圈的工作条件触点块由内外呼信号及电梯位置信号组成，上面所说的"比较"是通过电梯位置信号对呼梯信号的"屏蔽"实现的，比如当电梯上行且位于2层时，M111的动断触点断开，1层的内呼外唤都不再能影响上行状态。

梯形图中，M103及Ml04在电梯上行及下行的全过程中，存在不能全程接通的情况，如上升至5楼时，一旦5楼继电器M114接时，M103则立即断开，而此时电梯仍处于上行状态，至5楼平层位置时才能停止。为解决这一问题，引入M143～M146，使上行与下行继电器接通时间延长至上行及下行的全过程。若不使用M143～M146，可能会发生下述情况；4楼向上的外呼信号（不存在其他外呼及内选层信号），使电梯上行，电梯至4楼位置，M113使M103断开，从电梯至4楼位置到电梯停层开门，人员进行轿厢内选5层之间的时间内，1楼、2楼、3楼的外呼及内选层信号可以使电梯在未完成4楼向上的运动之前定下行方向。

M1103：定上行；M144：上行；Y21：上行指示；M104：定下行；M146：下行；Y22：下行指示。

1）上行。上行定向梯形图如图5-67所示。

2）下行。下行定向梯形图如图5-68所示。

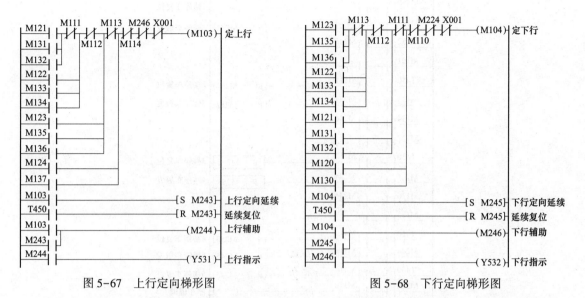

图5-67 上行定向梯形图   图5-68 下行定向梯形图

（6）停层信号的产生程序。电梯在停车制动之前，应首先确定其停层信号，即确定要停靠的楼层，应根据电梯的运行方向与外呼信号的位置和轿内选层信号比较后得出。其梯形图如"停层信号梯形图"所示。梯形图中，各层的停车触发信号在下行下呼，上行上呼及内选层信号存在时产生，这些都是符合前边所谈到的停车原则。当存在触发信号电梯又运行到当层时产生停车信号。停车信号M105梯形图支路中M103、M104动断触点的作用，是为了解决呼梯方向与电梯运行方向相反时的停车问题（如2楼向下的外呼信号，使电梯从1楼向上运行时，M151不会被触发，至2楼位置，靠M103、M104的动断触点使M105接通）而设置的。停车时间到，停车信号消除T50为停层时间定时器。

M150~M154：1楼至5楼停车触发或复位；M105：停车信号。

停层信号产生后，与上下平层感应器配合，进行停车制动。停车制动之前，应先产生停车制动信号，然后由停车制动信号控制接触器实现停车制动。为解决电梯进入平层区间后才出现停车信号致使电梯过急停车的问题，采用微分指令将X6及X37变成短信号。其梯形图如"制动过程环节梯形图"所示。

M106：制动过程。

将梯形图"启动加速和稳定运行环节梯形图""停层信号梯形图""制动过程环节梯形图"进行综合，并考虑电梯在检修状态下的运行情况，以及限位保护等问题，可以得到电梯"启动加速、稳速运行、停车制动"的梯形图。

M107：停层辅助；T50：停层时间（含制动时间）；M140：停层开门；Y0：上行；Y1：下行；Y2：高速；T51：启动延时；Y3：低速；T52~T54：减速延时；Y5~Y7：减速。

停层信号的产生梯形图如图5-69所示。

（7）电梯启停程序。电梯的启动条件是：运行方向已确定，门已关好。其梯形图只考虑接触器的得电，而没有考虑其失电与互锁等问题。其"启动加速和稳定运行环节梯形图"如图5-70所示。

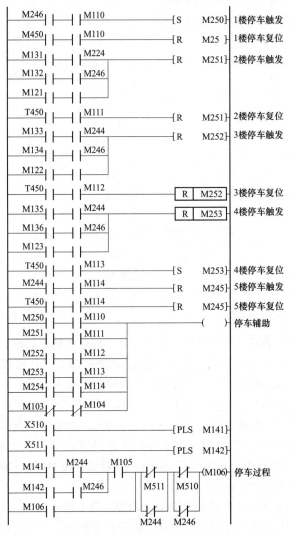

图 5-69　停层信号的产生梯形图

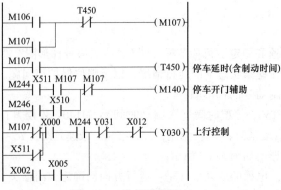

图 5-70　启停梯形图（一）

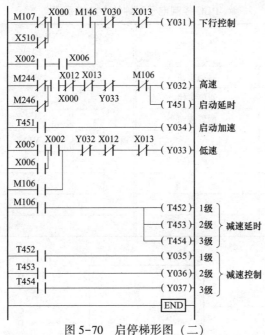

图 5-70 启停梯形图（二）

例 84 PLC 控制电子时钟的编程

1. PLC 控制电子时钟的结构示意图

PLC 控制电子时钟的结构示意图如图 5-71 所示。

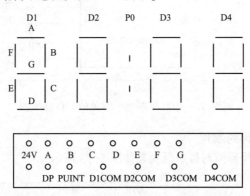

图 5-71 PLC 控制电子时钟的结构示意图

本例用 4 只（D1、D2、D3、D4）LED 七段显示数码管和两只（P0）LED 发光二极管来组成一个电子时钟，左边的 D1、D2 两管显示小时 00~23，右边的 D3、D4 两管显示分钟 00~60，中间的两个发光管 LED 完成秒显示。

2. PLC 控制电子时钟的具体要求

（1）开始状态为 00：00，启动（按 X0）后开始计时。

（2）按 X1，计时暂停。

（3）连续按动 X2，可以使时间设置为指定值。

3. PLC 控制电子时钟的 I/O 分配表

PLC 控制电子时钟的 I/O 分配表见表 5-16；其 I/O 接线图如图 5-72 所示。

表 5-16   **PLC 控制电子时钟的 I/O 分配表**

现场器件	软继电器地址	功能名称	现场器件	软继电器地址	功能名称
输入 P0	X0	启动按钮	输出	Y5	F 段显示
输入 P1	X1	暂停按钮		Y6	G 段显示
输入 P2	X2	预置按钮		Y7	显示 POINT（s）
输出 Y0	A 段显示			Y12	显示公共端（D4COM）
Y1	B 段显示			Y13	显示公共端（D3COM）
输出 Y2	C 段显示			Y14	显示公共端（D2COM）
Y3	D 段显示			Y15	显示公共端（D1COM）
Y4	E 段显示				

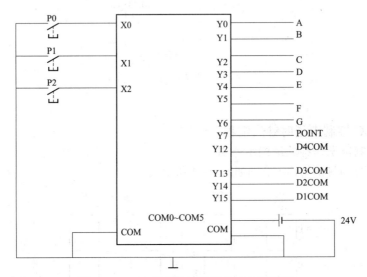

图 5-72 PLC 控制电子时钟的 I/O 接线图

4. PLC 控制电子时钟的编程

PLC 控制电子时钟的梯形图与指令语句表如图 5-73 所示。

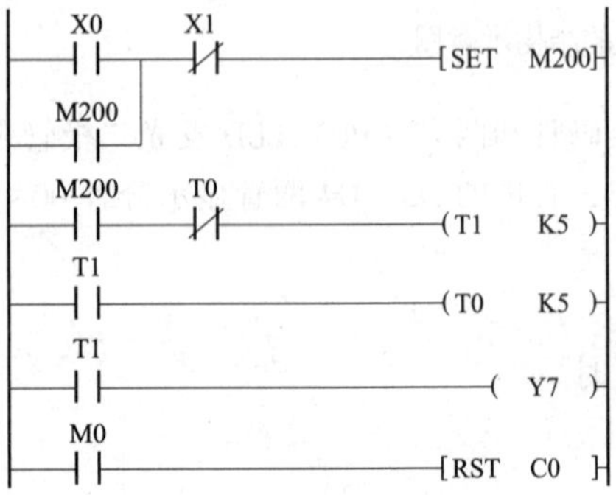

步序	指令			解释
0	LD	X0		按X0=ON，程序启动
1	OR	M200		并联M200，自保持
2	ANI	X1		按X1=OFF，程序暂停
3	SET	M200		
4	LD	M200		M200置位=1，利用T0与
5	ANI	T0		T1交替延时0.5s产生1s
6	OUT	T1	T5	的输出脉冲，输出Y7=1
9	LD	T1		显示(POINT)秒
10	OUT	T0	K5	
13	LD	T1		
14	OUT	Y7		

图 5-73 PLC 控制电子时钟的梯形图与指令语句表（一）

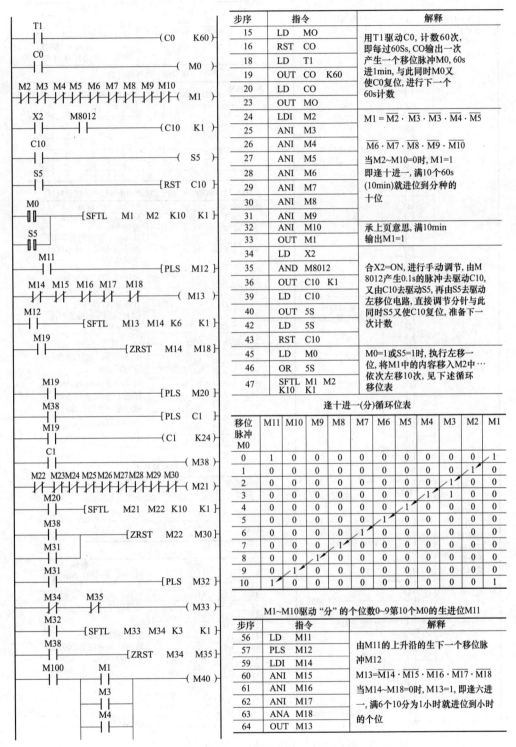

图 5-73　PLC控制电子时钟的梯形图与指令语句表（二）

指令语句表（第一部分）：

步序	指令	解释
15	LD MO	用T1驱动C0，计数60次，
16	RST CO	即每过60Ss，C0输出一次
18	LD T1	产生一个移位脉冲M0, 60s
19	OUT CO K60	进1min，与此同时M0又
20	LD CO	使C0复位，进行下一个
23	OUT MO	60s计数
24	LDI M2	$M1 = \overline{M2} \cdot \overline{M3} \cdot \overline{M3} \cdot \overline{M4} \cdot \overline{M5}$
25	ANI M3	
26	ANI M4	$\overline{M6} \cdot \overline{M7} \cdot \overline{M8} \cdot \overline{M9} \cdot \overline{M10}$
27	ANI M5	当M2~M10=0时，M1=1
28	ANI M6	即逢十进一，满10个60s
29	ANI M7	(10min)就进位到分种的
30	ANI M8	十位
31	ANI M9	
32	ANI M10	承上页意思，满10min
33	OUT M1	输出M1=1
34	LD X2	合X2=ON，进行手动调节，由M
35	AND M8012	8012产生0.1s的脉冲去驱动C10，
36	OUT C10 K1	又由C10去驱动S5，再由S5去驱动
39	LD C10	左移位电路，直接调节分针与此
40	OUT 5S	同时S5又使C10复位，准备下一
42	LD 5S	次计数
43	RST C10	
45	LD MO	M0=1或S5=1时，执行左移一
46	OR 5S	位，将M1中的内容移入M2中…
47	SFTL M1 M2 K10 K1	依次左移10次，见下述循环移位表

逢十进一(分)循环位表

移位脉冲 M0	M11	M10	M9	M8	M7	M6	M5	M4	M3	M2	M1
0	1	0	0	0	0	0	0	0	0	0	1
1	0	0	0	0	0	0	0	0	0	1	0
2	0	0	0	0	0	0	0	0	1	0	0
3	0	0	0	0	0	0	0	1	1	0	0
4	0	0	0	0	0	0	1	0	0	0	0
5	0	0	0	0	0	1	0	0	0	0	0
6	0	0	0	0	1	0	0	0	0	0	0
7	0	0	0	1	0	0	0	0	0	0	0
8	0	0	1	0	0	0	0	0	0	0	0
9	0	1	0	0	0	0	0	0	0	0	0
10	1	0	0	0	0	0	0	0	0	0	1

M1~M10驱动"分"的个位数0~9第10个M0的生进位M11

步序	指令	解释
56	LD M11	由M11的上升沿的生下一个移位脉
57	PLS M12	冲M12
59	LDI M14	$M13 = \overline{M14} \cdot \overline{M15} \cdot \overline{M16} \cdot \overline{M17} \cdot \overline{M18}$
60	ANI M15	当M14~M18=0时，M13=1，即逢六进
61	ANI M16	一，满6个10分为1小时就进位到小时
62	ANI M17	的个位
63	ANA M18	
64	OUT M13	

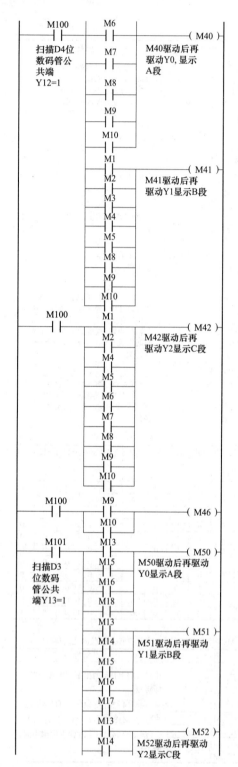

步序	指令		解释
65	LD	M12	M12=1时，执行左移一位，
66	SFTL	M13　M14	将M13中的内容移入M14
	K6	K1	中······依次左移6次，请见下述循环移位表

逢六进一循环移位表

移位脉冲 M12	M19	M18	M17	M16	M15	M14	M13
0	1	0	0	0	0	0	1
1	0	0	0	0	0	1	0
2	0	0	0	0	1	0	0
4	0	0	0	1	0	0	0
4	0	0	1	0	0	0	0
5	0	1	0	0	0	0	0
6	1	0	0	0	0	0	0

M13~M18驱动"分"的十位数0~6个M12产生进位M19

步序	指令		解释
75	L3	M19	M19=1，使M14~M18
76	ZRST	M14　M18	复位为0
81	LD	M19	M19的上升沿的生一个
82	PLS	M20	移位脉冲M20，即小时的个位进位
84	LD	M38	M38=1，使C1复位为0
85	RST	C1	
87	LD	M19	M19=1，启动计数器C1，
88	OUT	C1　C24	计数24次，即一天
91	LD	C1	C1计满24小时输出一次
92	OUT	M38	驱动M38=1
93	LDI	M22	$M21=\overline{M22}\cdot\overline{M23}\cdot\overline{M24}$
94	ANI	M23	$\overline{M25}=\overline{M26}\cdot\overline{M27}\cdot\overline{M28}$
95	ANI	M24	$\overline{M29}\cdot\overline{M30}$
96	ANI	M25	当M22~M30=0时，M21=1，
97	ANI	M26	即适十进一，满10小时
98	ANI	M27	就产生一个进位脉冲M21
99	ANI	M28	向小时数的十位进1
101	ANI	M29	
102	ANI	M30	
103	OUT	M21	

逢三进一循环移位表

移位脉冲 M32	M36	M35	M34	M33
0	1	0	0	1
1	0	0	1	0
2	0	1	0	0
3	1	0	0	1

步序	指令		解释
137	LD	M38	M38=1，使M34、M35复位
138	ZSRT	M34　M35	为0
143	LD	M100	扫描D4位数管公共端
144	MPS		进栈操作
145	LD	M1	
146	OR	M3	
147	OR	M4	组成并联电路块
148	OR	M6	输出M40(再驱动Y0去显)
149	OR	M7	示A段)
150	OR	M8	
151	OR	M9	
152	OR	M10	
153	AND		
154	OUT	M40	
155	MPP		出栈操作

图5-73　PLC控制电子时钟的梯形图与指令语句表（三）

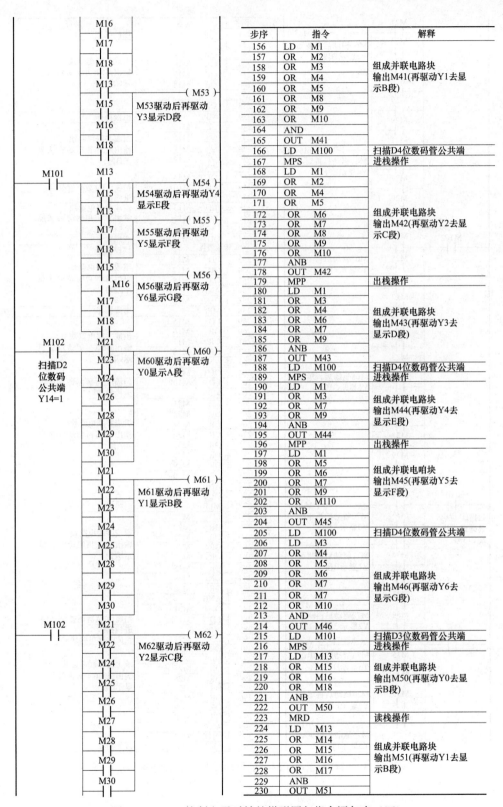

步序	指令		解释
156	LD	M1	
157	OR	M2	组成并联电路块
158	OR	M3	输出M41(再驱动Y1去显
159	OR	M4	示B段)
160	OR	M5	
161	OR	M8	
162	OR	M9	
163	OR	M10	
164	AND		
165	OUT	M41	
166	LD	M100	扫描D4位数码管公共端
167	MPS		进栈操作
168	LD	M1	
169	OR	M2	
170	OR	M4	
171	OR	M5	组成并联电路块
172	OR	M6	输出M42(再驱动Y2去显
173	OR	M8	示C段)
174	OR	M9	
175	OR	M9	
176	OR	M10	
177	ANB		
178	OUT	M42	
179	MPP		出栈操作
180	LD	M1	
181	OR	M3	
182	OR	M4	组成并联电路块
183	OR	M6	输出M43(再驱动Y3去
184	OR	M7	显示D段)
185	OR	M9	
186	ANB		
187	OUT	M43	
188	LD	M100	扫描D4位数码管公共端
189	MPS		进栈操作
190	LD	M1	
191	OR	M3	组成并联电路块
192	OR	M7	输出M44(再驱动Y4去
193	OR	M9	显示E段)
194	ANB		
195	OUT	M44	
196	MPP		出栈操作
197	LD	M1	
198	OR	M5	组成并联电咱块
199	OR	M6	输出M45(再驱动Y5去
200	OR	M7	显示F段)
201	OR	M9	
202	OR	M110	
203	ANB		
204	OUT	M45	
205	LD	M100	扫描D4位数码管公共端
206	LD	M3	
207	OR	M4	
208	OR	M5	
209	OR	M6	组成并联电路块
210	OR	M7	输出M46(再驱动Y6去
211	OR	M7	显示G段)
212	OR	M10	
213	AND		
214	OUT	M46	
215	LD	M101	扫描D3位数码管公共端
216	MPS		进栈操作
217	LD	M13	
218	OR	M15	组成并联电路块
219	OR	M16	输出M50(再驱动Y0去
220	OR	M18	示B段)
221	ANB		
222	OUT	M50	
223	MRD		读栈操作
224	LD	M13	
225	OR	M14	
226	OR	M15	组成并联电路块
227	OR	M16	输出M51(再驱动Y1去
228	OR	M17	示B段)
229	ANB		
230	OUT	M51	

图 5-73　PLC 控制电子时钟的梯形图与指令语句表（四）

步序	指令		解释
231	MRD		读栈操作
232	LD	M13	
233	OR	M14	
224	OR	M16	组成并联电路块
235	OR	M17	输出M52(再驱动Y2去显示C段)
236	OR	M18	
237	ANB		
238	OUT	M32	
239	MPP		出栈操作
240	LD	M13	
241	OR	M15	组成并联电路块
242	OR	M16	输出M53(再驱动Y2去显示D段)
243	OR	M18	
244	ANB		
245	OUT	M53	
246	LD	M101	扫描D3位数码管公共端
247	MPS		进栈操作
248	LD	M13	组成并联电路块
249	OR	M15	输出M54(再驱动Y4去显示E段)
250	ANB		
251	OUT	M54	意思同上
252	MRD		读栈操作
253	LD	M13	组成并联电路块
254	OR	M17	输出M55(再驱动Y5去显示F段)
255	OR	M18	
256	ANB		
257	OUT	M55	
258	MPP		出读操作
259	LD	M15	
260	OR	M16	组成并联电路块
261	OR	M17	输出M56(再驱动Y6去显示G段)
262	OR	M18	
263	ANB		
264	OUT	M56	
265	LD	M102	扫描D2位数码管公共端
266	MPS		进栈操作
267	LD	M21	
268	OR	M23	
269	OR	M24	组成并联电路块
270	OR	M26	输出M60(再驱动Y0去显示A段)
271	OR	M27	
272	OR	M28	
273	OR	M29	
274	OR	M30	
275	ANB		
276	OUT	M60	
277	MPP		出栈操作
278	LD	M21	
279	OR	M22	
280	OR	M23	组成并联电路块
281	OR	M24	输出M61(再驱动Y1去显示B段)
282	OR	M25	
283	OR	M28	
284	OR	M29	
285	OR	M30	
286	ANB		
287	OUT	M61	
288	LD	M102	扫描D2位数码管公共端
289	MPS		进栈操作
290	LD	M21	组成并联电路块
291	OR	M22	
292	OR	M24	
293	OR	M25	承上页并联电路块
294	OR	M26	输出M62(再驱动Y2去显示C段)
295	OR	M27	
296	OR	M28	
297	OR	M29	
298	OR	M30	
299	ANB		
300	OUT	M62	
301	MRD		读栈操作

图 5-73　PLC 控制电子时钟的梯形图与指令语句表（五）

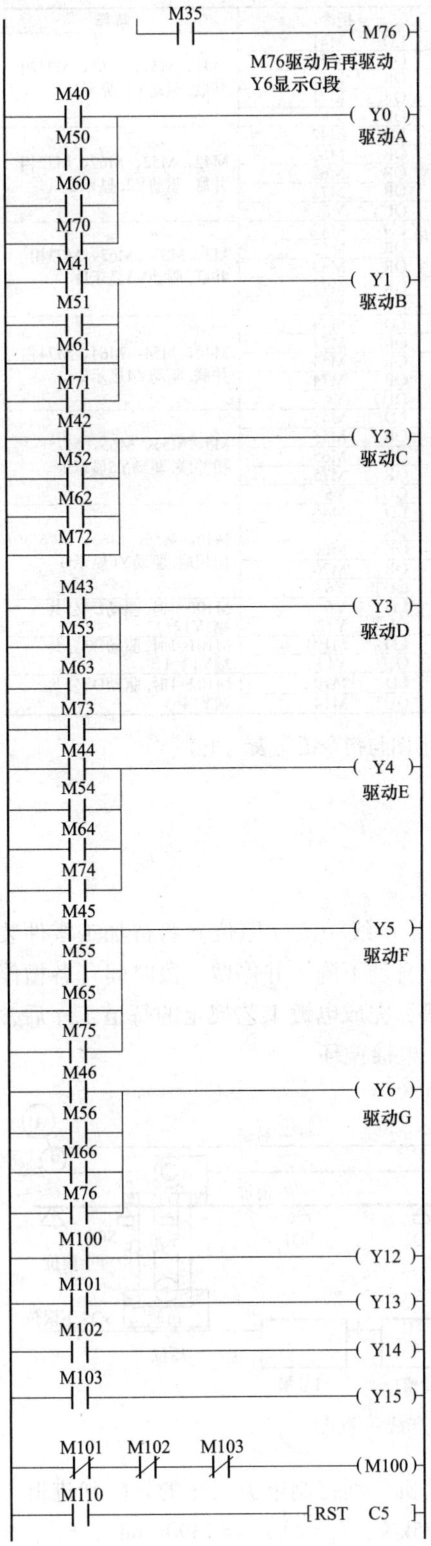

梯形图左侧标注：

M35 —（M76）

M76驱动后再驱动Y6显示G段

M40 / M50 / M60 / M70 —（Y0）驱动A

M41 / M51 / M61 / M71 —（Y1）驱动B

M42 / M52 / M62 / M72 —（Y3）驱动C

M43 / M53 / M63 / M73 —（Y3）驱动D

M44 / M54 / M64 / M74 —（Y4）驱动E

M45 / M55 / M65 / M75 —（Y5）驱动F

M46 / M56 / M66 / M76 —（Y6）驱动G

M100 —（Y12）

M101 —（Y13）

M102 —（Y14）

M103 —（Y15）

M101 M102 M103 —（M100）

M110 —[RST C5]

步序	指令		解释
302	LD	M21	
303	OR	M22	组成并联电路块
304	OR	M24	输出M63(再驱动Y3去
305	OR	M26	显示D段)
306	OR	M27	
307	OR	M29	
308	ANB		
309	OUT	M63	
310	MPP		出栈操作
311	LD	M21	
312	OR	M23	组成并联电路块
313	OR	M27	输出M64(再驱动Y4去
314	OR	M29	显示E段)
315	ANB		
316	OUT	M64	
317	LD	M102	扫描D2位数码管公共端
318	MPS		进栈操作
319	LD	M21	组成并联电路块
320	OR	M25	
321	OR	M26	输出M65(再驱动Y5去显
322	OR	M27	示F段)
323	OR	M29	
324	OR	M30	
325	ANB		
326	OUT	M65	
327	MPP		出栈操作
328	LD	M23	
229	OR	M24	组成并联电路块
330	OU	M25	
331	OR	M26	承上组成并联电路块
332	OR	M27	输出M66(再驱动Y6去显
333	OR	M29	示G段)
334	OR	M30	
335	ANB		
336	OUT	M66	
337	LD	M103	扫描D1位数码管公共端
338	MPS		进栈操作
339	LD	M33	组成并联电路块
340	OR	M35	输出M70(再驱动Y0去显
341	ANB		示A段)
342	OUT	M70	
343	MRD		读栈操作
344	LD	M33	组成并联电路块
345	CR	M34	输出M71(再驱动Y1去
346	CR	M35	示B段)
347	ANB		
348	OUT	M71	
349	MRD		读栈操作
350	LD	M33	组成并联电路块
351	OR	M34	输出M72(再驱动Y2去显
352	ANB		示C段)
353	OUT	M72	
354	MRD		读栈操作
355	LD	M33	组成并联电路块
356	OR	M35	输出M73(再驱动Y3去
357	ANB		示D段)
358	OUT	M73	
359	MRD		读栈操作
360	LD	M33	组成并联电路块
361	OR	M35	输出M74(再驱动Y4去
362	ANB		示E段)
363	OUT	M74	
364	MRD		读栈操作
365	AND	M33	串联M33, 输出M75(再驱
366	OUT	M5	动Y5去显示F段)
367	MPP		出栈操作
368	AND	M35	串联M35, 输出M76(再驱
369	OUT	M76	动Y6去显示G段)
370	LD	M40	
371	OR	M50	M40、M50、M60、M70
372	OR	M60	相并联, 驱动Y0, 显示A
373	OR	M70	
374	OUT	Y0	

图 5-73　PLC控制电子时钟的梯形图与指令语句表（六）

M8011
C5 ——————————(C5 K2)
M101 ——————————(M110)
——[SFTL M100 M101 K4 K1]
M104
——[ZRST M100 M103]
——[END]

步序	指令		解释
375	LD	M41	
376	OR	M51	M41、M51、M61、M71相并联，驱动Y1，显示B
377	OR	M61	
378	OR	M71	
379	OUT	Y1	
380	LD	M42	
381	OR	M62	
382	OR	M62	M42、M52、M62、M72相并联，驱动Y2，显示C
383	OR	M72	
384	OUT	Y2	
385	LD	M43	
386	OR	M63	
387	OR	M63	M3、M53、M63、M73相并联，驱动Y3显示D
388	OR	M73	
389	OUT	Y3	
390	LD	M44	
391	OR	M54	
392	OR	M64	M44、M54、M64、M74相并联，驱动Y4显示E
393	OR	M74	
394	OUT	Y4	
395	LD	M45	
396	OR	M55	
397	OR	M65	M5、M55、M65、M75相并联，驱动Y5显示F
398	OR	M75	
399	OUT	Y5	
400	LD	M46	
401	OR	M56	
402	OR	M66	M46、M56、M66、M76相相联，驱动Y6显示G
403	OR	M76	
404	OUT	Y6	
405	LD	Y6	M100=1时，驱动D4公共端，Y12=1
406	OUT	Y12	
407	LD	M101	M101=1时，驱动D3公共端Y13=1
408	OUT	Y13	
409	LD	M102	M102=1时，驱动D2公共端Y14=1
410	OUT	M14	

步序	指令表		解释
411	LD	M103	M103=1时，驱动D3公共端Y15=1
412	OUT	Y15	
413	LDI	M101	M100=M101 M10 M103
414	ANI	M102	
415	ANI	M103	即M101~M103=0
416	OUT	M100	时M100=1
417	LD	M110	M110=1，使C5复位
418	RST	C5	
420	LD	M80 11	产生10ms时基脉冲驱动C5，计数2次
421	OUT	C5 K2	
424	LD	C5	每隔20ms产生一个M110脉冲
425	OUT	M110	
426	LD	M110	M10=1时，就将M100中的内容移到M101中，每次移一位，共移动4次产生一个移位脉冲M104
427	SFIL	M100 M101 K4 K1	

图5-73 PLC控制电子时钟的梯形图与指令语句表（七）

例85 PLC控制电镀自动生产线的编程

1. 电镀自动生产线示意图

电镀自动生产线示意图如图5-74所示。在电镀生产线一侧（原位）将待加工零件装入吊篮，并发出信号，专用行车便提升前进，到规定槽位自动下降，并停留一段时间（各槽停留时间预先按工艺设定）后自动提升，行至下一个电镀槽，完成电镀工艺规定的每道工序后，自动返回原位，卸下电镀好的工件重新装料，进入下一个电镀循环。

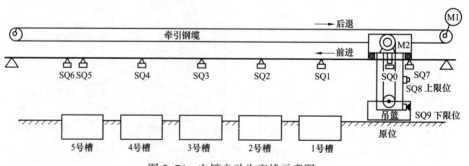

图5-74 电镀自动生产线示意图

（1）拖动情况。电镀行车采用两台三相异步电动机分别控制电镀行车的升降和进退，采用机械减速装置。电动机数据（型号Y802-4，$P_N=0.75kW$，$I_N=2A$，$n=1390r/min$，$U_N=380V$）。

（2）拖动控制要求。

1）电镀工艺应能实现以下4种操作方式。

　　a. 单周（期）：启动后，完成一次电镀工作回到原位停止，等待。

　　b. 连续循环：启动后，完成一次电镀工作回到原位再连续循环工作。

　　c. 单步操作：每按一次启动按钮执行一个动作步。

　　d. 手动操作：用上升、下降、前进、后退 4 个按钮手动控制电镀生产线的上升、下降、前进、后退。

　　2）前后运行和升降运行应能准确停位，前后、升降运行之间有互锁作用。

　　3）该装置采用远距离操作台控制行车运动，要求有暂停控制功能。

　　4）行车运行采用行程开关控制，并要求在 1 号和 5 号槽位有过限保护。主电路应有短路和过载保护。

　　5）行车升降电动机采用单相电磁抱闸制动，升降电动机和单相电磁抱闸并联接线，不需单独控制，由于每个槽位之间的跨度较小，行车在前后运行停车时要采用能耗制动，以保证准确停位。

　　进退电动机能耗制动时间为 2s。1 号~5 号槽位的停留时间依次为 11s、12s、13s、14s、15s，原位装卸时间为 10s。

　　6）对于不同的镀件工艺不同，要求对电镀槽有槽位选择的功能。

　　7）用信号灯显示电镀吊篮所在的槽位及上下限位置。

2. PLC 的 I/O 接线

采用三菱 FX_{2N} 型 PLC 控制电镀行车，其 PLC 控制的 I/O 接线图如图 5-75 所示。

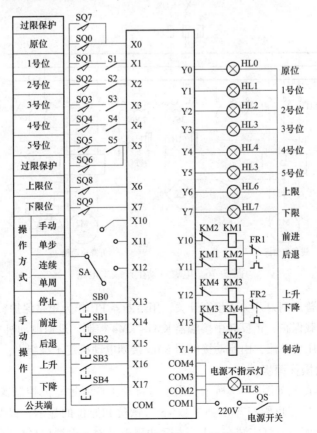

图 5-75　PLC 控制的 I/O 接线图

　　1）PLC 输入控制接线。在电镀行车控制中，为了防止行车在到达原位和末端 5 号位由于限位开关的损坏而越过工作区，设置了过限位保护开关 SQ7、SQ6，它们分别与原位限位开关 SQ0 和 5 号位限位开关 SQ5 并联，以节省输入触点。

　　根据要求对电镀槽有槽位选择的功能，使用了 5 个槽位选择开关 S1～S5，分别和 SQ1～SQ5 串联即可达到槽位选择的目的，而不必单独占用输入点。

　　行车控制有 4 种操作方式，可用 4 个输入点（由于这 4 种操作方式不同时出现，也可以用编码方式输入，2 个输入点即可），但考虑到在输入点较多的情况下简化梯形图和开关电路，采用图 5-75 的接线较好，其中单周控制不用输入点，为基本控制方式。

　　手动操作采用单独的控制按钮，占用对应的输入点 X13～X17，考虑到在单步、连续、单周控制方式下 X13～X17 不起作用，因此可将其中输入点（X13、X16、X17）分别用于单步、连续、单周控制方式下的停止、启动和暂停控制。

　　2）PLC 输出控制接线。Y0～Y7 用于信号灯显示吊篮所在位置及上下限位置。

　　Y10～Y13 用于进退电动机和升降电动机的控制及过载保护。

　　Y14 用于进退电动机的能耗制动控制。升降电动机为电磁抱闸制动。

3. 电镀自动生产线主电路

　　电镀自动生产线主电路如图 5-76 所示。

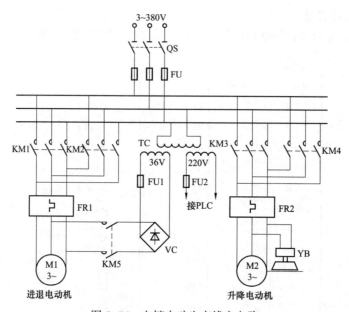

图 5-76　电镀自动生产线主电路

　　电源开关 QS 为普通闸刀开关或组合开关，用熔断器 FU 作为短路保护，两台电动机均采用热继电器 FR 作为过载保护，正反转由接触器 KM1～KM4 控制。进退电动机 M1 的能耗制动电源由控制变压器 TC 降压后整流，由制动接触器 KM5 接到电动机定子绕组上。

4. PLC 控制的操作面板

　　PLC 控制的操作面板如图 5-77 所示。用于对自动生产线远距离控制操作，在操作面板上安装有 9 个信号灯，用于电镀行车所到 1 号～5 号槽位和原位的显示，以及上下限位的显示。PLC 的电源开关和电源信号灯安装在一起，按下电源开关时，电源信号灯亮。

　　操作方式采用选择开关，在手动方式下，使用停止、前进、后退、上升、下降 5 个按钮。

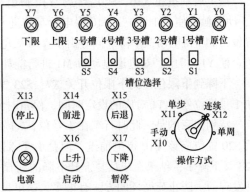

图 5-77　PLC 控制的操作面板

在其他方式下，使用启动、暂停（与上升、下降共用）和停止按钮。槽位开关 S1～S5 用于槽位选择。

5. PLC 控制电镀自动生产线的编程

（1）自动控制程序。自动控制程序包括单周、连续、单步三种控制方式。其中，单周期为最基本的控制方式，为了便于理解，先编写单周、连续控制方式的程序。

1）单周控制方式。单周控制方式即为从装料到各槽位电镀结束退回到原位，完成一个工作循环过程。控制原理如图 5-78（a）所示。当吊篮在原位时，原位 X0 及下限位开关 X7 动作，信号灯 Y0 亮，状态器 S0 置位，等待启动命令。

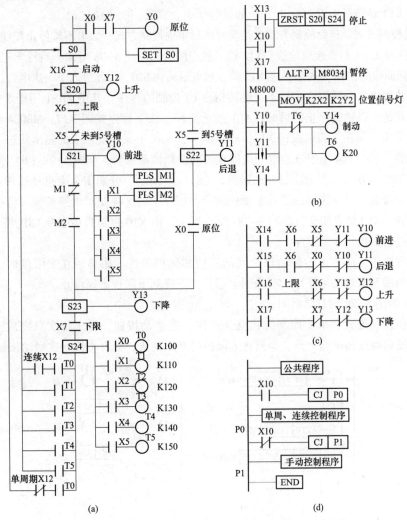

图 5-78　单周、连续、手动控制程序图

（a）单周、连续控制状态转移图；（b）公共程序；（c）手动控制程序；（d）总控制程序框图

按下启动按钮X16，S20置位，Y12得电吊篮上升，当上升碰到上限位开关X6时，电路经X5动断触点使S21置位，Y10得电行车前进，行至1号位时X1动作，M2产生一个脉冲使S23置位，Y13得电吊篮下降。同时由于Y10失电，在图5-78（b）公共程序中的Y10下降沿触点闭合使Y14得电，对进退电动机M1进行能耗制动2s。

下降到下限位碰到下限位开关X7，S23置位，由于这时在1号位，X1触点接通定时器T1，在1号槽位停留T1对应的设定时间，停留时间到时，T1触点闭合返回到S20，Y12得电上升。

特别注意的是，此时行车在1号位，X1处于动作状态，所以当上升到上限位时，X6动作后S20置位应该Y10得电前进，但是由于X1触点的闭合，使得M2产生一个脉冲跳过S21到S23又下降了，结果造成反复上升下降的死循环现象，这种现象一般不通过实践运行验证是很难发现的。防止死循环的方法有很多，这里采用PLS　M1指令，其作用是当S21置位时M1动断触点断开一个扫描周期使M2的脉冲不起作用，从而防止了直接跳过S21的现象。

电镀结束后，在5号槽位上升到上限位X6时，由于X5触点已经闭合，使S22置位Y11得电行车后退，当退到原位时，X0动作，S23置位下降，到下限位X7动作，S24置位。T0得电延时后，经X12动断触点返回到S0，全部过程结束。完成一次电镀过程。

2）连续控制方式。连续控制方式就是反复执行单周控制方式，如果不按停止按钮就一直运行下去。将选择开关SA打在连续位置，X12输入触点闭合，由图5-78可知，当行车先完成一次电镀过程返回到原位时，T0延时后，经X12动合触点返回到S20，由此进入下一次电镀过程。

（2）公共程序。公共程序是指不受跳转指令CJ控制的程序，其中ZRST用于步进指令状态器S的全部复位，以达到停止的目的。ALT用于暂停，按下暂停按钮X17，M8034＝1，停止输出，全部Y失电；再按下暂停按钮X17，M8034＝0，全部Y又恢复原来的输出状态。MOV用于位置信号灯的显示。Y14用于进退电动机停止时的能耗制动控制，如图5-78（b）所示。

（3）手动操作方式。手动控制方式如图5-78（c）所示，分别用4个点动按钮控制两台电动机的升降和进退，其中进退的能耗制动仍由公共程序中的Y14制动电路控制。将选择开关SA打在手动位置，X10触点闭合，如图5-78（d）所示，由X10控制跳步指令CJP$_0$将单周、连续控制程序跳过去，执行手动程序。

在手动程序中，应考虑各种动作之间的互锁和运行条件，如必须在上限位时才能前进后退，进退到始端和末端必须停止。上升到上限位，下降到下限位必须停止。

图5-79为图5-78的总梯形图。

（4）单步控制方式。单步控制方式就是每按一次启动按钮，行车每次只完成一个规定动作。例如，按启动按钮吊篮上升，当到达上限位时并不前进，只有再按一次启动按钮才前进。

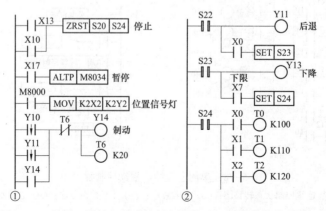

图5-79　单周、连续、手动控制电镀自动生产线总梯形图（一）

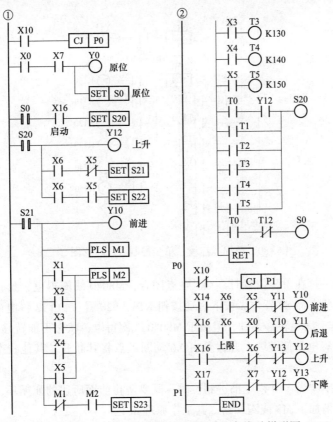

图 5-79 单周、连续、手动控制电镀自动生产线总梯形图（二）

单步控制方法主要是通过控制特殊辅助继电器 M8040 来实现的，如图 5-80 所示。

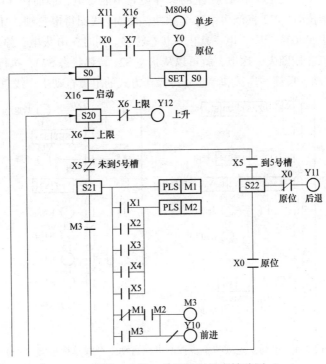

图 5-80 单周、连续、单步控制状态转移图（一）

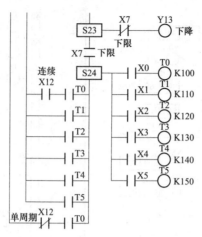

图 5-80　单周、连续、单步控制状态转移图（二）

当操作方式开关打在单步位置时，X11 触点闭合，M8040 线圈得电，禁止状态转移。如电镀行车在原位时，状态器 S0 置位，按下启动按钮 X16，S20 置位，Y12 得电吊篮上升，当到达上限位时，X6 动作，满足转移条件，但由于 M8040 线圈得电，状态不能转移，S20 仍置位。这时，为了防止 Y12 得电吊篮继续上升，要由 X6 动断触点将其断开。其他状态器 S 的输出线圈也应如此。

在 S21 状态步中，当 Y10 得电前进到位时，既要防止前面所述的死循环，又要满足单步控制要求，在电路中增加了 M3 线圈回路，其工作原理如下：

当吊篮在 1 号~5 号电镀位上升时，由于对应的槽位限位开关（X1~X5 的其中之一）已经处于闭合状态，当吊篮上升到上限位碰到上限位开关 X6 时，使 S21 置位，这时 M2 将产生一个脉冲，欲使 M3 线圈得电，但同时 M1 产生的脉冲使它不能得电，因而使 Y10 得电，电镀行车前进，当到下一个槽位时，M2 将产生第二个脉冲，使 M3 线圈得电自锁，M3 触点闭合，满足了转移条件，但由于 M8034 线圈得电，禁止了状态转移。同时 Y10 失电，停止前进。按一下启动按钮 X16，使 M8034 线圈失一次电，就可以从状态 S21 转移状态 S23，执行下降动作了。

图 5-81 为有手动、单周、连续和单步 4 种操作方式的电镀自动生产线总梯形图。

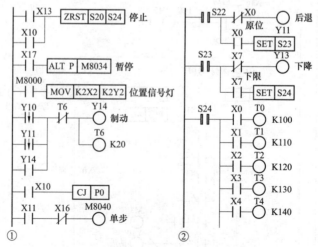

图 5-81　单周、连续、单步控制电镀自动生产线总梯形图（一）

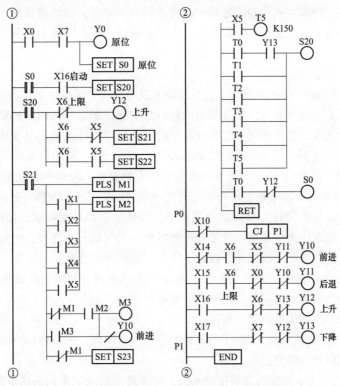

图 5-81　单周、连续、单步控制电镀自动生产线总梯形图（二）

例86　利用 PLC 和变频器对中央空调进行改造的编程

1. 中央空调系统的组成

中央空调系统主要由冷冻主机、冷却水塔与外部热交换系统等部分组成，其系统组成框图如图 5-82 所示。

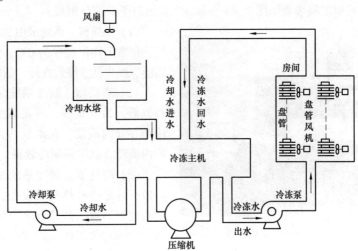

图 5-82　中央空调系统组成框图

（1）冷冻主机。冷冻主机也叫制冷装置，是中央空调的制冷源，通往各房间的循环水由冷冻主机进行"内部热交换"，降温为"冷冻水"。冷冻主机近年来也有采用变频调速的。

（2）冷却水塔。冷冻主机在制冷过程中必然会释放出热量，使机组发热。冷却水塔用于为冷冻主机提供"冷却水"。冷却水在盘旋流过冷冻主机后，带走冷冻主机所产生的热量，使冷冻主机降温。

（3）外部热交换系统。

1）冷冻水循环系统。冷冻水循环系统由冷冻泵及冷冻水管组成。水从冷冻机组流出，冷冻水由冷冻泵加压送入冷冻水管道，在各房间内进行热交换，带走房间内的热量，使房间内的温度下降。同时，冷冻水的温度升高，温度升高了的循环水经冷冻主机后又变成冷冻水，如此往复循环。从冷冻机组流出、进入房间的冷冻水简称为"出水"，流经所有的房间后回到冷冻机组的冷冻水简称为"回水"。由于回水的温度高于出水的温度，因而形成温差。

2）冷却水循环系统。冷却泵、冷却水管道及冷却塔组成了冷却水循环系统。冷却主机在进行热交换、使水温冷却的同时，释放出大量热量，该热量被冷却水吸收，使冷却水温度升高。冷却泵将升温的冷却水压入冷却塔，使之在冷却塔中与大气进行热交换，然后再将降了温的冷却水送回到冷却机组。如此不断循环，带走了冷冻主机释放的热量。

流进冷却主机的冷却水简称为"进水"，从冷却主机流回冷却塔的冷却水简称为"回水"。同样，回水的温度高于进水的温度，也形成了温差。

（4）冷却风机。冷却风机有以下两种。

1）室内风机（盘管风机）。安装于所有需要降温的房间内，用于将由冷冻水冷却了的冷空气吹入房间，加速房间内的热交换。

2）冷却塔风机。用于降低冷却塔中的水温，加速将"回水"带回的热量散发到大气中去。

可以看出，中央空调系统的工作过程是一个不断地进行热交换的能量转换过程。在这里，冷冻水和冷却水循环系统是能量的主要传递者。因此，冷冻水和冷却水循环控制系统是中央空调控制系统的重要组成部分。

（5）温度检测。通常使用热电阻或温度传感器检测冷冻水和冷却水的温度变化，与PID调节器和变频器组成闭环控制系统。

2. 中央空调实验装置介绍

某中央空调模拟实践装置如图5-83所示，主要由以下几部分组成。

图5-83 中央空调模拟实践装置

（1）压缩机。系统采用全封闭活塞式压缩机，正常工作温度仅为0℃，安全可靠、结构紧凑、噪声低、密封性好，制冷剂为R22。

（2）蒸发器。制冷系统采用透明水箱式蒸发器，易于观察，蒸发器组浸于水中，制冷剂在管内蒸发，在水泵的作用下，水在水箱内流动，以增强制冷效果。

（3）冷凝器。制冷系统采用螺旋管式冷凝器，这是一种热交换设备，用两条平行的铜板卷制而成，是具有两个螺旋通道的螺旋体。中间的螺旋体是冷却水通道，外部的腔体是高压制冷剂的通道。

（4）喷淋式冷却塔。该设备的冷凝方式采用逆流式冷却塔，全透明结构，吸风机装在塔的顶部，结构完全仿真、直观。冷却塔采用吸风式强迫通风，塔内填有填充物，以提高冷却效果。从冷凝器出来的温水由冷却水泵送入塔顶后，由布水器的喷嘴旋转向下喷淋。

（5）锅炉。锅炉是中央空调制热系统的核心元件，采用英格莱电热管使水与电完全隔离，具有超温保护、防干烧保护、超压保护、确保人机安全。采用进口聚氨发泡保温技术，保温性能好。

（6）模拟房间。模拟房间用全透明有机玻璃制作，外形美观、小巧、占地面积少、结构紧凑，具有全透明结构，一目了然。房间装有盘管、盘管风机、温度控制调节仪。

（7）温度控制。本设备实验台的面板上装有温度控制显示仪，可控制温度的范围，能巡回检测出各关键部位的温度。

（8）模拟演示。该设备配有 500mm×300mm 系统工作演示板一块，采用环氧敷铜板，四色（红、绿、蓝、黄），LED 形象逼真地显示冷热管道的温度和工作状态。

（9）温度控制检测仪。两个模拟实践房间分别装有数码显示的温度控制调节器，温度范围可自行设定。仪器可根据房间温度的具体设定情况自动调节温度，达到设定值。

（10）高、低压保护装置。为安全起见，制冷系统装有高、低压保护继电器，可保护压缩机及系统的正常运行。

（11）水箱。为节约用水，系统循环使用水资源。通过加水箱来完成媒介水的加入、自动调节、过滤等任务，并装有自动加水系统。如果系统水资源缺乏，加水系统会自动启动补给。

（12）中央控制部分。模拟实践装置总控制部分可完成设备的制冷与制热的转换，以及在制冷状态或制热状态的关闭等任务。启动方式全部为微动方式，用微弱的开关信号来控制微处理器，驱动电路工作，从而延长设备的使用寿命。

（13）微型计算机接口及控制部分。此中央空调教学实验系统的整机控制及参数显示有两种方式：第一种方式是通过模拟实践装置控制面板上的按键来控制各部分的工作状态，进行各项参数的设定及动态显示；第二种方式是通过单片机的串行口与微型计算机的串行接口进行通信，另配有全中文的应用软件，从而使中央空调所需的各项控制及需要显示的各项参数均可在微型计算机的屏幕上完成。

3. 中央空调的变频调速控制

（1）循环水系统的组成。循环水系统由两部分组成：一部分是冷却水循环系统；另一部分是冷冻水循环系统。其结构示意图如图 5-84 所示。

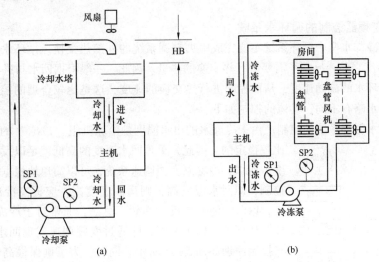

图 5-84　循环水系统

（a）冷却水系统；（b）冷冻水系统

（2）循环水系统的特点。一般来说，水泵属于二次方律负载，工作过程中消耗的功率与转速的平方成正比。这是因为水泵的主要用途是供水，对于一般供水系统来说，上述结论是正确的。然而，在某些非供水系统中，如中央空调的循环水系统，上述结论就不一定正确了。

1）循环水系统的特点。

a. 用水特点。在水循环系统中，所用的水是不消耗的。从水泵流出的水又将回到水泵的进口处，并且回水本身具有一定的动能和势能。

b. 调速特点。在循环水系统中，当通过改变转速来调节流量时，水在封闭的管路中具有连续性，即使水泵的转速很低，循环水也能在管路中流动。在水泵转速为"0"的状态下，回水管与出水管中的最高水位永远是相等的。因此，水泵的转速只是改变水的流量，而与扬程无关。

2）压差的概念与功率的计算。循环水系统的工作情况与电路十分类似，水泵的做功情况也可通过水泵出水与回水的压力差 P_D 来描绘。

$$P_D = P_1 - P_2 \qquad (5-1)$$

式中　P_1——出水压力；

　　　P_2——回水压力。

水泵的功率可以计算如下：

$$P = P_D Q = Q^2 R \qquad (5-2)$$

式中　R——循环水路的管阻；

　　　Q——循环水的流量；

　　　P_D——压力差。

由于流量和转速成正比，所以在循环水系统中，水泵的功率与转速的二次方律成正比，即

$$\frac{P_1}{P_2} = \frac{n_1^2}{n_2^2} \qquad (5-3)$$

式中　P_1、P_2——水泵转速变化前、后的功率；

　　　n_1、n_2——水泵转速变化前、后的转速。

可见，在循环水系统中，当通过改变转速来调节流量时，其节能效果略微逊色于供水系统。

4. 利用变频器控制的循环水系统

冷冻水和冷却水两个循环系统主要完成中央空调系统的外部热交换。循环水系统的回水与进（出）水温度之差，反映了需要进行热交换的热量。因此，一般根据回水与进（出）水温度之差来控制循环水的流动速度，从而控制进行热交换的速度，这是比较合理的控制方法，但是冷冻水和冷却水略有不同，具体的控制如下。

（1）冷冻水循环系统的控制。由于冷冻水的出水温度是冷冻机组"冷冻"的结果，常常是比较稳定的。因此，单是回水温度的高低就足以反映房间内的温度。所以，冷冻泵变频调速系统，可以简单地根据回水温度进行控制，即回水温度高，则房间温度高，应提高冷冻泵的循环速度，以节约能源。反之亦然。总之，通常对于冷冻水循环系统，控制依据就是回水温度，即通过变频调速实现回水的恒温控制，其控制原理如图5-85所示。同时，为了确保最高楼层具有足够的压力，在回水管上接一个压力表，如果回水压力低于规定值，则电动机的转速将不再下降。这样，冷冻水系统变频调速方案就

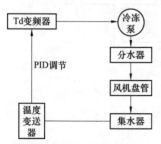

图 5-85　恒温控制原理图

可以有以下两种。

1）以压差为主、温度为辅的控制。以压差信号为反馈信号，进行恒压差控制。而压差的目标值可以在一定范围内根据回水的温度进行适当调整。当房间温度较低时，使压差的目标值也适当下降一些，减小冷冻泵的平均转速，提高节能效果。这样，既考虑了环境温度的因素，又改善了节能效果。

2）以温（差）度为主、压差为辅的控制。以温度或温差信号为反馈信号，进行恒温度（差）控制，而目标信号可以根据压差大小作适当的调整。当压差偏高时，说明其负荷较重，应该适当提高目标信号，增加冷冻泵的平均转速，以确保最高楼层具有足够的压力。

（2）冷却水循环系统的控制。

1）控制的基本情况和依据。冷却水的进水温度就是冷却水塔内的水温，它取决于环境温度和冷却风机的工作情况。由于冷却塔的水温是随环境温度而变的，单测水温不能准确地反映冷冻机组内产生热量的多少。所以，对于冷却泵，以进水和回水间的温差作为控制依据，实现进水和回水间的恒温差控制是比较合理的。温差大，说明冷冻机组产生的热量大，应提高冷却泵的转速，增大冷却水的循环速度；温差小，说明冷冻机组产生的热量小，可以降低冷却泵的转速，减缓冷却水的循环速度，以节约能源。

实践证明，冷却泵的变频调速采用进水和回水间的温差作为控制依据的控制方案是可取的：进水温度低的时候，应主要着眼于节能效果，温差的目标可以适当地高一点；而在进水温度高的时候，则从保证冷却效果出发，应将温差的目标定得低一些。

2）控制方案。本例介绍一种冷却泵的控制方案，即利用变频器内置的 PID 调节功能，兼顾节能效果和冷却效果的控制方案。

a. 反馈信号。反馈信号是由温差控制器得到的与温差 Δt 成正比的电流或电压信号。

b. 目标信号。目标信号是一个与进水温度 t_A 相关的、并且与目标温差成正比的值，其范围如图 5-86 所示。其基本考虑是：当进水温度高于 32℃ 时，温差的目标定为 3℃；当进水温度低于 24℃ 时，温差的目标值定为 5℃；当进水温度在 24℃ 和 32℃ 之间变化时，温差的目标将按照这个曲线自动调速。

根据此控制要求，可以设计此冷却水循环系统的控制原理，如图 5-87 所示。

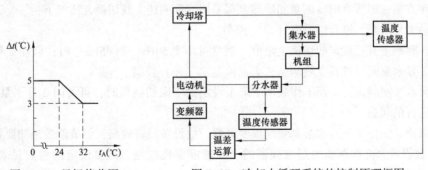

图 5-86　目标值范围　　　　图 5-87　冷却水循环系统的控制原理框图

（3）编程举例。

1）系统控制要求。中央空调的水循环系统一般都由若干台水泵组成（如冷却水泵、冷冻水泵等）。现在采用变频调速，要求对三台泵进行控制。具体控制要求如下。

a. 某空调冷却系统有三台水泵，按设计要求每次运行两台，一台备用，10 天轮换一次。

b. 冷却进（回）水温差超出上限温度时，一台水泵全速运行，另一台变频高速运行，冷却进（回）水温差小于下限温度时，一台水泵变频低速运行。

c. 三台泵分别由电动机 M1、M2、M3 拖动，全速运行由 KM1、KM2、KM3 三个接触器控制，变频调速分别由 KM4、KM5、KM6 三个接触器控制。

2）编程要求。

a. 根据系统控制要求，选择控制方案。

b. 正确设置以下变频器参数：Pr. 0、Pr. 1、Pr. 2、Pr. 3、Pr. 7、Pr. 8、Pr. 9、Pr. 20、Pr. 78、Pr. 27、Pr. 26、Pr. 25、Pr. 24、Pr. 6、Pr. 5、Pr. 4。

c. 正确编写有关程序并调试运行。

3）编程内容。

a. 选择控制方案。

① 根据回水与进（出）水温度之差来控制循环水的流动速度，从而达到控制热交换的速度，是比较合理的控制方法。

② 中央空调变频调速系统的切换方式。中央空调水循环系统的三台水泵，采用变频调速时，可以有以下两种方案。

一台变频器方案，各台泵之间的切换方法如下：

先启动 1 号水泵（M1 拖动），进行恒温度（差）控制。

当 1 号水泵的工作频率上升至 50Hz 时，将它切换至工频电源；同时将变频器的给定频率迅速降到 0Hz，使 2 号水泵（M2 拖动）与变频器相接，并开始启动，进行恒温度（差）控制。

当 2 号水泵的工作频率也上升至 50Hz 时，也切换至工频电源；同时将变频器的给定频率迅速降到 0Hz，进行恒温度（差）控制。

当冷却进（回）水温差超出上限温度时，1 号水泵工频全速运行，2 号水泵切换到变频状态高速运行，冷却进（回）水温差小于下限温度时，断开 1 号水泵，使 2 号水泵变频低速运行。

若有一台水泵出现故障，则 3 号水泵（M3 拖动）立即投入使用。

这种方案的主要优点是只用一台变频器，设备投资较少；缺点是节能效果稍差。

全变频方案，即所有的冷冻泵和冷却泵都采用变频调速。其切换方法如下：

先启动 1 号水泵，进行恒温度（差）控制。

当工作频率上升至设定的切换上限值（通常可小于 50Hz，如 45Hz）时，启动 2 号水泵，1 号水泵和 2 号水泵同时进行变频调速，实现恒温度（差）控制。

当 2 台水泵同时运行，而工作频率下降至设定的下限切换值时，可关闭 2 号水泵，使系统进入单台运行的状态。

全频调速系统由于每台水泵都要配置变频器，故设备投资较高，但节能效果却要好得多。

b. 参数设置。变频调速通过变频器的七段速度实现控制，需要设定的参数见表 5-17 和表 5-18。具体设定方法参见模块一。

表 5-17　七段速参数

速度	1速	2速	3速	4速	5速	6速	7速
参数号	Pr. 27	Pr. 26	Pr. 25	Pr. 24	Pr. 267	Pr. 5	Pr. 4
设定值	10	15	20	25	30	40	50

表 5-18　　　　　　　　　　　　　相关参数设置

参数号	设定值	意义
Pr. 0	3%	启动时的力矩
Pr. 1	50Hz	上限频率
Pr. 2	10Hz	下限频率
Pr. 3	50Hz	基底频率
Pr. 7	5s	加速时间
Pr. 8	10s	减速时间
Pr. 9	6	电子过电流保护
Pr. 20	50Hz	加减速基准时间
Pr. 78	1	防逆转

c. 主回路接线。PLC 与变频器的接线如图 5-88 和图 5-89 所示。

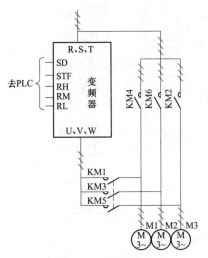 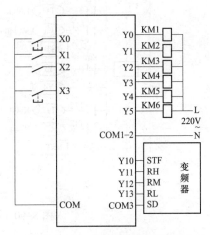

图 5-88　主回路接线　　　　　　图 5-89　PLC 与变频器控制接续

d. 根据状态控制流程图，编写和调试程序。根据控制功能，该系统的状态控制流程图如图 5-90 所示。

e. 按照控制要求，进行通电调试，观察转速变化。

4）注意事项。

a. 由于一台变频器分时控制不同电动机，因此，必须通过接触器、启停按钮、转换开关进行电气和机械互锁，以确保一台变频器只拖动一台水泵，以免一台变频器同时拖动两台水泵而过载。

b. 切不可将 R、S、T 与 U、V、W 端子接错，否则会烧坏变频器。

c. PLC 的输出端子相当于一个触点，不能接电源，否则会烧坏电源。

d. 运行中若出现报警现象，要复位后重新操作。

e. 操作完成后注意断电，并且清理现场。

5. 利用 PLC 和变频器对中央空调进行改造的编程

某酒店中央空调系统的主要设备和控制方式是：450t 冷气主机 2 台，型号为特灵二极式离

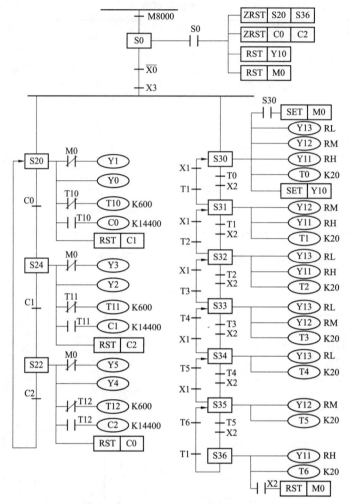

图 5-90　状态控制流程图

心机，2 台并联运行；冷冻水泵和冷却水泵各有 3 台，型号均为 TS-200-150315，扬程为 32m，配用功率为 37kW。均采用两用一备的方式运行。冷却塔 3 台，风扇电动机 7.5kW，并联运行。

其冷冻主机可以根据负载变化随之加载或减载，而与冷冻主机相匹配的冷冻泵、冷却泵却不能自动调节负载，几乎长期在 100% 负载下运行，造成了能量的极大浪费，也恶化了中央空调的运行环境和运行质量。因而需要改造。

随着 PLC 和变频技术的日益成熟，利用 PLC、变频器、数模转换模块、温度传感器、温度模块等器件的有机结合，构成温差闭环自动控制系统，自动调节水泵的输出流量，可达到节能改造的目的。

（1）两种控制方法比较。与变频调速不同，老式空调是用阀门、自动阀调节管路流量，不仅增大了系统节流损失，而且由于对空调的调节是阶段性的，造成整个空调系统工作在波动状态。另外，由于冷冻泵输送的冷量不能跟随系统实际负荷变化，使其热力工况的平衡只能由人工调整冷冻主机出水温度和大流量小温差来掩盖。这样，不仅浪费能量，也恶化了系统的运行环境、运行质量。特别是在环境温度偏低、某些末端设备温控稍有失灵或灵敏度不高时，将会导致大面积空调室温偏冷，感觉不适，严重干扰中央空调系统的运行质量。

而通过在冷却泵、冷冻泵上加装变频器，则可一劳永逸地解决该问题，还可实现自动控制，并可通过变频节能收回投资。同时变频器的软启动功能及平滑调速的特点可实现对系统的平稳调节，使系统工作状态稳定，还可延长机组及网管的使用寿命。

（2）节能改造的可行性论证。

1）改造方案。

方案一是可通过关小水阀门来控制流量，经测试达不到节能效果，且控制不好会引起冷冻水末端压力偏低，造成高层用户温度过高，也常引起冷却水流量偏小，造成冷却水散热不够，温度偏高。

方案二是可根据制冷主机负载较轻时实行间歇停机，但再次启动主机时，主机负荷较大，实际上并不省电，且易造成空调时冷时热，令人产生不适感。

方案三是采用变频器调速，由人工根据负荷轻重调整变频器的频率，这种方法人为因素较大，虽然投资较小，但达不到最大节能效果。

方案四是通过变频器、PLC、数模转换模块、温度模块和温度传感器等构成温差闭环自动控制系统，根据负载轻重自动调整水泵的运行频率，排除了人为操作错误的因素。虽然一次投入成本稍高，但这种方法在实际中已经被广泛应用，且被证实是切实可行的高效节能方法。本例就采用方案四对冷冻、冷却泵进行节能改造。

2）具体实施。

a. 系统结构。如图5-91所示，中央空调系统的工作过程是一个不断进行能量转换以及热交换的过程。其理想运行状态是：在冷冻水循环系统中，在冷冻泵的作用下冷冻水流经冷冻主机，在蒸发器进行热交换，吸热降温后（7℃）被送到终端盘管风机或空调风机，经表冷器吸收空调室内空气的热量升温后（12℃），再由冷冻泵送到主机蒸发器形成闭合循环。在冷却水循环系统中，冷却水在冷却泵的作用下流经冷冻机，在冷凝器吸热升温后（37℃）被送到冷却塔，经风扇散热后（32℃）再由冷却泵送到主机，形成循环。在这个过程中，冷冻水、冷却水作为能量传递的载体，从冷冻泵、冷却泵处得到动能不停地循环在各自的管道系统里，不断地将室内的热量经冷冻机的作用，由冷却塔排出。

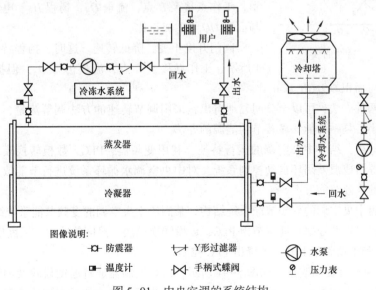

图5-91　中央空调的系统结构

在中央空调系统设计中，冷冻泵、冷却泵的装机容量是取系统最大负荷再增加10%～20%余量作为设计安全系数。据统计，在传统的中央空调系统中，冷冻水、冷却水循环用电占系统用电的12%～24%，而在冷冻主机低负荷运行时，冷却水、冷冻水循环用电就达30%～40%。因此，实施对冷冻水和冷却水循环系统的能量自动控制是中央空调系统节能改造及自动控制的主要方面。

b. 泵的特性分析与节能原理。

① 泵的特性分析。泵是一种平方转矩负载，其流量Q、扬程H及泵的轴功率T_N与转速n的关系为

$$Q_1 = Q_2 \ (n_1/n_2), \ H_1 = H_2 \ (n_1^2/n_2^2), \ T_{N1} = T_{N2} \ (n_1^3/n_2^3) \tag{5-4}$$

上式表明，泵的流量与其转速成正比，泵的扬程与其转速的平方成正比，泵的轴功率与其转速的立方成正比。当电动机驱动泵时，电动机的轴功率P（kW）可按式（5-5）计算

$$P = \rho QH / \eta_C \eta_F \times 10^{-2} \tag{5-5}$$

式中　P——电动机的轴功率（kW）；

　　　Q——流量（m^3/s）；

　　　ρ——液体的密度（kg/m^3）；

　　　η_C——传动装置效率；

　　　η_F——泵的效率；

　　　H——全扬程（m）。

② 节能分析。如图5-92所示，曲线1是当阀门全部打开时，供水系统的阻力特性；曲线2

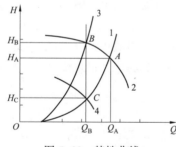

图5-92　特性曲线

是额定转速时，泵的扬程特性。这时供水系统的工作点为A点，流量Q_A、扬程H_A。由式（5-5）可知电动机轴功率与面积OQ_AAH_A成正比。若要将流量减少为Q_B，主要调节方法有以下两种。

转速不变，将阀门关小。这时，阻力特性如曲线3所示，工作点移至B点，流量Q_B、扬程H_B。电动机的轴功率与面积OQ_BBH_B成正比。

阀门开度不变，降低转速。这时，扬程特性曲线如曲线4所示，工作点移至C点，流量仍为Q_B，但扬程为H_C。电动机的轴功率与面积OQ_BCH_C成正比。

对比以上两种方法，可以十分明显地看出，采用调节转速的方法调节流量，电动机所用的功率将大为减小，是一种能够显著节约能源的办法。

根据以上分析，结合中央空调的运行特征，利用变频器、PLC、数模转换模块、温度模块和温度传感器等组成温差闭环自动控制系统，对中央空调水循环系统进行节能改造是切实可行的，是较完善的高效节能方案。

（3）某酒店中央空调的变频节能系统结构。某酒店中央空调的变频节能系统结构如图5-93所示。变频器的启停及频率自动调节由PLC、数模转换模块、温度传感器、温度模块进行控制，手动/自动切换和手动频率上升、下降由PLC控制。

1）对冷冻泵进行变频改造。如图5-91所示，PLC控制器通过温度模块及温度传感器将冷冻机的回水温度和出水温度读入控制器内存，并计算出温差值；然后根据冷冻机的回水与出水

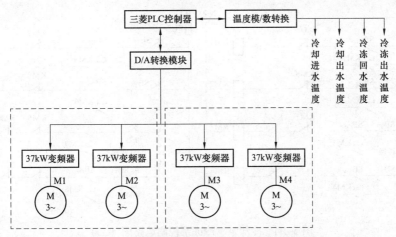

图 5-93　某酒店中央空调的变频节能系统结构

的温差值来控制变频器的转速，调节出水的流量，控制热交换的速度。温差大，说明室内温度高，系统负荷大，应提高冷冻泵的转速，加快冷冻水的循环速度和流量，加快热交换的速度；反之，温差小，则说明室内温度低，系统负荷小，可降低冷冻泵的转速，减缓冷冻水的循环速度和流量，减缓热交换的速度以节约电能。

　　2）对冷却泵进行变频改造。由于冷冻机组运行时，其冷凝器的热交换量是由冷却水带到冷却塔散热降温，再由冷却泵送到冷凝器进行不断循环的。冷却水进水出水温差大，则说明冷冻机负荷大，需冷却水带走的热量大，应提高冷却泵的转速，加大冷却水的循环量；温差小，则说明冷冻机负荷小，需带走的热量小，可降低冷却泵的转速，减小冷却水的循环量，以节约电能。

　　3）电路设计。根据具体情况，同时考虑到成本，原有的电气设备应尽可能地加以利用。冷冻水泵及冷却水泵均采用两用一备的方式运行，因备用泵转换时间与空调主机转换时间一致，均为一个月转换一次，切换频率不高，所以冷冻水泵和冷却水泵电动机的主备切换控制仍然利用原有电气设备，通过接触器、启停按钮、转换开关进行电气和机械互锁。确保每台水泵只能由一台变频器拖动，避免两台变频器同时拖动同一台水泵造成交流短路事故。并且每台变频器同时间只能拖动一台水泵，以免一台变频器同时拖动两台水泵而过载。冷冻水泵与冷却水泵改造后的主电路和控制电路如图 5-94 所示，M3 和 M6 为备用泵。

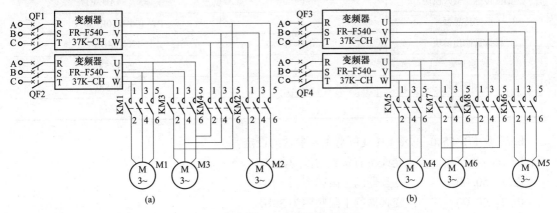

图 5-94　冷却泵、冷冻泵控制电路图（一）

（a）冷却泵主电路；（b）冷冻泵主电路

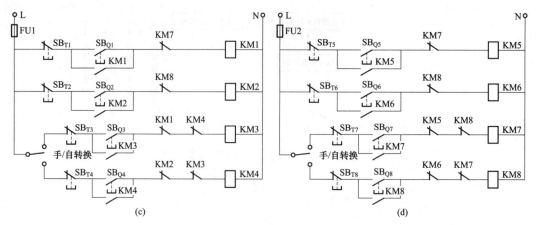

图5-94 冷却泵、冷冻泵控制电路图（二）

（c）冷却泵控制电路；（d）冷冻泵控制电路

4）主要设备选型。考虑到设备的运行稳定性及性价比，以及水泵电动机的匹配。选用三菱 FR-F540-37K-CH 变频器。PLC 所需 I/O 点数为输入 24 点、输出 14 点，考虑到输入/输出需留一定的备用量，以及系统的可靠性和价格因素，选用 FX$_{2N}$-64MR 三菱 PLC。温度传感器输入模块选用 FX$_{2N}$-4AD-PT，该模块是温度传感器专用的模拟量输入 A/D 转换模块，有 4 路模拟信号输入通道（CH1、CH2、CH3、CH4），接收冷冻水泵和冷却水泵进出水温度传感器输出的模拟信号；温度传感器选用 PT-1003850RPM/℃ 电压型温度传感器，其额定温度输入范围为 -100~600℃，电压输出 0~10V，对应的模拟数字输出为 -1000~6000。模拟量输出模块型号为 FX$_{2N}$-4DA，是 4 通道 D/A 转换模块，每个通道可单独设置电压或电流输出，是一种具有高精确度的输出模块。

a. 需要增加的设备。由于保留了原有的继电器接触器控制结构，因此添置的材料种类相对有限，具体见表 5-19。

表 5-19 元器件类型及型号

名称	数量	型号
PLC	1	FX$_{2N}$~64MR
变频器	4	FR-F540-37K-CH
温度传感器输入模块	1	FX$_{2N}$-4AD-PT
温度传感器	4	PT-100 3850RPM/℃
模拟量输出模块	1	FX$_{2N}$-4DA
转换开关	2	250V/5A
启动按钮	18	250V/5A
停止按钮	2	250V/5A

b. 三菱 FR-F540-37K-CH 变频器主要参数的设定：

Pr. 160：0　　　　　　允许所有参数的读/写

Pr. 1：50.00　　　　　变频器的上限频率为 50Hz

Pr. 2：30.00　　　　　变频器的下限频率为 30Hz

Pr. 7：30.0　　　　　 变频器的加速时间为 30s

Pr. 8：30. 0	变频器的减速时间为 30s
Pr. 9：65. 00	变频器的电子热保护为 65A
Pr. 52：14	变频器 PU 面板的第三监视功能为变频器的输出功率
Pr. 60：4	智能模式选择为节能模块
Pr. 73：0	设定端子 2~5 间的频率设定为电压信号 0~10V
Pr. 79：2	变频器的操作模式为外部运行

c. PLC 的 I/O 口功能分配：根据控制要求，三菱 PLC（FX$_{2N}$-64MR）与三菱变频器（FR-F540-37K-CH）的 I/O 口功能分配见表 5-20。

表 5-20 **PLC 的 I/O 口功能分配**

X0：1 号冷却泵报警信号	X1：1 号冷却运行信号
X2：2 号冷却泵报警信号	X3：2 号冷却泵运行信号
X4：1 号冷冻泵报警信号	X5：1 号冷冻泵运行信号
X6：2 号冷冻泵报警信号	X7：2 号冷冻泵运行信号
X10：冷却泵报警复位	X11：冷冻泵报警复位
X12：冷却泵手/自动调速切换	X13：冷冻泵手/自动调速切换
X14：冷却泵手动频率上升	X15：冷却泵手动频率下降
X16：冷冻泵手动频率上升	X17：冷冻泵手动频率下降
X20：1 号冷却泵启动信号	X21：1 号冷却泵停止信号
X22：2 号冷却泵启动信号	X23：2 号冷却泵停止信号
X24：1 号冷冻泵启动信号	X25：1 号冷冻泵停止信号
X26：2 号冷冻泵启动信号	X27：2 号冷冻泵停止信号
Y2：冷却泵自动调速信号	Y3：冷冻泵自动调速信号
Y4：1 号冷却泵报警信号	Y5：2 号冷却泵报警信号
Y6：1 号冷冻泵报警信号	Y7：2 号冷冻泵报警信号
Y10：1 号冷却泵启动	Y11：1 号冷却泵变频器报警复位
Y12：2 号冷却泵启动	Y13：2 号冷却泵变频器报警复位
Y14：1 号冷冻泵启动	Y15：1 号冷冻泵变频器报警复位
Y16：2 号冷冻泵启动	Y17：2 号冷冻泵变频器报警复位

d. PLC 与变频器的连接如图 5-95 所示。

（4）某酒店中央空调的变频节能系统的编程。

1）编程要求。

a. 掌握对老式中央空调进行变频改造的方法。

b. 能正确设置变频器参数。

c. 会对设备进行模拟调试。

2）编程内容。

a. 设置参数。需要设置的参数为 Pr. 160、Pr. 1、Pr. 2、Pr. 7、Pr. 8、Pr. 9、Pr. 52、Pr. 60、Pr. 73、Pr. 79。

b. 按照图 5-95 所示，进行电路连接。

c. 编程和输入控制程序，进行模拟调试运行。

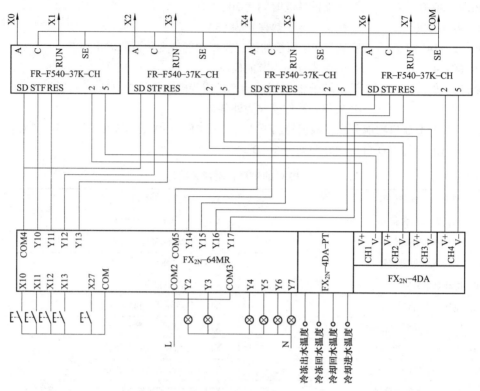

图 5-95　PLC 与变频器连接

3) 部分参考程序及说明如下。

a. 冷冻水出回水和冷却水进出水的温度检测及温差计算程序。该功能程序梯形图如图 5-96 所示。根据计算出来的冷冻水出回水温差和冷却水进出水温差，分别对冷冻泵变频器和冷却泵变频器进行无级调速自动控制，温差变小变频器的运行频率下降（频率下限为 30Hz），温差变大，则变频器的运行频率上升（频率上限 50Hz），从而实现恒温差控制，实现最大限度的节能运行。

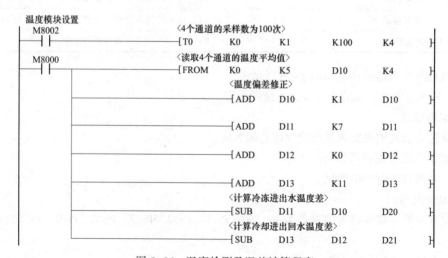

图 5-96　温度检测及温差计算程序

b. FX$_{2N}$-4DA　4 通道的 D/A 转换模块程序。该功能程序梯形图如图 5-97 所示。D/A 转换模块的数字量入口地址是：CH1 通道为 D1100；CH2 通道为 D1101；CH3 通道为 D1102；CH4 通道为 D1103。数字量的范围为-2000~+2000，对应的电压输出为-10~+10V，变频器输入模拟电压为 0~10V，对应 30~50Hz 的数字量为 1200~2000。为保证 2 台冷却泵之间的变频器运行频率同步一致，使用了 LDM8000 和 MOVD1100D1101 指令，2 台冷冻泵也使用 LDM8000 和 MOVD1102D1103 指令。

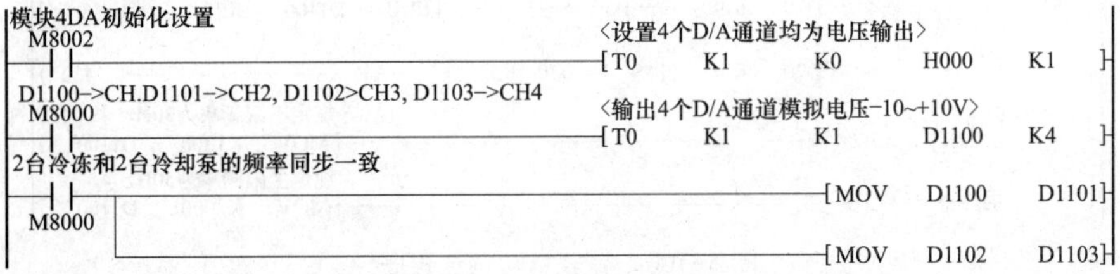

图 5-97　D/A 转换模块程序

c. 手动调速 PLC 程序。以冷却泵为例，其手动调速 PLC 控制程序梯形图如图 5-98 所示。X14 为冷却泵手动频率上升，X15 为冷却泵手动频率下降，每次频率调整 0.5Hz，所有手动频率的上限为 50Hz，下限为 30Hz。

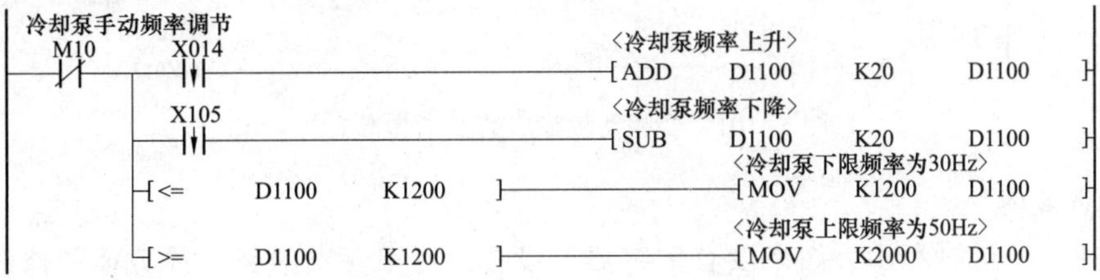

图 5-98　冷却泵的手动调速控制程序

d. 手动调速和自动调速的切换程序。该功能程序梯形图如图 5-99 所示。X2 为冷却泵手动/自动调速切换开关，X13 为冷冻泵手动/自动调速切换开关。

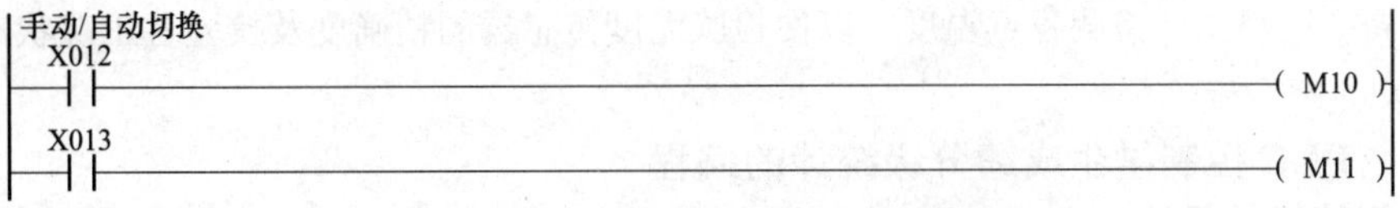

图 5-99　手动调速和自动调速的切换程序

e. 温差自动调速程序。以冷却泵为例说明，该功能程序梯形图如图 5-100 所示。温差采样周期，因温度变化缓慢，时间定为 5s，能满足实际需要。当温差小于 4.8℃时，变频器运行频率下降，每次调整 0.5Hz；当温差大于 5.2℃时，变频器运行频率上升，每次调整 0.5Hz；当冷却进出水温差在 4.8~5.2℃时不调整变频器的运行频率。从而保证冷却泵进出水的温差恒定，实现节能运行。

f. 变频器的保护和故障复位控制。变频器的过电流电子热保护动作时，则能自动检测，给出报警信号，提醒值班人员及时处理。该功能程序梯形图如图 5-101 所示。

g. 冷冻泵和冷却泵的变频器运行和停止控制。2 台变频器驱动的冷却泵和 2 台变频器驱动的冷冻泵的启停控制可用简单逻辑顺序进行控制，PLC 程序此处略，请读者自行补充。

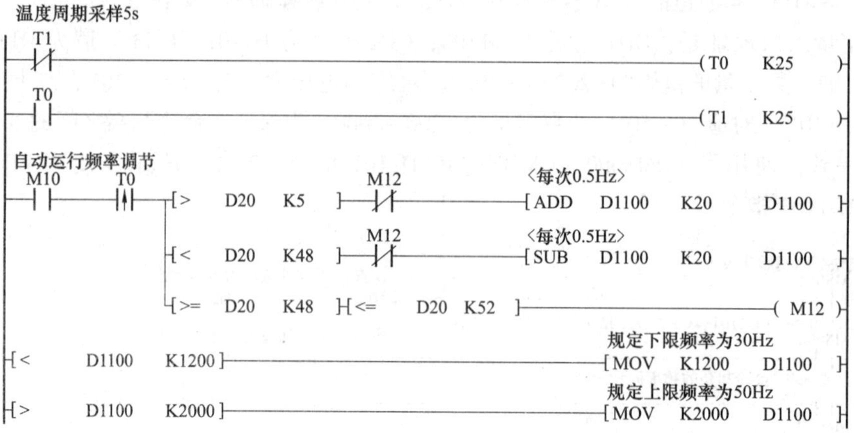

温度周期采样5s

图 5-100 温差自动调速程序

图 5-101 变频器故障后的 PLC 复位程序

4）注意事项。

a. 在模拟调试过程中，如果没有传感器等设备，可用触点的强制或数值的修改来调试程序。

b. 整套设备安装完毕后，先将编好的程序写入 PLC，设定变频器参数，检查电气部分，然后进行逐级通电调试。

c. 冷冻泵和冷却水运行的下限频率应根据实际情况调整在 25~35Hz 较好。

d. 用高精度温度计检测各点温度，以便检验温度传感器的精确度及校验各工况状态。

例 87 PLC 控制学生成绩分级统计的编程

1. 本例编程的目的

本例学用循环指令、比较指令进行数据分类统计和用算术运算指令进行运算的编程和技巧；学用 PLC 对数据进行分类处理运算。

2. 本例编程的主要要求

（1）将 30 名学生某课程的成绩输入到 PLC 的数据寄存器 D1~D30。

（2）统计优、良、中、及格和不及格的人数，分别存放到 PLC 的数据寄存器 D41~D45。

（3）求出该课程的及格率，存放到 PLC 的数据寄存器 D50。

3. PLC 控制学生成绩分级统计的编程

学生成绩统计的梯形图程序如图 5-102 所示。

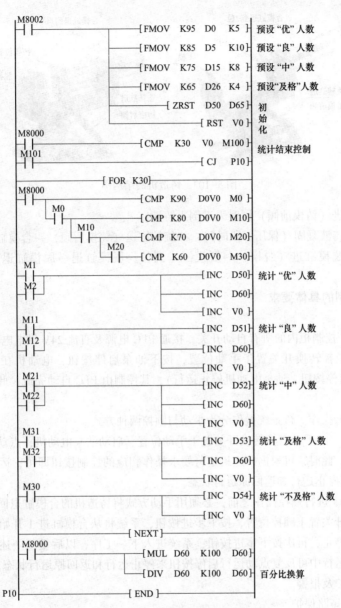

图 5-102 学生成绩统计的梯形图程序

例 88 PLC 控制铸造机的编程

1. 铸造机的结构图

铸造机是一种用于专用零件铸造的设备，本设备专用于铸造某企业的摩托车零件，具有操作简便、可靠性高等特点。其构造如图 5-103 所示。

该设备采用液压系统驱动，有手动和顺控两种操作方式。整个工艺流程分为试模、装模、铸造、脱模 4 个过程，分别如下：

（1）试模。合模缸退到 2 位→发合模缸进 1 指令→合模缸向前进→上、下模合模压力到上限→合模缸退到 1 位。

（2）装模。人工放入模具→发合模缸进 2 指令→合模缸从 1 位向前进→上、下模合模压力

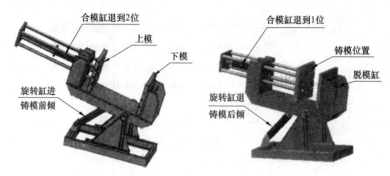

图 5-103　铸造机的结构图

到上限→旋转缸进（铸模前倾）同时人工倒入铸液。

（3）铸造。铸液凝固（保压一段时间）→旋转缸退（铸模后倾）→合模缸退到 2 位。

（4）脱模。脱模缸进（脱模）→脱模缸进到位→脱模缸退→脱模缸退到位→人工取出铸件。

2. PLC 控制的具体要求

（1）开机。

1）合上 PLC 控制柜内的所有自动开关，接通 PLC 电源及直流 24V 供电电源。

2）将手动/顺控转换开关置于手动位置，按下油泵启停按钮，电动机在卸荷状态下启动（再次按下油泵启停按钮，油泵电动机停止运行），其控制由 PLC 自动完成，此时可进行铸造机运行操作。

（2）系统运行操作。该系统操作分为手动与顺控两种方式。

1）手动方式。将手动顺控转换开关置于手动位置，启动油泵电动机，点动运行启/停按钮，运行指示灯点亮，此时，可根据铸造机运行要求操作相应的控制按钮即可；运行中可反复点动运行启/停按钮来停止运行和返回原运行状态。

2）顺控方式。进行顺控操作之前，必须用手动方式将铸造机的合模缸退回到尾部位置，再将手动顺控转换开关置于顺控位置，按下步进按钮，系统将从合模缸进 1 开始按序动作，每一动作完成则自动停止，再次按下步进按钮，系统进入下一工序，以后重复上述过程，直到回到原始位置为止；运行中可反复点动运行启停按钮来停止运行和返回原运行状态。

（3）系统保护及报警。

1）系统设有短路保护。

2）油泵电动机设有过载保护和回油滤油器堵指示信号，并设有相应的声音报警，按下报警解除按钮，即可解除报警声。

3）系统设有完善的互锁保护。

3. PLC 控制铸造机的编程

（1）系统配置。

1）PLC 选型根据控制要求确定输入信号为 23 个开关量，输出信号为 13 个开关量，故选 PLC 型号为 FX_{2N}-48MR。

2）根据控制要求编制 I/O 编址表，见表 5-21。

（2）控制程序编制。根据控制要求和 PLC 的 I/O 分配表，编制地梯形参考程序梯如图 5-104所示。

表 5-21　　　　　　　　　　　PLC 控制铸造机的 I/O 分配表

输入编址	控制对象/功能	输出编址	控制对象/功能
X0	脱模缸进按钮（手动）	Y0	脱模缸进
X1	合模缸进 1 按钮（手动）	Y1	脱模缸退
X2	合模缸进 2 按钮（手动）	Y2	合模缸进
X3	合模缸退按钮（手动）	Y3	合模缸退
X4	旋转缸进按钮（手动）	Y4	旋转缸进
X5	旋转缸退按钮（手动）	Y5	旋转缸退
X6	手动 OFF/顺控 ON（转换开关）	Y6	卸荷阀
X7	步进按钮	Y7	油泵电动机
X10（X8）	脱模缸进到位（OFF）行程开关	Y10（Y8）	备用
X11（X9）	脱模缸退到位（OFF）行程开关	Y11（Y9）	报警电笛
X12（XA）	合模缸退到 2 位（OFF）行程开关	Y12（YA）	滤油器堵指示灯
X13（XB）	合模缸退到 1 位（OFF）行程开关	Y13（YB）	运行指示灯
X14（XC）	旋转缸进到位（OFF）行程开关	Y14（YC）	保压灯
X15（XD）	旋转缸退到位（OFF）行程开关		
X16（XE）	油泵启/停按钮		
X17（XF）	油泵电动机过载（热继电器）		
X20（X10）	合模压力上限（压力传感器）		
X21（X11）	合模压力下限（压力传感器）		
X22（X12）	滤油器堵（压力传感器）		
X23（X13）	运行启/停		
X24（X14）	报警解除按钮		

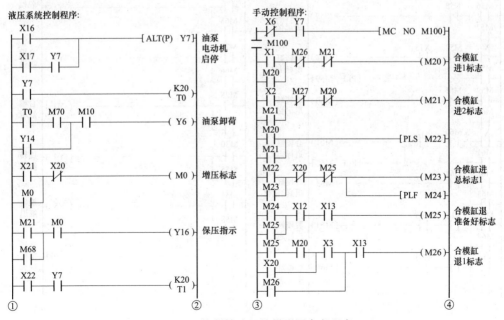

图 5-104　PLC 控制铸造机的梯形图参考程序（一）

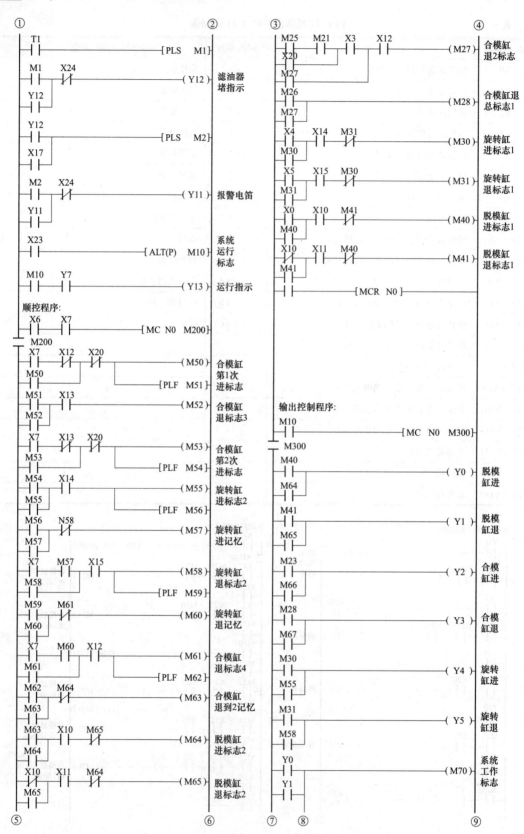

图 5-104　PLC控制铸造机的梯形图参考程序（二）

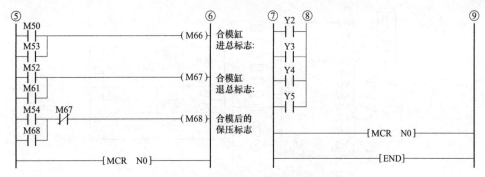

图 5-104　PLC 控制铸造机的梯形图参考程序（三）

例 89　PLC 控制三速交流起货电动机的编程

1. 控制要求

交流三速起货电动机的控制要求如下。

（1）使用简单凸轮开关完成起货机提升一挡（低速）、二挡（中速）、三挡（高速）和下降一挡（低速）、二挡（中速）、三挡（高速）速度操纵，中间为零位，并可用"紧急停车"按钮实现应急状态下停车。

（2）在加速换挡过程中电磁制动器保持释放、且当高速绕组接通后才能断开低速绕组，以防换挡过程中电动机失电。

（3）当手柄从零位直接至高速挡时能逐级按以下顺序自动启动：低速绕组得电后制动器松闸，0.4~0.6s 后中速绕组接通，断开低速绕组，0.9~1.1s 后高速绕组接通，断开中速绕组。

（4）当手柄从高速挡迅速至零位时能按以下顺序实现三级制动停车：首先高速、中速绕组立即断开，低速绕组和方向接触器维持闭合，进入再生制动，0.5~0.9s 后电磁制动抱闸制动，实现再生制动与机械制动同时联合制动，0.2~0.3s 后低速绕组断开，进入单一的机械制动。

（5）具有逆转矩控制功能。在高速挡突然换向时，首先如（4）所述实现三级制动，在电磁制动器抱闸制动后 0.5~0.6s 后再如（3）所述进入反向逐级自动启动。

（6）风机与主电机连锁：当主电机过载时，风机应继续运行，当风机出现过载故障时，起货机仅可使用下降一挡（低速）放下重物。

（7）当主电机出现非临界高温时，起货机自动至低速挡，当出现临界性高温或其他故障时，自动紧急停车。此类停车与按下"紧急按钮"一样，均要求将手柄放至零位才能复位。

（8）对各类故障应具有声光报警，并能予以消声应答。

2. 系统的硬件配置

根据上述控制要求，可考虑系统的输入、输出开关信息及其触点数。输入开关量包括主令控制信号及运行状态反馈信号，输出开关量为控制和改变电动机运行状态的执行指令。

按控制要求构成的系统输入输出触点配置及接线图如图 5-105（a）所示。

图中，占用 PLC 输入触点共 12 个，其中 X0~X4 是小型主令控制器的输入触点，其触点的闭合表如图 5-105（b）所示，小型主令控制器为起货电动机启停、正反转以及速度调节的操纵器件。此外，其他输入触点分配如下：

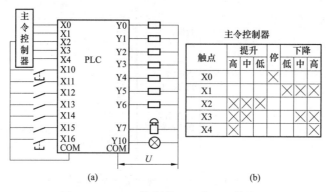

图 5-105　PLC 控制的 I/O 分配及接线图

(a) 触点配置及接线图；(b) 触点的闭合表

触点	提升			停	下降		
	高	中	低		低	中	高
X0				×			
X1					×	×	×
X2	×	×	×				
X3	×	×	×		×	×	×
X4	×						×

X10：应急停车；　　　　　　　　　　X11：风机故障；

X12：风机风门关闭；　　　　　　　　X13：电机过热（非临界性高温）；

X14：临界性高温；　　　　　　　　　X15：电机其他故障；

X16：警铃消声。

PLC 的输出触点共 9 个，分别连接下列器件

Y0：正转接触器 KM1；　　　　　　　Y1：反转接触器 KM2；

Y_2：机械制动接触器 KM3；　　　　　Y3：低速接触器 KM4；

Y_4：中速接触器 KM5；　　　　　　　Y5：高速接触器 KM6；

Y_6：风机接触器 KM7；　　　　　　　Y7：警铃 HA；

Y10：报警灯光指示 HL。

3. 系统的软件结构

按控制要求，除输入上述开关信息外，系统尚需使用 PLC 的一些内部辅助继电器和定时器，程序中用作状态标志的辅助继电器为：

M0：紧急停车标志；　　　　　　　　M1：高中速标志；

M2：过零换向标志；　　　　　　　　M3：重大故障标志；

M4：制动标志；　　　　　　　　　　M5：机械制动标志；

M6：报警标志；　　　　　　　　　　M7：风机运行且主电机无过热标志。

程序中使用的软件定时器为：

T0：突停操作计时；　　　　　　　　T1：过零计时；

T2：低速挡制动计时；　　　　　　　T3：机械制动定时；

T4：低速至中速间延时；　　　　　　T5：中速至高速间延时；

T6、T7：报警闪光；　　　　　　　　T10、T11：换挡和复位延时。

根据控制要求以及由这些要求所决定的输入输出触点及其中间环节之间的逻辑关系，可绘制图 5-106 所示的梯形图程序。整个梯形图程序按控制要求可分为以下 5 部分。

图中 (1) 为故障监视及报警，这部分程序完成下列功能。

1）风机无故障（X11），风机启动运行（Y6）。

2）当主电机出现临界高温（X14）或其他故障时（X15），建立起故障标志（M3）。

3）当有故障标志（M3）或有紧急停机命令时（X10），紧急停车标志（M0）置位，主控母线切断，电动机停车。

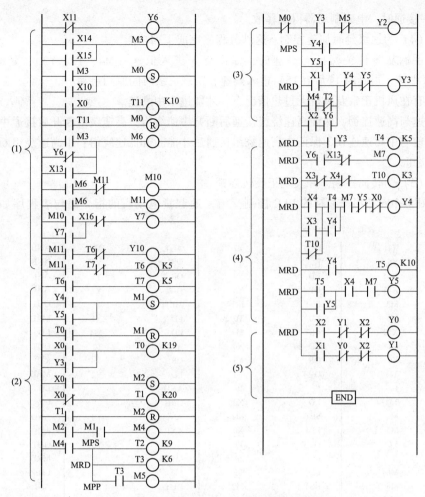

图 5-106　PLC控制交流三速起货机的梯形图

4）当主令手柄置零位时（X0），延时 1s（T11），使 M0 复位，接通主控母线，电动机准备工作。

5）当有故障标志（M3）或风机停车（Y6）或电机过热（X13）时，建立报警标志（M6）。

6）当有报警标志时（M6），警铃响（Y7），报警灯（Y10）以 0.5s 间歇闪烁（T6、T7）。

7）当警铃消音命令输入时（X16），警钟切断，警灯继续闪烁。

图中（2）为电动机三级制动控制及逆转矩控制。这部分程序完成下列功能。

1）当电机进入中速或高速时，建立起中高速标志 M1。

2）当手柄扳回零位时，建立起过零标志（M2），并使中高速标志（M1）延时 1.9s 后（T0）复位。

3）同时具有过零标志（M2）及中高速标志（M1）时，建立起制动标志（M4）。

4）在具有制动标志（M4）的情况下，当手柄离开中高速位置扳回零位时实现三级制动。

首先低速绕组仍然接通，进行再生制动；0.6s 后（T3）机械制动器释放（M5、Y2），实现机械与再生同时制动；0.9s 后（T2）低速绕组切断（Y3），开始单独机械制动。

5）当主令手柄由正转中高速扳向反转时，首先完成上述三级制动过程，然后反向启动，实现逆转矩控制。

图中（3）为电磁制动器控制。在 M0 复位的前提下，当低速（Y3）、中速（Y4）、高速

（Y5）任一接通时，电磁制动器得电释放。

图中（4）为逐级延时加速控制。这部分程序完成下列功能。

1）当手柄从零位突然扳向高速时，保证首先进入低速（M4、T2、Y3），延时 0.5s 后（T4）进入中速，再延时 1s 后（T5）进入高速，实现三级时间原则启动。

2）只有在风机正常及风机无过热情况下，才能进入中高速。

3）中速与高速连锁，保证高速绕组接通后断开中速绕组；高速绕组断开后接通中速绕组。

4）低速与中高速连锁，保证中高速绕组接通后才能断开低速绕组；中高速绕组断开后才能接通低速绕组。

图中（5）为转向控制，并实现正反转连锁。

根据图 5-106 梯形图编制的 PLC 控制交流三速起货电动机的指令语句表程序如图 5-107所示。

LDI	X11	OUT	T7	ANT	M5	ANB	
OUT	Y6	K	5	OR	Y4	AND	M7
LD	X14	LD	Y4	OR	Y5	ANI	Y5
OR	X15	OR	Y5	OUT	Y2	ANI	X0
OUT	M3	SET	M1	MRD		OUT	Y4
LD	M3	LD	T0	LD	X1	MRD	
OR	X10	RST	M1	LD	M4	LD	Y4
SET	M0	LD	X0	ANI	T2	OUT	T5
LD	X0	OR	Y3	ORB		K	10
OUT	T11	OUT	T0	LD	Y2	MRD	
K	10	K	19	AND	Y6	LD	T5
LD	T11	LD	X0	ORB		OR	Y5
RST	M0	SET	M2	ANI	Y4	AND	X4
LD	M3	LDI	X0	ANI	Y5	AND	M7
ORI	Y6	OUT	T1	OUT	Y3	OUT	Y5
OR	X13	K	20	MRD		MRD	
OUT	M6	LD	T1	LD	Y3	LD	X2
LD	M6	RST	M2	OUT	Y4	ANI	X1
ANI	M11	LD	M2	K	5	ANI	
OUT	M10	AND	M1	MRD		OUT	X2
LD	M6	OUT	M4	LD	Y6	MPP	Y0
OUT	M11	LD	M4	ANI	X13	LD	
LD	M10	MPS		OUT	M7	ANI	X1
OR	Y7	OUT	T2	MRD		ANI	Y0
ANI	X16	K	9	LDI	X3	OUT	X2
OUT	Y7	MRD		ANI	X4	END	Y1
LD	M11	OUT	T3	OUT	T10		
ANI	T6	K6		K	3		
OUT	Y10	MPD		MDD			
LD	M11	LD	T3	LD	X4		
ANI	T7	OUT	M5	OR	X3		
OUT	T6	LDI	M0	ORT	T10		
K	5	MPS		LD	T4		
LD	T6	LD	Y3	AND	Y4		

图 5-107　PLC 控制交流三速起货电动机的指令语句表程序

例 90　PLC 控制轴承座翻转机构的编程

1. 轴承座翻转机构概述

在冶金行业，轧制不同的型材或板材需要不同的轧辊，轧辊套于其两端的轴承座内，如

图 5-108 所示。当使用一段时间后或更换不同的轧辊时，都需要对轴承座进行检修。在检修轴承座前，必须将轴承座从轧辊上拆卸下来。在检修轴承座过程中，需要对轴承座进行翻转，以便拆卸、检查、更换零件和重新装配。有的轴承座重达十几吨，直径达 1200mm，人工难以实行翻转，而且容易发生事故。为了便于检修、降低劳动强度，增强安全性，越来越多的冶金企业开始采用轴承座拆卸机构和轴承座翻转机构，此例只讨论轴承座翻转机构的 PLC 控制编程。

图 5-108　轧辊和轴承座

冶金企业的轴承座翻转机构具有以下技术要求。

（1）可以在 0°～90° 内任意翻转，耐冲级负荷。

（2）翻转过程要平稳，不能有突变和蠕动。

（3）翻转过程中可随时启停，停在任意位置处，无滑动现象。

（4）翻转过程中，可随时改变翻转方向。

图 5-109　轴承座翻转机构实物图

（5）具有限位保护，即使限位开关故障，系统仍然可以安全运行。

（6）具有液压系统油位低停车和油温高等报警功能。

（7）电机电源和总电源统一，可在紧急状态下切断或关机。

对于以上技术要求，需要机械系统、液压系统和 PLC 控制系统协同实现。其中，翻转机构耐冲级，则需要翻转平台和机构具有足够的强度和设计余量，本例中的翻转机构如图 5-109 所示；翻转过程平稳则需要液压系统的工作过程平稳；其余技术要求则由 PLC 控制系统予以实现和保证。

2. PLC 控制轴承座翻转机构的方案确定

该系统是典型的逻辑控制系统，其控制对象是液压系统，并通过液压系统油缸推动翻转机构正翻或逆翻。对于逻辑控制系统，应采用 PLC 控制，以充分利用 PLC 的高可靠性和逻辑控制优势。为了提高系统的可靠性，首先要确保 PLC 和低压电器等具有极高的可靠性；其次是配置隔离变压器和选用高品质的直流电源可提高 PLC 电源系统的质量，从而增强其环境适应能力和进线电源对本系统的影响；最后是提高控制程序的稳定性和完整性。

3. PLC 控制轴承座翻转机构的组成

（1）PLC 的选择。我国常用的 PLC 品牌产品主要有日本三菱、日本欧姆龙、德国西门子、美国罗克韦尔、美国通用电气和法国施耐德等公司的产品，其中日本三菱、德国西门子、日本欧姆龙的小型 PLC 在我国应用比较广泛。本例具有 13 点输入，16 点输出，考虑一定的余量，结合用户的实际要求，本例选用了三菱的 FX_{2N}-48MR 型 PLC。

（2）低压电器的选择。施耐德的低压电器在我国的应用极为广泛，可靠性高，因此可选用施耐德的产品。低压电器的选择主要包括自动开关、接触器、热继电器、指示灯、按钮和直流电源等元件的选择。选择自动开关、接触器时，主要考虑其额定电压和额定电流。对于三相异步交流电动机，一般按每千瓦2.0~2.5A计算其电流。选用热继电器时，既要保证所选的热继电器可整定到所需的电流，又要确保可与选定的接触器配套。本例有4个DC24V电磁阀，按每个电磁阀消耗1A电流考虑，则需要4A，同时考虑中间继电器的线圈耗电和一定的余量要求，本系统选用了朝阳开关电源4NIC-K12024V/5A。其他元件的选择和本例整个元件的选择见本例的电气图。

4. PLC控制轴承座翻转机构的电气图绘制

（1）输入编址表。翻转机构电控系统的输入信号共有16点，其编址表见表5-22。

表5-22　　　　　　　　　　　翻转机构PLC控制的I编址表

序号	输入编址	控制对象/功能	元件代号	备注
1	X0	油泵启/停	SB1	操作台面板
2	X1	翻转机构左旋/停	SB2	
3	X2	翻转机械右旋/停	SB3	
4	X3	报警解除	SB4	
5	X4	备用		
6	X5	备用		
7	X6	翻转机构左旋限位	SQ1	翻转机构（现场）
8	X7	翻转机构右旋限位	SQ2	
9	X10	液位上限	SL1	液位计（液压站）
10	X11	液位下限	SL2	
11	X12	滤油器堵	SP1	滤油器（液压站）
12	X13	油温55℃	ST1	电触点温度计（液压站）
13	X14	油温35℃	ST2	
14	X15	油温15℃	ST3	
15	X16	热继电器	FR1	操作台内
16	X17	备用		

（2）输出编址表。翻转机构电控系统的输出信号共有16点，其编址表见表5-23。

表5-23　　　　　　　　　　　翻转机构PLC控制的O编址表

序号	输入编址	控制对象/功能	元件代号	备注
1	Y0	油泵电动机	M1	液压站
2	Y1	加热器加热	EH1	
3	Y2	溢流阀	YV1	
4	Y3	翻转机械左旋	YV2	
5	Y4	翻转机构右旋	YV3	
6	Y5	冷却水阀	YV4	
7	Y6	左旋限位指示	HL5	操作台
8	Y7	右旋限位指示	HL6	

续表

序号	输入编址	控制对象/功能	元件代号	备注
9	Y10	电动机过载指示	HL7	
10	Y11	油温高指示	HL8	
11	Y12	油温低指示	HL9	
12	Y13	加热器加热指示	HL10	操作台
13	Y14	液位上限指示	HL11	
14	Y15	液位下限指示	HL12	
15	Y16	滤油器堵指示	HL13	
16	Y17	蜂鸣器	FH1	

（3）电气图。在技术归档或向用户移交技术资料时，电气图一般单独装订成一册。装订顺序一般是封面、图纸目录、元件明细表、主电路图、电源图、输入回路图、输出回路图、端子接线图、操作台或柜体面板图及元件安装位置示意图等。本例翻转机构电控系统的电气图包括：图纸目录，如图5-110所示；元件明细表，如图5-111所示；主电路、PLC及直流电源，

×××公司		图纸图录			第1页	
					共1页	
产品名称		翻转机构电控系统				
序号	图纸名称	图号		图纸规格	实际张数	备注
		新图	借用图			
1	电气元件明细表	YJB-01		A4	1	
2	主电路PLC、直流电源	ZDL-01		A4	1	
3	PLC输入回路	SR-01		A4	2	
4	PLC输出回路	SC-01		A4	2	
5	操作台端子接线图	CTDZ-01		A4	1	
6	液压站端子箱及端子接线图	YYDZ-01		A4	1	
7	操作台尺寸及面板图	CYT-01		A4	1	
8	操作台内元件布置示意图	CYT-01		A4	1	
9						
10						
11						
12						
13						
14						
15						
16						
17						
18						
19						
20						
	图纸数量合计	10				

×××公司			图号	MULU-01
设计	×××	图纸目录	第1页	共1页
审核	×××		比例	
制图	×××		装配图号	
标准比	×××	材质	重量	图纸编号	第 页

图5-110 翻转机构电控系统图纸目录

如图 5-112 所示；输入回路图，如图 5-113 所示；输出回路图，如图 5-114 所示；操作台端子接线图，如图 5-115 所示；液压系统端子接线图，如图 5-116 所示；操作台面板元件布局和结构尺寸示意图，如图 5-117 所示；底板元件安装位置示意图，如图 5-118 所示。

×××公司		电气元件明细表	第1页		
			共1页		
产品名称		翻转机构电控系统元件明细表			
序号	元件名称	元件代号	型号规格	单位	数量	厂家
1	翻转机构油泵电动机	M1	Y160M-4, 22kW	台	1	大连电动机
2	翻转机构电加热器	EH1	SRY2-220/1, 1.5kW	台	1	
3	控制变压器	TC1	AC220/AC210 60VA	台	1	
4	直流电源	DC1	4NIC-K120 24V5A	台	1	朝阳
5	按钮	SB1~SB5	XB2-BW33B1C(带灯)	只	6绿	施耐德
6	按钮	SB6	XB2-BA41C	只	1红	施耐德
7	蘑菇头按钮	SB7	XB2-BC42C	只	1	施耐德
8	指示灯	HL0~HL13	XB2-BVB2C绿、XB2-BVB4C红 DC24V	只	6绿、8红	施耐德
9	指示灯	HL14	XB2-BVM4C红 AC220V	只	1红	施耐德
10	中间继电器	KA0~KA5	RXL2A12B2BD 线圈电压DC24V	只	5(带座)	施耐德
11	接触器	KM1	LC1-D501M5C 线圈电压AC220V	只	1	施耐德
12	接触器	KM2	LC1-D0910M5C 线圈电压AC220V	只	1	施耐德
13	端子	X1~X2	SAK 2.5EN	节	39	
14			SAK 10EN	节	11	
15	自动开关	QF1(油泵电动机自动开关)	NC100H 3P D63A	只	1	施耐德
		QF2(电加热器自动开关)	C65N-2P-C10A	只	1	施耐德
		QF3(控制电源)	C65N-1P-C6A	只	1	施耐德
		QF4(直流电源及PLC)	C65N-2P-C4A	只	1	施耐德
		QF5(直流电源DC侧)	C65N-2P-D4A	只	1	施耐德
		QF6(PLC输出)	C65N-1P-C4A	只	1	施耐德
16	热继电器	FR0	LR2-D3357C(整定电流40A)	只	1	施耐德
17	电笛	FH1	MS-190 DC24V	只	1	南洲电气
18	PLC	FX$_{2N}$	FX$_{2N}$-48MR	台	1	日本三菱
19						
20						
21						
22						
23						
24						
25						

×××公司			图号	YJB-01	
设 计	×××	元件明细表	第1页	共1页	
审 核	×××		比 例		
制 图	×××		装配图号		
标准化	×××	材质	重量	重纸编号	第 页

图 5-111 翻转机构电控系统元件明细表

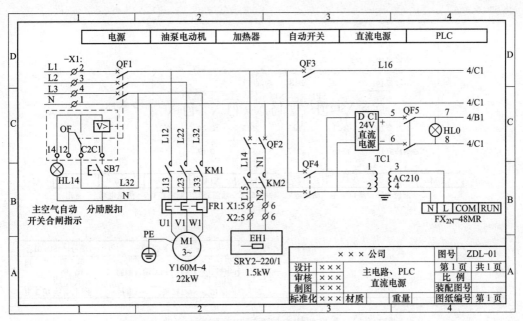

图 5-112　翻转机构电控系统主电路、PLC 及直流电源

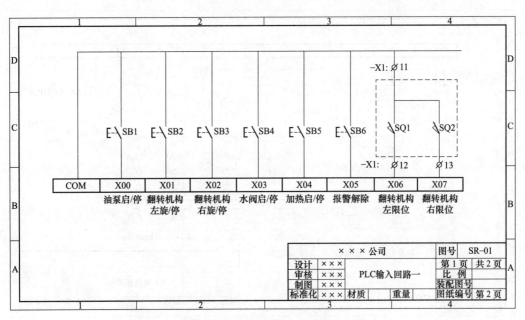

图 5-113　翻转机构电控系统 PLC 的输入电路（一）

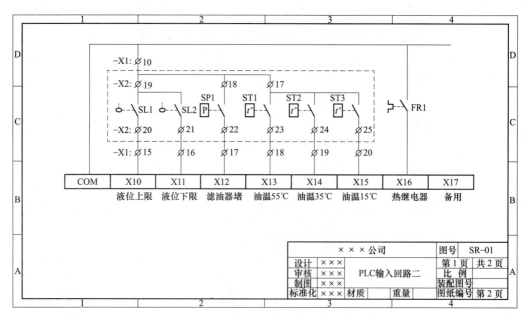

图 5-113　翻转机构电控系统 PLC 的输入电路（二）

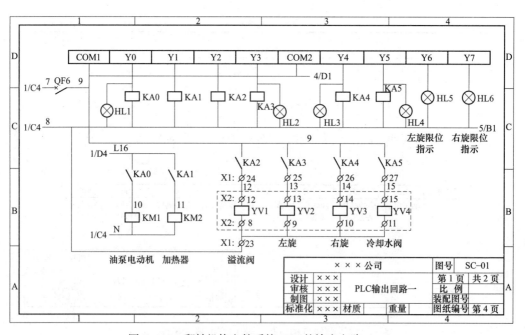

图 5-114　翻转机构电控系统 PLC 的输出电路（一）

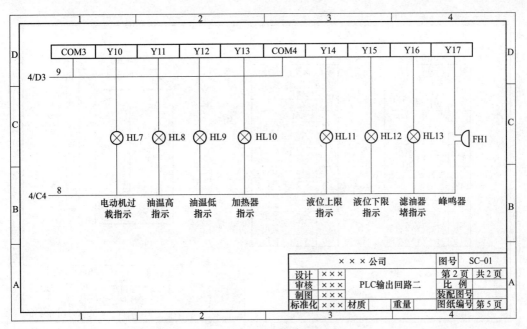

图 5-114　翻转机构电控系统 PLC 的输出电路（二）

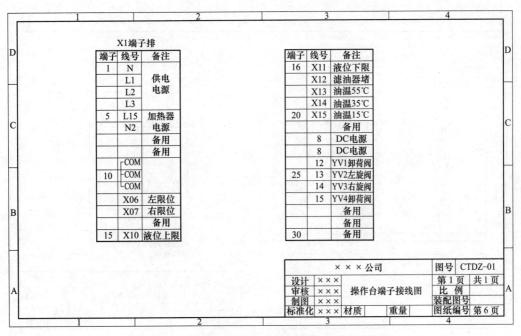

图 5-115　翻转机构电控系统的操作台端子接线图

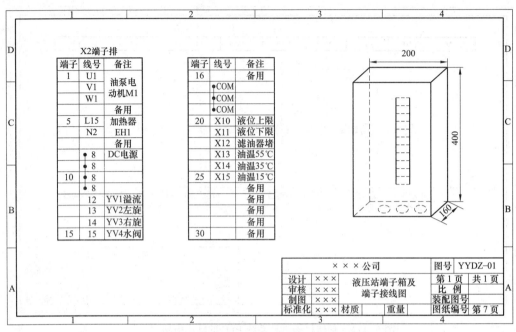

图 5-116　翻转机构电控系统 PLC 的液压站端子接线图

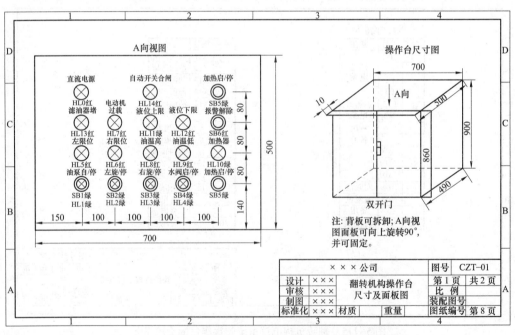

图 5-117　翻转机构电控系统 PLC 的操作台尺寸及面板图

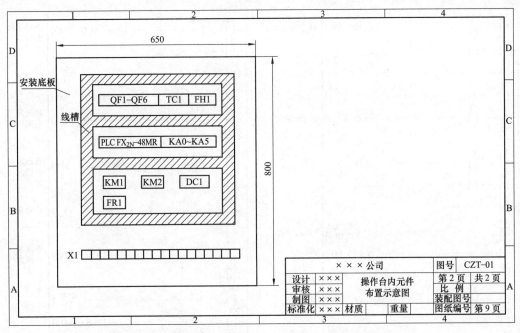

图 5-118 翻转机构电控系统 PLC 的操作台内元件布置示意图

5. PLC 控制的梯形图程序

本系统的控制程序比较简单，因此没有必要再划分为更小的程序模块，其梯形图如图 5-119 所示。整个控制程序由油泵启停控制、翻转控制、油温控制及报警指示等部分组成。

（1）油泵启停控制。本系统采用一个"油泵启/停"按钮控制油泵电动机的交替启停，通过 FX 系列 PLC 的 ALTP 指令即可实现。油泵电动机的运行受油位下限、电动机过载信号的约束，如果油泵电动机已经启动，当出现电动机过载或油位下限时，应关停油泵电动机。

（2）翻转控制。翻转控制包括左旋（正翻）和右旋（逆翻）两个动作，用"左旋/停"和"右旋/停"按钮分别实现左旋和右旋动作的交替启停控制。左旋和右旋的控制输出还要受限位信号的约束，如果已经启动左旋或右旋动作，当限位信号有效时，则停止左旋或右旋。为了确保限位传感器故障时，左旋或右旋到位也能正确停车，程序中采用定时器 T10 或 T11 实现限时到位停车，即无论限位信号是否接通，T10 或 T11 接通则立即停车。T10 或 T11 的时间常数须在现场调试时整定。

（3）卸荷阀控制。本系统的卸荷阀采用得电升压、失电卸荷的控制方式，如果系统有左旋或右旋控制输出，则卸荷阀接通。对于任何液压系统，油泵启动时，应确保卸荷阀处于卸荷状态；没有任何动作时，一般也应使卸荷阀处于卸荷状态。

（4）油温控制。操作人员可随时启停加热器和水阀对液压系统的油温进行控制，系统用"加热器启/停"和"水阀启/停"按钮分别控制加热器和水阀的交替启停，同时加热器和水阀的启停还受温度触点信号的控制，即油温高触点接通，则自动接通冷水阀；油温低触点接通，则自动接通加热器。

（5）报警指示。本例的动作指示由带灯按钮并将其指示灯和动作输出点并联实现，因此，在程序中不需要单独编程。系统的其他状态指示包括油温指示、液位指示、电动机过载指示和滤油器堵指示等。当这些状态信号由断变通时，相应的指示灯点亮，按"报警解除"按钮则予以确认，相应的报警指示灯熄灭。即使报警信号没有消除，只要进行了确认，则相应的报警指

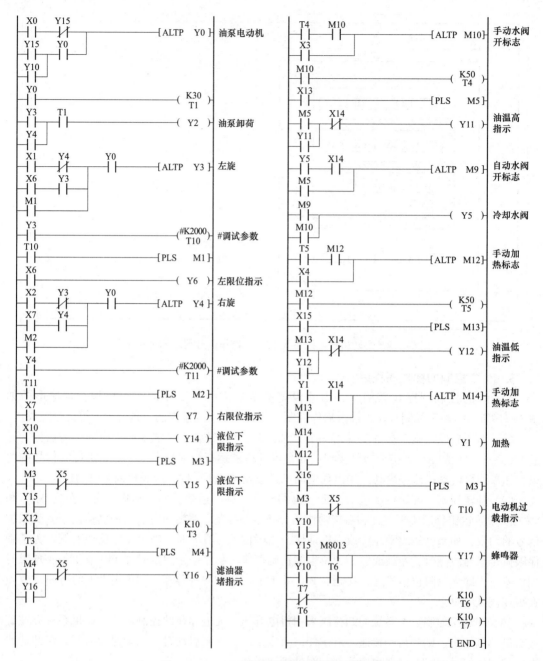

图 5-119　PLC控制翻转机构的梯形图程序

示不再点亮，除非再一次产生报警信号。如果出现油位下限和电动机过载，则蜂鸣器发出警示。电动机过载报警以 2s 为周期间鸣，油位下限报警以 1s 为周期间鸣。

　　控制程序可通过仿真程序进行调试，也可假设和施加相应的输入信号并通过 PLC 的指示灯进行观察和调试。现场调试时，应首先检查电气线路，再进行现场动作调试。本系统的调试相对简单，此处不再赘述。该系统的实物结果如图 5-120 所示，现已用于重钢集团和西铝集团，使用效果良好。

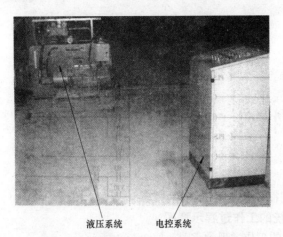

液压系统　　　电控系统

图 5-120　翻转机构液压系统及电控系统

6. 轴承座翻转机构的使用说明书

（1）简介。轴承座翻转机构电控系统采用日本三菱公司 FX_{2N} 系列 PLC 进行控制，电控设备主要由翻转机构操作台（内装电控元器件）和液压站端子箱构成。现场操作台可靠性高，操作简便。就其操作而言，只需对操作人员进行简单的培训即可。

（2）开机准备。合上操作台内的 QF1~QF6，接通系统电源。

（3）系统运行操作。

1）按下"油泵启/停"按钮，油泵启动，油泵指示灯点亮；再次按下"油泵启/停"按钮，油泵停止。

2）按下"左旋/停"按钮，翻转机构开始左旋，再次按下"左旋/停"按钮，左旋停止。

3）按下"右旋/停"按钮，翻转机构开始右旋，再次按下"右旋/停"按钮，右旋停止。

（4）系统保护及报警。本系统设有以下保护及报警。

1）系统设有短路保护。

2）油泵电动机设有过载保护。

3）系统设有液位低自动停机保护

4）系统设有完善的报警显示。

（5）注意事项。

1）本系统 PLC 输入信号内主令电器及各检测装置发出，严禁将交流 220V 电源接入主令电器和检测装置的输出触点，严禁将 PLC 输出端短路，否则将损坏 PLC。

2）非电工人员，操作台的接线不许改动。

3）PLC 机内的锂电池每隔 4~5 年需由电工人员更换，PLC 的 BATTV 指示灯点亮时，必须及时进行更换。

4）本系统的备份程序在所移交资料的光盘内，万一主机内的锂电池电压过低或外界干扰所引起程序丢失，可用笔记本电脑在 GXDeveloper 软件的支持下，将程序重新装入 PLC。

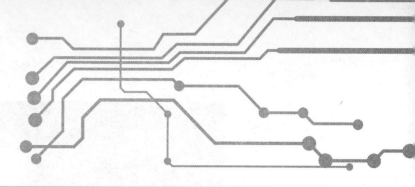

第6章

三菱PLC的特殊功能高级应用编程

例91　PLC控制循环次数可设定的喷漆流水线的编程

1. 喷漆流水线系统的工作过程示意图

某喷漆流水线系统的工作过程示意图，如图6-1所示。

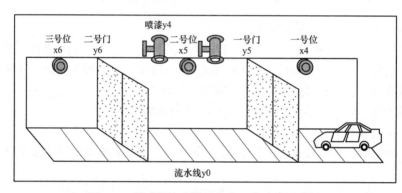

图6-1　某喷漆流水线系统的工作过程示意图

2. 喷漆流水线系统的控制要求

喷漆流水线系统的控制要求如下：

待加工的轿车台数在设备停止时，可根据需要用两个按钮设定（0~99），并通过另一个按钮切换显示设定数、已加工数和待加工数。

按启动按钮S01传送带转动，轿车到一号位，发出一号位到位信号，传送带停止；延时1s，一号门打开；延时2s，传送带继续转动；轿车到二号位，发出二号位到位信号，传送带停止一号门关闭；延时2s后，打开喷漆电动机，延时6s后停止。同时打开二号门延时2s，传送带继续转动；轿车到三号位，发出三号位到位信号，传送带停止，同时二号门关闭，且计数一次，延时4s后，再继续循环工作，直到完成所有待加工的轿车后工艺全部停止。

按暂停按钮X007后，整个工艺完成时暂停加工，再按启动按钮继续运行。

3. PLC控制喷漆流水线系统的I/O分配

PLC控制喷漆流水线系统的I/O分配，见表6-1。

表6-1　　　　　　　　　　PLC控制喷漆流水线系统的I/O分配

输入		输出	
输入设备	输入编号	输出设备	输出编号
启动按钮	X000	传送带	Y000
设定增加	X001	显示设定数	Y001

输入		输出	
输入设备	输入编号	输出设备	输出编号
设定减少	X002	显示已加工数	Y002
显示选择	X003	显示待加工数	Y003
一号限位开关	X004	喷漆电动机	Y004
二号限位开关	X005	一号门开启	Y005
三号限位开关	X006	二号门开启	Y006
暂停按钮	X007	传送带	Y007
		数码管显示加工台数	Y010
			Y011
			Y012
			Y013
			Y014
			Y015
			Y016
			Y017

4. PLC 控制喷漆流水线系统的状态转移图

根据工艺要求画出控制状态转移图，如图 6-2 所示。

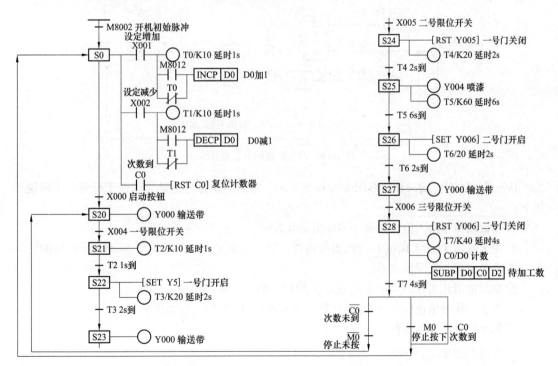

图 6-2　PLC 控制喷漆流水线系统的状态转移图

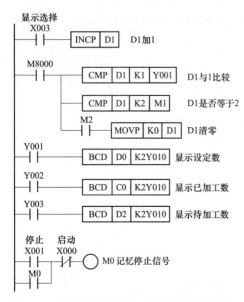

图 6-3 喷漆流水线系统显示部分的控制梯形图

5. PLC控制喷漆流水线系统的状态梯形图

根据 PLC 控制喷漆流水线系统的状态转移图，编写 PLC 控制喷漆流水线系统的状态梯形图。其显示部分的控制梯形图如图 6-3 所示。

根据状态转移图和控制梯形图，读者可自行写出指令语句表。

例 92　PLC 控制炉温自动调节系统的编程

1. PID 控制概述

模拟量闭环控制较好的方法之一是 PID 控制。它作为最早实用化的控制已有 60 多年的历史，现在仍然是应用最广泛的工业控制。PID 控制简单易懂，使用中不必弄清系统的数学模型。PID 控制的离散化表达式及算法框图如图 6-4 所示。由图可知，它的控制值 P（n）是 I、KE_n、D 3 部分的作用和。这里未计及偏差为零时的控制值 M，但这可通过执行积分运算实现。图中 M_2 为干扰量，R_0 为设定值，C 为实际值，T 为采样周期（PID 运算间隔时间）。

$$p(n) = Ke(n) + \frac{T}{T_1}\sum_{i=0}^{n}e(j) + \frac{T_d}{T}[e(n) - e(n-1)] + M$$

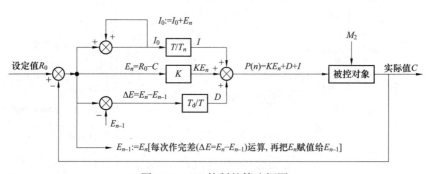

图 6-4　PID 控制的算法框图

其框图算法对应的一种梯形图如图 6-5 所示。它用的是符号地址，较便于理解，注解说明如下。

⓪ 读取模拟量输入值，并存于实际值寄存器中。

① 用定时器 T1，实现每 1s（此值可设置）执行一次 PID 运算。这里 1s 即为采样周期。

② 求设定值与实际值之差。

⑤ 如设定值比实际值大，则把偏差 E_n 加积分值寄存器 0。

⑥ 如加后积分值进位（M8022＝ON），则其取值为 32727（最大值控制）。

⑦ 积分值寄存器 0 除积分常数。

⑧ 求偏差的变化，⑧a 保存原偏差值。

⑩ 偏差的变化乘微分常数。

⑪ 偏差值 E_n 比例系数 K 相乘，其积存于 KE_n。

⑫ 分值与 KE_n 偏差相加，其和存于控制值。

⑫a 如加后积分值进位（M8022 = ON），则其取值为32727（最大值控制）。

⑭ 微分值与控制值相加，并存于控制值。

⑮ 如加后积分值进位（M8022 = ON），则其取值为32727（最大值控制）。

⑰ 如控制值小于 0，则其取值为 0（最小值控制）。

⑱ 把控制值传给模拟量输出模块的指定通道。到此才产生实际模拟量输出。

一般来讲，当今 PLC 多有 PID 指令，直接使用它即可实现模拟量的 PID 控制。不必考虑图 6-2 程序所作的种种计算，用户所要做的工作只是进行有关 PID 控制参数的设定。有的 PLC，这些参数还可通过执行自整定（有的称调谐）命令自动获得，用起来就更方便了。

为简便用户构建控制系统时的编程工作，大多数 PLC 生产商都为本公司研制的 PLC 集成了 PID 功能指令。用户只要按照使用要求，设定出、入口的参数（实参）后，就可以调用 PID，CPU 将会自动执行 PID 运算，完成结果输出。

三菱 FX PLC V2.00 以上版本开发程序，集成了 PID 功能指令，允许用户整定 P、I、D 参数，并可设定输出值的上、下限等。指令格式如图 6-6 所示。

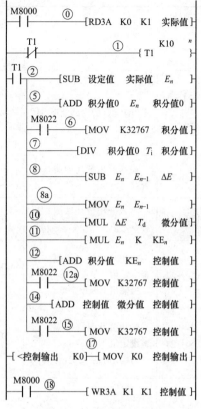

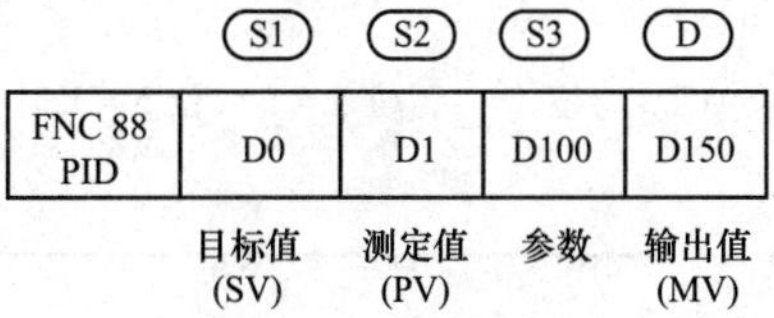

图 6-5　PID 控制梯形图

		ⓢ1	ⓢ2	ⓢ3	Ⓓ
FNC 88 PID		D0	D1	D100	D150
		目标值 (SV)	测定值 (PV)	参数 (MV)	输出值 (MV)

图 6-6　PID 指令格式

图 6-6 中，S1 为目标设定值；S2 为测定反馈值（或称当前值、实际值）；S3 为 PID 参数存储区的首地址，参数区由 25 个字组成，其各字的含义见表 6-2；D 为执行 PID 指令计算后得到的输出值或称控制输出。

表 6-2　　　　　　　　　　**参数区各字的含义**

地址	名称	说明
ⓢ3	采样时间（T_s）	1~32767ms（但比运算周期短的时间数值无法执行）
ⓢ3+1	动作方向（ACT）	位 0　0：正动作　　　　　　　　　1：逆动作 位 1　0：输入变化量报警无　　　　1：输入变化量报警有效 位 2　0：输出变化量报警无　　　　1：输出变化量报警有效 位 3　不使用 位 4　自动调谐不动作　　　　　　1：执行自动调谐 位 5　输出值上下限限定无　　　　1：输出值上下限设定有效 位 6~位 15 不使用　　　　　　　　位 5 和位 2 不要同时处于 ON
ⓢ3+2	输入滤波常数（a）	0~99%　　　　　　　　　　　0 时没有输入滤波
ⓢ3+3	比例增益（K_p）	1~32767%
ⓢ3+4	积分时间（T_1）	0~32767（×100ms）　　　　0 时作为 ∞ 处理（无积分）

地址	名称	说明	
$S3$+5	微分增益（K_D）	0~100%	0 时无积分增益
$S3$+6	微分时间（T_D）	0~32767（×10ms）	0 时无微分处理
$S3$+7 ⋮ $S3$+19	PID 运算的内部处理占用		
$S3$+20	输入变化量（增侧）报警设定值	0~32767（$S3$+1<ACT>的位 1=1 时有效）	
$S3$+21	输入变化量（减侧）报警设定值	0~32767（$S3$+1<ACT>的位 1=1 时有效）	
$S3$+22	输出变化量（增侧）报警设定值 另输出上限设定值	0~32767（$S3$+1<ACT>的位 2=1，位 5=0 时有效） −32768~32767（$S3$+1<ACT>的位 2=0，位 5=1 时有效）	
$S3$+23	输出变化量（减侧）报警设定值 另输出下限设定值	0~32767（$S3$+1<ACT>的位 2=1，位 5=0 时有效） −32768~32767（$S3$+1<ACT>的位 2=0，位 5=1 时有效）	
$S3$+24	报警输出	位 0 输入变化量（增侧）溢出 位 1 输入变化量（减侧）溢出 位 2 输出变化量（增侧）溢出（$S3$+1<ACT>的位 1=1 或 2=1 时有效） 位 3 输出变化量（减侧）溢出 （$S3$+20~$S3$+24 在 $S3$+1<ACT>的位 1=1，位 2=1 或位 5=1 时被占用）	

　　本指令可多次被调用，调用次数不受限制，但所用的数据区不能重复。在子程序、步进指令中也已使用，但调用前要清除 S3+7 的数据。

　　采样时间 T_s 是指 PID 相邻两次计算间的间隔时间。此值不能小于一个扫描周期。虽可作设定，但实际执行时是存在误差的。误差约为加减一个扫描周期。为了确保此时间精确，可用定时中断，在中断服务程序中执行 PID 指令或设定 PID 为恒定扫描周期工作。

　　为了使 PID 控制得到预期的效果，需正确选定 PID 的 3 个常数 K_P、T_1、T_D 的最佳值，为了选定这些参数，三菱公司推荐了阶跃反应法，可供参考。

　　自动调谐的目的是自动使用阶跃反应法获得最佳的 PID 控制参数，而无须人工干预。但在自动调谐前要做好相应准备及满足相应条件。如采样时间必须大于 1s，目标值与实际值之差必须大于 150%，系统必须处于稳定状态等。

　　自动调谐由调谐命令位 [$S3$+1（ACT）的位 4] =ON 开始，到调节量变化大于 1/3 时，该命令位 OFF，调谐自动结束。

　　PID 计算如果出现错误，其出错标志位 M8067=ON。具体的错误代码记录在 D8067 中。此代码所代表的错误内容、处理状态及处理方法见表 6-3。

表 6-3   **PID 计算出错代码及其错误内容**

代码	错误内容	处理状态	处理方法
K6705	应用指令的操作数在对象软元件范围外	PID 命令运算停止	请确认控制数据的内容
K6706	应用指令的操作数在对象软元件范围外		
K6730	采样时间（T）在对象软元件范围外（$T<0$）		
K6732	输入滤波常数在对象（a）范围外（$a<0$ 或 $100 \leqslant a$）		
K6733	比例增益（K）在对象范围外（$K<0$）		
K6734	积分时间（T_1）在对象范围外（$T_1<0$）		
K6735	微分增益（K_D）在对象范围外（$K_D<0$ 或 $201 \leqslant K_D$）		
K6736	微分时间（T_D）在对象范围外（$K_D<0$）		
K6740	采样时间（T）≤运算周期	PID 命令运算继续	请确认控制数据的内容
K6742	测定值变化量超过（$P_s<-32768$ 或 $32767<P_s$）		
K6743	偏差超过（$E_v<-32768$ 或 $32767<E_v$）		
K6744	积分计算值超过（$-32768 \sim 32767$ 以外）		
K6745	由于微分增益（K_D）超过微分值		
K6746	微分计算值超过（$-32768 \sim 32767$ 以外）		
K6747	PID 运算结果超过（$-32768 \sim 32767$ 以外）		
K6750	自动调谐结果不良	自动调谐结束	自动调谐开始时的测定值和目标值的差为 150 以下或自动调谐开始时的测定值和目标值的差的 1/3 以上则结束确认测定值、目标值后，请再次进行自动调谐
K6751	自动调谐动作方向不一致	自动调谐继续	从自动调谐开始时的测定值预测的动作方向和自动调谐用输出时实际动作方向不一致。请使目标值、自动调谐用输出值、测定值的关系正确后，再次进行自动调谐
K6752	自动调谐动作不良	自动调谐结束	自动调谐中测定值因上下变化不能正确动作。请使采样时间远远大于输出的变化周期，增大输入滤波常数。设定变更后，请再次进行自动调谐

2. 炉温自动调节系统的配置

炉温自动调节系统配置如图 6-7 所示，使用 PID 指令进行温度控制。温度槽由电加热器加热，而温度由温度传感器检测。所监测的温度送 AD 模块（FX$_{2N}$-4AD-TC），PLC 的主机为 FX$_{2N}$-48MR。用 X010 控制自动调谐，X011 控制 PID 指令执行。Y0 用以显示 PID 计算故障，Y1 以开关方式控制加热器工作，周期为 2s。Y1 ON 的时间在 $0\sim2s$ 中取值，以得到不同的控制输出。

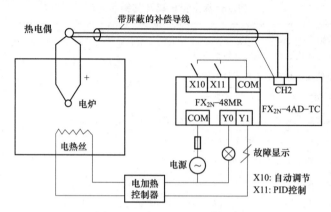

图 6-7 炉温自动调节系统配置

3. 加热器控制器动作示意图

加热器控制器动作示意图如图 6-8 所示。

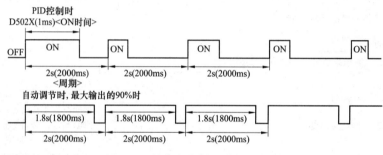

图 6-8 加热器控制器动作示意图

4. 自动调谐及 PID 控制的有关设定

自动调谐及 PID 控制的有关设定见表 6-4。

表 6-4   自动调谐及 PID 控制

设定内容			自动调谐中	PID 控制中
	目标值	($S1$)	（500+50）℃	（500+50）℃
参数	采样时间 T_s	($S3$)	3000ms	500ms
	输入滤波（a）	($S3$)+2	70%	70%
	微分增益 K_D	($S3$)+5	0	0
	输出值上限	($S3$)+22	200（2s）	2000
	输出值下限	($S3$)+23	0	0
	动作方向（ACT）	输入变化量报警	($S3$)+1 位 1	无	无
		输出变化量报警	($S3$)+1 位 2	无	无
		输出值上下限设定	($S3$)+1 位 5	有	有
	输出值	(D)	1800	根据运算

图6-9与图6-10分别是执行自动调节与PID控制的梯形图程序。

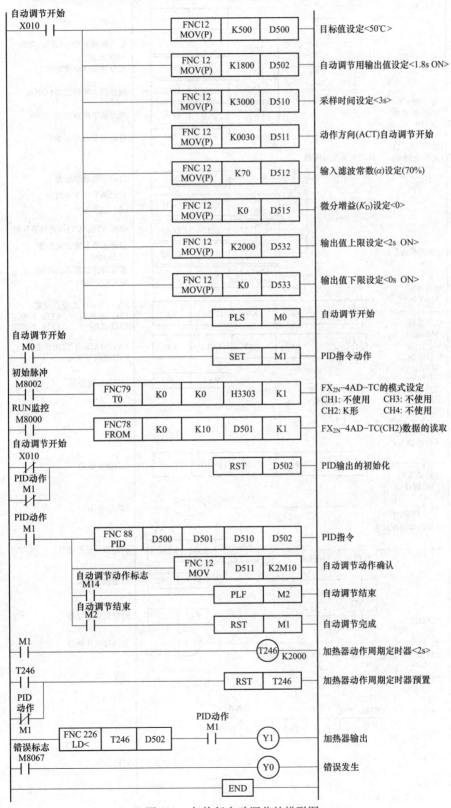

图6-9　仅执行自动调节的梯形图

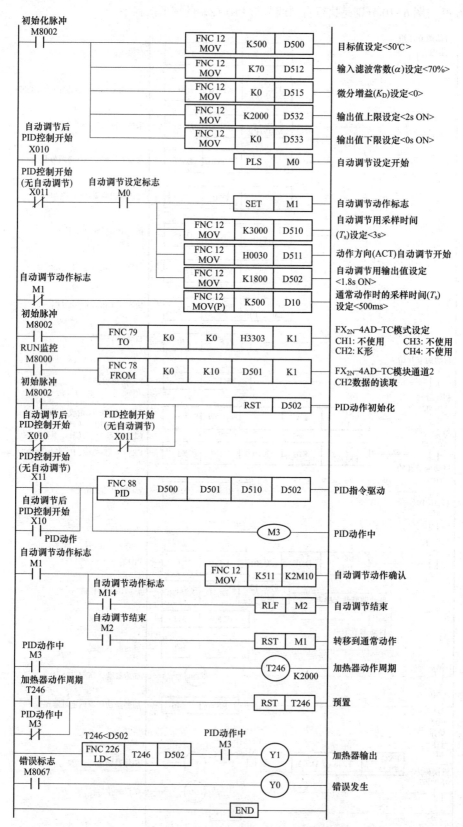

图6-10 执行自动调节和PID控制的梯形图

例93 PLC控制液压折板机压板的编程

现在有一个液压折板机，需要执行压板的同步控制，其系统原理如图6-11所示。液压缸A为主动缸，液压缸B为从动缸，由电磁换向阀控制A缸的运动力向，单向节流阀调节其运动速度。位置传感器（滑杆电阻）1、2用以检测液压缸A和液压缸B的位置，其输出范围是-10V~10V。当两液压缸的位置存在差别时，伺服放大器输出相应的电流，驱动电液伺服阀，使液压缸B产生相应的运动，从而达到同步控制的目的。本实例要求伺服放大器的功能由PLC、特殊功能模块4AD组成的系统来实现，试编写其应用程序。

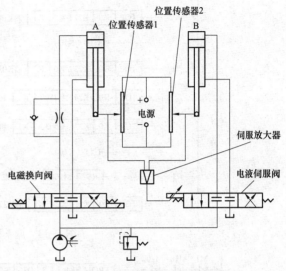

图6-11 液压折扳机的同步控制

（1）模块的安装连接。两个位置传感器1和2的输入信号分别用双绞线连接到特殊功能模块4AD的CH1、CH2相应的端子上。

（2）初始参数的设定。

1）通道选择。由于本实例中CH1、CH2的输入全部在-10V~10V，CH3、CH4暂不使用，所以根据表6-4，BFM#0单元的设置应该是H3300。

2）A/D转换速度的选择。可以通过对BFM#15写入0或1来进行选择，输入0选择低速；输入1选择高速。本实例输入1，即选择高速。

3）调整增益和偏移量。本实例不需要调整偏移量，增益量设定为K2500（2.5V）。

（3）梯形图。此程序的梯形由以下三部分组成。

1）初始化程序，如图6-12所示。

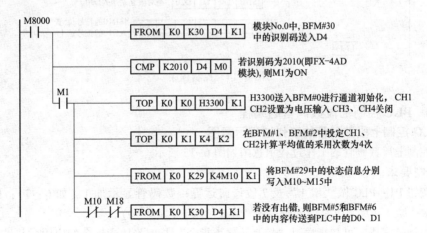

图6-12 初始化程序

2）调整程序，如图6-13所示。

3）控制程序，如图6-14所示。

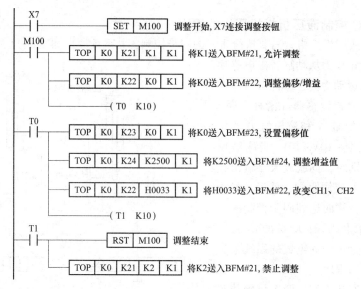

图6-13　调整程序

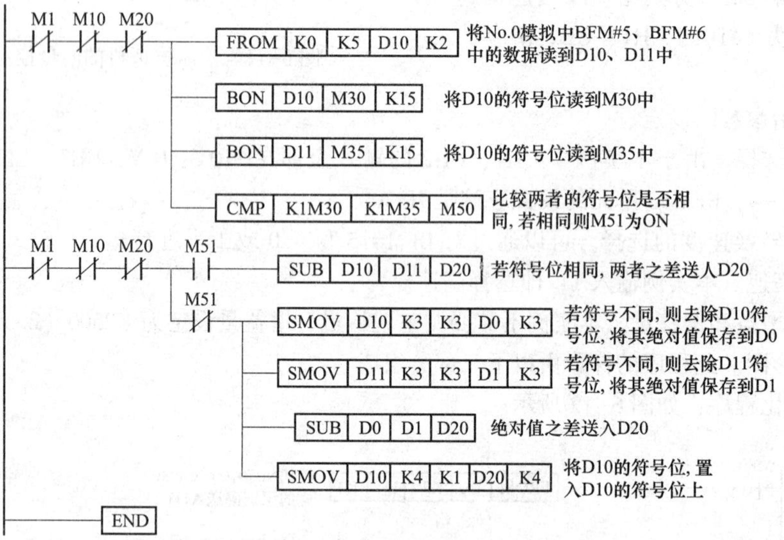

图6-14　控制程序

例94　PLC控制七段数码管的编程

1. PLC控制七段数码管的工作过程示意图

PLC控制七段数码管的工作过程示意图如图6-15所示。

2. 控制要求

按下按钮P1→PLC做"增1"及7段译码运算→数码管显示加1（如6→7）；按下按钮P2→PLC做"减1"及7段译码运算→数码管显示减1（如1→0）。

通过本例的完成，可初步学习"控制转移类指令"及相关功能指令的应用；并进行子程序调用过程分析、中断服务程序服务过程分析。

3. PLC控制七段数码管的I/O分配及实际接线图

PLC-数码管10进制设定值增减显示装置的I/O分配如图6-16所示，该图是完成I/O接线，进行程序模拟调试的重要依据。

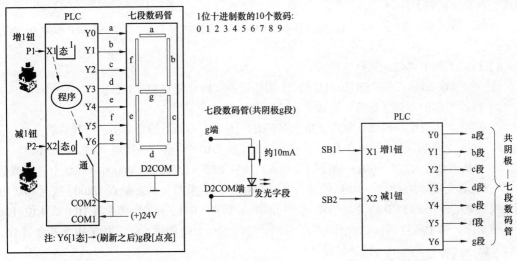

图 6-15　PLC 控制七段数码管的工作过程示意图

图 6-16　数码管-I/O 分配图

PLC-数码管 10 进制设定值增减显示装置的电气接线情况及接线顺序如图 6-17 所示。

4. PLC 控制七段数码管的编程

数码管 PLC 控制的编程有两种方案：方案 1 和方案 2。

（1）方案 1 编程及 P10 显示子程序的调用。PLC-数码管 10 进制设定值增减显示装置，其方案 1 的梯形图程序如图 6-18 所示。它由主程序、P10 译码显示子程序组成，该程序的编写依据是 I/O 分配图及控制要求。

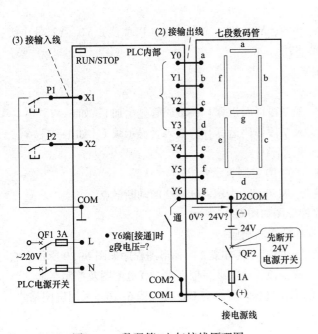

图 6-17　数码管-电气接线原理图

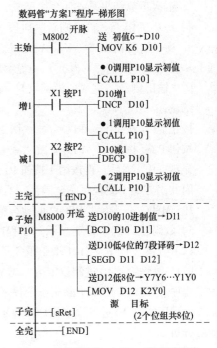

图 6-18　数码管-方案 1 梯形图程序

该程序实现"10进制设定值"增减显示的工作过程，可结合I/O分配图6-16，采用链图格式，扼要分析如下：

开机之后，X1、X2及Y1、Y6全为0态，Y0、Y2~Y5全为1态，数码管显示初值6→SB1按下；

1）PLC工作于"输入采样"阶段：

逐一扫描输入端：按下SB1→PLC的X1端接通→（PLC使）X1［1态］。

2）PLC工作于"程序运算"阶段。

a. 扫描"初始化"梯级：触点型指令M8002a［0态］→其后的指令不执行其功能。

b. 扫描"增1"梯级：触点X1a［1态］→设定值D10增1至7→调用"P10子程序"。

c. 扫描"P10入口"梯级：依序扫描"入口指针P10→动合触点M8000→BCD十进制调整指令→SEGD七段译码指令→MOV传送指令"等指令，结果是：动合触点M8000接通梯级电路，线圈型指令中的BCD指令将D10的10进值→（送）D11，SEGD指令将D11低4位（10进值的个位）的七段译码（当前是7的字形码）→（送）D12的低8位，再由MOV指令将D12的低8位→（送）Y7~Y0记忆储存备用。

d. 扫描"P10出口"梯级：执行SRET指令→返回到"调用点"之后的"减1"梯级。

e. 扫描"减1"梯级：触点X2a［0态］→其后的指令［不执行其功能］。

f. 最后扫描"主完"梯级：执行fEND主程序结束指令→切换到"刷新"阶段。

3）PLC工作于"输出刷新"阶段。

a. 逐一刷新输入端：分析略。

b. "输出刷新"完成→返回（1）重来。

① 该程序本次对梯级进行扫描的顺序是：初始化→增1→P10入口→P10出口→减1→主完。

② 本次运算结果是：D10增至7，7的字形码储存在Y7~Y0的位容器之中。

4）PLC工作于"输出刷新"阶段。

a. 逐一刷新输出端：Y7~Y0的位容器中，Y0~Y2［1态］→（PLC使）Y0~Y2端［接通］→数码管［a、b、c段亮］→显示出［7］。

b. "输出刷新"完成→返回（1）重来。

结论：

按钮P1［按下］→PLC［做"增1"及7段译码运算］→数码管显示加1［如6→7］

按钮P2［按下］→PLC［做"减1"及7段译码运算］→数码管显示减1［如1→0］

显示［9］之后，再按增1按钮P1，显示［0］；

因此，方案1的程序完全满足"数码管的10进制显示要求"。

注：M8002a-表示：M8002的动合触点；M8002b-表示：M8002的动断触点。

5）数码管-P10"译码显示"子程序梯形图如图6-19所示。

（2）方案2程序及I101增1服务子程序的中断响应。

PLC-数码管"10进制设定值"增减显示装置，其方案2的梯形图程序如图6-20所示。它由主程序、I101及I201中断服务子程序构成，该程序的编写依据是I/O分配图及控制要求。

该程序实现10进制设定值增减显示的工作过程，可结合I/O分配图6-16，采用链图格式，扼要分析如下：

开机之后，X1、X2及Y1、Y6［全为0态］，Y0、Y2~Y5［全为1态］，数码管显示初值6。

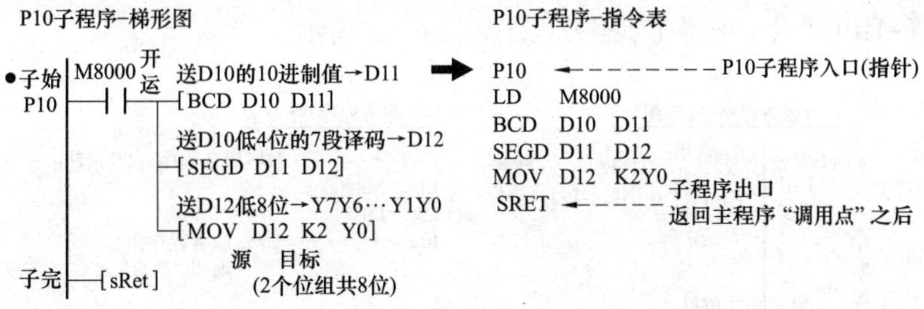

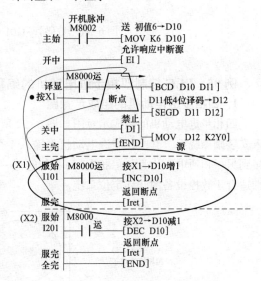

图6-19 数码管-P10"译码显示"子程序

1) PLC工作于"输入采样"阶段：逐一扫描输入端。

2) PLC工作于"程序运算"阶段。

a. 扫描"初始化"梯级：触点M8002a［0态］→其后的指令［不执行其功能］。

b. 扫描"开中"梯级：执行EI指令→允许响应"中断源"。

c. 扫描"译显"梯级：执行M8000a之时，"按钮X1［按下］"的信息刚好到达，于是提出"中断服务请求"；PLC执行M8000a指令之后，立即生成"断点"，响应"中断源X1"提出的服务请求→调用与X1相对应的"I101服务程序"。

d. 扫描"I101入口"梯级：依序扫描"入口指针I101→触点M8000a→INC"，结果是：触点M8000a［1态］→INC使D10［增1，至7］。

图6-20 数码管-方案2梯形图

e. 扫描"I101出口"梯级：执行IRET指令→返回"断点"之后的BCD指令处。

f. 扫描"断点"所在"译显"梯级的其余指令：依序扫描"BCD→SEGD→MOV"指令，结果是：7的字形码→（送）D12的低8位→（送）Y7→Y0记忆储存备用。

g. 扫描"关中"梯级：执行DI指令→禁止响应"中断源"。

h. 最后扫描"主完"梯级：执行fEND主程序结束指令→切换到"刷新"阶段。

① 该程序本次扫描的梯级顺序是：初始化→开中→译显的M8000a→X1断点→I101入口→I101出口→译显的断点之后的部分、关中→主完。

② 本次运算结果是：D10增至7，7的字形码储存在Y7~Y0的位容器之中。

3) PLC工作于"输出刷新"阶段。

a. 逐一刷新输出端：Y7~Y0的位容器中，Y0~Y2［1态］，其他［0态］→（PLC使）Y0~Y2端［接通］→数码管［a、b、c段亮，其他段暗：显示7］。

b. "输出刷新"完成→返回（1）重来。

结论：

按钮P1［按下］→PLC［做"增1"及7段译码运算］→数码管显示加1［如6→7］

按钮P2［按下］→PLC［做"减1"及7段译码运算］→数码管显示减1［如1→0］

显示［9］之后，再按增1按钮P1，显示［0］；

因此，方案2的程序完全满足"数码管的10进制显示要求"。

4）数码管-I101"设定值增1"服务程序如图6-21所示。

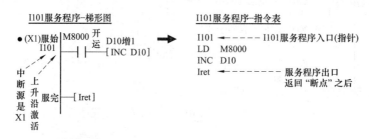

图6-21　数码管-I101"设定值增1"服务程序

例95　PLC控制四相步进电动机的编程

1. 四相步进电动机的组成示意图

四相步进电动机的组成示意图如图6-22所示。定子上安装有4相绕组，转子是有齿铁芯，未安装励磁绕组。其中，步进电动机每输入1个电脉冲，就转过1个步距角θ，从一相通电换接到另一相通电，称为"一拍"。每一拍转过一个"步距角"。具有精度高、惯性小等优点，特别适合于数控设备的开环定位系统。

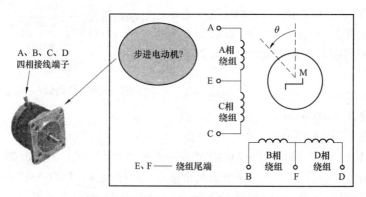

图6-22　四相步进电动机的组成示意图

2. PLC控制步进电动机的I/O实际接线图

PLC控制步进电动机的I/O实际接线图如图6-23所示。

3. PLC控制"步进电动机"的信息流向图

PLC控制"步进电动机"的信息流向图如图6-24所示，即为4相绕组A、B、C、D按"4相8拍"方式步进的通电顺序。

如果将按照"A→B→C→D→A"的顺序通电，转子沿此顺序一步一步地旋转称为正向转动；那么按"A→D→C→B→A"的顺序通电，转子的旋转则为反向转动。

而PLC-步进电动机的控制要求则可用"动作因果图"直观表示如图6-25所示。

按下按钮P1→X1"0态"变为"1态"→A相［步1］通电→A相和B相同时［AB相（步2）］通电→……→D相和A相同时［DA相（步8）］通电→A相［步1］通电，循环进行，步进电动机转动。

按下按钮P0→X0"0态"变为"1态"→Y0~Y3［A、B、C、D四相］均断电，步进电

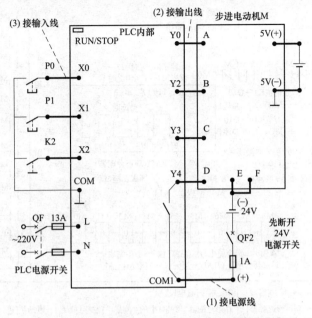

图 6-23　PLC 控制步进电动机的 I/O 实际接线图

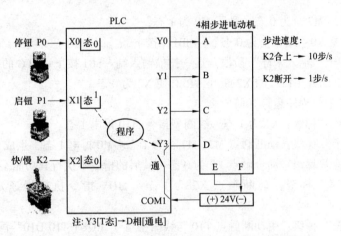

图 6-24　PLC 控制"步进电动机"的信息流向图

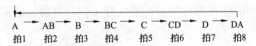

图 6-25　步进电动机控制的"动作因果图"直观表示

动机［停转］。

开关 K2［断开→合上］→X2"0 态"变为"1 态"→Y0~Y3［A、B、C、D 四相］通电速度（由程序改变）加快，步进电动机加速。

4. PLC 控制"步进电动机"的梯形图编程

结合 I/O 分配图，可编制 PLC 实现"步进控制"工作过程的梯形图程序，如图 6-26 所示。其工作过程扼要分析如下：

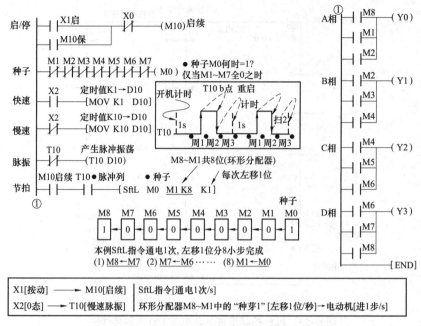

图 6-26　PLC 控制"步进电动机"的梯形图编程

初始状态：M1~M7 全为 0 态→种子 M0 为 1 态；

X0、X1、X2 及 Y0~Y3 [全为 0 态]→SB1 [按下]；

（1）PLC 工作于"输入采样"阶段。逐一扫描输入端：SB1 按下→PLC 的 X1 端接通→PLC 使 X1 为 1 态；SA2 断开→PLC 的 X2 断开→PLC 使 X2 为 0 态。

（2）PLC 工作于"程序运算"阶段。

1）扫描"启续"梯级：X1 为 1 态→线圈型指令 M10 得电 1 态。

2）扫描"种子"梯级：动断触点 M1~M7 全为 1 态→M0 得电 1 态，生成"1 态种子"。

3）扫描"快速"梯级：动合触点 X2 为 0 态→其后的指令不执行其功能。

4）扫描"慢速"梯级：动断触点 X2 为 1 态→MOV 指令执行慢速定时设定值 K10 送 D10。

5）扫描"脉振"梯级：由动断触点 T10 与线圈型指令"OUT T10 D10"配合，实现脉冲振荡，脉振周期当前为 1s（快速为 0.1s）。

6）扫描"节拍"梯级：动合触点 M10 为 1 态→允许产生步进节拍；动合触点 T10 接通 1/s；T10 接通时→线圈型指令 SftL 使环形脉冲分配器左移 1 位：当前，节拍 1 容器 M1 为 1 态，节拍 2~节拍 8 为 0 态。

7）扫描"A 相"梯级；M1 [1 态] → （使）Y0 [1 态]。

8）扫描"B 相、C 相、D 相"梯级：Y1~Y3 全为 0 态。

9）最后扫描"主程序结束"梯级：执行 END 程序结束指令→切换到"刷新"阶段。

（3）PLC 工作于"输出刷新"阶段。

1）逐一刷新输入端：分析略。

2）"输出刷新"完成→返回（1）重来。

结论：

（1）按下启动按钮 SB1→PLC 做"移位"运算→步进电动机按节拍循环通电，慢速步进

（1步距角/s）；

（2）合上开关K2→PLC做"加速移位"运算→步进电动机按节拍循环通电，快速步进（10步距角/s）；

（3）按下按钮SB0→PLC做"停止"运算→步进电动机4相均断电停止转动。

因此，本方案完全满足"PLC-步进电动机的快速、慢速步进的控制要求"。

例96 PLC控制五相步进电动机的编程

1. PLC控制五相步进电动机的模拟模块

PLC控制五相步进电动机的模拟模块如图6-27所示。

图6-27中下框中的A、B、C、D、E分别接主机的输出点Y1、Y2、Y3、Y4、Y5；SD接主机的输入点X0。上框中发光二极管的点亮与熄灭用以模拟步进电动机5个绕组的导电状态。

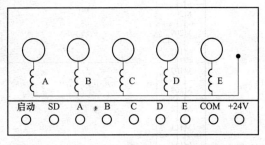

图6-27 PLC控制五相步进电动机的模拟模块

2. 控制要求

要求对五相步进电动机5个绕组依次自动实现如F方式的循环得电控制：

第一步：A→B→C→D→E

第二步：A→AB→BC→CD→DE→EA

第三步：AB→ABC→BC→BCD→CD→CDE→DE→DEA

第四步：EA→ABC→BCD→CDE→DEA

3. PLC控制五相步进电动机的编程

（1）五相步进电动机模拟控制梯形图。五相步进电动机模拟控制梯形图如图6-28所示。

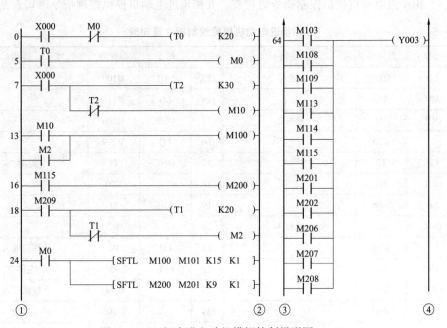

图6-28 五相步进电动机模拟控制梯形图（一）

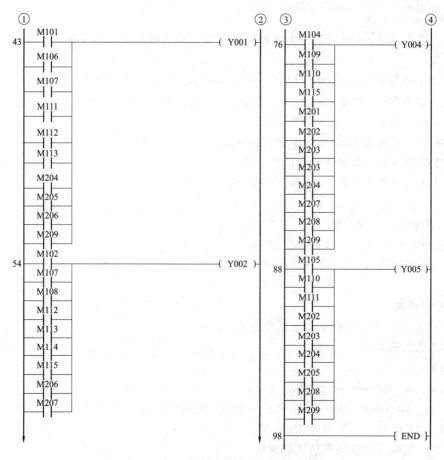

图 6-28　五相步进电动机模拟控制梯形图（二）

（2）五相步进电动机模拟控制指令语句表。五相步进电动机模拟控制指令语句表见表 6-5。

表 6-5　　　　　　　　　　　　五相步进电动机模拟控制指令语句表

步序	指令	器件号	说明	步序	指令	器件号	说明
0	LD	X000	输入	13	OUT	M100	
1	ANI	M0		14	LD	M115	
2	OUT	T0	延时 2s	15	OUT	M200	
3		K20		16	LD	M209	
4	LD	T0		17	OUT	T1	延时 2s
5	OUT	M0		18		K20	
6	LD	X000		19	ANI	T1	
7	OUT	T2	延时 3s	20	OUT	M2	
8		K30		21	LD	M0	移位输入
9	ANI	T2		22	FNC	35	左移位
10	OUT	M10		23		M100	数据输入
11	LD	M10		24		M101	移位
12	OR	M2		25		K15	移位段数：15

续表

步序	指令	器件号	说明	步序	指令	器件号	说明
26		K1	1位移位	58	OR	M114	
27	LD	M0	移位输入	59	OR	M115	
28	FNC	35	左移位	60	OR	M201	
29		M200	数据输入	61	OR	M202	
30		M201	移位	62	OR	M206	
31		K9	移位段数：9	63	OR	M207	
32		K1	1位移位	64	OR	M208	
33	LD	M101		65	OUT	Y003	C相电动机运转
34	OR	M106		66	LD	M104	
35	OR	M107		67	OR	M109	
36	OR	M111		68	OR	M110	
37	OR	M112		69	OR	M115	
38	OR	M113		70	OR	M201	
39	OR	M204		71	OR	M202	
40	OR	M205		72	OR	M203	
41	OR	M206		73	OR	M204	
42	OR	M209		74	OR	M207	
43	OUT	Y001	A相电动机运转	75	OR	M208	
44	LD	M102		76	OR	M209	
45	OR	M107		77	OUT	Y004	D相电动机运转
46	OR	M108		78	LD	M105	
47	OR	M112		79	OR	M110	
48	OR	M113		80	OR	M111	
49	OR	M114		81	OR	M202	
50	OR	M115		82	OR	M203	
51	OR	M206		83	OR	M204	
52	OR	M207		84	OR	M205	
53	OUT	Y002	B相电动机运转	85	OR	M208	
54	LD	M103		86	OR	M209	
55	OR	M108		87	OUT	Y005	E相电动机运转
56	OR	M109		88	END		程序结束
57	OR	M113					

例97　PLC控制数控加工中心刀具库选择的编程

1. 数控加工中心刀具库的组成

数控加工中心刀具库由6种刀具组成，如图6-29所示。按钮SB1~SB6分别是6种刀具选择按钮；ST1~ST6为刀具到位行程开关，由霍尔元件构成。HL1、HL2分别为"到位"和"换刀"

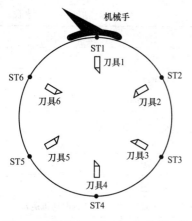

图 6-29　数控加工中心刀具库的组成

指示灯。

2. 数控加工中心刀具库的控制要求

（1）初始状态时，PLC 记录当前刀号，等待选择信号。

（2）当按下按钮 SB1~SB6 中的任何一个时，PLC 记录该刀号，然后刀盘按照离请求刀号最近的方向转动。转盘转动到达刀具位置时，到位指示灯亮，机械手开始换刀，且换刀指示灯闪烁。5s 后换刀结束。

（3）换刀过程中，其他换刀请求信号均无效。换刀完毕，记录当前刀号，等待下一次换刀请求。

3. 数控加工中心刀具库的硬件电路

（1）数控加工中心刀具库 PLC 控制的 I/O 分配表。根据本例中数控加工中心刀具库选择控制系统要实现的功能要求，需要选用相关元件：除 PLC 以外，还有 PLC 6 种刀具选择按钮 6 个、六种刀具的到位行程开关 6 个、"到位" 和 "换刀" 指示灯两个。PLC 的 I/O 分配表见表 6-6。

表 6-6　　　　　数控加工中心刀具库 PLC 控制的 I/O 分配表

PLC 点名称	外部设备	功能说明	PLC 点名称	外部设备	功能说明
X1	SB1	1 号刀具选择按钮	X13	ST3	3 号刀具到位行程开关
X2	SB2	2 号刀具选择按钮	X14	ST4	4 号刀具到位行程开关
X3	SB3	3 号刀具选择按钮	X15	ST5	5 号刀具到位行程开关
X4	SB4	4 号刀具选择按钮	X16	ST6	6 号刀具到位行程开关
X5	SB5	5 号刀具选择按钮	Y0	HL1	到位指示灯
X6	SB6	6 号刀具选择按钮	Y1	HL2	换刀指示灯
X11	ST1	1 号刀具到位行程开关	Y2	S	转盘顺转输出
X12	ST2	2 号刀具到位行程开关	Y3	Y	转盘逆转输出

（2）数控加工中心刀具库 PLC 控制的接线图。根据系统的控制要求和上述 PLC 的 I/O 分配，数控加工中心刀具库选择 PLC 控制系统硬件接线图如图 6-30 所示。

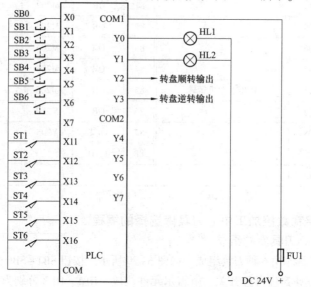

图 6-30　PLC 控制的硬件接线图

4. PLC 控制数控加工中心刀具库的软件编程

（1）数控加工中心刀具库选择控制的梯形图。根据 PLC 要实现的控制要求，数控加工中心刀具库选择控制的梯形图如图 6-31、图 6-32 所示。

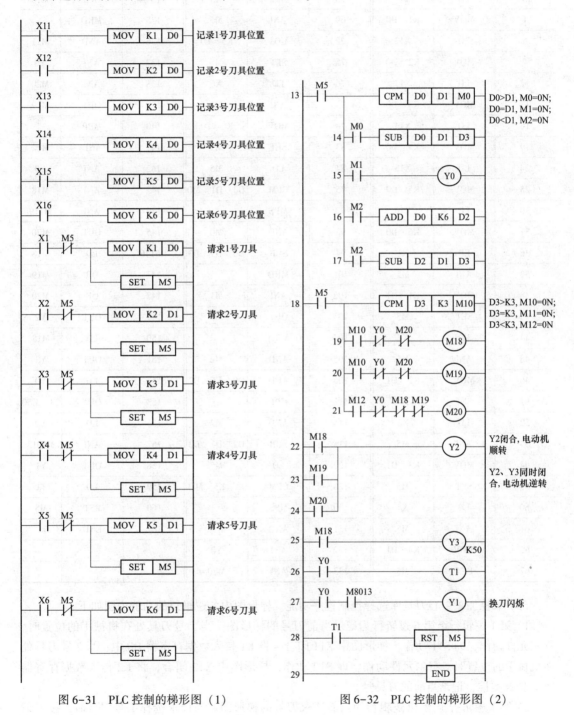

图 6-31　PLC 控制的梯形图（1）　　　　图 6-32　PLC 控制的梯形图（2）

（2）数控加工中心刀具库选择控制的指令语句表。根据 PLC 控制的梯形图编写出 PLC 控制的指令语句表见表 6-7。

表 6-7　　　　　　　　　　　　　　　PLC 控制的指令语句表

步	指令	元件	步	指令	元件	步	指令	元件
0	LD	X11	68	LD	X5	134	OUT	M18
1	MOV	K1 D0	69	ANI	M5	135	MRD	
6	LD	X12	70	MOV	K5 D1	136	AND	M11
7	MOV	K2 D0	75	SET	M5	137	ANI	Y0
12	LD	X13	76	LD	X6	138	ANI	M20
13	MOV	K3 D0	77	ANI	M5	139	OUT	M19
18	LD	X14	78	MOV	K6 D1	140	MPP	
19	MOV	K4 D0	83	SET	M5	141	AND	M12
24	LD	X15	84	LD	M5	142	ANI	Y0
25	MOV	K5 D0	85	CPM	D0 D1 M0	143	ANI	M18
30	LD	X16	92	MPS		144	ANI	M119
31	MOV	K6 D0	93	AND	M0	145	OUT	M20
36	LD	X1	94	SUB	D0 D1 D3 K6	146	LD	M18
37	ANI	M5	101	MRD		147	OR	M19
38	MOV	K1 D1	102	ANI	M1	148	OR	M20
43	SET	M5	103	OUT	Y0	149	OUT	Y2
44	LD	X2	104	MRD		150	LD	M18
45	ANI	M5	105	AND	M2	151	OUT	Y3
46	MOV	K2 D1	106	ADD	D0 K6 D2	152	LD	Y0
51	SET	M5	113	MPP		153	OUT	T1 K50
52	LD	X3	114	AND	M2	156	LD	Y0
53	ANI	M5	115	SUB	D2 D1 D3	157	ANI	M8013
54	MOV	K3 D1	122	LD	M5	158	OUT	Y1
59	SET	M5	123	CPM	D3 K3 M10	159	LD	T1
60	LD	X4	130	MPS		160	RST	M5
61	ANI	M5	131	AND	M10	161	END	
62	MOV	K4 D1	132	ANI	Y0			
67	SET	M5	133	ANI	M20			

（3）数控加工中心刀具库选择控制程序功能。梯形图中各逻辑行的功能说明如下。

1）第 1 逻辑行至第 6 逻辑行为记录当前刀号的梯形图。当 1 号刀具处在机械手的位置时，霍尔元件动作，即 ST1 动作，梯形图中 X11 闭合，将 K1 传入数据存寄器 D0 中；当 2 号刀具处在机械手的位置时，霍尔元件动作，即 ST2 动作，梯形图中 X12 闭合，将 K2 传入数据存寄器 D0。依此类推，记录当前的刀具号。

2）第 7 逻辑行至第 12 逻辑行为当前请求刀号的梯形图。当请求选择 1 号刀具时，按下请求刀具按钮 SB1，将 K1 传入数据寄存器 D1 中，同时使 M5 置位，其他请求信号无效；同理，当请求选择 2 号刀具时，按下请求刀具按钮 SB2，将 K2 传入数据存寄器 D1 中，同时使 M5 置位，其他请求信号无效；依此类推，记录当前请求的刀具号。

（4）第 13 逻辑行至第 17 逻辑行为运算程序梯形图。M5 置位后，比较指令执行的结果有以下三种情况。

1）如果数据寄存器 D0>D1，则 M0 闭合，执行减法运算 D0～D1，运算结果存入 D3 中，然后将 D3 在第 18 逻辑行中进行比较。若 D3>K3，则刀具盘离请求刀号逆转方向最近，M10 闭合，使得 M18 闭合，继而 Y2、Y3 闭合，电动机带动刀具盘逆转；若 D3=K3，则刀具盘离请求刀号顺转方向最近，M11 闭合，使得 M19 闭合，继而 Y2 闭合，电动机带动刀具盘顺转；同理，若 D3<K3，电动机带动刀具盘顺转。

2）如果数据寄存器 M=D1，则 M1 闭合，使得 Y0 闭合，到位指示灯亮，第 26、27 逻辑行 Y0 动合触点闭合，机械手开始换刀，且 Y1 驱动换刀指示灯闪烁。经过 5s 后，T1 动作，M5 复位，换刀结束。

3）如果数据寄存器 D0<D1，则 M2 闭合，第 16、17 逻辑行中 M2 动合触点闭合。由于 D0<D1，直接相减是个负数，结果出错，因而将 D0 加上刀具总数后减去 D1，将得出的数据在第 8 逻辑行中进行比较。

重复以上过程，最后使得 D0=D1，机械手进行换刀操作。

例 98 PLC 控制单轴数控的编程

1. PLC 控制单轴数控的结构框图

单轴数控的结构框图如图 6-33 所示。主要是利用 PLC 控制直流伺服电动机的转速，并对其进行转速测量和显示。图中直流伺服电动机的转速为 3000 r/min，编码器为圆光栅编码器（YGM-40Φ），PLC 采用 FX 系列 PLC，显示为共阴极七段数码管。

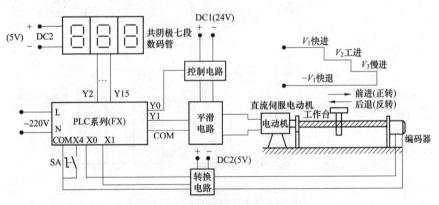

图 6-33　单轴数控的结构框图

2. PLC 控制单轴数控的工艺过程及具体要求

直流伺服电动机带动工作台前进，电动机（正转），其运行过程分别为快进（速度 V_1）→工进（速度 V_2）→慢进（速度 V_3）→到位后后退（电动机反转），以 V_1 速度退回，退回到位后，再重复上述过程。为了显示电动机的实际转速，采用了 100 线的编码器进行转速测量。

由于电动机为直流伺服电动机，所以采用 PLC 的 PWM 脉宽输出指令控制平滑电路电压输出值的大小，以控制直流电动机转速的大小。电动机的正/反转，由 PLC 的输出，控制直流电源的正、负极性到电动机的正、负端。

采用 FX 系列 PLC 控制后，要达到如下具体要求。

（1）接通启动开关，电动机正转，工作台以 V_1 速度前进（快进）。运行一定的距离（即 PLC 输出固定脉冲），转入到以 V_2 速度前进（工进），运行一定的距离（PLC 输出固定的脉冲），再转入到以 V_3 速度前进，运行一定的距离后，电动机停下即刻以 V_1 的速度反转。运行到原起点时，再重复此过程。

（2）进行速度测量并显示，显示单位为秒的转速数据。

（3）切断启动开关，电动机停转，滑台停止。

3. PLC 的 I/O 分配表

根据控制要求，PLC 的 I/O 分配表见表 6-8。

表 6-8　　　　　　　　　　　　　PLC 的 I/O 分配表

名称	器件代号	地址号	功能说明
输入	CP1	X0	高速计数器 C235 输入信号
	CP2	X1	高速计数器 C236 输入信号
	SA	X4	启动/停止开关
输出	KA1、KA2	Y0	控制继电器 KA1、KA2，改变直流电源极性
	PWM	Y1	PWM 脉冲输出口，产生变频信号
	8421 三组 BCD 码	Y2~Y15	输出到 LED 显示共 12 根，3 组 8421 码

4. PLC 控制的 I/O 实际接线图

PLC 与直流伺服电动机控制系统的 I/O 实际接线图如图 6-34 所示。

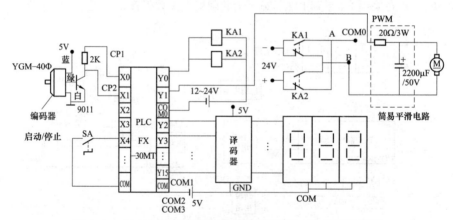

图 6-34　PLC 与直流伺服电动机控制系统的 I/O 实际接线图

在图 6-34 中，PLC 采用晶体输出方式的 FX 系列 PLC。显示为带有 BCD 码的七段译码显示，PLC 的 Y2~Y15 输出接至译码器输入端。Y0 控制电动机极性的正、负端。当 Y0＝0 时继电器 KA1、KA2 断开，此时，KA1、KA2 的触点使电源 A 点为+、B 点为-。当 Y0＝1 时，继电器 KA1、KA2 接通，这时，KA1、KA2 的触点动作，A 点为-，B 点为+。通过 Y1（PWM）输出接到直流电动机的两端，即可实现电动机的调速和正/反转。

输入信号 SA 接通，电路即启动运行，SA 断开，电路即停止运行。

编码器产生的信号是一组高速脉冲，电动机每转一圈即产生脉冲信号 100 个信号，所以该脉冲必须接到 PLC 内部高速计数器 C235、C236 的输入口 X0 和 X1 端上。

5. 控制程序及说明

PLC控制伺服直流电动机程序设计流程框图如图6-35所示。

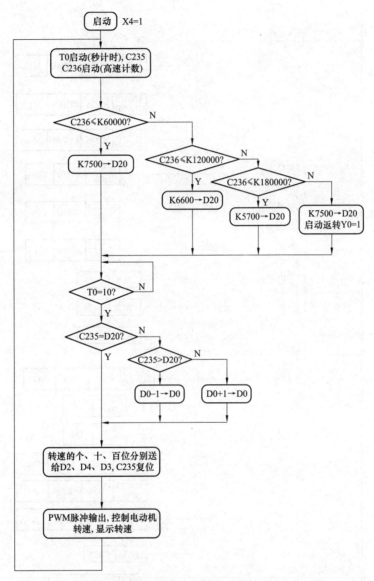

图6-35 PLC控制伺服直流电动机程序设计流程框图

6. 控制程序

根据控制流程框图,编写的控制程序如图6-36所示。程序中用C236高速计数器对编码器脉冲计数在启动后,在第一段(0~60000个脉冲)电动机以快速V_1速度转动,工作滑台快进,用C235控制电动机,每秒输出7500个脉冲。在第二阶段,C236再计60000个脉冲,即从60000~120000内电动机以中速V_2速度转动,工作滑台工进,用C235控制电动机,每秒输出6600脉冲。在第三阶段再累计60000个脉冲,即从120000~180000内电动机以慢速V_3速度转动,工作滑台慢进,用C235控制电动机,每秒输出5700个脉冲。当C236计满18000个脉冲,将使Y0输出动作,使电动机反转,并将C236清零。电动机反转时以速度V_1(即每秒输出7500个脉冲)运转,计数器C236计满180000个脉冲后,再重复上述过程。

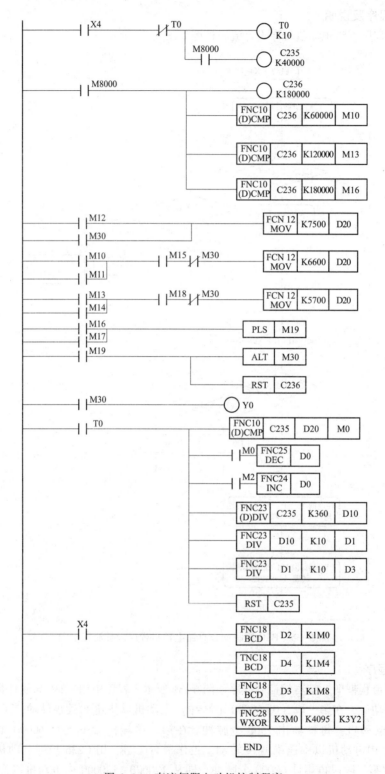

图 6-36　直流伺服电动机控制程序

　　转速的个、十、百位分别送给数据寄存器 D2、D4、D3，并分别送至输出口 Y2Y3Y4Y5、Y6Y7Y10Y11、Y12Y13Y14Y15 进行显示。

例 99　PLC 控制水温恒温控制装置的编程

1. PLC 控制水温恒温控制装置的结构示意图

PLC 控制水温恒温控制装置的结构示意图如图 6-37 所示。它包括控制恒温水箱，冷却风扇电动机、搅拌电动机、储水箱、加热装置、测温装置、温度显示、功率显示、流量显示、阀门及有关状态指示等。

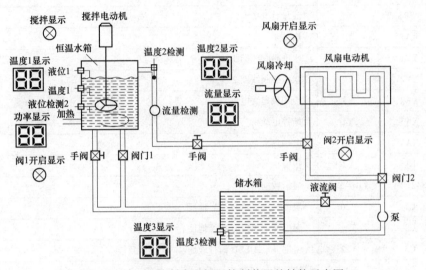

图 6-37　PLC 控制水温恒温控制装置的结构示意图

2. PLC 控制水温恒温控制装置的工艺过程及控制要求

本恒温控制系统，要求设定的恒温箱水温在某一数值。加热采用电加热，功率为 1.5kW，温度设定范围在 20~80℃。在图 6-37 中，恒温水箱内有一个加热器、一个搅拌器、两个液位开关、4 个温度传感器。液位开关为开关量传感器，测量水的水位高低，反映无水或水溢出状态。两个温度传感器分别为测量水箱入口处的水温和水箱中水的温度。储水路中，也装有一个温度传感器。恒温水箱中的水可以通过一个电磁阀或手动开关阀（手阀）将水放到储水箱中。储水箱中的水可通过一个电磁阀引入到冷却器中，也可直接引入到恒温水箱中。水由一个水泵提供动力，使水在系统中循环。水的流速由流量计测量。恒温水箱中的水温，入水口水温，储水箱中水温，流速及加热功率均有 LED 显示。两个电磁阀的通、断，搅拌和冷却开关均有指示灯显示。

控制系统控制过程如下：当设定温度后，启动水泵向恒温水箱中进水，水上升到液位后（一定的位置），启动搅拌电动机，测量水箱水温并与设定值比较，若温度差小于 5℃，要采用 PID 调节加热。当水温高于设定值 5~10℃时，要进冷水。当水温在设定值 0~5℃范围内，仍采用 PID 调节加热。当水温高于设定值 10℃以上时，采用进水与风机冷却同时进行的方法实现降温控制。此外对温度、流量、加热的电功率要进行实测并显示。若进水时无流量或加热、冷却时水温无变化时应报警。

3. PLC 控制的 I/O 分配表

本系统的输入信号有启动开关、停止开关、液位开关、流量检测开关、温度传感器等。输出信号控制的对象有水泵、水阀、冷却风机、搅拌电动机、电加热、状态显示、温度显示等。采用 FX 系列 PLC 控制，其 I/O 分配表见表 6-9。

表 6-9　　　　　　　　　　　　PLC 控制的 I/O 分配表

信号	器件代号	地址编号	功能说明
输入信号	SB1	X10	系统启动开关
	SB2	X15	系统停止开关
	SQ1	X11	上液位开关（过程控制箱内）
	SQ2	X12	下液位开关（水箱内）
	SP	X5	流量计开关
输出信号	KA1	Y0	启动泵
	YV1	Y1	水电磁阀线圈 1
	YV2	Y2	水电磁阀线圈 2
	KA2	Y3	冷却风扇继电器
	KA3	Y4	搅拌电动机
	KA4	Y5	电加热水
	HL	Y7	报警指示灯
	8421 码	Y10~Y17	显示数据用
	C1	Y20	温度显示 1 LED 信号地址
	C2	Y21	温度显示 2 LED 信号地址
	C3	Y22	温度显示 3 LED 信号地址
	C4	Y23	流量显示 LED 信号地址
	C5	Y24	功率显示 LED 信号地址

　　此外，测量温度的输入量为模拟电压值，输入有温度 T_1、T_2、T_3，功率输出也是模拟量。因此，本系统选用了 M-3A 模拟量特殊功能模块（2 组 A/D，1 组 D/A）及一台风机 PIC（输入为 36 点/输出为 24 点）。

4. PLC 控制的 I/O 电气接线图

　　根据本系统的控制要求，PLC 控制的 I/O 电气接线图如图 6-38 所示。

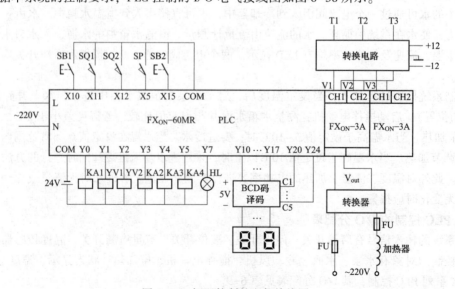

图 6-38　恒温控制的电气接线图

5. PLC 控制水温恒温控制装置的参考程序

系统控制程序流程图如图 6-39 所示。参考程序如图 6-40 所示。程序中用到的 PLC 内部数据存储器功能为：D54——温度设定值；D4——加热水温；D14——流水温度；D24——储水箱水温；D34——水流速度；D44——加热功率。

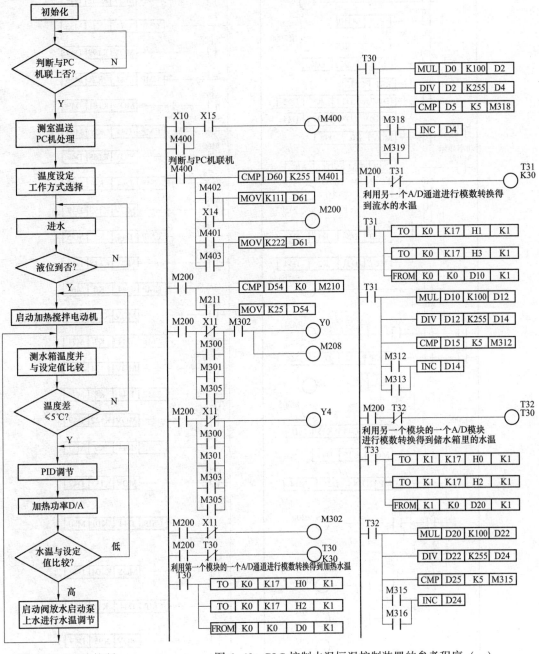

图 6-39 系统控制
程序流程图

图 6-40 PLC 控制水温恒温控制装置的参考程序（一）

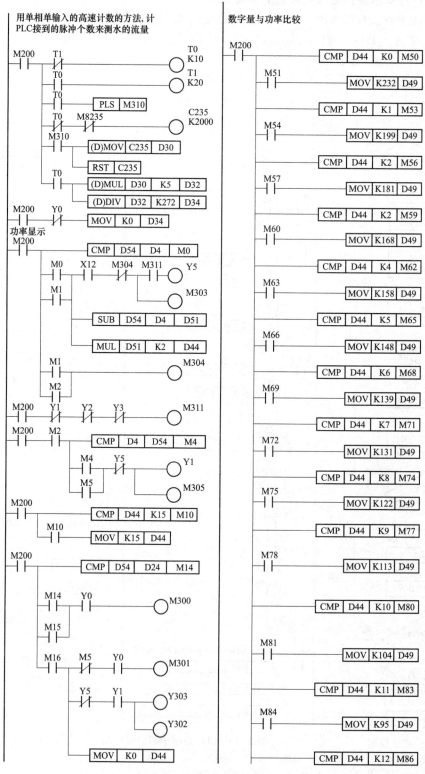

图 6-40　PLC 控制水温恒温控制装置的参考程序（二）

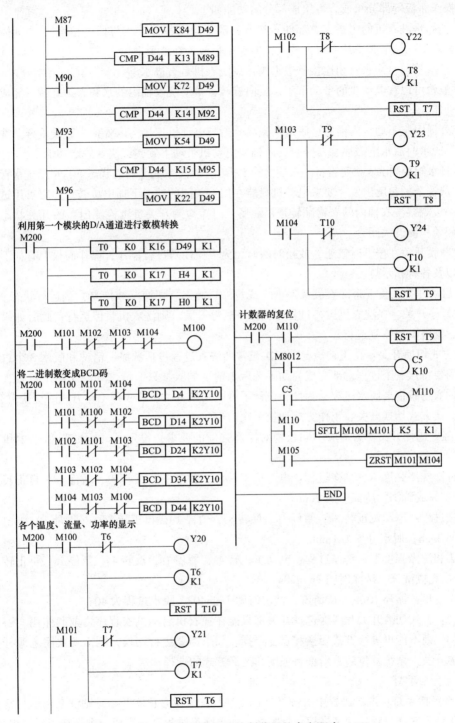

图 6-40 PLC 控制水温恒温控制装置的参考程序（三）

例 100 PLC 控制全自动洗衣机的编程

1. 全自动洗衣机组成及各部分功能

全自动洗衣机由桶体、进水管、进水阀、内桶、外桶、波轮、电动机、排水阀、排水管、门盖及操作面板等部分组成。各组成部分的功能如下。

1）桶体是洗衣机的主要支撑部件，其他各部分均以各种方式与桶体相连接。桶体底座有可以调整高度的调节脚，从而保证洗衣机能够平稳放置在地板上。

2）进水管与自来水管相连接，进水阀控制洗衣机是否进水。

3）波轮可以在电动机的带动下正、反向旋转，带动洗衣桶内的水和衣物旋转，完成洗涤和清洗的功能。

4）外桶固定不动，内桶通过脱水电磁离合器与电动机连接。内外桶中心线重合。洗涤时内桶不转，脱水时脱水电磁离合器吸合，内桶在电动机带动下旋转，实现脱水功能。

5）排水阀控制洗衣机是否将洗衣桶内的水排出。在排水阀开启的状态下，水经排水管排出。

6）从安全的角度出发，要求电动机只能在门盖关闭的情况下通电旋转。门盖可用透明材料制成，一边观察洗衣桶内的衣物翻转是否顺畅。门盖检测开关负责检测门盖的开关状态，门盖关闭则门盖检测开关闭合。

7）薄膜开关在按下时接通，放松时断开。为方便用户进行操作，操作面板上有如下操作薄膜开关以及各种指示灯。

a. 启动开关：负责将洗衣机从停止（或暂停）状态下切换（或恢复）到运行状态。

b. 暂停开关：在洗衣机运行过程中，按下暂停开关，则洗衣机暂停运行；此后如果按下启动开关，则洗衣机恢复运行。

c. 方式切换开关：在正常情况下一次正常的洗衣过程包括洗涤、清洗和脱水3个过程。有时并不需要将这3个过程全部完成，如手洗后未清洗的衣物只需清洗和脱水两个过程，手洗并清洗了的衣物只需要脱水过程。为此，设计了方式切换开关，这3种工作方式的切换由它完成，每按下一次方式切换开关，工作方式切换一次。

d. 强度选择开关：为适应不同衣物对洗涤强度的要求，设定了"标准"和"柔和"两种洗涤强度：

在标准洗涤强度下，洗涤过程：电动机正转8s，暂停1s，反转8s，暂停1s，再正转8s……循环30次完成洗涤，洗涤时间9min。

清洗过程：电动机正转8s，暂停1s，反转8s，暂停1e，再正转8s……循环10次完成清洗，清洗时间3min；脱水过程为1min。

在柔和洗涤强度下，洗涤过程：电动机正转4s，暂停1s，反转4s，暂停1s，再正转1s……循环20次完成洗涤，洗涤时间3min20s。

清洗过程：循环10次完成清洗，清洗时间1min40s。脱水过程为40s。

注意：方式切换开关和强度选择开关都只能在洗衣机启动洗衣程序之前起作用。一旦洗衣程序启动，则不能再进行方式切换和强度选择。如果需要进行切换，则需要关闭电源开关，再接通电源开关，系统复位后重新进行强度和洗涤方式的选择。

e. 运行指示灯。

① 洗涤指示灯：洗衣进程中有洗涤过程，并且洗涤没有正式开始，则洗涤指示灯常亮。如果当前正处于洗涤过程，则洗涤指示灯闪亮；如果洗涤过程已经完成，则洗涤指示灯熄灭。

② 清洗指示灯：洗衣进程中有清洗过程，并且当前还没有进行到清洗过程，则清洗指示灯常亮；如果当前正处于清洗过程，则清洗指示灯闪亮；如果清洗过程已经完成，则清洗指示灯熄灭。

③ 脱水指示灯：洗衣进程中有脱水过程，并且当前尚未进行到脱水过程，则脱水指示灯常亮，如果当前正处于脱水过程，则脱水指示灯闪亮。脱水过程结束，则脱水指示灯熄灭，报警蜂鸣器报警10s。

④ 标准强度指示灯和柔和强度指示灯：如果当前选择洗涤强度为标准洗涤强度，则"标准洗涤强度"指示灯常亮，而"柔和洗涤强度"指示灯熄灭。反之，则"柔和洗涤强度"指示灯常亮，而"标准洗涤强度"指示灯熄灭。

所有的指示灯均采用发光二极管。

8）检测开关。

a. 低水位检测开关：当洗衣桶内水位高于低水位时，则此开关接通。

b. 高水位检测开关：当洗衣桶内水位高于高水位时，则此开关接通。

c. 门盖检测开关：当洗衣机门盖关闭后，此开关接通。

2. PLC 控制全自动洗衣机的具体要求

当洗衣机通电，PLC 投入运行时，此时处于准备状态。用户可以设置洗涤强度、洗涤方式。然后，用户按下"启动"开关，洗衣机投入运行。

如果用户选择的是"洗涤"→"清洗"→"脱水"全过程洗衣，则工作过程如下所述。如果选择的是"清洗"→"脱水"或者"脱水"程序，则未选中的过程不进行。

关闭排水阀，打开进水阀，开始进水。当水位高于高水位，高水位检测开关接通。关闭进水阀，停止进水，开始洗涤。根据所选择的洗涤强度的不同，电动机带动波轮正转、反转的时间也不同（如前所述）。但必须注意，门盖关闭才能够启动电动机。洗涤次数到，则停止洗涤，打开排水阀，开始排水。此时"洗涤"指示灯熄灭。

当水位低于低水位时，低水位检测开关断开，接通电动机和脱水电磁阀，开始进行 20s 的脱水。20s 脱水完成，断开电动机和脱水电磁阀，并延时 10s，以便脏水尽可能流出洗衣桶。

10s 延时到后，关闭排水阀，打开进水阀，开始进水。水位高于高水位，高水位检测开关接通，则关闭进水阀，开始进入"清洗"过程。清洗时间根据选择的洗涤强度的不同而不同。清洗完成，则停止电动机运转，打开排水阀，开始排水。清洗指示灯熄灭。

水位低于低水位时，低水位检测开关断开，延时 10 s 再进入"脱水"过程。脱水完成，则脱水指示灯熄灭，电动机停止转动，报警蜂鸣器报警 10s。

用户取出洗衣桶内的衣物后，如果还需要进行下一次洗衣，则可以通过按下"方式切换开关"选择下一次的洗衣方式，接着按下"启动开关"即可。如果没有选择下一次的洗衣方式，则重复上一次选择的洗衣方式。

3. PLC 控制全自动洗衣机的编程

（1）PLC 的 I/O 编址分配。根据控制要求进行 PLC 的 I/O 编址分配，见表 6-10。

表 6-10　　　　　　　PLC 的 I/O 编址分配表

输入编址	控制对象/功能	输出编址	控制对象/功能
X0	启动按钮	Y0	电动机正转
X1	暂停按钮	Y1	电动机反转
X2	方式切换按钮	Y2	脱水电器离合器
X3	强度选择按钮	Y3	进水电磁阀
X4	低水位检测器	Y4	排水电磁阀
X5	高水位检测器	Y5	洗涤指示灯
X6	门检关闭开关	Y6	清洗指示灯
		Y7	脱水指示灯

续表

输入编址	控制对象/功能	输出编址	控制对象/功能
		Y10	报警蜂鸣器
		Y11	标准强度指示灯
		Y12	柔和强度指示灯

（2）PLC的梯形图控制程序。根据控制要求和I/O编址分配表编制PLC的梯形图控制程序，如图6-41所示。

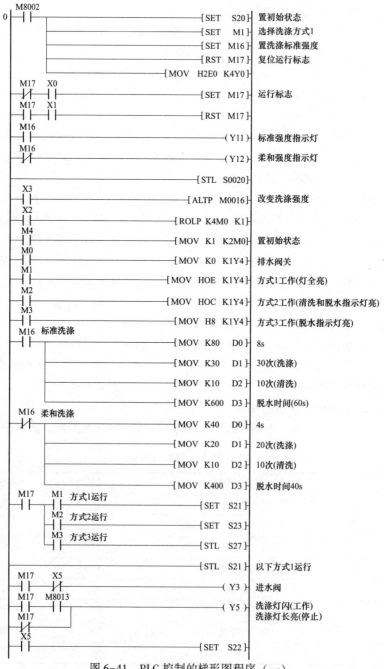

图6-41　PLC控制的梯形图程序（一）

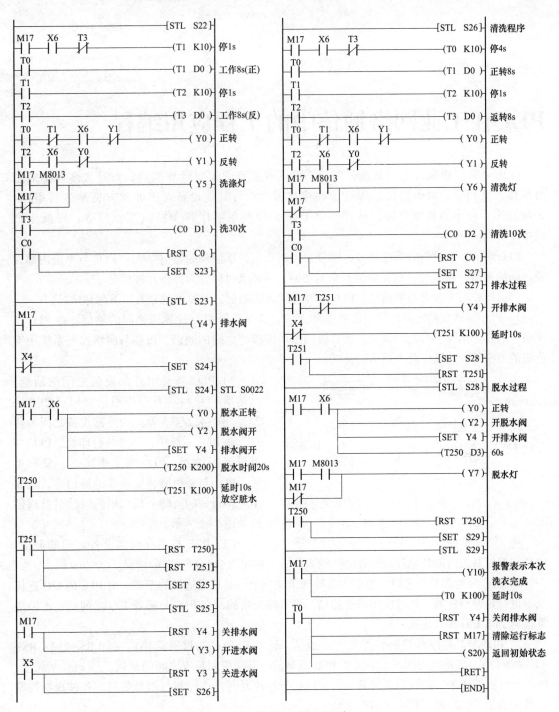

图 6-41 PLC 控制的梯形图程序（二）

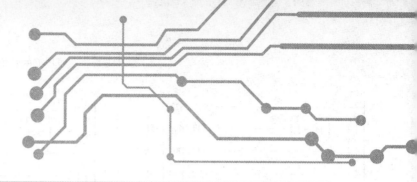

第7章

PLC在工业网络通信中的工程应用编程

作为一款功能强大的控制器，PLC不仅具有基本的逻辑运算能力，而且大多还集成了通信接口及相应的通信协议。通过这些接口，PLC与其他设备可以非常方便地进行组网，实现高速、稳定的数据交换，从而提高自动化控制系统中各个站点工作效率，降低生产成本。

PLC通信，从设备的范围划分，可分为"PLC与外部设备的通信"与"PLC与系统内部设备之间的通信"两大类。根据通信对象的不同，具体又可以分为以下几种情况。

（1）PLC与外部设备的通信。PLC与外部设备的通信，一般可以分为以下两种情况。

1）PLC与计算机之间的通信。从本质上说，这是计算机与计算机之间的通信。在PLC系统中，PLC与编程、监控、调试用计算机或图形编程器之间的通信，PLC与网络控制系统中上位机的通信等，均属于此类通信的范畴。

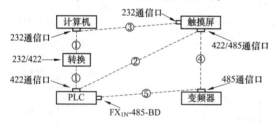

图7-1 PLC与外部设备常用的通信口及通信线
①—SC-09；②—FX-50DU-CAB；
③—FX-232CAB-1；④—FX422/485；⑤—RS-485

2）PLC与通用外部设备之间的通信。这是指PLC与具有通用通信接口（如RS-232、RS-422/485等）的外部设备之间的通信。在PLC系统中，PLC与打印机，PLC与条形码阅读器，PLC与文本操作、显示单元，PLC与触摸屏、变频器的通信等，均属于此类通信的范畴。其常用的通信口及通信线如图7-1所示。

（2）PLC与系统内部设备之间的通信。PLC与控制系统内部其他控制装置之间的通信，一般可以分为以下三种情况。

1）PLC与远程I/O之间的通信。这种通信实质上只是通过通信的手段，对PLC的I/O连接范围进行延伸与扩展。通过使用串行通信，可省略大量的、在PLC与远程I/O之间的、本来应直接与PLC I/O模块连接的电缆。

2）PLC与其他内部控制装置之间的通信。这是指PLC通过通信接口（如RS-232、RS-422/485等），与系统内部的、不属于PLC范畴的、其他控制装置之间的通信。在PLC系统中，PLC与变频调速器、伺服驱动器的通信，PLC与各种温度自动控制与调节装置、各种现场控制设备的通信等，均属于此类通信的范畴。

3）PLC与PLC之间的通信。它主要应用于PLC网络控制系统。通过通信连接，可以使得众多独立的PLC有机地连接在一起，组成工业自动化系统的"中间级"（称为PLC链接网）。这一"中间级"通过与上位计算机的连接，可以组成规模大、功能强、可靠性高的综合网络控制系统。

由于PLC控制系统内部的设备众多，通常情况下需要通过PLC现场总线系统，将各装置连接成为网络的形式，以实现集中与统一的管理。

例 101　PLC 与打印机的通信编程

某 PLC 与 RS-232 串行打印机相连接，现需要由 PLC 发送字符"testing line"，并进行打印。

打印机的通信格式如下：

数据长度：8 位 ASCII 码；

奇偶校验：偶校验；

停止位：1 位；

波特率：2400bit/s。

根据要求，可以按照以下方法确定 PLC 程序参数。

（1）通信格式 D8120 的设定：根据要求，可以确定 PLC 通信格式设定数据存储器 D8120 的值为 0000 0000 0110 0111＝67H。

（2）字符发送的数据存储器：选择数据存储器的地址为 D200～D210（共 11 只）。

（3）发送字符：根据 ASCII 代码表，可以查得"testing line"的 ASCII 码依次为 74、65、73、74、69、6E、67、6C、69、6E、65。考虑到打印完成后，打印机需要回车、换行，因此，在发送数据时需要增加回车符 CR（ASCII 码为 0D）、换行符 LF（ASCII 码为 0A）。

（4）控制信号：假设本实例中使用 PLC 输入 X0 作为打印准备信号，X1 为打印开始信号。在明确了以上参数后，可以编制出 PLC 通信的梯形图程序如图 7-2 所示。

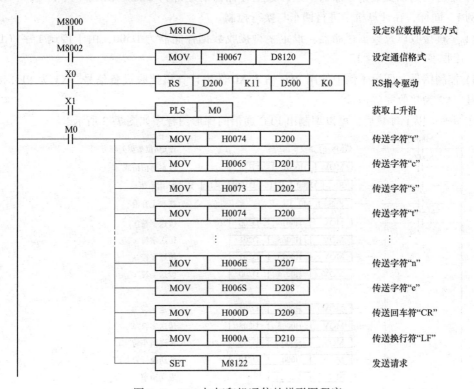

图 7-2　PLC 与打印机通信的梯形图程序

鉴于程序只用于发送数据，因此，接收数据的长度设定为"0"。程序的操作步骤如下。

1）检查、设定打印机的设定开关。

2）检查打印机在线。

3）按下 X0，使得 PLC 执行 RS 指令。

4）按下 X1，打印机打印 "testing line"，结束后自动回车与换行。

例 102　PLC 与计算机、打印机的通信编程

某 PLC 与计算机通过 RS-232 接口相连接，并需要进行 PLC 与计算机、打印机的通信。传送要求如下。

（1）RS-232 接口通信格式如下：

数据长度：8 位 ASCII 码；

奇偶校验：偶校验；

停止位：1 位；

波特率：9600bit/s。

（2）PLC 发送字符 "testing line" 到计算机并进行打印。

（3）计算机发送 16 点输出状态到 PLC，并通过 PLC 程序在 PLC 的输出点 Y0~Y15 中直接输出。

根据要求，可以按照以下方法确定 PLC 程序参数。

1）通信格式 D8120 的设定：根据要求，可以确定 PLC 通信格式，设定数据存储器 D8120 的值为 0000 0000 1000 0111 = 87H。

2）字符发送以及数据存储器：选择数据存储器的地址为 D200~D210（共 11 只），发送字符实例 1，同样，在计算机中进行回车与换行控制。

3）字符接收以及数据存储器：设定字符接收数据存储器为 D500，由于传送 1 字（16 位）数据，接收字长设定为 "1"。

4）控制信号：假设本例中使用 PLC 输入 X0 作为计算机接收设备信号，X1 为 PLC 接收开始信号，X2 为接收完成信号。

在明确了以上参数后，可以编制出 PLC 通信的梯形图程序如图 7-3 所示。

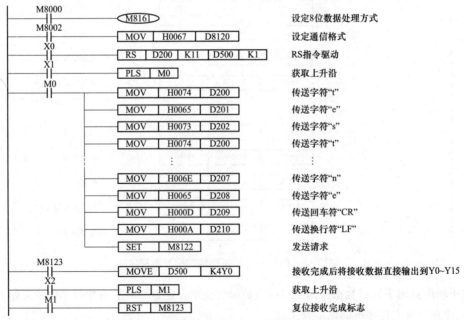

图 7-3　PLC 与计算机、打印机通信的梯形图程序

由于程序需要同时发送、接收数据，因此，接收数据的长度设定为"1"。程序的操作步骤如下：

a. 检查、设定计算机通信设定，并安装必要的通信软件。

b. 检查计算机在线。

c. 按下 X0，使得 PLC 执行 RS 指令。

d. 按下 X1，计算机接收"testing line"，结束后自动换行。

e. 当计算机发送 Y0~Y15 的 16 点输出状态到 PLC 后，PLC 直接转换为输出。

f. 通过 X2 复位接收完成信号 M8123，以便下次通信。

例103 PLC与计算机通信、显示的编程

假设某 PLC 与 RS-232 计算机的串行接口相连接，现需要在 PLC 与计算机间相互发送字符"@"（ASCII 码为 40），并进行显示。

PLC 与计算机进行普通模式的通信，通信格式如下：

数据长度：8 位 ASCII 码

奇偶校验：偶校验；

停止位：2 位；

波特率：9600bit/s。

数据传送时，首先通过计算机的 BASII 程序发送字符@，PLC 接收从计算机侧发送的字符到数据寄存器 D0、D1，并将其移动到数据寄存器 D10、D11 中。然后 PLC 发送 D10、D11 的字符到计算机，并且进行显示。

根据要求，可以按照以下确定 PLC 程序参数。

（1）通信格式 D8120 的设定：根据要求，可以确定 PLC 通信格式设定数据存储器 D8120 的值为 0000 0100 1000 1111＝048FH。

（2）PLC 字符发送的数据存储器：选择数据存储器的地址为 D10、D11。

（3）PLC 字符接收数据存储器为 D0、D1。

在明确了以上参数后，可以编制出 PLC 通信的梯形图程序如图 7-4 所示。

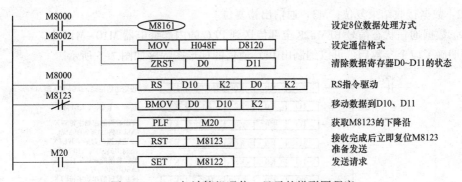

图 7-4 PLC 与计算机通信、显示的梯形图程序

在计算机侧，可以编制如下 BASIC 参考程序，用于发送字符。

```
10      CLOSE #1：A $ = "40"
20      OPEN "COM1："A $ #1
30      PRINT#1，A $
40      CLOSE #1：FOR I＝J TO 2000：NEXT
```

```
50      OPEN "COM1:" A $ #1
60      FOR I = 1 TO 100
70      IF LOC (1) >= 4 GOTO 100
80      NEXT
90      CLOSE #1: PRINT "TIME OUT ERROR": END
100     B $ = INPUT $ (LOC (1), #1)
120     END
```

例 104　PLC 与计算机间进行 16 位数据通信的编程

某 PLC 与 RS-232 计算机的串行接口相连接，不使用控制线。现需要在 PLC 与计算机间进行 16 位数据通信，传输字符为 ASCII 码，无附加字符，不进行"和"校验。

PLC 与计算机的通信格式如下：

数据长度，8 位 ASCII 码；　　　　　　　奇偶校验：偶校验；

停止位：2 位；　　　　　　　　　　　　波特率：19200bit/s。

数据传送时，首先将 PLC 的数据寄存器 D201~D205 中的数据发送到计算机，并将来自计算机的 8 字节数据保存数据寄存器 D301~D304 中。

根据要求，可以确定模块的基本设定参数如下。

（1）通信格式 BFM#0 的设定：根据要求，可以确定为 0000 0000 1001 1111 = 9FH。

（2）发送数据长度 BFM#l000 为 10 字节，接收数据长度 BFM#2 为 8 字节。

（3）数据发送起始符 BFM#4：STX（02H）。

（4）数据发送结束符 BFM#6：ETX（03H）。

（5）数据接收起始符 BFM#8：STX（02H）。

（6）数据接收结束符 BFM#10：ETX（03H）。

（7）发送字符为 1、2、3、4、5、6、7、8、9、O（根据 ASC Ⅱ 代码表，对应的编码为 31 32 33 34 35 36 37 38 39 30）。

（8）数据通信控制信号在 PLC 中的内部继电器地址如下：

M0：数据发送/接收允许；M1：数据发送命令；

M2：数据接收结束复位；M3：通信出错复位。

（9）数据通信状态信号 BFM#28 全部传送到 PLC 的内部继电器 M10~M15 中。

在明确了以上参数后，可以编制出 PLC 通信的梯形图程序如图 7-5 所示。

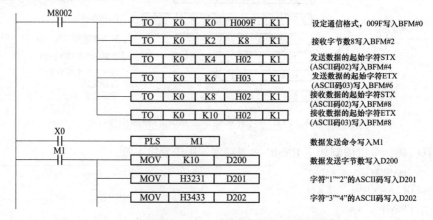

图 7-5　PLC 与计算机间进行 16 位数据通信的梯形图程序（一）

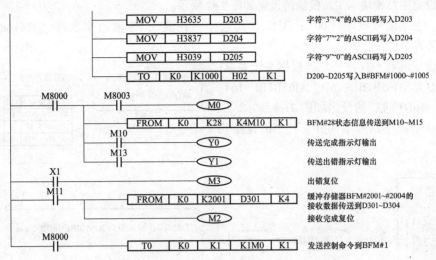

	MOV	H3635	D203		字符"3""4"的ASCII码写入D203
	MOV	H3837	D204		字符"7""2"的ASCII码写入D204
	MOV	H3039	D205		字符"9""0"的ASCII码写入D205
	TO	K0	K1000	H02	K1	D200~D205写入B#BFM#1000~#1005

M8000　M8003
─┤├───┤├──────────(M0)　
　　　├──── FROM | K0 | K28 | K4M10 | K1 |　BFM#28状态信息传送到M10~M15
　　　M10
　　　├───────────(Y0)　传送完成指示灯输出
　　　M13
　　　├───────────(Y1)　传送出错指示灯输出
X1
─┤├───────────────(M3)　出错复位
M11
─┤├───── FROM | K0 | K2001 | D301 | K4 |　缓冲存储器BFM#2001~#2004的接收数据传送到D301~D304
　　　├───────────(M2)　接收完成复位
M8000
─┤├───── T0 | K0 | K1 | K1M0 | K1 |　发送控制命令到BFM#1

图 7-5　PLC 与计算机间进行 16 位数据通信的梯形图程序（二）

在以上程序中，X0 为数据写入命令，上升沿同时用于数据发送；X1 为错误清除输入。Y0 为传送完成输出指示灯；Y1 为模块错误指示灯。

以上信号直接来自 PLC 的输入、输出，可以使用按钮、指示灯等外部开关量输入、输出元件。

例 105　PLC 主站和远程 I/O 站之间通信的编程

本例中，要求配置一个 PLC 主站连接三个远程 I/O 站的网络系统，系统要求如下：

传输速度为 156kbit/s；

远程 I/O 模块型号：1 号远程 I/O 站为 AJ65BTB1-16D（16 点输入模块）；2 号远程 I/O 站为 AJ65BTB1-16T（16 点输出模块）；3 号远程 I/O 站为 AJ65BTB1-16DT（8 点输入、8 点输出模块）。

为了实现以上要求，系统设计步骤如下。

（1）根据系统要求，设计系统的连接如图 7-6 所示。

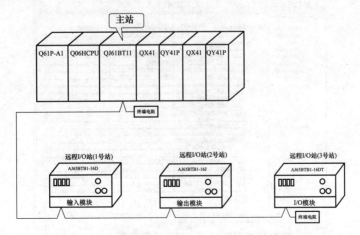

图 7-6　连接三个远程 I/O 站的网络链接图

（2）设定主站模块。主站模块的设定如图7-7所示。

其中，主站编号设定"00"；工作方式选择"在线"；传输速率选择"156kbit/s"；将MODE开关置于位置"0"。

（3）设定远程I/O站模块。根据系统要求，对远程I/O站 AJ65BTB1-16D、AJ65BTB1-16T、AJ65BTB1-16DT 进行的设定如图7-8所示。三个远程I/O站除了站号不同外，其余的设定均相同。

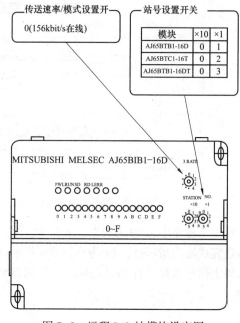

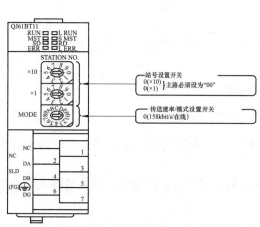

图7-7 主站设定图　　　　　　图7-8 远程I/O站模块设定图

（4）设定网络参数。网络参数的设定，需要根据不同的结构类型，利用 GX Developer 工具软件进行。本系统可以在 GX Developer 指定页面上设定图7-9所示的参数。

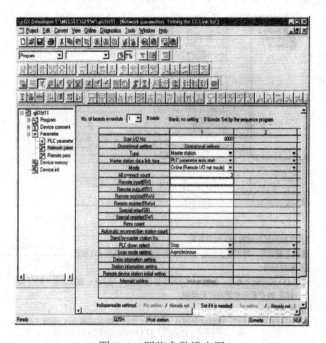

图7-9 网络参数设定图

（5）设置主站的自动刷新参数。本例中利用 GX Developer 工具软件，按以下规定，设置自动刷新参数。

1）远程输入（RX）的刷新编程元件设置为 X1000。

2）远程输出（RY）的刷新编程元件设置为 Y1000。

3）远程寄存器（RWr）的刷新编程元件设置为 D1000。

4）远程寄存器（RWw）的刷新编程元件设置为 D2000。

5）特殊继电器（SB）的刷新编程元件设置为 SB0。

6）特殊寄存器（SW）的刷新编程元件设置为 SW0。

GX Developer 的设定页面如图 7-10 所示。

图 7-10　主站自动刷新参数的设定图

（6）建立主站与远程站的 I/O 对应关系。在完成以上设定后，可以建立起图 7-11 所示的主站与远程 I/O 站的地址对应关系。

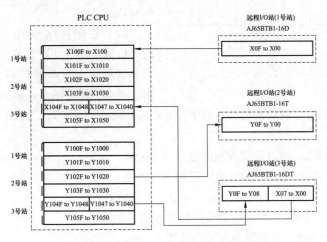

图 7-11　主站与远程 I/O 站的地址对应关系

（7）PLC程序设计。在建立了I/O的对应关系后，远程I/O站的全部远程输入（RX）、远程输出（RY）均可以完全像本地I/O一样在PLC程序中进行任意编程。

（8）工作状态检查。在PLC程序设计完成后，可以通过模块的指示灯检查主站与远程I/O站的工作状态（见图7-12、图7-13）。

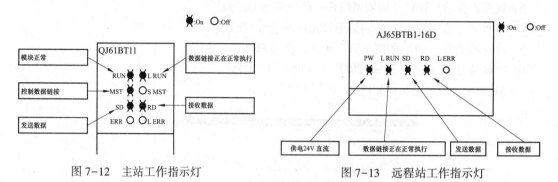

图7-12　主站工作指示灯　　　　　　　图7-13　远程站工作指示灯

例106　PLC主站和本地站之间通信的编程

本例中，要求利用CC-Link网络配置一个PLC主站（Q06HPLC）连接本地站（Q25HPLC）的网络系统，系统要求的传输速度为156kbit/s。

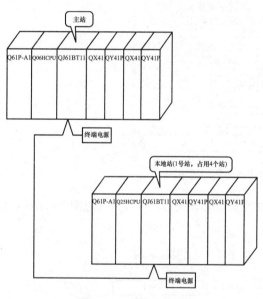

图7-14　系统连接图

为了实现以上要求，系统设计步骤如下。

（1）根据系统要求，设计系统的连接如图7-14所示。

（2）设定主站模块。本例主站模块的设定与上例（见图7-7）完全相同。其中，主站编号设定"00"；工作方式选择"在线"；传输速率选择"156 kbit/s"。

（3）设定本地站模块。本地站模块的设定与图7-7类似，但是，站编号应设定"01"；工作方式选择"在线"；传输速率选择"156kbit/s"。

（4）设定网络参数。网络参数的设定，需要根据不同的结构类型，利用GX Developer工具软件进行。本系统可以在GX Developer指定页面上设定图7-15所示的参数。

（5）设置主站的自动刷新参数。本例中用GX Developer工具软件，按以下规定设置自动刷新参数。

1）远程输入（RX）的刷新编程元件设置为X1000。

2）远程输出（RY）的刷新编程元件设置为Y1000。

3）远程寄存器（RWr）的刷新编程元件设置为D1000。

4）远程寄存器（RWw）的刷新编程元件设置为D2000。

5）特殊继电器（SB）的刷新编程元件设置为SB0。

6）特殊寄存器（SW）的刷新编程元件设置为SW0。

GX Developer 的设定页面如图 7-16 所示。

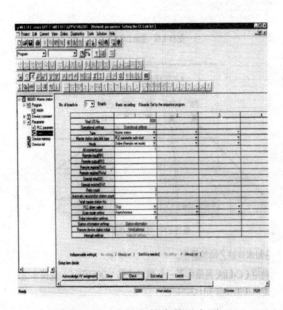

图 7-15 主站网络参数设定图

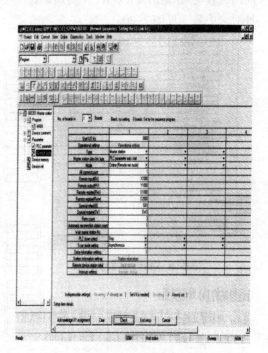

图 7-16 主站自动刷新参数设定值

（6）设置本地站的网络参数，如图 7-17 所示。

（7）设置本地站的自动刷新参数，如图 7-18 所示。

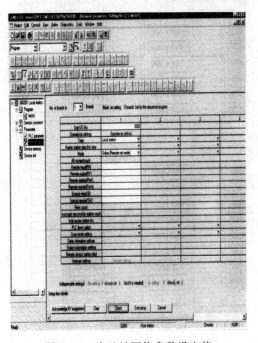

图 7-17 本地站网络参数设定值

图 7-18 本地站自动刷新参数设定值

（8）建立主站与远程站的 I/O 对应关系。在完成以上设定后，可以建立起主站与本地站之间的远程输入/输出（RX/RY）的地址对应关系（见图 7-19），以及远程寄存器（RW）的地址对应关系（见图 7-20）。

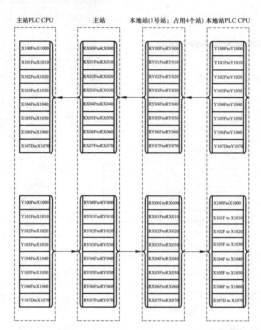

图 7-19 远程输入/输出的对应关系

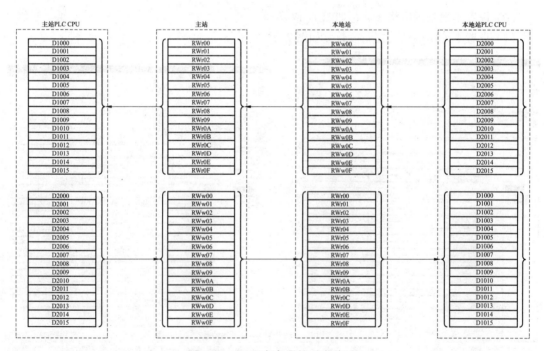

图 7-20 远程寄存器的对应关系

(9) PLC 程序设计。在建立了 I/O 的对应关系后，远程 I/O 站的全部远程输入（BX）/输出（RY）、寄存器均可以完全像本地 I/O 一样在 PLC 程序中进行任意编程。

(10) 工作状态检查。在 PLC 程序设计完成后，可以通过模块的指示灯检查主站与本地站的工作状态（见图7-21、图7-22）。

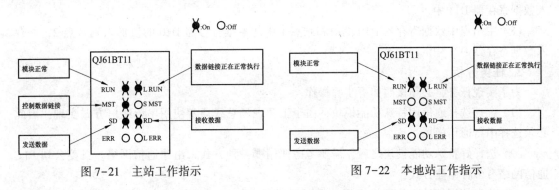

图7-21　主站工作指示　　　　　图7-22　本地站工作指示

例107　PLC实现并行链接和N∶N网络通信的编程

1. 工作任务

在生产实用过程中，对于复杂的生产线自动控制系统，通常使用单个PLC很难完成控制要求。因此通常会根据生产的具体要求，将控制任务分解成多个控制子任务，然后每个子任务分别由一个PLC来完成。然而由于生产任务的复杂性，任务分解之后，并不能做到每个任务之间都没有任何关联。为了实现生产任务的统一管理和调度，这时必须将完成各个子任务的PLC组成网络，通过通信的方式传递控制指令和各个工作部件之间的状态信息。因此用户必须掌握PLC的通信功能。

例如，现在有一个工作任务如下：三台PLC分别完成各自子任务，其中一台PLC被称为主站，主站站点号为第0号，另两台PLC被称为从站，从站站点号分别为第1号和第2号，如图7-23所示。

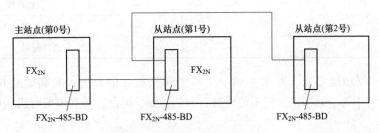

图7-23　主从站通信示意图

工作要求：

（1）主站点的输入点X000~X003（M1000~M1003）输出到从站点号1和2的输出点Y010~Y013。

（2）站点1的输入点X000~X003（M1064~M1067）输出到主站点和站点2的输出点Y014~Y017。

（3）站点2的输入点X000~X003（M1128~X1131）输出到主站点和站点1的输出点Y020~Y023。

（4）主站点中的数据寄存器D1指定为站点1中计数器C1的设定值。计数器C1的接触状态（M1070）反映到主站点的输出点Y005上。

（5）主站点中的数据寄存器D0指定为站点2中计数器C2的设定值。计数器C2的接触状态（M1140）反映到主站点的输出点Y006上。

（6）站点1中数据寄存器D10的值和站点2中的数据寄存器D20的值加入到主站点，并存入数据寄存器D3中。

（7）主站点中数据寄存器 D10 的值和站点 2 中的数据寄存器 D20 的值加入到站点 1，并存入数据寄存器 D11 中。

（8）主站点中数据寄存器 D10 的值和站点 1 中的数据寄存器 D10 的值加入到站点 2，并存入数据寄存器 D21 中。

2. 任务分析

为了实现任务，必须按照如下步骤操作。

（1）合理选择通信用特殊功能模块。由于工业现场总线通常使用串行通信方式实现，因此必须选择串行通信模块。

（2）选择好特殊功能模块之后，需要考虑使用哪一种方式来组建通信网络。三菱公司 PLC 通信网络有多种组建方式。

（3）确定使用何种通信网络之后，必须根据所选的 PLC 和特殊功能模块完成正确连接方式，这是通信成功的硬件基础。

（4）如果选用并行链接或 N：N 网络，则可以不考虑通信协议的细节，PLC 为相同的通信协议即可。

（5）必须掌握三菱 PLC 通信编程指令，以实现多台 PLC 之间的通信。

3. PLC 实现并行链接和 N：N 网络的编程

（1）初始化程序。主站和从站都必须进行初始化工作。初始化时主要对 D8176~D8180 等几个专用数据寄存器设置工作参数，见表 7-1。

表 7-1 初始化参数表

	主站点	从站点 1	从站点 2	备注
D8176	K0	K1	K2	站点号
D8177	K2	—	—	总从站点：2 个
D8178	K1	—	—	刷新范围：模式 1
D8179	K3	—	—	重试次数：3 次（默认）
D8180	K5	—	—	通信超时：50ms（默认）

根据以上控制功能要求，对于主站、从站 1 和从站 2 的设置，其初始化梯形图程序如图 7-24 所示。对于每个站来说，它不能检查自身的错误，因此，还必须编写错误检验程序，如图 7-25 所示。

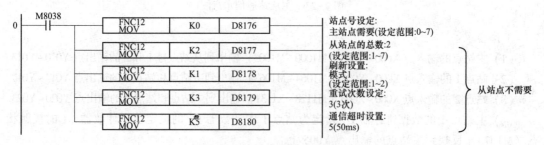

图 7-24 初始化梯形图程序

1）D8176 为本站站点号设置。主站设为 0，从站 1 设为 1，从站 2 设为 2。

2）本系统共有两个从站，所以 D8177 设为 2。

3）数据刷新范围采用模式 1，故 D8178 为 1。

4）通信重试次数定为 3 次，故 D8179 设为 3。3 次也是系统默认值。

5）通信起始时间系统默认值为 50ms，所以 D8180 设为 5。

参数 D8177~D8120 只对主站有效。因此对从站来讲只需要设置站点号即可。如前面讲过的图 7-23 的初始化程序。从站初始化程序只需要执行第一行，将 K0 分别改为 K1 和 K2 就可以了。

（2）主程序编写。和并行链接一样，N：N 网络

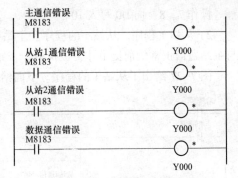

图 7-25　错误检验程序

中数据的通信和交换都是通过通信共享方式实现。整个通信的实际操作是 PLC 系统在后台完成的，编程的时候只要正确完成初始化工作，按照一定规则向通信共享区读写数据就可以了。

由于本系统共有三个模块，每个模块都必须独立编写程序，所以主程序编写也有三段主程序。

1）主站程序。主站程序编写时需要注意，每次写入或者读回数据时都必须检测需要通信的从站通信是否正常。如果通信正常，则执行相应的数据操作。如果通信不正常，则不执行任何操作。PLC 系统扫描程序会自动重试建立通信连接。

主站点通信程序如图 7-26 所示。下面给出相应说明。

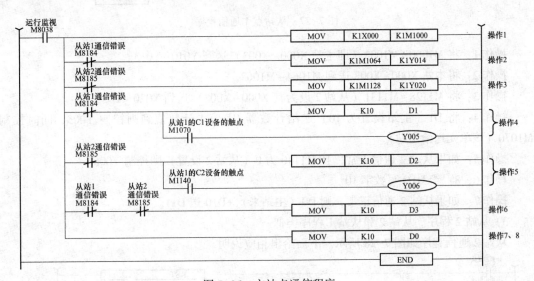

图 7-26　主站点通信程序

操作 1：将主站 X000~X003 送到 M1000~M1003。

站 1 在通信程序中设置为从站 1 的 X000~X003。

操作 3：如果站点 2 通信正常，将 M1128~M1131 的内容（由站点 2 设置为其 X000~X003）送到 Y020~Y023。

操作 4：如果站点 1 通信正常，由 M1070（从站 1 中 C1 控制其输出）控制 Y005 输出。同时将 D1 写数值 10。

操作 5：如果站点 2 通信正常，由 M1140（从站 2 中 C1 控制其输出）控制 Y006 输出。同常时将 D2 写数值 10。

操作 6：如果两个从站通信都正常，向 D3 写入 10。

操作 7、8：向 D0 写入 10。

2) 从站 1 程序。从站 1 的程序和主站程序最大的区别在于从站 1 中所有的通信程序必须在与主站通信正常的前提下才会被执行。否则失去执行机会。

图 7-27 给出了从站 1 的程序。下面给出相应说明。

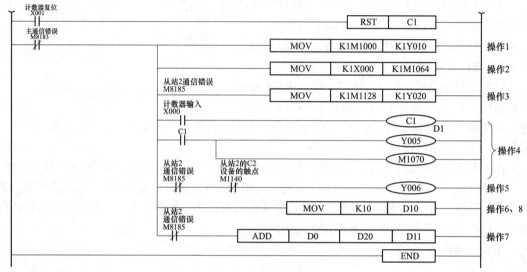

图 7-27　从站点 1 通信程序

操作 1：将 M1000~M1003（即主站 X000~X003）送到 Y010~Y013。

操作 2：将本站 X000~X003 送到 M1064~M1067。

操作 3：将 M1128~M1131（从站 2 设为其 X000~X003）送到 Y020~Y023。

操作 4：将 D1（主站设置为 10）送给计数器 C1。C1 计数值到则控制 Y005，同时控制 M1070（该单元送给主站）。

操作 5：如果从站 2 通信正常，且 M1140 为 0（从站 2 设置）则控制 Y006。

操作 6、8：给 D1O 写数字 10。

操作 7：如果从站 2 通信正常，则 D0（主站来）+D10 送 D11。

3) 从站 2 程序。从站 2 和从站 1 程序类似。

从站 2 通信程序如图 7-28 所示。下面给出相应说明。

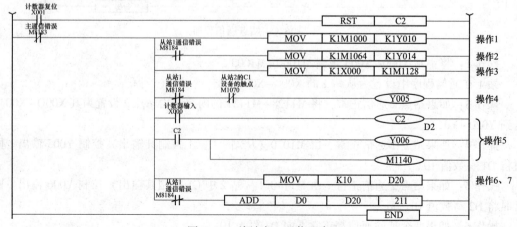

图 7-28　从站点 2 通信程序

操作 1：将 M1000~M1003（即主站 XO00~X003）送到 Y010~Y013。

操作 2：如果从站 1 通信正常，将 M1064~M1067（从站 1 设置为其 X0~X3）送到 Y14~Y17。

操作 3：将 X000~X003 发送到 M1128~M1131。

操作 4：如果从站 1 通信正常且 M1070（从站 l 定时到设置）为 0 则选择控制 Y005。

操作 5：将 D2（主站设置）设置 C2 计数值。若 C2 计数到，设置 Y006 和 M1060。

操作 6、7：给 D20 写数字 10。

操作 7：如果从站 1 通信正常，则 D0（主站来）+D20 送 D11。

4. PLC 实现并行链接和 N∶N 网络通信小结

从本实例可以看出，使用 PLC 通信功能实现各 PLC 之间信息的传送存在多种方法。本例是以 N∶N 网络方式实现的。这里对其通信功能实现做一个小结。

（1）PLC 实现通信功能组网方式。

1）可以使用 CC-LINK 通信模块实现 PLC 和 IO 设备的组网。可参阅 CC-LINK 的相关知识。

2）计算机链接方式和无链接方式都需要根据通信协议编写通信程序。因此除了掌握连接方式之外，还需要掌握 PLC 通信专用功能指令。可参阅相关知识。

3）并行链接和 N∶N 网络方式不需要读者了解通信的具体细节。开发人员只需要知道通信初始化编程和数据共享方式就可以方便地在三菱公司的带通信功能的模块间实现通信。本例就是采用这两种组网方式组网的。

（2）PLC 通信的硬件条件。

1）不论采用何种组网方式，参与通信的各个模块都必须具备通信特殊功能模块才能实现通信。

2）三菱 PLC 通常都是使用异步串行通信方式。

3）通信模块的电气标准有 RS-232、RS-485 和 RS-422 三种。开发人员可以根据系统要求自行选择。一般用得最多的是 RS-485。

4）在通信硬件连接时，要清楚通信端子的信号定义和各个模块的通信线的连接方法。

（3）编程。本例介绍的为 PLC 的并行链接和 N∶N 网络的编程方法。其编程一般都是先对模块进行初始化，然后再编写通信程序。由于其编程不涉及通信细节，由此编程指令非常简单。

例 108　PLC 控制变频器的编程

1. PLC 通过 RS485 通信接口控制变频器系统

（1）PLC 与变频器的三种连接方法。通常 PLC 可以通过下面三种途径来控制变频器。

1）利用 PLC 的模拟量输出模块控制变频器。PLC 的模拟量输出模块输出 0~5V 电压或 4~20mA 电流，将其送给变频器的模拟电压或电流输入端，控制变频器的输出频率。这种控制方式的硬件接线简单，但是 PLC 的模拟量输出模块价格相当高，有的用户难以接受。

2）PLC 通过 RS485 通信接口控制变频器。这种控制方式的硬件接线简单，但需要增加通信用的接口模块，这种模块的价格可能较高，熟悉通信模块的使用方法和设计通信程序可能要花较多的时间。

3）利用 PLC 的开关量输入/输出模块控制变频器。PLC 的开关量输出/输入端一般可以与变频器的开关量输入/输出端直接相连。这种控制方式的接线很简单，抗干扰能力强，用 PLC 的开关量输出模块可以控制变频器的正反转、转速和加减速时间，能实现较复杂的控制要求。虽然只能有级调速，但对于大多数系统，这已足够了。本例主要介绍 PLC 通过 RS485 通信接口控制变频器的方法。

（2）PLC 通过 RS485 通信接口控制变频器系统。该系统硬件组成如图 7-29 所示，主要由下列组件构成。

1）FX_{2N}-32MD-001 是该系统所用 PLC，为系统的核心。

2）FX_{2N}-485-BD 为 FX_{2N} 系统 PLC 的通信适配器，主要用于 PLC 和变频器之间数据的发送和接收。

3）SC09 电缆用于 PLC 和计算机之间的数据传送。

4）通信电缆采用五芯电缆，可自行制作。

（3）PLC 与 485 通信接口的连接方式。变频器端的 PU 接口用于 RS485 通信时的接口端子排定义如图 7-30 所示。

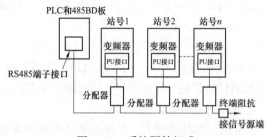

图 7-29　系统硬件组成

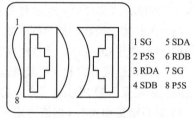

图 7-30　变频器接口端子排定义

按如图 7-31 所示，五芯电缆线的一端接 FX_{2N}-485BD，另一端（见图 7-30）用专用接口压接五芯电缆接变频器的 PU 口（将 FR-DU04 面板取下即可）。

（4）PLC 和变频器之间的 RS-485 通信协议和数据定义。

1）PLC 和变频器之间的 RS-485 通信协议。PLC 和变频器之间进行通信，通信规格必须在变频器的初始化中设定，如果没有进行设定或有一个错误的设定，数据将不能进行通信。且每次参数设定后，需复位变频器，确保参数的设定生效。设定好参数后将按如下协议进行数据通信（见图 7-32）。

图 7-31　PLC 和变频器的通信连接示意图

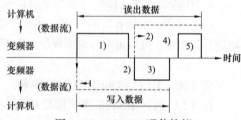

图 7-32　RS-485 通信协议

2）数据传送形式。

a. 从 PLC 到变频器的通信请求数据：

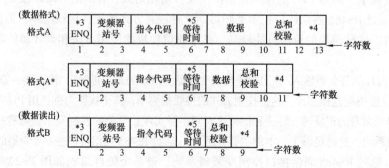

b. 数据写入时从变频器到 PLC 上的应答数据：

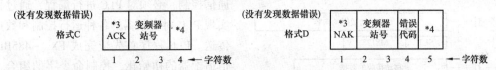

c. 读出数据时从变频器到 PLC 的应答数据：

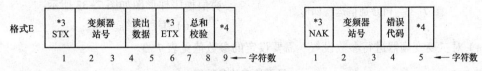

d. 读出数据时从 PLC 到变频器发送数据：

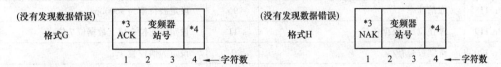

3）通信数据定义。

a. 操作指令见表 7-2。

表 7-2　　　　　　　　　　　操作指令表

操作指令	指令代码	数据内容
正转	HFA	H02
反转	HFA	H04
停止	HFA	H00
频率写入	HED	H0000~H2EE0
频率输出	H6F	H0000~H2EE0
电流输出	H71	H0000~HFFFF
电压输出	H72	H0000~HFFFF

b. 变频器站号。规定与计算机通信的站号，在 H00~H1F（00~31）之间设定。

c. 指令代码。由计算机（PLC）发给变频器，指明程序工作（如运行、监视）状态。因此，通过响应指令代码，变频器可工作在运行和监视等状态。

d. 数据。数据表示与变频器传输的数据，如频率和参数等。依照指令代码，确认数据的定义和设定范围。

e. 等待时间。规定为变频器从接收到计算机（PLC）来的数据到传输应答数据之间的等待时间。根据计算机的响应时间在 0~150ms 之间来设定等待时间，最小设定单位为 10ms。若设定值为 1，则等待时间为 10ms；若设定值为 2，则等待时间为 20ms。

注：Pr.123［响应时间设定］，不设定为 9999 的场合下，数据格式中的［响应时间］字节没有，而是作为通信请求数据，其字符数减少一个。

f. 总和校验代码。是指被校验的 ASCII 码数据的总和，即为二进制数的位数。一个字节最低为 8 位，表示 2 个 ASCII 码，以十六进制形式表示。

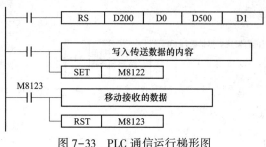

图 7-33　PLC 通信运行梯形图

（5）程序设计。要实现 PLC 对变频器的通信控制，必须对 PLC 进行编程，通过程序实现 PLC 对变频器的各种运行控制和数据的传送。PLC 程序首先应完成 FX$_{2N}$-485BD 通信适配器的初始化、控制命令字的组合、代码转换和变频器应答数据的处理工作。PLC 通信程序梯形图如图 7-33 所示。

（6）编程训练。

1）对三菱变频器进行参数设置。需要设定的参数值见表 7-3。

表 7-3　需要设定的参数值

参数号	名称	设定值	说明
Pr.117	站号	0	设定变频器站号为 0
Pr.118	通信速率	96	设定波特率为 9600bpa
Pr.119	停止位长/数据位长	11	设定停止位 2 位，数据位 7 位
Pr.120	奇偶校验有/无	2	设定为偶校验
Pr.121	通信再试次数	9999	即使发生通信错误，变频器也不停止
Pr.122	通信校验时间间隔	9999	通信校验终止
Pr.123	等待时间设定	9999	用通信数据设定
Pr.124	CR、LF 有/无选择	0	选择无 CR、LF

Pr.122 号参数一定要设成 9999。否则，当通信结束以后且通信校验互锁时间到时，变频器会产生报警并且停止（E.PUE）。Pr.79 号参数一定要设成 1，即 PU 操作模式。以上参数设置适用于 A500 和 E000。

2）复位变频器，确保参数的设定有效。

3）对三菱 PLC 进行设置。三菱 FX 系列 PLC 在进行计算机连接（专用协议）和无协议通信（RS 指令）时，均需对通信格式（D8120）进行设定，其中，包含波特率、数据长度、奇偶校验、停止位和数据格式等。在修改了 D8120 设置后，确保关掉 PLC 的电源，然后再打开。D8120 设置如下：

$$d_{15} - - - - - - - - - - - - d_0$$

0000	1100	1000	1110
0	C	8	E

即数据长度为 7 位、偶校验、2 位停止位、波特率为 9600bps、无标题符和终结符、没有添加和校验码，采用无协议通信（RS485）。

4）制作电缆将 PLC 与变频器连接。

5）编写通信程序，实现通信。

PLC 通过 RS-485 通信控制变频器运行的参考程序为：

```
0   LD M8002              51  ANI X003
1   MOV H0C96 D8120       52  MOV H30 D16
6   LD X001               57  MPP
7   RS D10 D26 D30 D49     58  ANI X003
16  LD M8000              59  MOV H34 D17
```

17	OUT M8161	64	LDP X002
19	LD X001	66	CCD D11 D28 K7
20	MOV H5 D10	73	ASCI D28 D18 K2
25	MOV H30 D11	80	MOV K10 D26
30	MOV H31 D12	85	MOV K0 D49
35	MOV H46 D13	90	SET M8122
40	MOV H41 D14	92	END
45	MOV H31 D15		
50	MPS		

以上程序运行时，PLC 通过 RS-485 通信程序正转启动由变频器控制，停止则由 X3 端子控制。

2. PLC 控制变频器实现电动机的正反转

在生产实践应用中，电动机的正反转控制是比较常见的。如图 7-34 (a) 所示，是大家熟悉的利用继电器接触器控制的正反转控制电路。如图 7-34 (b) 所示，是利用变频器实现电动机正反转控制的电路。利用变频器实现电动机正反转控制，就要按照实际工作的要求来设置参数，编写相关程序。

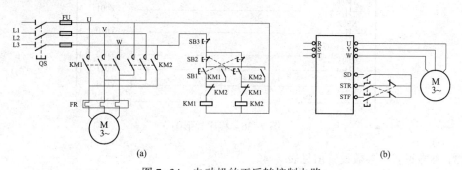

图 7-34　电动机的正反转控制电路
(a) 继电器接触器控制的正反转电路；(b) 变额器控制的正反转电路

(1) 变频器控制电动机正反转的方法。利用普通的电网电源运行的交流拖动系统，为了实现电动机的正反转切换，必须利用接触器等装置对电源进行换相切换。利用变频器进行调速控制时，只需改变变频器内部逆变电路换流器件的开关顺序，即可达到对输出进行换相的目的，很容易实现电动机的正反转切换，而不需要专门的正反转切换装置。

(2) 控制电路。PLC 与变频器控制电动机正反转的控制电路和程序梯形图如图 7-35 和图 7-36所示，按下 SB1，输入继电器 X0 得到信号并动作，输出继电器 Y0 动作并保持，接触器 KM 动作，变频器接通电源。Y0 动作后，Y1 动作，指示灯 HL1 亮。将 SA2 旋至"正转"位，X2 得到信号并动作，输出继电器 Y10 动作，变频器的 STF 接通，电动机正转启动并运行。同时，Y2 也动作，正转指示灯 M2 亮。如 SA2 旋至"反转"位，X3 得到信号并动作，输出继电器 Y11 动作。变频器的 STR 接通，电动机反转启动并运行。同时，Y3 也动作，反转指示灯 HL3 亮。

当电动机正转或反转时，X2 或 X3 的动断触点断开，使 SB2 (即 X1) 不起作用，从而防止变频器在电动机运行的情况下切断电源。将 SA2 旋至中间位置时，则电动机停转，X2、X3 的动断触点均闭合。如果再按下 SB2，则 X1 得到信号，使 Y0 复位，KM 失电并且复位，变频器脱离电源。电动机运行时，如果变频器因为发生故障而跳闸，则 X4 得到信号，一方面使 Y0 复位，变频器切断电源；另一方面，Y4 动作，指示灯 HL4 亮。

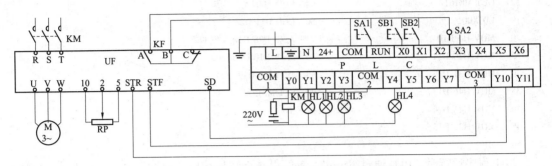

图7-35   PLC与变频器控制电动机正反转的控制电路

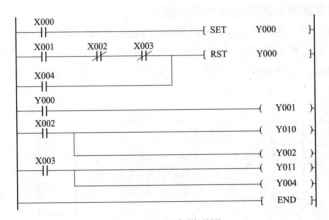

图7-36   程序梯形图

（3）参数设置。参数设置值见表7-4。

表7-4   参数设置

参数名称	参数号	参考值
上升时间	Pr.7	4s
下降时间	Pr.8	3s
加减速基准频率	Pr.20	50Hz
基底频率	Pr.3	50Hz
上限频率	Pr.1	50Hz
下限频率	Pr.2	0Hz
运行模式	Pr.79	1

（4）通电测试。

1）将变频器和电动机的连线接好，如图7-37所示。

2）通电试验。

3）实地测试。

a. 使用转速表测量转速。测量方法：首先把反射纸剪成一正方块，贴在被测体（电动机转轴）上。按下"测量"键，当光束投射到目标时，用"监视符号"来确认是否正确，当读数值已确定（大约2s）时松开测量开关。假如测量RPM低于50RPM时，建议把反射纸贴多一些，然后再把读数值依"反射纸"测量，即可得到稳定的高精度的数值。

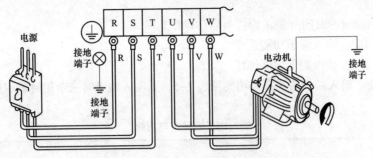

图 7-37 变频器和电动机的连线

b. 检测上升和下降时间。用秒表和转速表配合，测量从 0 速到额定转速（上升）和从额定转速到 0 速（下降）的时间。

4）通电测试注意事项。

a. 切不可将 R、S、T 与 U、V、W 端子接错，否则，会烧坏变频器。

b. PLC 的输出端子只相当于一个触点，不能接电源，否则会烧坏电源。

c. 电动机为Y形接法。

d. 操作完成后注意断电，并且清理现场。

e. 运行中若出现报警现象，复位后要重新操作。

f. 若测量转速不准确，要检查参数设定是否准确。

3. 变频与工频的切换控制

一台电动机变频运行，当频率上升到 50Hz（工频）并保持长时间运行时，应将电动机切换到工频电网供电，让变频器休息或另作他用；另一种情况是当变频器发生故障时，则需将其切换到工频运行。一台电动机运行在工频电网，现工作环境要求它进行无级调速，此时必须将该电动机由工频切换到变频状态运行。要进行变频与工频的切换控制，就必然要进行变频器与 PLC 连接，进行相关参数的设置和编程。

（1）变频与工频切换控制原理图。变频与工频切换控制原理图如图 7-38 所示。

（2）相关参数及端子功能介绍。要实现工频与变频的切换，必须正确地设置相关参数。

1）相关参数。

Pr. 135：工频电源-变频器切换顺序输出端子选择。

Pr. 136：接触器切换互锁时间。

Pr. 137：启动等待时间。

Pr. 138：报警时的工频电源-变频器切换选择。

Pr. 139：自动变频器-工频电源切换选择。

Pr. 17：MRS 输入选择。

Pr. 57：再启动自动运行时间（参考

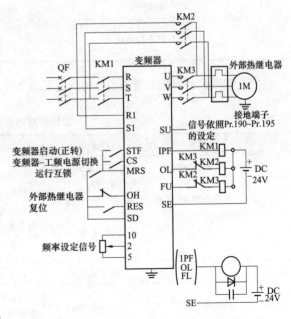

图 7-38 变频与工频切换控制原理图

瞬停再启动操作）。

　　Pr. 58：再启动缓冲时间（参考瞬停再启动操作）。

　　Pr. 180～Pr. 186：输入端子功能选择。

　　Pr. 190～Pr. 195：输出端子功能选择。

　　2）端子功能。输入端子的状态与功能见表7-5，其输入端子对三个接触器线圈的控制效果见表7-6。

表7-5　　　　　　　　　　　　　　　　　　输入端子的状态与功能

输入端子	状态	功能
STF（STR）	ON	变频器启动
CS	ON	变频器具备瞬停再启动，此处表示变频器具备工频⟷变频切换功能
MRS	ON	上述操作有效，否则无效
OH 外部热继电器动断触点	ON	正常
	OFF	故障
RES	复位	变频器运行状态的初始化

表7-6　　　　　　　　　　　　　　输入端子对三个接触路线圈的控制效果

端子	功能	开关状态	KM1	KM2	KM3
MRS	操作是否有效	ON	ON	—	—
		OFF	ON	OFF	不变
CS	工频⟷变频	ON-变频运行	ON	OFF	ON
		OFF-工频运行	ON	ON	OFF
STF（STR）	启停控制	ON-运行	ON	—	—
		OFF-停止	OFF	OFF	OFF
OH	外部热继电器工况（动断触点）	ON-正常	ON	—	—
		OFF-故障	OFF	OFF	OFF
RES	运行状态初始化	ON-初始化	不变	OFF	不变
		OFF-正常运行	ON	—	—

　　（3）变频参数的设定。变频参数的设定见表7-7。

表7-7　　　　　　　　　　　　　　　　　　变频参数的设定

参数号	名称	设定值	说明
Pr. 135	工频电源-变频器切换顺序输出端子	选择 0 无顺序输出，Pr. 136，137，138 和 139 设定无意义。 选择 1 有顺序输出	当用 Pr. 190～Pr. 195（输出端子功能选择）安排各端子控制 KM1～KM3 时，由集电极开路端子输出。当各端子已有其他功能时，可由 FR-A5AR（选件）提供继电器输出
Pr. 136	KM 切换互锁时间	0～100.00s	设定 KM2 和 KM3 动作的互锁时间
Pr. 137	启动等待时间	0～100.00s	设定值应比信号输入到变频器时到 KM3 实际接通时的间隔稍微长点（0.3～0.5s）

续表

参数号	名称	设定值	说明
Pr. 138	报警时的工频电源-变频器切换	0	变频器停止运行，电动机自由运转。当变频器发生故障时，变频器停止输出（KM2 和 KM3 断开）
		1	停止变频器运行，并自动切换变频器运行到工频电源运行。当变频器发生故障时，变频器运行自动切换到工频电源运行（KM2：ON，KM3：OFF）
Pr. 139	自动频变器-工频电源切换选择	0~60.0Hz	电动机由变频器启动和运行到达设定频率，当输出频率达到或超过设定频率，变频器运行自动切换到工频电源运行。启动和停止通过变频器操作指令控制（STF 或 STR）。 9999 不能自动切换

注　1. 当 Pr. 135 设定为"0"以外的值时，Pr. 139 的功能才有效。

　　2. 当电动机由变频器启动到达设定的切换频率时，变频器运行自动切换到工频电源运行。如果以后变频器的运行指令值（变频器的设定频率）降低或低于切换频率，工频电源运行不会自动切换到变频器运行。关断交频器运行信号（STF 或 STR），切换工频电源运行到变频器运行，使电动机减速到停止。

（4）变频与工频切换控制的编程。

1）编程要求。

a. 能够对变频器的参数进行正确设置。具体参数是：Pr. 160、Pr. 57、Pr. 58、Pr. 78、Pr. 135、Pr. 136、Pr. 137、Pr. 138、Pr. 139、Pr. 184、Pr. 193、Pr. 194。

b. 能够正确编写控制程序，输入模拟调试，并且安装运行。

2）编程内容。

a. 连接 PLC 控制的交频与工频切换电路，如图 7-39 所示。

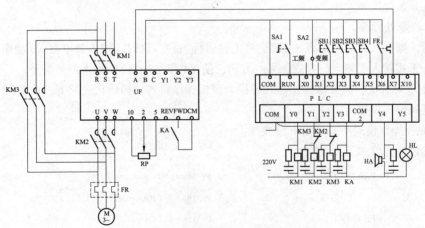

图 7-39　PLC 控制的交频与工频切换电路

b. 输入程序，模拟调试。参考程序梯形图如图 7-40 所示。

A 段：工频运行段。

先将选择开关 SA2 旋至"工频运行位"，使输入继电器 X0 动作，为工频运行做好准备。

按启动按钮 SB1，输入继电器 X2 动作，使输出继电器 Y2 动作并保持，从而接触器 KM3 动作，电动机在工频电压下启动并运行。按停止按钮 SB2，输入继电器 X3 动作，使输出继电器 Y2 复位，而接触器 KM3 失电，电动机停止运行。如果电动机过载，热继电器触点 FR 闭合，输

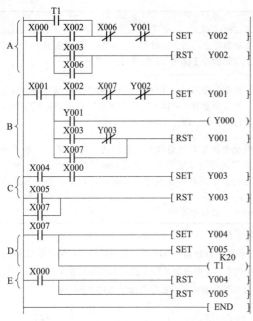

图7-40　PLC控制的交频与工频切换的梯形图

入继电器X6动作，输出继电器Y2、接触器KM3相继复位，电动机停止运行。

B段：变频通电段。

先将选择开关SA2旋至"变频运行"位，使输入继电器X1动作，为变频运行做好准备。

按下SB1，输入继电器X2动作，使输出继电器Y1动作并保持。一方面使接触器KM2动作，将电动机接至变频器输出端；另一方面，又使输出继电器Y30动作，从而接触器KM1动作，使变频器接通电源。

按下SB2，输入继电器X3动作，在Y3未动作或已复位的前提下，使输出继电器Y1复位，接触器KM2复位，切断电动机与变频器之间的联系。同时，输出继电器Y0与接触器KM1也相继复位，切断变频器的电源。

C段：变频运行段。

按下SB3，输入继电器X4动作，在Y0已经动作的前提下，输出继电器Y3动作并保持，继电器KA动作，变频器的FWD接通，电动机升速并运行。同时，Y3的动断触点使停止按钮SB2暂时不起作用，防止在电动机运行状态下直接切断变频器的电源。

按下SB4，输入继电器X5动作，输出继电器Y3复位，继电器KA失电，变频器的STF断开，电动机开始降速并停止。

E段：故障处理段。

报警后，操作人员应立即将SA旋至"工频运行"位。这时，输入继电器X0动作，一方面使控制系统正式转入工频运行方式；另一方面，使Y4和Y5复位，停止声光报警。

c. 合上电源开关，将外部操作模式转换为面板操作模式，初始化变频器，使变频器内的所有参数恢复到出厂设定值。

d. 在面板操作模式下，设定下面参数：

有关参数典型值如下：

Pr. 135 = 1	Pr. 58 = 0.5s
Pr. 136 = 2.0s	Pr. 185 = 7（JOG→OH）
Pr. 137 = 1.0s	Pr. 186 = 6（CS）
Pr. 138 = 1	Pr. 192 = 17（IPF）
Pr. 139 = 50Hz	Pr. 193 = 18（OL）
Pr. 57 = 0.5s	Pr. 194 = 19（FU）

e. 将面板操作模式转换为外部操作模式。

f. 进行系统调试、运行。按下启动按钮使变频器运行，具体过程见前面的梯形图程序说明。

g. 结束，关机，最后切断电源开关。

4. PLC 控制变频器实现多段速调速

现有一台生产机械共有 7 挡转速，相应的频率如图 7-41 所示，通过 7 个按钮来控制其速度的转换。要实现多段速调速，当然也离不开设置功能参数和编程。

（1）变频器的多段速控制功能及参数设置。变频器实现多段转速控制时，其转速挡的切换是通过外接开关器件改变其输入端的状态组合来实现的。以三菱 FR 系列变频器为例，要设置的具体参数有 Pr. 4~Pr. 6、Pr. 24~Pr. 97。用设置功能参数的方法将多种速度先行设定，运行时由输入端子控制转换。其中，Pr. 4、Pr. 5、Pr. 6 对应高、中、低三个速度的频率。设置时要注意以下几点。

1）通过对 RH、RM、RL 进行组合来选择各种速度。

2）借助点动频率 Pr. 15、上限频率 Pr. 1、下限频率 Pr. 2，最多可以设定 18 种速度。

3）在外部操作模式或 PU/外部并行模式下多段速才能运行。

（2）控制特点。一方面，变频器每个输出频率的挡次需要由三个输入端的状态来决定；另一方面，操作者切换转速所用的开关器件（通常是按钮开关或触摸开关），每次只有一个触点。因此，必须解决好转速选择开关的状态和变频器各控制端状态之间的变换问题。常用方法是通过 PLC 来控制变频器的 RH、RM、RL 端子的组合来切换。

（3）多段速运行操作。

1）7 段速度运行曲线。7 段速度运行曲线如图 7-42 所示，运行频率在图中已经注明。

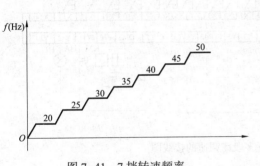

图 7-41　7 挡转速频率

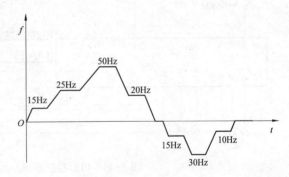

图 7-42　7 段速度运行曲线

2）基本运行参数设定。需要设定的基本运行参数见表 7-8。

表 7-8　基本运行参数

参数名称	参数号	设定值
提升转矩	Pr. 0	5%
上限频率	Pr. 1	50Hz
下限频率	Pr. 2	3Hz
基底频率	Pr. 3	50Hz
加速时间	Pr. 7	4s
减速时间	Pr. 8	3s
电子过电流保护	Pr. 9	3A（由电动机功率确定）
加减速基准时间	Pr. 20	50Hz
操作模式	Pr. 79	3

3）7 段速运行参数设定。7 段速运行参数见表 7-9。

表 7-9　7 段速运行参数

控制端子	RH	RM	RL	RM RL	RH RL	RH RM	RL RH RM
参数号	Pr. 4	Pr. 5	Pr. 6	Pr. 24	Pr. 25	Pr. 26	Pr. 27
设定值（Hz）	15	25	50	20	15	30	10

（4）PLC 控制变频器实现多段速调速的编程。

1）编程要求。

a. 能正确设置变频器多段速调试的参数。

b. 能正确编写控制程序并接线调试。

2）训练内容。

a. 按图 7-43 所示进行控制回路接线。

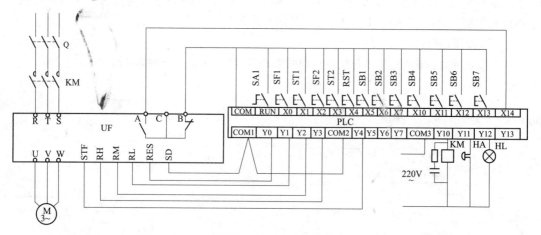

图 7-43　PLC 控制变频器实现多段速调速的接线图

b. 在 PU 模式（参数单元操作）下，设定参数。

① 设定基本参数。需要设置的参数有 Pr. 4、Pr. 5、Pr. 6、Pr. 24、Pr. 25、Pr. 26、Pr. 27 等。在外部、组合、PU 模式下均可设定。

② 设定 Pr. 79＝3，"EXT" 灯和 "PU" 灯均亮。

③ 按图 7-41 所示设定 7 段速度运行参数，填入表 7-10。

表 7-10　7 段速度运行参数

控制端子	RH	RM	RL	RM RL	RH RL	RH RM	RL RH RM
参数号	Pr. 4	Pr. 5	Pr. 6	Pr. 24	Pr. 25	Pr. 26	Pr. 27
设定值（Hz）							

图 7-43 中，SA1 用于控制 PLC 的运行；SF1 和 ST1 用于控制接触器 KM；从而控制变频器的通电与断电；SF1 和 ST2 用于控制变频器的运行；RST 用于变频器排除故障后的复位；SB1～SB7 是 7 挡转速的选择按钮。各挡转速与输入端状态之间的关系见表 7-11。

表 7-11　　　　　　　　　7 挡转速与输入端状态关系表

各输入端的状态			转速挡
RH	RM	RL	
OFF	OFF	ON	1
OFF	ON	OFF	2
OFF	ON	ON	3
ON	OFF	OFF	4
ON	OFF	ON	5
ON	ON	OFF	6
ON	ON	ON	7

c. 编写、输入程序，调试运行。根据控制要求，该功能程序梯形图如图 7-44 所示，具体控制过程说明如下。

A 段：变频器的通电控制。

按下 SF1→X0 动作→在 Y4 未工作、变频器的 STF 和 SD 之间未接通的前提下，Y10 动作并自锁→接触器 KM 得电并动作→变频器接通电源。

按下 ST1→X1 动作→在 Y4 未工作、变频器的 STF 和 SD 之间未接通的前提下，Y10 释放→接触器 KM 失电，变频器切断电源。

B 段：变频器的运行控制。

按下 SF2→X2 动作→若 Y10 已经动作、变频器已经通电，则 Y4 动作并自锁→变频器的 STF 和 SD 之间接通，系统开始升速并运行。

按下 ST2→X3 动作→Y4 释放，系统开始降速并停止。

C 段：故障处理段。

如变频器发生故障，变频器的故障输出端 B 和 A 之间接通→X14 动作→Y10 释放→接触器 KM 失电，变频器切断电源。与此同时，Y11 和 Y12 动作，进行声光报警。

当故障排除后，按下 RST→X4 动作→Y0 动作，变频器的 RES 与 SD 之间接通，变频器复位。

D~J 段：多挡速切换。以 D 段为例，说明如下：

按下 SB1→M1 动作并自锁，M1 保持第 1 转速的信号。当按下 SB2~SB7 中任何一个按钮开关时，M1 释放。即：M1 仅在选择第 1 挡转速时动作。F~J 段依此类推。

K~M 段：多挡速控制。

由表 7-11 可知：Y1 在第 1、第 3、第 5、第 7 挡转速时都处于接通状态，故 M1、M3、M5、M7 中只要有一个接通，则 Y3 动作，变频器的 RH 端接通；Y2 在第 2、第 3、第 6、第 7 挡转速时都处于接通状态，故 M2、M3、M6、M7 中只要有一个接通，则 Y2 动作，变频器的 RM 端接通；Y3 在第 4、第 5、第 6、第 7 挡转速时都处于接通状态，故 M4、M5、M6、M7 中只要有一个接通，则 Y1 动作，变频器的 RH 端接通。

现在以用户选择第 3 挡转速（$f_4 = 30Hz$）为例，说明其工作情况：

按下 SB3→X7 动作、M3 动作（梯形图中的 F 段）。同时，如果在此之前 M1、M2、M4、M5、M6、M7 中有处于动作状态的话，则释放（梯形图中的 D、E、G、H、I、J 段），Y1、Y2 动作（梯形图中的 K、L 段），变频器的 Y1、Y2 端子接通，变频器将在第 3 挡转速下运行。

d. 注意事项。

① 运行中出现"E. LF"字样，表示变频器输出至电动机的连线有一相断线（缺相保护），这时返回PU模式下，进行清除操作，然后关掉电源重新开启即可消除，具体操作如图7-44所示。若不要此保护功能，可设定Pr. 25＝0。

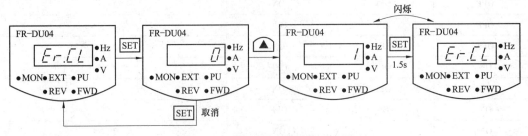

图7-44　报警记录清除操作示意图

② 出现"E. TMH"字样，表示电子过电流保护动作，同样在PU模式下，进行清除操作（见图7-45）。

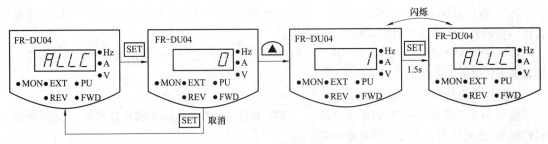

图7-45　清除操作

③ Pr. 79＝4的运行方式属于组合操作的另一种形式，即外部控制运行频率，参数单元控制电动机启停，实际中应用很少。

附 录

附录A 三菱 SWOPC-FXGP/WIN-C 编程软件

1. 概述

三菱 SWOPC-FXGP/WIN-C 编程软件可供 FX_{OS}、FX_{ON}，FX_2 和 FX_{2N} 系列三菱 PLC 编程以及监控 PLC 中各软元件的实时状态。它占用的存储空间少，安装后不到 2MB，其功能强大、使用方便且界面和帮助文件均已汉化，可在 Windows 3.1 及 Windows 95 以上版本下运行。

(1) 进入 SWOPC-FXGP/WIN-C 的编程环境。在安装好软件后，在桌面上自动生成 SWOPC-FXGP/WIN-C 软件包，双击进入软件包，双击可执行文件 FXGPW.EXE，出现如图 A-1 所示界面即可进入编程。

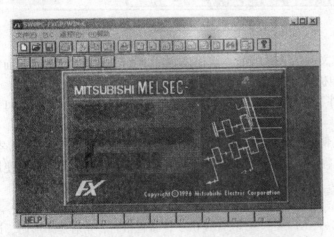

图 A-1 SWOPC-FXGP/WIN-C 编程软件的编程环境

图 A-2 下载程序界面

(2) PLC 程序下载。PLC 程序下载的方法是：首先应使用编程通信转换接口电缆 SC09 连接好计算机的 RS-232C 接口和 PLC 的 RS-422 编程器接口，然后打开图 A-1 中的 "PLC" 菜单，即出现如图 A-2 所示的界面。

图 A-2 界面出现后，再打开 PLC 菜单下的 "端口设置" 子菜单，如图 A-3 所示，选择正确的串行口后单击 "确认" 按钮。

选择好串行口后，再打开 PLC 菜单下的 "端口设置" 子菜单，即可进入如图 A-4 所示的界面。正确选择 PLC 型号，单击 "确认" 按钮后等待几分钟，PLC 中的程序即下载到计算机的 SWOPC-FXGP/WIN-C 文件夹中。

(3) PLC 程序的打开。先打开 "文件" 菜单下的 "打开" 子菜单界面。选择正确的文件后，单击"确定"按钮，就可打开文件。

（4）编制新的程序。打开"文件"菜单下的"新文件"子菜单，然后选择 PLC 型号，就可进入程序编制环境，如图 A-5 所示。

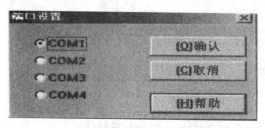
图 A-3 端口设置菜单窗口界面

图 A-4 PLC 型号选择界面

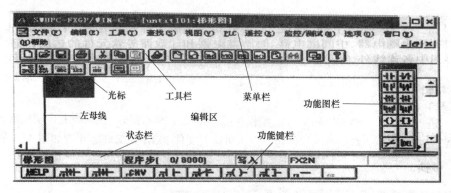
图 A-5 程序编制环境

（5）设置页面和打印。打开"文件"菜单下的"页面设置"子菜单即可进行编程页面设置。打开"文件"菜单下的"打印机设置"子菜单，即可进行打印设置。

（6）退出主程序。打开"文件"菜单下的"退出"子菜单或单击右上角的×按钮，即可退出主程序。

（7）帮助文件的使用。打开"帮助"菜单下的"索引"子菜单，寻找所需帮助的目录名，双击目录名即可进入帮助文件的内容。"帮助"菜单下的"如何使用帮助"告诉用户如何使用此帮助文件。

2. 程序编制

（1）编制语言的选择。SWOPC-FXGP/WIN-C 软件提供 3 种编程语言，分别是梯形图、语句表和功能逻辑图（SFC）。打开"视图"菜单，选择对应的编程语言。

（2）采用梯形图编写程序。

1）按以上步骤选择梯形图编程语言。选择"视图"菜单下的"工具栏"、"状态栏"、"功能键"和"功能图"子菜单，如图 A-6 所示。

2）梯形图中对软元件的选择既可通过以上"功能键"和"功能图"子菜单完成，也可用"工具"菜单完成。"工具"菜单下的"触点"子菜单提供对输入各元件的选用；"线圈"和"功能"子菜单提供了对各输出继电器、中间继电器、时间继电器和计数器等软元件的选用；"连线"子菜单除了用于梯形图中各连线外，还可以通过 Del 键删除连接线；"全部清除"子菜单用于清除所有编程内容。

3）"编辑"菜单的使用。"编辑"菜单含有"剪切"、"撤销键入"、"粘贴"、"复制"和

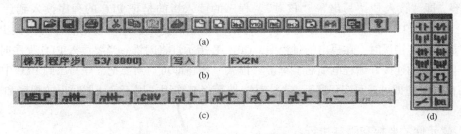

图 A-6 "视图"菜单界面

（a）工具栏；（b）状态栏；（c）功能栏；（d）功能图

"删除"子菜单，操作和普通软件一样，这里不作介绍。其余各子菜单是对各连接线、软元件等的操作。

4）编程语言的转换。当梯形图程序编写后，通过视图菜单下梯形图、指令表和 SFC（功能逻辑图）子菜单进行 3 种编程语言的转换。

（3）指令表编程。选择"视图"→"指令表"或单击工具栏中的"指令表视图"，直接用键盘输入指令。指令的输入也可用功能键，当功能键指南中没有对应的指令时，按下 Shift 键，即可找出其余的指令。

采用指令表编程时可以在编辑区光标位置直接输入指令表，一条指令输入完毕后，按回车键，光标移至下一条指令，则可输入下一条指令。指令表编辑方式中指令的修改也十分方便，将光标移到需修改的指令上，重新输入新指令即可。

程序编制完成后可以利用菜单栏中的"选项"菜单项下"程序检查"功能对程序做语法及双线圈的检查，如有问题，软件会提示程序存在的错误。

如下指令表对应的梯形图如图 A-7 所示。

3. 程序检查

单击图 A-5 所示"选项"菜单下的"程序检查"子菜单，就进入了程序检查环境，如图 A-8 所示，对 3 个单选项，"语法错误检查"用于检查软元件号有无错误，"双线圈检查"用于检查输出软元件，"电路错误检查"用于检查各回路有无错误。都可以通过图 A-9 下面的显示窗口显示有无错误信息。

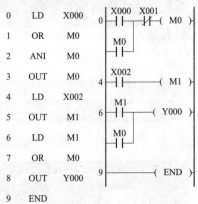

图 A-7　指令表对应的梯形图

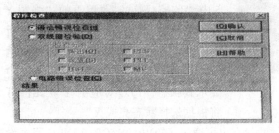

图 A-8　"程序检查"子菜单界面

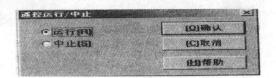

图 A-9　"遥控运行/中止"菜单界面

4. 程序的传送

程序的传送操作通过图 A-5 所示"PLC"菜单的"传送"子菜单进行。"传送"子菜单有

3项内容，即"读入""写出""核对"。程序的读入指的是把PLC的程序读入到计算机的SWOC-FXGP/WIN-C程序操作环境中，程序的写出指的是把已经编写的程序写入到PLC中。当编写的程序有错误时，在写出的过程中，CPU-E指示灯将闪烁。当要读入PLC程序时，正确选择好串行口和连接好编程电缆后，单击"读入"按钮即可。当要把程序写出到PLC中时，单击"写出"按钮即可。写完程序后，"核对"按钮将起作用，用于确认要写出的程序和PLC的程序是否一致。

5. 软元件的监控和强制执行

在SWOPC-FXGP/WIN-C操作环境中，可以监控各软元件的状态和强制执行输出等功能。这些功能主要在"监控/测试"菜单中完成。

（1）PLC的强制运行和强制停止。打开图A-5中"PLC"菜单下"遥控运行/停止"子菜单，出现如图A-8所示的子菜单界面。选择"运行"单选框后，单击"确认"按钮，PLC被强制运行。选择"中止"单选框后，单击"确认"按钮，PLC被强制停止。

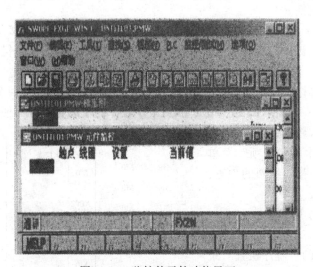

图 A-10　监控软元件功能界面

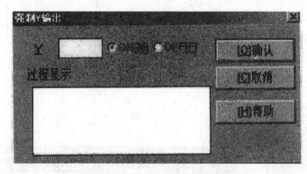

图 A-11　强制执行 Y 输出界面

（2）软元件监控。软元件的状态、数据可以在SWOPC-FXGP/WIN-C编程环境中监控起来。例如，Y软元件工作在"ON"状态，则在监控环境中以绿色高亮方框，并且闪烁表示；若工作在"OFF"状态，则无任何显示。数据寄存器D中的数据也可在监控环境中表示出来，可以带正负号。

打开图A-5中"监控/测试"菜单下的"进入元件监控"子菜单，选择好所要监控软元件，即可进入如图A-10所示监控各软元件界面。若计算机没有和PLC通信，则无法反映监控元件的状态，显示通信错误。

（3）Y输出软元件强制执行。为了调试、维修设备等工作的方便，SWOC-FXGP/WIN-C程序还提供了强制执行Y输出状态的功能。打开图A-5中"监控/测试"菜单下的"强制Y输出"子菜单，即可进入图A-11所示的监控环境。选择好Y软元件，就可对其强制执行，并在左下角方框中显示其状态，PLC对应的Y软元件灯将根据选择状态亮或灭。

（4）其他软元件的强制执行。各输入软元件的状态也可通过SWOPC-FXGP/WIN-C程序设定，打开图A-5中"监控/测试"菜单下的"强制ON/OFF"子菜单，即可进入此强制执行环境设定软元件的工作状态。选择X2软元件，并置SET状态；单击"确认"按钮，PLC的X2软元件指示灯将亮。

6. 其他

(1) PLC 的数据寄存器的读出和写入。在"PLC"菜单下的"寄存器数据传送"子菜单有 3 项内容,即"读入""写出""核对"。单击"读入"按钮即可从 PLC 中读出数据寄存器的内容。单击"写出"按钮,即可将程序中相应的数据寄存器内容写入 PLC 中。"核对"按钮用于确认内容是否一致。

(2)"选项"菜单的使用。"选项"菜单的内容如图 A-5 所示。

1) PLC 的 EPROM 处理。打开"EPROM 传送"子菜单,有 3 项内容,即"读入""写出"和"核对"。单击"读入"按钮,即可从 PLC 读出 EPROM 的内容。单击"写出"按钮,即可将编写的程序写入 PLC 中。"核对"按钮用于验证编写的程序和 EPROM 中的内容是否一致。

2) 单击"选项"菜单下的"字体"子菜单,即可设置字体式样、大小等有关内容。

3)"窗口"菜单的使用。双击"窗口"菜单下的"视图顺排"子菜单,就可层铺编程环境。双击"窗口水平排列"子菜单,就可水平铺设编程环境。双击"窗口垂直排列"子菜单,就可垂直铺设编程环境。

7. 顺序功能图的绘制

顺序功能图(Sequential Function Chart, SFC)又称状态转移图,是描述控制系统的控制过程、功能和特性的一种图形,也是设计 PLC 的顺序控制程序的有力工具。顺序功能图具有直观、简单、逻辑性强的特点,使工作效率大为提高,而且程序调试极为方便。SFC 主要由步、有向连线、转换、转换条件和动作(或命令)组成。

现以图 A-12 所示的 SFC 为例,介绍在 FXGP-WIN/C 编程软件下进行 SFC 绘制的步骤和方法。

(1) SFC 整体结构的绘制。绘制 SFC 图,首先要绘制整个 SFC 图的结构。可以按照如下的顺序进行。

1) 打开 FXGP-WIN/C 软件,新建一个文件,选择"视图"/"SFC"菜单进入 SFC 图编辑界面。

2) 光标默认在(H0, W0)(0 行 0 列)处,按快捷键 F8,输入 Ladder0。

3) 将光标移至(H1, W0),按快捷键 F5,输入 S0 状态框和转换条件线。

4) 将光标移至(H1, W0)的最下一行,按快捷键 Shift+F6,输入并行分支线,该线为两条平行的直线。

5) 在(H2, W0)和(H3, W0)处,按 F5 键,分别输入 S21 和 S22 的状态框和转换条件线。

6) 将光标移至(H4, W0)的最上面一行,按快捷键 Shift+F4,输入

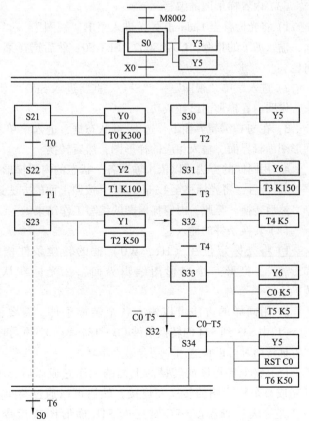

图 A-12 SFC 图示例

S22 的状态框，注意此时不是按 F5 键。

7）将光标移至 S23 状态框的下面一行，按快捷键 Shift+F9，可以输入向下的延长竖线，竖线长短视第二分支的长度来定。至此，第一分支绘制完毕，下面绘制第二分支。

8）将光标移至（H2，W1）、（H3，W1）、（H4，W1）和（H5，W1）处，分别按 F5 键，输入 S30、S31、S32 和 S33 的状态框和转换条件线。

9）将光标定位至（H5，W1）的转换条件横线的上面一行，按快捷键 Shift+F6，输入一个并行分支。

10）将光标移至（H6，W1）处，按快捷键 Shift+F4，输入 S34 的状态框。

11）将光标定位至（H6，W0）处，按快捷键 Shift+F8，输入并行汇合线。

12）将光标定位至（H7，W0）处，按 F6 键，输入一个跳转用的实心下三角。

13）将光标定位至（H6，W2）处，按 F6 键，输入另外一个跳转符号。

14）将光标定位至（H8，W0）处，按 F8 键，输入 Ladder1。至此整个 SFC 图的结构已经绘制完毕，下面进行状态框的标记。

（2）状态框的标记。

1）将光标移至（H1，W0）处，双击状态框，输入"S0"，按回车键确定。

2）使用同样的方法在其他状态框里输入相应的状态编号。

3）将光标移至（H7，W0）处，双击跳转符号，输入"S0"，按回车键确定；按此法可以在（H6，W2）处输入"S32"。至此，状态框标记完成，下面进行内置梯形图的编写。

（3）内置梯形图的编写。

1）将光标移至 Ladder0 处，进入菜单"视图"→"内置梯形图"，打开一个梯形图编辑界面，输入如下的指令：LD M8002；SET S0；然后选择菜单"工具"→"转换"，把灰色背景变白色。

2）进入菜单"视图"→"SFC"重新进入 SFC 编辑界面，Ladder 0 前面的"＊"已经消失，说明内置梯形图已经成功。

3）在 SFC 编辑界面下，选中 S0 状态框，进入菜单"视图"→"内置梯形图"，打开一个梯形图编辑界面，输入相应的梯形图，然后转换。

4）用同样的方法可以依次输入各个状态的内置梯形图。

5）最后，将光标移至 Ladder1 处，按照上面的方法进入内置梯形图编辑界面，输入 END 指令，然后转换。至此，内置梯形图的编写工作结束。

（4）转换条件的输入。

1）将光标定位在（H1，W0）框的转换条件横线处，进入菜单"视图"→"内置梯形图"，打开一个梯形图编辑界面，在光标默认位置处输入 X0 的动合触点，然后转换。

2）用同样的方法可以输入各个转换条件。需要注意的是，如果转换条件有多个，如图 A-12 中 S33 到 S34 的转换条件 C0·T5，表示必须同时满足 C0 和 T5 两个条件才能进行转换，内置梯形图时可以将这两个动合触点串联。

（5）整个梯形图的转换。上面的工作完成以后，再在 SFC 编辑界面下转换一次，就可以完成整个梯形图的转换和连接，然后可以通过菜单"视图"→"梯形图"或者"视图"→"指令表"查看该 SFC 对应的 STL 梯形图或指令表。至此整个 SFC 的绘制工作全部完成。

SFC 图和步进梯形图如图 A-13 所示。

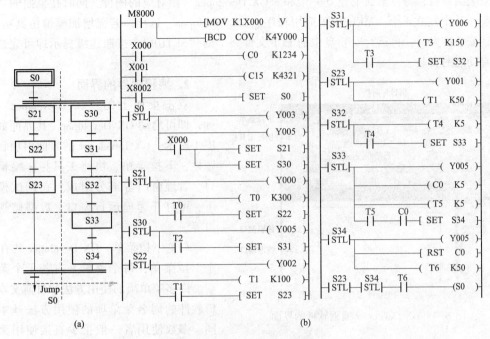

图 A-13 SFC 图和步进梯形图

(a) SFC 图；(b) 步进梯形图

附录 B GX Developer 编程软件

三菱 GX Developer 是三菱 Q 系列、QnA 系列、A 系列〔包括运动控制 (SCPU)〕、FX 系列的 PLC 的编程软件，可在 Windows 9x 及以上操作系统运行。

1. 概述

(1) 主要功能。Gx Developer 的功能十分强大，集成了项目管理、程序键入、编译链接、模拟仿真和程序调试等功能。其主要功能如下。

1) 在 GX Developer 中，可通过线路符号、列表语言及 SFC 符号来创建 PLC 程序，建立注释数据及设置寄存器数据。

2) 创建 PLC 程序以及将其存储为文件，用打印机打印。

3) 可在串行系统中与 PLC 进行通信，文件传送、操作监控以及各种测试。

4) 可脱离 PLC 进行仿真调试。

(2) 系统配置。

1) 计算机。要求机型为 IBM PC/AT（兼容）；CPU 486 以上；内存 8MB 或更高（推荐 16MB 以上）；显示器的分辨率为 800×600 点，16 色或更高。

2) 接口单元。采用 FX-232AWC 型 RS-232/RS-422 转换器（便携式）或 FX-232AW 型 RS-232RC/RS-422 转换器（内置式），以及其他指定的转换器。

3) 通信电缆。采用 FX-422CAB 型 RS-422 缆线（用于 FX2，FX2C 型 PLC，0.3m）或 FX-422CAB-150 型 RS-422 缆线（用于 FX2，FX2C 型 PLC，1.5m），以及其他指定的缆线。

（3）软件的安装。运行安装盘中的"SETUP"，按照逐级提示即可完成 GX Developer 的安装。安装结束后，将在桌面上建立一个和"GX Developer"相对应的图标，同时在桌面的"开始→程序"中建立一个"MELSOFT 应用程序→GX Developer"选项。若需增加模拟仿真功能，在上述安装结束后，再运行安装盘中的 LLT 文件夹下的"SETUP"，按照逐级提示即可完成模拟仿真功能的安装。

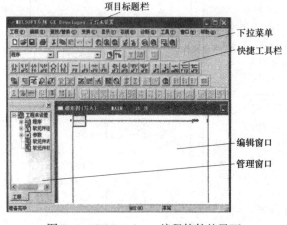

图 B-1　GX Developer 编程软件的界面

2. 编程软件的界面

双击桌面上的"GX Developer"图标，即可启动 GX Developer，其界面如图 B-1 所示。GX Developer 的界面由项目标题栏、下拉菜单、快捷工具栏、编辑窗口、管理窗门等部分组成。在调试模式下，可打开远程运行窗口、数据监视窗口等。

（1）下拉菜单。GX Developer 共有 10 个下拉菜单，每个菜单又有若干个菜单项。许多菜单项的使用方法和目前文本编辑软件的同名菜单项的使用方法基本相同。多数使用者一般很少直接使用菜单项，而是使用快捷工具。常用的菜单项都有相应的快捷按钮，GX Developer 的快捷键直接显示在相应菜单项的右边。

（2）快捷工具栏。GX Developer 共有 8 个快捷工具栏，即标准、数据切换、梯形图标记、程序、注释、软元件内存、SFC、SFC 符号工具栏。以鼠标选取"显示"菜单下的"工具条"命令，即打开这些工具栏。常用的有标准、梯形图标记、程序工具栏，将鼠标停留在快捷按钮上片刻，即可获得该按钮的提示信息。

（3）编辑窗口。PLC 程序是在编辑窗口进行输入和编辑的，其使用方法和众多的编辑软件相似。

（4）管理窗口。管理窗口实现项目管理、修改等功能。

3. 工程的创建

（1）系统的启动与退出。启动 GX Developer，可双击桌面上的图标。打开 GX Developer 窗口后，以鼠标选取"工程"菜单下的"关闭"命令，即可退出 GX Developer 系统。

（2）文件的管理。

1）创建新工程。选择"工程"→"创建新工程"菜单项，或按快捷键 Ctrl+N，在出现的创建新工程对话框中选择 PLC 类型，如选择 FX_{2N} 系列 PLC 后，单击"确定"按钮。

2）打开工程。打开一个已有工程，选择"工程"→"打开工程"菜单或按快捷键 Ctrl+0，在出现的打开工程对话框中选择已有工程，单击"打开"按钮。

3）文件的保存和关闭。保存当前 PLC 程序，注释数据以及其他在同一文件名下的数据。操作方法是：执行"工程"→"保存工程"菜单操作或快捷键 Ctrl+S 即可。将已处于打开状态的 PLC 程序关闭，操作方法是执行"工程"→"关闭工程"菜单操作。

4. 编程操作

（1）输入梯形图。使用"梯形图标记"工具条或通过执行"编辑"菜单→"梯形图标记"可将已编好的程序输入到计算机，如图 B-2 所示。

（2）编辑操作。通过执行"编辑"菜单栏中的指令，可对输入的程序进行修改和检查，如图 B-3 所示。

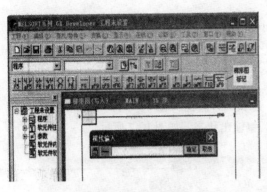

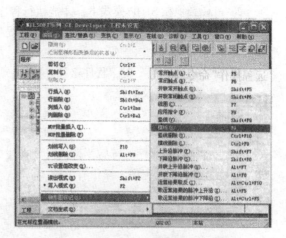

图 B-2　输入梯形图　　　　　　　　　　　图 B-3　编辑操作

（3）梯形图的转换及保存操作。编辑好的程序先通过执行"变换"菜单→"变换"操作或按 F4 键变换后，才能保存。在变换过程中显示梯形图变换信息，如果在不完成变换的情况下关闭梯形图窗口，新创建的梯形图将不被保存。

5. 程序的运行与检查

（1）程序的检查。执行"诊断"菜单→"诊断"命令，进行程序检查，如图 B-4 所示。

（2）程序的写入。PLC 在 STOP 模式下，执行"在线"菜单→"PLC 写入"命令，出现 PLC 写入对话框，如图 B-5 所示，选择"参数+程序"，再单击"执行"按钮，完成将程序写入 PLC。

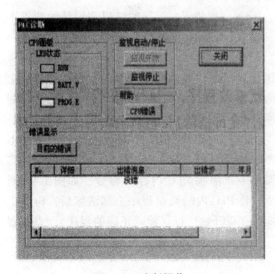

图 B-4　诊断操作　　　　　　　　　　　图 B-5　程序的写入操作

（3）程序的读取。PLC 在 STOP 模式下，执行"在线"菜单→"PLC 读取"命令，将 PLC 中的程序发送到计算机中。

传送程序时，应注意以下问题。

1）计算机的 RS-232C 端口及 PLC 之间必须用指定的缆线及转换器连接。

2）PLC 必须在 STOP 模式下，才能执行程序传送。

3）执行完"PLC 写入"后，PLC 中的程序将被丢失，原有的程序将被读入的程序所替代。

4）在"PLC 读取"时，程序必须在 RAM 或 EE-PROM 内存保护关断的情况下读取。

（4）程序的运行及监控。

1）运行。执行"在线"菜单→"远程操作"命令，将 PLC 设为 RUN 模式，程序运行，如图 B-6 所示。

2）监控。执行程序运行后，再执行"在线"菜单→"监视"命令，可对 PLC 的运行过程进行监控。结合控制程序，操作有关输入信号，观察输出状态，如图 B-7 所示。

图 B-6　运行操作

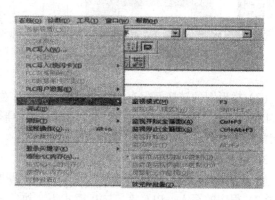

图 B-7　监控操作

（5）程序的调试。程序运行过程中出现的错误有以下两种。

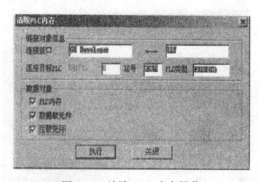

图 B-8　清除 PLC 内存操作

1）一般错误。运行的结果与设计的要求不一致，需要修改程序，先执行"在线"菜单→"远程操作"命令，将 PLC 设为 STOP 模式，再执行"编辑"菜单→"写模式"命令，再从上面第 3 点开始执行（输入正确的程序），直到程序正确。

2）致命错误。PLC 停止运行，PLC 上的 ER-ROR 指示灯亮，需要修改程序，先执行"在线"菜单→"清除 PLC 内存"命令，如图 B-8 所示；将 PLC 内的错误程序全部清除后，再从上面第 3 点开始执行（输入正确的程序），直到程序正确。

6. 仿真

在安装有 GX Developer 的计算机内追加安装 GX Simulator，就能够实现不在线时的调试，即仿真，不在线调试功能内包括软元件的监视测试外部机器的 I/O 的模拟操作等。

仿真步骤如下。

（1）启动编程软件 GX Developer，创建一个新工程，如图 B-9 所示。

（2）编写或调用一个梯形图。

（3）通过菜单栏启动仿真，如图 B-10 所示；也可以通过快捷图标启动仿真，如图 B-11 所示。

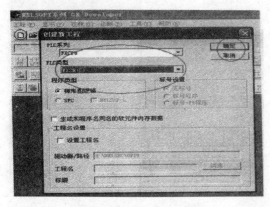

图 B-9　创建一个新工程

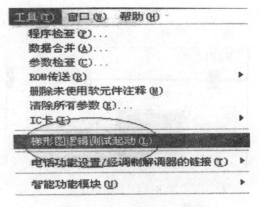

图 B-10　通过菜单栏启动仿真

（4）如图 B-12 所示为仿真窗口，显示运行状态，如果出错会有说明。

（5）启动仿真后程序开始模拟 PLC 写入过程，如图 B-13 所示。

（6）程序开始运行，如图 B-14 所示。

（7）通过软件元件测试来强制一些输入条件，如图 B-15 所示。

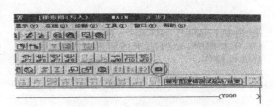

图 B-11　通过快捷图标启动仿真

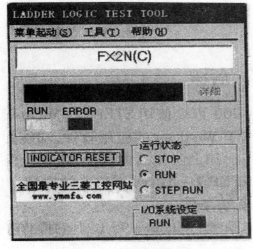

图 B-12　仿真窗口

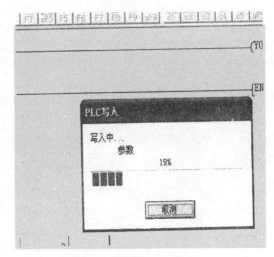

图 B-13　模拟 PLC 写入程序过程

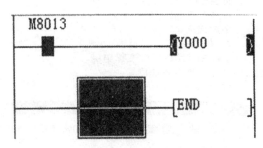

图 B-14　开始仿真

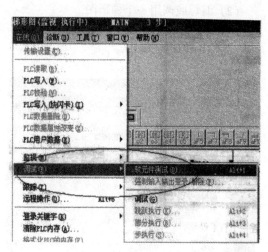

图 B-15　软元件测试

参　考　文　献

1. 高安邦，胡乃文，马欣. 通用变频器应用技术完全攻略 [M]. 北京：化学工业出版社，2017.
2. 高安邦，高素美. 例说 PLC [欧姆龙系列] [M]. 北京：中国电力出版社，2017.
3. 高安邦，姜立功，冉旭. 三菱 PLC 技术完全攻略 [M]. 北京：化学工业出版社，2016.
4. 高安邦，李逸博，马欣. 欧姆龙 PLC 技术完全攻略 [M]. 北京：化学工业出版社，2016.
5. 高安邦，孙佩芳，黄志欣. 机床电气识图技巧及实例 [M]. 北京：化学工业出版社，2016.
6. 高安邦，石磊. 西门子 S7-200/300/400 系列 PLC 自学手册（第二版）[M]. 北京：中国电力出版社，2015.
7. 高安邦，冉旭. 例说 PLC [西门子 S7-200 系列] [M]. 北京：中国电力出版社，2015.
8. 高安邦，黄志欣，高鸿升. 西门子 PLC 完全攻略 [M]. 北京：化学工业出版社，2015.
9. 高安邦，冉旭，高鸿升. 电气识图一看就会 [M]. 北京：化学工业出版社，2015.
10. 高安邦，石磊，张晓辉. 典型工控设备应用与维护自学手册 [M]. 北京：中国电力出版社，2015.
11. 高安邦，高家宏，孙定霞. 机床电气 PLC 编程方法与实例 [M]. 北京：机械工业出版社，2014.
12. 高安邦，陈武，黄宏耀. 电力拖动控制线路理实一体化教程 [M]. 北京：中国电力出版社，2014.
13. 高安邦，石磊，胡乃文. 日本三菱 FX/A/Q 系列 PLC 自学手册 [M]. 北京：中国电力出版社，2013.
14. 高安邦，褚雪莲，韩维民. PLC 技术与应用理实一体化教程 [M]. 北京：机械工业出版社，2013.
15. 高安邦，佟星. 楼宇自动化技术与应用理实一体化教程 [M]. 北京：机械工业出版社，2013.
16. 高安邦，刘曼华，高家宏. 德国西门子 S7-200 版 PLC 技术与应用理实一体化教程 [M]. 北京：机械工业出版社，2013.
17. 高安邦，智淑亚，董泽斯. 新编机床电气控制与 PLC 应用技术 [M]. 北京：机械工业出版社，2013.
18. 高安邦，石磊，张晓辉. 西门子 S7-200/300/400 系列 PLC 自学手册 [M]. 北京：中国电力出版社，2012.
19. 高安邦，董泽斯，吴洪兵. 德国西门子 S7-200PLC 版新编机床电气与 PLC 控制技术 [M]. 北京：机械工业出版社，2012.
20. 高安邦，石磊，张晓辉. 德国西门子 S7-200PLC 版机床电气与 PLC 控制技术理实一体化教程 [M]. 北京：机械工业出版社，2012.
21. 高安邦，田敏，俞宁等. 德国西门子 S7-200 PLC 工程应用设计 [M]. 北京：机械工业出版社，2011.
22. 高安邦，薛岚，刘晓艳等. 三菱 PLC 工程应用设计 [M]. 北京：机械工业出版社，2011.
23. 高安邦，田敏，成建生等. 机电一体化系统设计实用案例精选 [M]. 北京：中国电力出版社，2010.
24. 隋秀凛，高安邦. 实用机床设计手册 [M]. 北京：机械工业出版社，2010.
25. 高安邦，成建生，陈银燕. 机床电气与 PLC 控制技术项目教程 [M]. 北京：机械工业出版社，2010.
26. 高安邦，杨帅，陈俊生. LonWorks 技术原理与应用 [M]. 北京：机械工业出版社，2009.
27. 高安邦，孙社文，单洪等. LonWorks 技术开发和应用 [M]. 北京：机械工业出版社，2009.
28. 高安邦等. 机电一体化系统设计实例精解 [M]. 北京：机械工业出版社，2008.
29. 高安邦，智淑亚，徐建俊. 新编机床电气与 PLC 控制技术 [M]. 北京：机械工业出版社，2008.
30. 高安邦等. 机电一体化系统设计禁忌 [M]. 北京：机械工业出版社，2008.
31. 高安邦. 典型电线电缆设备电气控制 [M]. 北京：机械工业出版社，1996.
32. 张海根，高安邦. 机电传动控制 [M]. 北京：高等教育出版社，2001.
33. 朱伯欣. 德国电气技术 [M]. 上海：上海科学技术文献出版社，1992.
34. 朱立义. 冷冲压工艺与模具设计 [M]. 重庆：重庆大学出版社，2006.

35. 张立勋. 电气传动与调速系统［M］. 北京：中央广播电视大学科学出版社，2005.

36. 翟红程，俞宁. 西门子S7-200应用教程［M］. 北京：机械工业出版社，2007.

37. 徐建俊. 电机与电气控制项目教程［M］. 北京：机械工业出版社，2008.

38. 徐建俊. 电机与电气控制［M］. 北京：清华大学出版社，2004.

39. 史宜巧等. PLC技术与应用［M］. 北京：机械工业出版社，2009.

40. 胡成龙，何琼. PLC应用技术　三菱FX_{2N}系列［M］. 武汉：湖北科学技术出版社，2008.

41. 刘建华、张静之. 三菱FX_{2N}系列PLC应用技术［M］. 北京：机械工业出版社，2010.

42. 刘兵. 可编程逻辑控制器及应用［M］. 北京：机械工业出版社，2010.

43. 刘光起，周亚夫. PLC技术及应用［M］. 北京：化学工业出版社，2008.

44. 湖北高职"十一五"规划教材《电气控制与PLC应用》研制组. 电气控制与PLC应用［M］. 武汉：湖北科学技术出版社，2008.

45. 张晓峰. 电气控制与可编程控制技术及应用［M］. 北京：国防工业出版社，2010.

46. 唐修波. 变频技术及应用［M］. 北京：中国劳动社会保障出版社，2014.

47. 王炳实、王兰军. 机床电气控制［M］. 北京：机械工业出版社，2008.

48. 殷洪义，吴建华. PLC原理与实践［M］. 北京：清华大学出版社，2008.

49. 高南. PLC控制系统编程与实现任务解析［M］. 北京：北京邮电大学出版社，2008.

50. 杨后川. SIMATIC S7-200可编程控制器原理与应用［M］. 北京：北京航空航天大学出版社，2008.

51. 韦瑞录，麦艳红. 可编程控制器原理与应用［M］. 广州：华南理工大学出版社，2007.

52. 严盈富. PLC职业技能培训及视频精讲——西门子S7-200系列［M］. 北京：人民邮电大出版社，2007.

53. 宋君烈. 可编程控制器实验教程［M］. 沈阳：东北大学出版社，2003.

54. 胡成龙，何琼. PLC应用技术［M］. 武汉：武汉科技大学出版社，2006.

55. 廖常初. 可编程序控制器应用技术［M］. 5版. 重庆：重庆大学出版社，2010.

56. 郁汉琪. 电气控制与可编程序控制器应用技术［M］. 南京：东南大学出版社，2003.

57. 邹金慧，黄宋魏，杨晓洪. 可编程序控制器（PLC）原理及应用［M］. 昆明：云南科技出版社，2001.

58. 龚仲华等. 三菱FX/Q系列PLC应用技术［M］. 北京：人民邮电出版社，2006.

59. 郑凤翼，郑丹丹，赵春江. 图解（FX_{2N}）PLC控制系统梯形图和语句表［M］. 北京：人民邮电出版社，2006.

60. 高钦和. PLC应用开发案例精选（第2版）［M］. 北京：人民邮电出版社，2009.

61. 邹金慧等. 可编程序控制器（PLC）原理及应用［M］. 昆明：云南科技出版社，2001.

62. 周建清. 机床电气控制（项目式教学）［M］. 北京：机械工业出版社，2008.

63. 王芹，藤今朝. 可编程控制器技术与应用［M］. 天津：天津大学出版社，2008.

64. 廖常初. PLC编程及应用［M］. 3版. 北京：机械工业出版社，2009.

65. 严盈富，罗海平，吴海勤. 监控组态软件与PLC入门［M］. 北京：人民邮电出版社，2006.

66. 求是科技. PLC应用开发技术与工程实践［M］. 北京：人民邮电出版社，2005.

67. 尹昭辉，姜福详，高安邦. 数控机床的机电一体化改造设计［J］. 电脑学习，2006（4）.

68. 高安邦，杜新芳，高云. 全自动钢管表面除锈机PLC控制系统［J］. 电脑学习，1998（5）.

69. 邵俊鹏，高安邦，司俊山. 钢坯高压水除磷设备自动检测及PLC控制系统［J］. 电脑学习，1998（3）.

70. 赵莉，高安邦. 全自动集成式燃油锅炉燃烧器的研制［J］. 电脑学习，1998（2）.

71. 马春山，智淑亚，高安邦. 现代化高速话缆绝缘线芯生产线的电控（PLC）系统设计［J］. 基础自动化，1996（4）.

72. 高安邦，崔永焕，崔勇. 同位素分装机PLC控制系统［J］. 电脑学习，1995（4）.